Mathematik im Kontext

Reihe herausgegeben von

David E. Rowe, Mainz, Deutschland

Klaus Volkert, Bergische Universität Wuppertal, Köln, Deutschland

Die Buchreihe Mathematik im Kontext publiziert Werke, in denen mathematisch wichtige und wegweisende Ereignisse oder Perioden beschrieben werden. Neben einer Beschreibung der mathematischen Hintergründe wird dabei besonderer Wert auf die Darstellung der mit den Ereignissen verknüpften Personen gelegt sowie versucht, deren Handlungsmotive darzustellen. Die Bücher sollen Studierenden und Mathematikern sowie an Mathematik Interessierten einen tiefen Einblick in bedeutende Ereignisse der Geschichte der Mathematik geben.

Weitere Bände in der Reihe http://www.springer.com/series/8810

Anja Sattelmacher

Anschauen, Anfassen, Auffassen.

Eine Wissensgeschichte Mathematischer Modelle

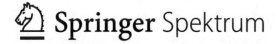

Anja Sattelmacher
Institut für Musik- und Medienwissenschaften
Humboldt-Universität zu Berlin
Berlin, Deutschland

Diese Arbeit wurde am 15.02.2017 als Dissertation unter gleichlautendem Titel am Institut für Geschichtswissenschaften der Humboldt-Universität zu Berlin, Philosophische Fakultät I unter der Dekanin Prof. Dr. Gabriele Metzler verteidigt. Erstgutachterin der Arbeit war Prof. Dr. Anke te Heesen, Zweitgutachter Prof. Dr. Moritz Epple.

ISSN 2191-074X   ISSN 2191-0758 (electronic)
Mathematik im Kontext
ISBN 978-3-658-32527-5   ISBN 978-3-658-32528-2 (eBook)
https://doi.org/10.1007/978-3-658-32528-2

Die Deutsche Nationalbibliothek verzeichnet diese Publikation in der Deutschen Nationalbibliografie; detaillierte bibliografische Daten sind im Internet über http://dnb.d-nb.de abrufbar.

Planung/Lektorat: Marija Kojic
Springer Spektrum ist ein Imprint der eingetragenen Gesellschaft Springer Fachmedien Wiesbaden GmbH und ist ein Teil von Springer Nature.
Die Anschrift der Gesellschaft ist: Abraham-Lincoln-Str. 46, 65189 Wiesbaden, Germany

Vorwort und Dank

Bei dieser Arbeit handelt es sich um die Veröffentlichung der Dissertationsschrift, die im Februar 2017 am Institut für Geschichtswissenschaft der Humboldt-Universität zu Berlin verteidigt wurde. Im September 2018 wurde sie mit dem Förderpreis der Gesellschaft für Geschichte der Wissenschaften, der Medizin und der Technik (GWMT) ausgezeichnet. Ihre Entstehung wäre ohne die Hilfen, Auskünfte und Zusprüche zahlreicher Personen und Institutionen wesentlich schwieriger wenn nicht gar unmöglich gewesen. Wenngleich an dieser Stelle nicht alle angeführt werden können, möchte ich stellvertretend einige nennen: An erster Stelle steht mein Dank an Gerhard Betsch und Friedhelm Kürpig, die mir wiederholge Male tiefen Einblick in die Arbeit von Modellbauern gegeben haben. Ihr Beitrag wuchs im Laufe der Arbeit zu einem Grad an, dass ich beschloss, Teile daraus dokumentarisch abzubilden (vgl. Kapitel 5) und das Wissen der Modellbauer so in Form einer experimentellen Wissenschaftsgeschichte zu verarbeiten.

Mein Dank gilt auch Samuel J. Patterson, Ina Kersten und Laurent Bartoldi vom Mathematischen Institut der Georg-August-Universität Göttingen, die mir immer uneingeschränkten Zugang zur Modellsammlung des Instituts gegeben haben. Dasselbe gilt für Karin Richter vom Mathematischen Institut der Martin-Luther-Universität Halle. Ihr danke ich sehr, dass sie mir zahlreiche Hintergrundinformationen zur Hallenser Modellsammlung zugänglich gemacht hat. Ebenso danke ich Jörg Zaun, dem damaligen Leiter des Archivs der Bergakademie in Freiberg sowie Anja Thiele, damalige Kuratorin für Mathematik am Deutschen Museum in München. Beide haben mir mit großem Vertrauen „ihre" Sammlungen mathematischer Modelle geöffnet und so das Entstehen dieser Arbeit überhaupt erst ermöglicht. Ebenfalls möchte ich Tony Basset vom Depot des Musée des Arts et Métiers in Paris danken, dass er mir zu den Modellen des CNAM Zugang gewährt hat. David Rowe und Moritz Epple haben dieses Projekt über viele Jahre begleitet und stets ihr Wissen mit mir geteilt, wofür ich äußerst dankbar bin. Sehr zum erfolgreichen Abschluss dieser Arbeit beigetragen hat vor allem das Max-Planck-Institut für Wissenschaftsgeschichte, wo ich als Predoctoral Fellow eineinhalb Jahre verbringen durfte. Mein Dank gilt Lorraine Daston, David Sepkoski, Christine von Oertzen und Viktoria Tkaczyk, die mich in zahlreichen Diskussionen in meiner Arbeit bestärkt haben, sowie den Mitarbeiterinnen und Mitarbeitern der Bibliothek. Auch danke ich Skúli Sigurdsson für sein unermüdliches Feedback zu diversen Kapiteln dieser Arbeit. Das Institut für Geschichtswissenschaften an der Humboldt-Universität war für viele Jahre meine zweite Heimat, hier möchte ich insbesondere Christina Wessely und Mathias Grote danken, sowie Anke te Heesen, der Erstgutachterin dieser Arbeit. Klaus Volkert möchte ich dafür danken, dass er die Arbeit in Nuce auf Fehler untersucht und im Hinblick auf die Publikation korrigiert hat. Auch möchte ich einigen Freunden und solchen Kolleginnen und Kollegen danken, die dieses Projekt über viele Jahre neugierig verfolgt haben, stets ein offenes Ohr für meine Fragen hatten und ein großes Interesse an meiner Arbeit gezeigt haben. Hierzu gehören Jana Mangold, Yvonne Schweizer, Katharina Steidl, Karin Krauthausen, Michael Friedman, Nils Güttler, Ina Heumann, Christian Vogel, Jochen Hennig, Oliver Zauzig, Dominik Hünniger, Roland Wittje, Sybilla Nikolow und insbesondere Klaus Taschwer, der viele Kapitel dieser Arbeit in der Rohfassung gelesen und ideenreich kommentiert hat.

Mein spezieller Dank gebührt meiner Familie, die mich in allem ideell, materiell und mental durchweg durch diese Zeit begleitet hat. Shervin Farridnejad hat nicht nur sein waches Auge in der Auswahl und Bearbeitung von Bildern zu diesem Manuskript beigetragen, sondern er hat überhaupt den zentralen Anstoß dafür gegeben, mit dieser Arbeit zu beginnen. Nicht zuletzt danke auch meinen beiden Kindern, die mich immer liebevoll auf Trab halten und ohne die dieses Buch möglicherweise viel früher fertig geworden wäre.

$$* \quad * \quad *$$

Aus Gründen der Lesbarkeit wurde im Text an einigen Stellen die weibliche Form gewählt, nichtsdestoweniger beziehen sich die Angaben auf Angehörige beider Geschlechter.

Alle Übersetzungen vom Englischen oder Französischen ins Deutsche in dieser Arbeit wurden, sofern nicht anders vermerkt, von der Autorin vorgenommen. Hervorhebungen in Zitaten sind, wenn nicht anders vermerkt, aus dem Original übernommen worden.

Anja Sattelmacher

Inhaltsverzeichnis

Abkürzungsverzeichnis

CNAM	Conservatoire Nationale des Arts et Métiers
DWB	Deutsches Wörterbuch Jacob und Wilhelm Grimm
ECAM	École Centrale des Arts et Manufactures
GWB	Goethe Wörterbuch
IMUK	Internationale Mathematische Unterrichtskommission
MI	Mathematisches Institut
NDB	Neue Deutsche Biographie
TH	Technische Hochschule
ZMNU	Zeitschrift für mathematischen und naturwissenschaftlichen Unterricht

Abbildungsverzeichnis

Einleitung

1

1.1 Das Familienportrait

Um einen kleinen Tisch direkt neben einem Fenster sitzt ein Mann, umgeben von seiner Frau und den gemeinsamen sieben Kindern. Er hält ein kleines mathematisches Modell in seinen Händen, das auf den ersten Blick kaum erkennbar und für die Bildkomposition doch sehr zentral ist (vgl. **Abb. 1.1**). Bei dem Mann handelt es sich um den Mathematiker Hermann Ludwig Gustav Wiener und das Modell entpuppt sich bei genauem Hinsehen als ein formveränderliches Rotations-Hyperboloid, das aus ineinander verschränkten Holzstäben besteht, in die jeweils ellipsenförmige Scheibenflächen aus dünner, heller Pappe gesteckt sind.[1]

Die Szene wirkt durchkomponiert. Nichts ist auf diesem Bild dem Zufall überlassen worden. Der Tisch, um den sich Wiener mit seiner Frau und seinen Kindern versammeln, ist so am Fenster platziert, dass das Licht schräg von der linken Seite einfällt und das Modell belichtet. Rechter Hand Wieners sitzen und stehen drei Frauen: seine Frau Anna mit der jüngsten Tochter Lotte auf ihrem Schoß und hinter ihr stehend Hedwig. Zu seiner Linken der jüngste Sohn Hermann: Er scheint hier die wichtigste Bezugsperson für Wiener, sitzt er doch seinem Vater am nächsten und schaut am interessiertesten auf das Modell. Ein wenig versetzt dahinter stehen die beiden ältesten Geschwister Reinhard und Paula. Daneben, ein wenig am Rande der Aufmerksamkeit, betrachten die zwei jüngeren Geschwister Annelise und Hans das Modell.[2]

---

[1] Dank an Friedhelm Kürpig für den Hinweis um welches Modell es sich hier handelt.

[2] Die Aufnahme muss um 1907 entstanden sein, zu Fotograf und Aufnahmeort gibt es keine weiteren Angaben. KIT.Archiv Bestand 28002, Sign. 512.

© Der/die Autor(en), exklusiv lizenziert durch Springer Fachmedien Wiesbaden GmbH, ein Teil von Springer Nature 2021
A. Sattelmacher, *Anschauen, Anfassen, Auffassen.*, Mathematik im Kontext, https://doi.org/10.1007/978-3-658-32528-2_1

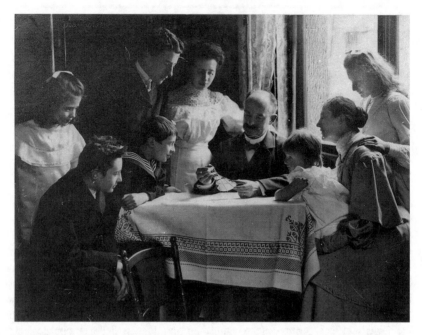

Abb. 1.1 Porträt der Familie Wiener. Hermann Gustav Wiener (1857–1939) sitzt umgeben von seinen 6 Kindern und seiner Frau an seinem Wohnzimmertisch und hält eines seiner Modelle in der Hand (um 1907 aufgenommen). Mit freundlicher Genehmigung KIT.Archiv, ca. 1907, Bestandsnr. 28002, Sign. 512

Das von rechts einfallende Licht unterstützt die klare Aufsicht auf das Modell. Wiener als Familienvater und Demonstrator des Modells selbst trägt einen dunklen Anzug, vor dem sich das helle, beinahe transparente Modell abhebt. Bis auf die zwei jüngsten Söhne sind alle im Bild so aufgestellt, dass sich dunkle und helle Bekleidung jeweils abwechseln.

An der Kleidung der Personen im Bild wird deutlich, dass sie dem bürgerlichen Milieu entstammen, zu welchem um die Jahrhundertwende Lehrer, leitende Angestellte und Techniker zählten.[3] Die Jungen tragen Anzug bzw. Matrosenanzug (um 1900 oft als Schuluniform verwendet), die Frauen und Mädchen, erscheinen zum

---

[3]Zu bürgerlicher Kleidung um 1900 vgl. etwa Koch-Mertens 2000 und Teichert 2013. Zum Status des bürgerlichen Individuums und dessen Einordnung in der Gesellschaft vgl. Jarausch 1995.

Fototermin bis auf die Mutter in weißen Kleidern. Die Frauenkleider sind kor-
settlos, wodurch sie sich zur sogenannten Reformmode zuordnen lassen, die zum
Ende 1890er Jahre, angeregt durch die weltweiten Frauenbewegungen, entstand.[4]
Wiener inszeniert das Modell auf der Fotografie mit großer Sorgfalt: Er hält das
fragil wirkende Objekt lediglich mit den Fingerspitzen und hat beide Enden des
Modells leicht gegeneinander gedreht, um bei der Vorführung des Modells dessen
Beweglichkeit – und womöglich dessen Fragilität – zu betonen. Die Betrach-
terin indes wird mittels des freibleibenden Stuhls, der zwischen ihr und dem
Tisch steht, gleichsam eingeladen, direkt am Geschehen der Modellvorführung
teilzunehmen. Auch sie soll ihre volle Aufmerksamkeit dem kleinen, trotz allem
unscheinbar wirkenden Objekt in den Händen Wieners widmen, man könnte fast
meinen, dass sie die eigentliche Adressatin der Aufnahme ist.

Obwohl es sich hier um eine instruierende Szene handelt, bei der Wiener eines
seiner Modelle vorführt, wirkt die Situation bewegungslos. Keine der Personen im
Bild richtet ihre Hände auf das Modell. Nicht einmal das jüngste Kind greift nach
ihm, und bis auf Wieners Hände und die seines Sohnes Hermann bleiben die der
weiteren Personen versteckt. Zudem nehmen die Betrachtenden im Bild keinen
Blickkontakt zueinander oder zu Wiener auf. Alle Blicke jedoch kreuzen sich
exakt an der Stelle, wo sich das Modell befindet. Das Modell bildet den optischen Kulminationspunkt aller Beteiligten. Es liegt zudem im goldenen Schnitt
des Bildes, und wirkt doch überraschend unscheinbar und unscharf.

Modell und Familie stehen damit im starken Kontrast zueinander. Das Modell
wirkt statisch, fast wie ein Platzhalter. Zwar trägt es das Wort „Veränderlichkeit"
im Namen, doch davon ist im Bild nichts zu sehen. Der Betrachter erfährt beinahe nichts über das Modell und dessen Funktion. Ganz anders verhält es sich mit
der Familie. Die starken, nuancierten Schattierungen, die unterschiedlichen Posen,
die gewählten Kleider – sie alle vermitteln genaue Details über die Beziehungen
der einzelnen Personen zueinander sowie ihre Stellungen innerhalb ihrer gesellschaftlichen Schicht um 1900. Zugleich drängen sich Vergleiche zu einschlägigen
Darstellungen geradezu auf. Sowohl Inszenierung, als auch Anordnung der Personen und sogar die Ausleuchtung des Raumes erinnern an Joseph Wright of
Derby's *Experiment mit der Luftpumpe* (1768), die Konstellation von Familie und
wissenschaftlichem Modell lassen Vergleiche zu Everett Millais' Malerei *A Ruling
Passion* von 1885 oder zu Portraitfotografien wie denen Antoine Claudets zu, der
1851 die Stereoskopie *Wheatstone and His Family* erstellte.[5]

---

[4]Koch-Mertens 2000, S. 31–33. Zur Reformkleidung der Frauen im 19. Jh. vgl. Ober 2005.

[5]Vgl. zu Derbys *Experiment* etwa Busch 1986, zu Claudets Wheatstone-Aufnahme Holland
1999 und zu Millais Voss 2009.

Ob Wiener diese Aufnahmen kannte, ist unklar, noch ist überliefert, welchen Hintergrund der Fotograf dieser Aufnahme hatte. Es ist aber naheliegend, dass Wiener diese Ikonographie kannte, denn er stammte aus einer gebildeten Familie. Sein Vater Christian Wiener war studierter Architekt und zugleich Professor für darstellende Geometrie am Karlsruher Polytechnikum, eine der ältesten Technischen Hochschulen Deutschlands.

Das Familienportrait Wieners ist Ausdruck eines bürgerlichen Selbstverständnisses um 1900, das sich aus den Idealvorstellungen von familiärem Zusammenleben sowie der Politik von Bildung und Erziehung des Kaiserreichs speiste. Bürgerlich ist an dieser Darstellung vor allem, wie sie inszeniert wird. Familiäre und professionelle Sphären überlagern sich: Der Modellbauer, hier gleichzeitig Professor für darstellende Geometrie und Familienvater, steht im Mittelpunkt der Szene und verwandelt das familiäre Zusammensein in eine pädagogische und ästhetische Praxis.[6] Die Familie als die „Keimzelle des Staates", wie sie seit dem 18. Jahrhundert bezeichnet wurde, diente im wilhelminischen Kaiserreich als stabilisierendes Element innerhalb einer modernen kapitalistischen Gesellschaft und war gleichzeitig Gegenpol zu den „Versachlichungsprozessen der Moderne".[7] Sie galt als Quelle des sozialen und ökonomischen Kapitals eines Einzelnen, entschied über Sozialisation und Kompetenzerwerb, Ausbildung, Karriere und Heirat.[8] Nach dem Verständnis familiärer Beziehungsverhältnisse, das sich im Verlauf des 19. Jahrhunderts herausbildete, war es vor allem der Vater, der dafür verantwortlich war, den Charakter des Kindes zu formen und es zu Gehorsam und Disziplin zu erziehen, während der Mutter eine weitaus emotionalere Rolle zugesprochen wurde.[9] Einer solchen recht starren Aufteilung entspricht jedoch diese Fotografie nicht. Vielmehr wird hier exemplarisch eine Familie abgebildet, in deren Mittelpunkt der Vater als Vermittler tritt, der Erfahrungswissen, handwerkliches Können und Abstraktionsvermögen an seine Kinder weiter gibt.

Um 1900 bemühten sich insbesondere Gewerbeschulvereine, die Förderung des Kunst- und vor allem des Frauenhandwerks nicht nur im häuslichen Kontext

---

[6]Zur Selbststilisierung und Selbstdarstellung bürgerlicher Kultur im 19. Jahrhundert vgl. Kaschuba 1995.

[7]Vgl. Schütze 1988, S. 118.

[8]Wehler 1995, S. 716.

[9]Schütze 1988, S. 127 weist darauf hin, dass Väter des 19. Jahrhunderts häufig als kühl, distanziert und streng geschildert wurden. Der Vater war damit – vor allem seit der zweiten Hälfte des 19. Jahrhunderts – zunehmend abwesend in alltäglichen Geschehnissen.

sondern auch in der Schule zu verstärken.[10] Die Aufnahme ist somit zugleich
ein Modell für eine moderne Form der Bildung, wie sie etwa Reformpädagogen
um 1900 vorschwebte. Kinder jeden Alters sollten bereits frühzeitig im Eltern-
haus an eine Art Vorschulerziehung herangeführt werden. Dazu gehörten erste
Schreib- und Leseübungen, sowie naturwissenschaftliche Lernspiele und Experimente.[11] Auf diese Weise sollten bestimmte Wissens- und Erfahrungsinhalte
– also in diesem Fall der Umgang mit einem Modell und seine Herstellung – eine
ganze Generation frühzeitig formen und lenken. In diesem Sinne ist die Fotografie
als ein ganz persönliches genealogisches Projekt zu verstehen. Hermann Wiener war nämlich nicht nur der Sohn eines Mathematikers, der sich mit Modellen
beschäftigte, sondern er war zugleich der Cousin des Mathematikers Alexander
(von) Brill und hatte teilweise bei diesem in München studiert – und womöglich
dort auch selbst Modelle konstruiert.[12] Sein Vater Christian Wiener hatte bereits
in den 60er Jahren des 19. Jahrhunderts Modelle als Darstellungsmittel für den
höheren mathematischen Unterricht konstruiert.[13]

Die Aufnahme dieser Familienszene hat klar erkennbare Referenzen zur Kunstgeschichte und der Bezug zur Wissensgeschichte mathematischer Modelle lässt
sich an ihr deutlich nachzeichnen.[14] Mathematische Modelle, um die es in dieser Arbeit gehen soll, sind als Teil eines Gefüges kultureller, epistemischer,
ästhetischer und pädagogischer Praktiken zu verstehen. Das Wissen über ihre
Anfertigung breitete sich meistens außerhalb akademischer Institutionen aus und
wurde vor allem durch freundschaftliche und familiäre Beziehungen befördert.
Modelle entstanden oft in Wohnzimmern von Verwandten und wurden zumindest
bis etwa 1900 zumeist durch Lehrmittelverlage vertrieben, die dem engen Ange-
hörigenkreis unterstanden. Alexander Brill machte von diesen Familienstrukturen
Gebrauch, indem er Modelle, die unter seiner Leitung entstanden, vom Lehrmit-
telverlag seines Bruders Ludwig herstellen ließ. Dies sollte sich erst ausgerechnet
mit Hermann Wiener ändern, der zwar der Familie auf der Fotografie eine große
Rolle zukommen lässt, sich aber, was die von ihm konstruierten Modelle anging,

---

[10]Oelkers 2005, S. 45 verweist hier unter anderem auf den Streit unter Pädagogen darüber, ob
der geometrische Zeichenunterricht eher technisch oder künstlerisch ausgerichtet sein sollte.
Vgl. auch Kemp 1979.

[11]Kaschuba 1995.

[12]Bis 1897 Alexander Brill. Diese Namensgebung wird im Folgenden beibehalten.

[13]Brill und Sohnke 1897, S. 48. Wieners Modelle wurden sowohl auf der Lehrmittelaus-
stellung im Londoner South-Kensington Museum als auch in München 1893 sowie auf der
Weltausstellung in Chicago 1893 gezeigt.

[14]In Sattelmacher 2019 wird diese Abbildung im Kontext der Geschichte von Portraits in den
Wissenschaften eingehend besprochen.

professionelleren Herstellungstechniken zuwandte als etwa sein Cousin Brill.[15] Mathematiker wie Herrmann Wiener, die zugleich als Modellbauer fungierten, stehen in dieser Arbeit exemplarisch für zahlreiche weitere, die, über die ganze Welt verteilt, ähnlichen Tätigkeiten nachgingen. Sie wurden für diese Arbeit herangezogen, weil sie immer wieder als Referenz genannt werden, wenn es um die Herstellung und Verbreitung mathematischer Modelle geht. In weiteren Studien müssten ähnliche Entwicklungen in anderen europäischen Ländern und weltweit berücksichtigt werden.[16]

Rein chronologisch erzählt, müsste diese Geschichte in Paris beginnen, wo sich bereits um 1800 unter Gaspard Monge die Disziplin der darstellenden Geometrie zu formieren begann und mit ihr die Möglichkeit, eine mathematische Zeichnung exakt in einen räumlichen Gegenstand zu übertragen. Die Idee Monges weiterführend konstruierte um 1830 der französische Mathematiker Théodore Olivier Modelle aus Messing und Seidenfäden für den Unterricht an technischen Hochschulen und Gewerbeschulen, die an mehrere Universitäten und Museen in Frankreich, England und Deutschland verkauft wurden, und die fortan als Referenzobjekte für die Bestrebungen deutscher Mathematiker galten, ebenfalls Modelle für den mathematischen Unterricht anzufertigen. Hier tat sich zunächst um 1870 insbesondere der Mathematiker Felix Klein hervor, der die Auffassung vertrat, dass das Bildungssystem des im Entstehen begriffenen geeinten Kaiserreichs unter preußischer Führung eine stärkere Betonung mathematisch-technischer Disziplinen erfahren müsse. Klein begann fortan, sich bildungspolitisch zu engagieren und zu erwirken, dass mathematische Institute an technischen Hochschulen und Universitäten eigenständige Einheiten würden, die über genügend Mittel verfügten, um Lehrmittel wie Modelle sowohl selbst herzustellen, als auch anfertigen zu können. In der Praxis betrieben dies vor allem Kleins Kollegen, die sich durch praktisches Modellwissen auszeichneten. Alexander Brill, mit dem Klein gemeinsam 1875 an der damals gerade (wieder) gegründeten Technischen Hochschule München zu lehren begann, leitete mit Studierenden über viele Jahre einen sogenannten mathematischen Spezialkurs, in dem Modelle berechnet, gezeichnet und schließlich aus unterschiedlichen Materialien konstruiert wurden. Brill erachtete die mit Symbolen und Formeln ausgestattete Zeichensprache der Mathematik als geradezu „für die Anschauung

---

[15]Dies wird in **Kapitel 5/Abschnitt 5.4** ausführlich besprochen.

[16]Die Geschichte des mathematischen Modellbaus hat Livia Giacardi in ihren Werken bereits behandelt, vgl. Giacardi 2015.

geschaffen".[17] Modelle waren für ihn hilfreiche Veranschaulichungsmittel, um den Mathematikunterricht lebendiger zu gestalten.

Die „Veranschaulichung" logisch-abstrakter Sachverhalte war für Mathematiker wie Alexander Brill, Felix Klein oder Hermann Wiener ein Schlüsselbegriff, der einerseits als Legitimierung für die Annäherung der Mathematik an die angewandten Fächer diente und andererseits als eine pädagogische Praxis verstanden wurde, bei der die Handhabe von Bildern und Objekten im Mittelpunkt stand. Anschauung war der rhetorische Klebstoff, der benötigt wurde, um zwei sich scheinbar unversöhnlich gegenüberstehende Strömungen innerhalb der Mathematik miteinander in Einklang zu bringen. Auf der einen Seite standen diejenigen, die Mathematik als eine in der humanistischen Bildungstradition verankerte Geisteswissenschaft auffassten und die sich gegen eine aus ihrer Sicht vereinfachende Methode wandten, Mathematik in Form anschaulicher Bilder und Modelle darzustellen. Auf der anderen Seite standen die, die sich für eine Verbesserung der Ausbildung von Lehramtskandidaten und Ingenieuren aussprachen und die Mathematik damit näher an die Naturwissenschaften heranrückten. Klein selbst sprach sich vielfach für eine Versöhnung beider Auffassungen mathematischer Bildung aus.[18] Das Anfertigen, Vervielfältigen und Verbreiten von Modellen sowie deren Verwendung in der wissenschaftlichen Lehre war ein Weg, diesem Prinzip der Anschauung möglichst großflächig Vorschub zu gewähren.

Um die Modelle zu verbreiten und sie an vielen Universitäten oder technischen Hochschulen zum Einsatz zu bringen, bediente sich Brill der familiären Verlagstradition. Sein Bruder Ludwig hatte ein paar Jahre vor Brills Modelltätigkeit den väterlichen Buchverlag übernommen und sprang kurzerhand für den Vertrieb von Modellen und zugehörigen Katalogen ein. Dass Brill und dessen Nachfolger Martin Schilling – ebenfalls ein Bruder eines Mathematikers – mit ihren Lehrmittelvertrieben in den Jahren 1880 bis 1910 eine gewisse Monopolstellung innehatten, lässt sich an den zahlreichen Sammlungen mathematischer Modelle erkennen, die noch heute an Universitäten und technischen Hochschulen in Deutschland, Europa und sogar weltweit zu finden sind. Insbesondere der Göttinger Modellsammlung kommt hierbei eine große Bedeutung zu, weil sie, wie sich in Kapitel 4 zeigen wird, ein lang gehegtes Projekt Felix Kleins war, das zwar erst nach seinem Tod realisiert wurde, dann allerdings mit einer umso stärkeren räumlichen Präsenz. Bis heute ist sie eine der wenigen Sammlungen mathematischer Modelle, deren Bestand und Räumlichkeiten sich nach Aufstellung der Objekte in den Vitrinen 1929 kaum verändert hat. Bestanden die Modelle, die

---

[17]Brill 1889, S. 69.
[18]So wie etwa in Klein 1898a.

Alexander Brill konzipierte hauptsächlich aus opaken Materialien wie Gips oder Pappe, vollzog sich um etwa 1905 ein Bruch in der Produktion und Rezeption von Modellen. Die Modelle, die Hermann Wiener kurz nach der Jahrhundertwende zu konstruieren und zu vermarkten begann, sind hauptsächlich aus Draht geformt. Wiener sprach Gips dessen Nutzen geradezu ab und betonte immer wieder, Modelle müssten durchsichtig sein, um eine Fläche im Ganzen auffassen zu können. Der Verlauf einer Kurve könne nur dann verstanden werden, wenn sowohl die Vorder- als auch die Rückseite eines Modells für den Betrachter sichtbar würden. Schließlich entschied er, Modelle im Unterricht nicht nur vorzuzeigen und herumzureichen, sondern sie mittels Licht und optischen Apparaturen an eine Leinwand zu projizieren. Andere Mathematiker wie Friedrich Schilling oder Erwin Papperitz taten es ihm gleich und erfanden gar eigene Apparaturen zur Veranschaulichung sich bewegender Kurven im Raum und in der Ebene. Wichtiger als das Modell zu berühren erschien nun, das Modell in seiner Dreidimensionalität zu begreifen, wenngleich es als flaches Bild an der Wandtafel erschien.

Anschauen, anfassen, auffassen – diese drei Begriffe fassen die zentralen Vorgänge zusammen, mit denen sich mathematische Modelle im Kontext ihrer Praktiken beschreiben lassen. Sie sind als drei Begriffe zu verstehen, die sich gegenseitig bedingen und überlagern. Denn „anschauen" meinte im 19. Jahrhundert nicht allein das Betrachten von Dingen, sondern beinhaltete das Wahrnehmen mit mehreren Sinnesorganen, vor allem das „Anfassen". Dass insbesondere das Modellieren dabei mit dem Einüben räumlichen Sehens um 1900 einherging, verdeutlicht der Eintrag zu „Modellieren" im Enzyklopädischen Handbuch der Pädagogik von 1906. Hier heißt es etwa: „Um das körperliche Sehen zu entwickeln, reicht bekanntlich der Gesichtssinn nicht aus, da er nur Flächenbilder liefert; er muss durch den Tastsinn unterstützt werden."[19] Der Begriff „Auffassen" verweist wiederum genau wie das „Anschauen" auf die Wahrnehmung von Gegenständen, impliziert im Kontext einer Wissensgeschichte mathematischer Modelle jedoch zugleich das Begreifen der Möglichkeiten und Grenzen des Modells.[20]

---

[19]„Modellieren (Formen)", in: Rein 1903–1910, Bd. 8 (1906), S. 910.

[20]Mahr 2010 diskutiert den Begriff der „Auffassung" im Hinblick auf Modelle und grenzt ihn dabei von der Vorstellungskraft ab. Wenngleich er sich dabei auf abstrakte Modelle bezieht, ist es hilfreich, sich die Auffassung als Erkenntnisprozess vorzustellen, der die aktive Beteiligung eines wahrnehmenden Subjekts beinhaltet.

1.2   Mathematische Modelle im Kontext ihrer Zeit

Das „Modell" durchlebte im Verlauf des 19. und 20. Jahrhunderts sowohl innerhalb der Mathematik, als auch im alltäglichen Gebrauch eine sehr heterogene Begriffsgeschichte. Während sich um 1830, zum Zeitpunkt der Entstehung der ersten Modelle in der darstellenden Geometrie in Paris, weder unter dem Stichwort „modèle", noch unter „maquette" in der *Encyclopédie Methodique*, dem Nachfolgewerk von Diderots und d'Alemberts *Encyclopédie ou Dictionnaire Raisonné des Sciences, des Arts et des Métiers* ein einschlägiger Eintrag findet, wurde ein „modèle" in Larousses *Grand Dictionnaire Universel du XIX siècle* von ca. 1870 zunächst lediglich als „Nachahmung von etwas" („imitation de quelque chose") bezeichnet. „Maquette" hingegen, das vom lateinischen „macula" bzw. sanskrit „makch" – der Wurzel, von der ebenfalls das deutsche Wort „machen" stammt – herrührte, wurde in den technischen Fächern mit der Herstellung von Vorlagen aus Eisen für Waffen verknüpft. In Bezug auf die schönen Künste sei ein Modell/eine Maquette die Umsetzung eines Entwurfes oder einer Skizze in einem Guss: „Die Idee des Werkes die er [der Skulpteur, A.S.] umsetzen will, sobald sie ihm in den Sinn kommt."[21] Hier diente das Modell als Vorbild für ein später umzusetzendes Werk in kleinem Maßstab. Sowohl in *Larousse's Grand Dictionnaire* als auch in *Adelungs Grammatisch-Kritischem Wörterbuch der Hochdeutschen Mundart* war das Modell die Miniatur-Ausführung eines entweder bereits existierenden Originals oder aber die Vorlage für ein noch zu konstruierendes, technisches Objekt, wie etwa einer Brücke oder einer Maschine. Eine Sache modellieren bedeutete demnach das Abformen eines Körpers aus den Materialien Gips, Ton oder Wachs.[22] *Krünitz' Oeconomische Encyclopädie* wiederum gab bereits zu Beginn des 19. Jahrhunderts ausführlichere Auskunft über die Begriffe „Modellieren" und „Modell". Hier war das Modell Ausdruck der „geschmackvollen" Erfindung eines „Genies des Künstlers", welches durch das Abformen in kleinerem Maßstab entstand. Zur sachgemäßen Anfertigung eines Modells gehörte das vorherige Anfertigen einer Zeichnung, „die mit einzelnen Theilen den Anfang macht, und von diesem zum Ganzen übergehet."[23] Neben der naturgetreuen, abbildenden Zeichnung wurde ebenso die technische Risszeichnung erwähnt, die gegenüber

---

[21] „L'idée de l'oeuvre qu'il [le sculpteur A.S.] veut créer une fois arrêtée dans son esprit." „Maquette", in: Larousse 1866–1888, Bd. 10 (1873), S. 1116.

[22] „Modell", in: Adelung et al. 1811, Bd. 3 (Sp. 255–256); sowie „modeler", in: Larousse 1866–1888, Bd. 11 (1874), S. 360.

[23] „Modellieren", in: Krünitz 1773–1858, Bd. 92 (1803), Sp. 556–574.

einem Modell jedoch eindeutige Nachteile aufwies.[24] Denn anders als der Riss eines Gebäudes, der sich auf einer ebenen Fläche befinde und nur eine einzige Ansicht eines Objektes zur gleichen Zeit geben könne, biete ein Modell einer Maschine oder eines Gebäudes die Möglichkeit, sich einen Überblick über das Ganze zu verschaffen, indem es Erhöhungen und Vertiefungen aufweist.

> „Es kann selbiges in verschiedene Stellungen gebracht und auf allen Seiten betrachtet werden. Es verdeckt nicht ein Theil die andern, und wenn sich etwa einer nicht so deutlich zeigen sollte: so läßt sich das ganze Modell so leichtlich aus einander legen, daß man alle übrigen Theile hinweg setzen, und einen jeden insbesonderheit stehen lassen, untersuchen, abmessen und auf diese Art das wahre Verhältniß, welches ein Theil mit den übrigen hat, deutlich und richtig einsehen kann."[25]

Im Kontext mathematischer Begriffsfindung taucht das Modell zur Mitte des 19. Jahrhunderts auf. Hier liefert das *Wörterbuch der angewandten Mathematik* eine präzise Definition:

> „Modell heißt ein im verjüngten Maßstabe ausgeführter Gegenstand, der entweder wirklich im Großen schon vorhanden ist, oder welcher erst angefertigt werden soll. Der Zweck, den man durch ein Modell zu erreichen beabsichtigt, ist, den durch dasselbe dargestellten Gegenstand im Kleinen mittels Anschauung besser kennen zu lernen, auch leichter beurtheilen zu können, welchen Eindruck oder Nutzen der Gegensand machen würde, wenn er im Großen ausgeführt und seiner Bestimmung gemäß benutzt werden sollte. – Die Modelle leisten besonders viel beim Unterricht in der Stereometrie, Baukunst, Maschinenlehre u.s.w.; daher hat man theils öffentliche, theils privat-Modellsammlungen, die in dieser Beziehung benutzt werden können."[26]

In all diesen hier angeführten Beispielen besteht ein klarer Bezug zum Architekturmodell. Immer wieder ist von „Verjüngung", „Miniatur" und „Maßstab" die Rede und Modelle werden als Gegenstände aufgefasst, die entweder als Vorbild für ein Kunstwerk dienen oder auf die Funktionsweisen eines zu errichtenden technischen Bauwerks, wie etwa eines Wohnhauses, einer Festungsanlage, eines Schiffes oder einer Maschine, hinweisen.[27] Erst der Eintrag „Mathematical Drawing and Modeling" in der *Encyclopedia Britannica* von 1883 schreibt

---

[24]„Modell", in: Krünitz 1773–1858, Bd. 92 (1803), Sp. 527–554.

[25]„Modell", in: Krünitz 1773–1858, Bd. 92 (1803), Sp. 530–531.

[26]„Modell", in: Jahn 1846, Bd. 2, S. 47.

[27]Zum Verhältnis von Miniatur und Modell vgl. etwa Stewart 2007. Auch Mahr 2003 macht auf die enge Verbindung des Begriffs „Modell" zur Architekturgeschichte aufmerksam.

mathematischen Modellen eigenständige, von abbildenden Miniaturen und Funktionsmodellen abweichende Eigenschaften zu. Hier wird ein mathematisches Modell als die Grundlage für die Erlangung geometrischer Erkenntnis bezeichnet:

> „Ein Modell dient der Vermittlung von Wissen, denn es ist lebendig und beziehungsreich und verfügt daher über wichtige Faktoren für die Verwendung eines Lehrmittels. Das Studium am Modell wirft neue und unerwartete Fragen auf und kann beim Finden von Wahrheiten behilflich sein."[28]

Als Beispiel werden hier plastische Modelle aus Pappe, Faden und Gips angeführt, sowie andere Darstellungsformen, wie etwa Tabellen und Symbole, Formeln und Zeichnungen. Diesem Eintrag zufolge dienten mathematische Modelle vor allem dazu, neue Gruppen geometrischer Formen einzustudieren und die eigenen inneren Bilder zu stärken, um dann schließlich in einem späteren Stadium ganz auf solcherlei heuristische Hilfsmittel verzichten zu können. „Die Fähigkeit, auf sie verzichten zu können, stellt sich erst nach einer langen Phase des speziellen Trainings ein."[29] Mathematische Modelle, so deutet es der Artikel an, entstanden aus der Praxis des konstruktiven Zeichnens des 19. Jahrhunderts und wurden schon sehr bald zu Wissensobjekten, die vor allem der didaktischen Vermittlung dienten.

Der in dieser Arbeit gewählte Zeitraum umspannt fast ein ganzes Jahrhundert von 1830 bis 1920, mit zur Französischen Revolution rückblickendem Anfang und bis in die Zeit nach dem Zweiten Weltkrieg hineinreichendem Ende. Was hier gezeigt werden soll ist, dass sich um etwa 1830 ein historisches Fenster für eine neue Art des Denkens auftat und sich Strukturen ergaben, die materielles und theoretisches Wissen innerhalb der Mathematik in Einklang bringen konnten.[30] Die Modelle etwa, die der Mathematiker Théodore Olivier um 1830 in Paris herstellte, konnten nur deshalb so aufwendig gefertigt und vervielfältigt werden, weil der sich gerade neu definierende französische Nationalstaat ein Interesse an der Algebraisierung und Professionalisierung der Geometrie hatte und weil andere Disziplinen, wie etwa die Physik über Kontakte zu Firmen verfügten, die Apparate

---

[28] „As a means of education, the model is lively and suggestive, forming in this way a completing factor in the course of instruction. [...] The study of the model raises new and unexpected questions, and can even do valuable service in leading to new truths." „Mathematical Drawing and Modelling", in: Encyclopaedia Britannica 1875–1898, Bd. 15 (1883), S. 628.

[29] „To be able to dispense with it is a faculty acquired only after a long and special training." „Mathematical Drawing and Modelling", in: Encyclopaedia Britannica 1875–1898, Bd. 15 (1883), S. 628.

[30] Richards 2003 zeigt in ihrer Geschichte des geometrischen Denkens die Verflechtungen zwischen philosophischen, mathematischen und physikalischen Traditionen des 18. und 19. Jahrhunderts auf.

für die Lehre herstellten. Und auch deutsche Modellbauer griffen bei der Wahl der Herstellungsweise und der Materialien immer auf gegebene handwerkliche und intellektuelle Umgebungen zurück, auf die sie unmittelbaren Zugriff hatten. Bei den Modellen, um die es im Verlauf dieser Arbeit gehen wird, handelt es sich fast ausschließlich um Flächen zweiter Ordnung, sogenannte Quadriken. Diese Auswahl liegt darin begründet, dass sich anhand dieser Art von Modellen einerseits Traditionslinien und Kontinuitäten aufzeigen lassen, was deren mathematische Schule angeht.[31] Andererseits lässt sich an diesen recht einfachen mathematischen Flächen zeigen, welchen epistemischen Wert Materialität für die Herstellung von Modellen hat. Denn nur weil über so einen langen Zeitraum von ca. 80 Jahren Quadriken immer wieder hergestellt wurden, lässt sich untersuchen, wie sich die Wahl der unterschiedlichen Materialien auf die Verwendungsart von Modellen auswirkte.

Als Mathematiker um 1850 in Deutschland begannen, sich für den Gebrauch von Modellen von Flächen zweiter Ordnung im Unterricht der Mathematik einzusetzen, knüpften sie dabei direkt an aus Frankreich bekannte Traditionen an. Christian Wiener etwa lehrte ab den 1950er Jahren am Karlsruher Polytechnikum und hatte selbst Modelle von Olivier in seiner Sammlung. Um die technischen Hochschulen in Deutschland zu stärken etwa, bediente sich Felix Klein sowohl rhetorisch als auch organisatorisch immer wieder des Vorbilds der französischen polytechnischen Hochschulen. Klein selbst hatte bei Julius Plücker in Bonn studiert und war dort bereits sehr früh in seinem Leben in Kontakt mit mathematischen Modellen gekommen.

Was die Produktion und Verbreitung mathematischer Modelle anbelangt erfolgte nach dem Ersten Weltkrieg eine erste Zäsur. Die führenden Modellverlage kamen zum Erliegen und universitäre Sammlungen nahmen kaum neue Modelle in ihre Bestände auf. Die Göttinger Modellsammlung, die mit der Eröffnung des Gebäudes des mathematischen Instituts 1929 neu begründet wurde, markiert die zweite und vorerst letzte Zäsur, bei der die Modelle nun verstärkt in musealem und historisierendem Kontext präsentiert wurden.

1.3   Kulturtechniken des Modells

Ein Ausgangspunkt für diese Untersuchung war die Frage nach der epistemischen Funktion des Materials von Modellen und den mit ihnen verbundenen Praktiken. Denn ein Blick in die bestehenden Modellsammlungen, wie etwa die Pariser,

---

[31]Vgl. zur Historiographie der Visualisierung von Flächen zweiter Ordnung Rowe 2018.

die Göttinger oder die Münchener, liefern ein äußerst heterogenes Bild, was die
für die Herstellung verwendeten Materialien betrifft. Befinden sich im Pariser
Musée des Arts et Métiers fast ausschließlich Modelle aus Messing und Seidenfäden, ist der Bestand in Göttingen und München weitaus vielfältiger: Hier gibt
es Modelle aus Holz, Gips, Karton, aber auch aus Häkelgarn, Glas und Polyester.
Jedes dieser Materialien birgt unterschiedliches Wissen über Herstellungstechniken, Sammlungspraxis, Unterrichtsmethode und Sehgewohnheiten. Woher hatten
Olivier, Wiener, Brill und Papperitz die nötigen Kenntnisse zur Anfertigung von
Modellen (und ihren zugehörigen Apparaturen)? Wie erfolgte die Wahl des entsprechenden Materials und wie veränderte dieses den Umgang mit dem Modell?
Generierte die Herstellung von Modellen und deren Verwendung durch Professoren, Studierende und Schüler an Universitäten, technischen Hochschulen und
höheren Schulen eine Art von Wissen und falls ja, um was für ein Wissen handelte
es sich? Um diese Fragen zu ergründen bedarf es einer Benutzungsgeschichte des
mathematischen Modells, die sowohl nach den ideengeschichtlichen als auch den
praxeologischen Voraussetzungen fragt, unter denen Modelle entstanden und eingesetzt wurden.[32] Mit Benutzungsgeschichte ist dabei einerseits die Ergründung
der Konstruktions-, Vortrags-, Zeichen- und Modellierprozesse gemeint, die zur
Entstehung eines mathematischen Modells beitrugen, und andererseits die der tatsächlichen Verwendung des Modells – etwa sein Herumreichen im Hörsaal oder
sein Betrachten in der Vitrine oder auf dem Projektionsschirm. Ein Modell zu „benutzen" hieß schließlich für viele Mathematiker selbst, es eigens anzufertigen.[33]
Erst in einer späteren Phase, als sich Modellsammlungen in ganz Deutschland
etabliert hatten, kam es zu einer vermehrten Befragung der Modelle auf ihre
didaktischen und heuristischen Möglichkeiten hin, was dann schlussendlich zu
zahlreichen Problemen und Widersprüchen führte. Denn wie sich herausstellte
waren die meisten Modelle gar nicht dafür geeignet, von einer größeren Gruppe
von Studierenden oder Schülerinnen benutzt zu werden. Sie waren entweder zu
fragil, zu klein, oder es war zu umständlich, sie immer wieder in die Seminarräume mitzunehmen. Derartige Überlegungen zu den Möglichkeiten und Grenzen
der Verwendung von Modellen im Unterricht wurden von Mathematikern wie
Friedrich Schilling oder Erwin Papperitz angestellt, die zu neuen Projektionstechniken griffen, um mathematische Sachverhalte zu veranschaulichen. Papperitz
und Schilling plädierten aber keines Falls dafür, die Modelle einfach durch neue,

---

[32]Epple 2009 schlägt diesen Ansatz für die Arbeit mit mathematikhistorischem Material vor.
Unter Berufung auf die Arbeiten Ludwik Flecks, Steven Shapins und Simon Schaffers sowie
denen David Bloors plädiert er dafür, insbesondere die (sozialen, wissenschaftlichen oder
kulturellen) Praktiken von Mathematikern in ihrer Zeit zu studieren.

[33]So formuliert es etwa Schilling 1904, S. 6.

optische Projektionsmethoden zu ersetzen, sondern allenfalls zu ergänzen.[34] Das
zeichnerische Verfertigen einer Kurve vor den Augen der Schüler und Studierenden konnte auf ganz unterschiedliche Weisen vollzogen werden: am Gipsmodell,
an der Tafel, auf dem Diapositiv oder auf dem Projektionsschirm.

Ein Beispiel für eine solche objektbasierte Nutzungsgeschichte hat zuletzt
Nils Güttler mit einer Monographie über botanische Verteilungskarten des 19.
Jahrhunderts vorgelegt.[35] Güttler führt in seiner Studie vor Augen, wie erst der
Betrachter die Pflanzenkarte zu einem epistemischen Werkzeug der Botanik werden ließ, indem er auf die Praktiken verweist, die mit den Karten in Verbindung
standen. Karten versteht er dabei als Medien, weil sie nicht nur etwas über das
Gezeigte (die Botanik), sondern auch etwas über den Betrachter aussagen, sowie
dessen unterschiedliche Denk- und Sehweisen.[36] Wegweisend für diese Vorgehensweise sind zudem die Arbeiten Wladimir Velminskis, in denen sich zeigt,
wie sich Mathematikgeschichte und Mediengeschichte miteinander vereinbaren
lassen.[37] Velminski erzählt eine Geschichte des mathematischen Denkens des
Mathematikers Leonhard Eulers anhand der von ihm verwendeten Schrift- und
Zeichensysteme.[38] Er stellt die Praktiken des Rechnens und (Auf-) Schreibens
an den Anfang mathematischer Wissensproduktion und spricht ihnen eine epistemische Bedeutung zu. Zugleich untersucht er die visuellen Gewohnheiten sowie
die Sehpraktiken, die zu Beginn des 18. Jahrhunderts die Denkweise Eulers beein-
flussten. Durch diese Vorgehensweise tritt zu Tage, dass die von Euler entworfene
Universalsprache, die etwa durch das Summenzeichen $\sum$ bekannt geworden ist,
von einer theologisch-humanistischen Erziehung geprägt war.[39] Eulers „Denken
mit dem Stift" stellt Velminski als wissenschaftliche Methode dar, die zugleich
eine Visualisierungstechnik war.[40] Übertragen auf mathematische Modelle könnte
man sagen dass Mathematiker wie Hermann Wiener mit dem Reißzeug dach-
ten, oder mit der Fräsmaschine. Denn insbesondere für Wiener dienten Modelle

---

[34]Schilling 1905, S. 754.

[35]Güttler 2014.

[36]Güttler 2014, S. 14.

[37]Nach Bernhard Siegert grenzen Wissenschaftsgeschichte und die Mediengeschichte mit
ihren Hinterhöfen aneinander. Diese Aussage ist als Notiz zur Methode zu verstehen, beide
Disziplinen über ihre jeweiligen Praktiken miteinander zu verschränken. Siegert zeigt dann
auch sehr deutlich, dass in seinem Beispiel Medien- und Mathematikgeschichte miteinander
verwoben werden können, indem man die Zeichenpraktiken untersucht, die beiden Disziplinen
unterliegen. Vgl. Siegert 2003, S. 11–12.

[38]Vgl. Velminski 2009.

[39]Vgl. auch Bredekamp und Velminski 2010.

[40]Velminski 2009, S. 14.

als Erkenntnismittel um zu verstehen, wie sich die Materialität eines Modells – also etwa 2 mm dünner Draht – auf dessen mathematische Eigenschaft auswirkte.[41] Wie dünn musste der Draht sein, um die mathematische Genauigkeit einer Kurve nicht zu verfälschen? Diese und ähnliche Überlegungen stellt Wiener in den Begleittexten zu seinen Modellen an, was zeigt, dass er von den Modellen selbst ausging, um von deren materiellen Gegebenheiten Rückschlüsse auf die Möglichkeiten und Grenzen mathematischer Veranschaulichungsstrategien zu ziehen.

Wenn nach dem *Denken mit Objekten* in der Wissenschaft gefragt wird, stehen zugleich immer die Techniken, Prozesse, Verfahren und Praktiken ihrer Herstellung im Vordergrund, die zur Entstehung von Modellen beitragen. Mathematische Modelle wurden berechnet, gezeichnet, in Messing gegossen, mit Fäden bespannt, aus Pappe geschnitten, in Gips modelliert oder in Draht gebogen. Diese Vorgänge können als Kulturtechniken bezeichnet werden, wie Medienwissenschaftler wie Bernhard Siegert, Sybille Krämer, Horst Bredekamp und andere seit der Wende zum 21. Jahrhundert gezeigt haben.[42] Diese Arbeiten entstanden unter dem Eindruck, dass sowohl die Kulturwissenschaften als auch die Wissenschaftsgeschichte bis dato einen stark textbasierten Ansatz verfolgten und dass dieser um einen bild-, objekt- und praxisbezogenen Schwerpunkt ergänzt werden sollte.[43] Kulturtechniken wie Lesen, Schreiben, Rechnen, Malen, Musizieren, Entwerfen oder Modellieren sollten dementsprechend von nun an als eigenständige Untersuchungsgegenstände aufgefasst werden, die nicht Hilfsmittel für die Erstellung eines Textes, einer Zeichnung, eines Musikstücks oder eines Modells sind, sondern einen wesentlichen Anteil an der Wissensproduktion des jeweiligen Objekts haben. Kulturtechniken sind als das Ergebnis kultureller, technischer, institutioneller und pädagogischer Diskurse zu verstehen. Sie sind zu einem wesentlichen Anteil in die Produktion von Wissen eingebunden.

---

[41] Wiener 1905a, S. 16. Vgl. ausführlich hierzu das **Kapitel 5/Abschnitt 5.4**.

[42] Vgl. etwa Siegert 2009 sowie zuletzt Siegert 2013, der hier den Begriff der Kulturtechnik für ein englischsprachiges Publikum neu aufrollt und zusammenfasst, sowie Krämer und Bredekamp 2003, hier insbesondere die Einleitung. Sinnstiftend wirkte für diese Arbeiten wiederum der Literaturwissenschaftler Friedrich Kittler, der bereits in den 1980er Jahren über die Konstituierung unserer Wahrnehmung durch Medien nachdachte. Vgl. etwa Kittler 2003.

[43] Diese Überlegungen verdichteten sich im Jahr 1999 auch in institutioneller Form und es kam zur Gründung des Hermann von Helmholtz-Zentrums für Kulturtechniken (HZK) an der Humboldt-Universität zu Berlin. Das Zentrum versteht sich als Schnittstelle zwischen kultur- medien- und wissenschaftshistorischer Forschung. Als eine der Studien, die aus dem am HZK angesiedelten Projekte *Das Technische Bild* hervorging wäre Bredekamp et al. 2008 zu nennen.

Mathematische Modelle setzen sich aus einer Vielzahl solcher Kulturtechniken zusammen und sie lassen sich ohne diese nicht begreifen. So ist die Kulturtechnik des Zeichnens ebenso entscheidend für das Ergründen ihrer Entstehung wie die des Sammelns, Konstruierens oder Projizierens. Ebenso wenig wie es das mathematische Modell *an sich* gibt, gibt es nicht die einzelne Praxis des Modellierens oder die eine Form der Nutzung. Eine interdisziplinär angelegte Studie wie sie hier vorliegt, widmet sich dem historischen Gefüge aus Praktiken, Diskursen und Medien, in das Modelle eingebettet sind.

1.4   Modelle und ihre epistemischen Umgebungen

Wenn es im vorangegangenen Teil der Einführung um die Praktiken, Techniken und die „Benutzung" von Modellen ging, so muss im Folgenden etwas über die Bedingungen gesagt werden, unter denen Modelle zu Wissensobjekten werden konnten. Mathematische Modelle gab es schon vor der Begründung der *Géométrie Descriptive* durch Gaspard Monge um 1800 und letztendlich kann auch heute fast jeder alltägliche Gegenstand als mathematisches Modell aufgefasst werden. Ein Wasserglas könnte dann das Modell eines Zylinders sein, ein Stein das Modell eines Ellipsoids und eine Papiertuch-Dose könnten als das Modell eines Quaders oder Würfels herhalten. Um zu verstehen, welche Verfasstheit ein Objekt haben musste, um im 19. Jahrhundert als mathematisches Modell zu gelten und als solches wahrgenommen zu werden, müssen die medialen und epistemischen Umgebungen untersucht werden, in denen diese Modelle auftraten. Der Begriff der *epistemischen Umgebung* ist hier dem Philosophen und Mathematiker Bernd Mahr entlehnt, der sowohl über theoretische als auch materielle Modelle nachgedacht und geschrieben hat.[44] Mahr versteht Modelle als Objekte, deren Funktion und Bedeutung sich nach dem es auffassenden Subjekt richtet. Er schließt damit an die Überlegungen zur Geschichte und Definition der Kulturtechniken an, indem er grundsätzlich Gegenstände als Gebilde verortet, die erst durch das sie auffassende Subjekt zu einem Objekt werden. Ein Modell entsteht demnach durch die Auffassung eines Subjektes. Durch dieses „Auffassen" erhält für Mahr der Gegenstand/das Modell seine entsprechende „epistemische Umgebung", denn er oder es tritt damit in eine Beziehung zu einem ihn umgebenden Kontext.[45] Nichts, kein Modell, kein Bild, kein Ding existiert ohne seine sehr individuelle Aufgefasstheit, was für Mahr die Konsequenz birgt, bei der Ergründung eines Objekts

---

[44]Vgl. etwa Mahr und Wendler 2009; Mahr 2003; Mahr 2008a; Mahr 2015, sowie konkret zu dem Begriff der epistemischen Umgebung Mahr 2008b.
[45]Mahr 2008b, S. 24.

immer zugleich nach dem Subjekt zu suchen, das es wahrnimmt. Übertragen auf mathematische Modelle bedeutet das, dass diese nicht allein aufgrund materieller Eigenschaften als solche bezeichnet werden können. Ein Zylinder aus Glas allein ist noch kein mathematisches Modell, es kann ebenso ein Wasserglas sein und ein Kubus wird noch nicht allein dadurch ein Modell, dass er aus Pappe besteht. Auch reine Abbildungsbeziehungen reichen nicht aus, um das Modell zum Modell zu machen. Nur weil etwas aussieht wie ein Zylinder oder ein Kubus ist es kein Modell eines solchen im epistemischen Sinne. Es kommt vielmehr auf das Urteil an, dem ein Modell unterliegt. So kann eben der oben genannte Stein doch sehr wohl als mathematisches Modell betrachtet werden, wenn man ihn etwa neben einer Reihe ähnlicher Steine als Sammlungsobjekt mit einer Beschriftung in einer Sammlungsvitrine findet (vgl. **Abb. 1.2**).

Abb. 1.2 Sammlung von Steinen am Mathematischen Institut der Georg-August-Universität Göttingen, die hier als Ellipsoide klassifiziert werden. Mathematisches Institut der Universität Göttingen, Modellsammlung, Fotografie © Anja Sattelmacher

Ein Modell aufzufassen bedeutet in dieser Hinsicht, es als ein solches zu bezeichnen. Mahr nennt diese zunächst banal wirkende Aussage den „pragmatischen Kontext" eines Modells.[46] Wenngleich er bei seinen Überlegungen vornehmlich an theoretische Gebilde oder zumindest an Dinge dachte, die rein äußerlich nicht sofort als Modelle erkennbar sind (Graphen, Zeichnungen, Symbole), lassen sich die Beobachtungen auch auf materielle mathematische Modelle übertragen. Ein mathematisches Modell unterscheidet sich von einem Alltagsgegenstand (Glas, Stein, Karton) durch seinen Abstraktionsgrad. Eine Sammlung etwa ist nach dieser Sichtweise eine ausgewiesene epistemische Umgebung, denn sie kontextualisiert die in ihr enthaltenen Modelle und setzt sie zueinander in Beziehung. Hier kann der Stein zum Modell werden, weil es nicht um den in der Natur vorkommenden Gegenstand (die Zusammensetzung seiner Mineralien etc.) geht, sondern um dessen Verortung innerhalb einer Gruppe mathematischer Gegenstände, die ähnliche Eigenschaften aufweisen. Kurz gesagt: Ein Modell wird dadurch zum Modell, dass es etwas zeigt oder veranschaulicht, oder dadurch, dass es als Modell klassifiziert und bezeichnet wird. Dies lässt sich am Beispiel wissenschaftlicher Sammlungen gut verdeutlichen, weil Modelle von Beginn an Teil einer akademischen Forschungskultur waren, die Sammlungen einen großen Stellenwert beimaß. Die ersten Sammlungen mathematischer Modelle entstanden in Paris beinahe zeitgleich mit der Errichtung der École Polytechnique und der damit verbundenen Algebraisierung der Geometrie. In München, Leipzig und Göttingen – den drei Stationen an denen Felix Klein Professuren innehatte – bildeten sich mithin auf sein Geheiß Sammlungen mathematischer Modelle, mit denen er Gedeih und Verderb des mathematischen Instituts in Verbindung brachte. Modelle waren in dieser Hinsicht immer zugleich Argumente für den Status einer von Klein und seinen Kollegen vertretenen Mathematik, die sich an den Anwendungen orientierte. Vor allem aber oszillierten diese Sammlungen zwischen praktischer Wissensvermittlung, die das haptische Anfassen als Teil des Veranschaulichungsprozesses verstanden, und der Musealisierung der Modelle.[47] Denn so oft die Modelle gut sichtbar in Institutsgängen und -hallen aufgestellt wurden, so schwierig war ihre tatsächliche Handhabe.[48] In manchen Fällen, wie etwa auf Kongress- oder Unterrichtsausstellungen, waren Modelle

---

[46]Mahr 2008b, S. 25. Mahr selbst führt seine Überlegungen im Text am Beispiel von Eulers Königsberger Brückenproblems sowie Leonardos *Mann von Vitruv* aus – bei beiden handelt es sich um Modelle, die zugleich eine Zeichnung sind (oder umgekehrt).

[47]Vgl. etwa zum Wechselspiel von wissenschaftlichen Objekten in Museumssammlungen und Ausstellungen te Heesen und Vöhringer 2014.

[48]Auf die entsprechende einschlägige Literatur zum Thema wissenschaftliche Sammlung wird in **Kapitel 4** verwiesen. An dieser Stelle sei lediglich ein Aufsatz von Anke te Heesen

Teil eines repräsentativen Systems. Hier ging es nun darum, eine Disziplin oder eine Unterrichtsmethode auszustellen und sich als wissenschaftliche Disziplin die Anerkennung der Kollegen zu versichern. Ein entsprechender Bericht über die Weltausstellung in Chicago gibt Auskunft darüber, wie eine solche Unterrichtsausstellung betrachtet werden müsse:

> „Wer eine 'Universitätsausstellung' besehen will, muß sich darauf gefaßt machen, dabei auch zu denken, sich gedanklich belehren und aufklären zu lassen. [...] Gerade so wie der Besucher der Kunstgalerie Augen benutzen muß, um zu sehen, wie die Musik mit den Ohren verstanden wird, so kann das Verständniß für wissenschaftliche Institute und deren Arbeit ohne nachdenkenden Verstand nicht erfaßt werden. Es sind nicht nur bauliche Einrichtungen und Instrumente, mit denen die Universitäten zwecks einer Ausstellung auf den Plan treten. Die Methode des Unterrichts und der Forschung und ihre Ziele, die Resultate geistiger Arbeit, endlich die Entstehung der vorhandenen Einrichtungen verlangen geschriebene und gesprochene Worte, um verständlich zu werden. Kann die Eigenart des deutschen Universitätswesens sonach nicht ohne weiteres durch Gegenstände veranschaulicht werden, so können doch Bilder und Erinnerungsstücke ins Gedächtniß rufen, was die deutsche Nation und die Welt bedeutenden Männern verdankt."[49]

Neben den Sammlungen und Ausstellungen gibt es weitere epistemische Umgebungen, deren genauere Untersuchung in der Arbeit vorgenommen wird. So spielte etwa der Sammlungskatalog eine wichtige Rolle für die Verbreitung und Bekanntmachung von Modellen. Durch das Abbilden von Modellen in Katalogen, die zugleich immer als Verkaufsschriften dienten, wurden Modelle in ein dichtes Verweissystem eingebunden. Das Objekt in der Vitrine erhielt ein abgebildetes Konterfei mit beigefügtem Begleittext, den zu reproduzieren oftmals leichter war und der unter Umständen eine genauere Vorstellung von dem Modell vermitteln konnte. Hermann Wieners „Sammlung" mathematischer Modelle beruhte auf diesem Wechselspiel zwischen Objekt, Bild und Text wie keine andere. Er achtete auf gut gedruckte Abbildungen seiner Modelle in Katalogen und auf wohl formulierte Begleittexte. In Wieners Vorgehensweise zeigen sich ebenso die Ambivalenzen, die mit dem Begriff der mathematischen Modellsammlung einhergingen. Denn für ihn war das Anlegen einer Sammlung zum Zweck des Verkaufs einzelner Modelle oder Modellreihen kein Gegensatz – eher im Gegenteil: Eine Sammlung

---

erwähnt, in dem sie auf die Konjunkturen der Aufmerksamkeit gegenüber wissenschaftlichen Objekten universitärer Sammlungen eingeht. Vgl. te Heesen 2007a.

[49] Anonym 1894, S. 980.

mathematischer Modelle hatte den Zweck, veräußert zu werden.[50] Projektionsapparaturen und Vorführdispositive, wie sie sich an mathematischen Instituten ab etwa 1910 herauskristallisierten, können wiederum als ein Beleg dafür gesehen werden, dass Modelle als Medien zu verstehen sind, die sich im Laufe der Zeit an ihre situativen Gegebenheiten anpassten. So zeigen Wieners Methode der Schattenprojektion, Friedrich Schillings mathematische Dias und Erwin Papperitz' kinodiaphragmatischer Projektionsapparat, dass das Bedürfnis nach mathematischer Veranschaulichung zwar ungebrochen war, die Bedingungen sich aber grundsätzlich verändert hatten. Wachsende Studierendenzahlen (insbesondere an technischen Hochschulen), das Aufkommen zahlreicher kinematographischer und projektiver Apparate sowie ein gereiftes Verständnis von ästhetischer Praxis innerhalb der Mathematik ermöglichten und bedingten eine zunehmende Verflachung mathematischer Modelle zugunsten ihrer technischen Projizierbarkeit. Mathematische Modelle waren dazu da, Wissen zu ordnen, Zusammenhänge aufzuzeigen und neue Wirklichkeiten zu konstruieren. Sie waren zu jedem Zeitpunkt in ihrer Geschichte in eine spezifische *epistemische Blickkultur* eingebunden, an deren Formierung sie stets mitwirkten.

1.5   Der Blick auf die Quellen

Was genau erklärte Wiener wohl seinen Kindern, als er mit ihnen am Tisch saß und das Modell in seinen Händen hielt? Vermutlich sprach er darüber, wie er auf die Idee gekommen war, es auf genau jene Art und Weise zu konstruieren, welche Schwierigkeiten die Anfertigung barg und wie vorsichtig man bei der Handhabe sein musste. Die gesamte Bildkomposition sagt vieles über das Selbstverständnis eines Mathematikers seiner Zeit aus, der Modelle selbst herstellte und veräußerte. Denn einerseits nimmt die Aufnahme deutlichen Bezug zu dem Klischee des bürgerlichen Gelehrten aus der gehobenen Mittelschicht im 19. Jahrhundert, der sich gern in guter Kleidung und wohl überlegter Pose mit seinem Forschungsgegenstand in Szene setzte.[51] Andererseits aber zeigt die Fotografie sowohl ein akademisches als auch disziplinäres Spannungsfeld auf, denn der *Mathematiker-Modelleur* Wiener unterschied sich in seiner wissenschaftlichen Praxis deutlich von den humanistisch geprägten Gelehrten seiner Zeit. Zu dessen wissenschaftlichen Persona gehörten ein reger Briefwechsel mit Kollegen, autobiographische Aufzeichnungen, Tagebücher, sowie die Inszenierung in den Medien Fotografie

---

[50]Vgl. hierzu **Kapitel 4/Abschnitt 4.4**.

[51]Dies wird vor allem in Busch 1986 näher thematisiert. Siehe Fußnote 5 weiter oben.

und Malerei.[52] Sowohl Felix Klein als auch Alexander Brill entsprachen zumindest zum Teil diesem Bild. So hinterließ Klein einen umfangreichen Nachlass, der sich heute in der Handschriftenabteilung der Niedersächsischen Staats- und Universitätsbibliothek Göttingen befindet.[53] Die darin enthaltenen Dokumente umfassen vor allem Briefwechsel mit zahlreichen Mathematikern, preußischen Politikern sowie Schülern Kleins, Manuskriptentwürfe, autobiographische Notizen und Aufzeichnungen zu Lehrveranstaltungen. Daneben ist eine Sammlung von Vorlesungsnotizen aus den Seminaren und Vorlesungen Kleins erhalten, die sich in der Separatasammlung (im sogenannten „Giftschrank") der Bibliothek des Mathematischen Instituts der Georg-August-Universität befindet.[54] Alexander Brill lässt sich hingegen eher der Persona eines *Handwerksgelehrten* zuordnen, wie ihn Otto Sibum charakterisiert. Dieser zeichnete sich dadurch aus, dass er praktisches und theoretisches Wissen miteinander zu vereinbaren suchte, etwa durch Experimente oder den Umgang mit Modellen.[55] Brill war studierter Mathematiker und Architekt. Sein praktisches Wissen über Modelle erlangte er hauptsächlich außerhalb der Universität.[56] Über die Anfertigung seiner Modelle selbst sowie zur Dokumentation des Modellverlages, den sein Bruder innehatte, ist fast nichts überliefert. Dafür hinterließ er ein rund 1000 Seiten starkes Konvolut an Aufzeichnungen mit dem Titel *Aus Meinem Leben. Unveröffentlichtes Tagebuch in drei Bänden, samt Chroniken und Briefen in vier Bänden*, das in den Jahren zwischen 1887 und 1935 entstand.[57] Dieses „Tagebuch" ist eine wichtige

---

[52]Zur Selbstinszenierung des Gelehrten von der frühen Neuzeit bis ins 19. Jahrhundert vgl. Lüdtke und Prass 2008. Zur wissenschaftlichen Persona haben vor allem Lorraine Daston und Otto Sibum einschlägige Publikationen vorgelegt, so etwa der 2003 erschienene Themenband von *Science in Context* zur Scientific Persona, insbesondere die Einleitung: Daston und Sibum 2003; sowie Daston 2003.

[53]Der Nachlass wurde von Erich Bessel-Hagen erschlossen und katalogisiert. Vermutlich wurden einige Teile davon bereits zu Lebzeiten Klein im Zuge der Herausgabe der Gesammelten Mathematischen Abhandlungen aufbereitet. SUB. Gött HSD Cod.Ms.F.Klein; 32 Kästen, 1 Truhe.

[54]Online abrufbar unter https://page.mi.fu-berlin.de/moritz/klein/, sowie https://www.claymath.org/publications/klein-protokolle (beides zuletzt geprüft am 12.10.2020). Zur Geschichte und den Hintergründen der Protokolle vgl. Chislenko und Tschinkel 2007.

[55]Sibum 2003.

[56]Théodore Olivier müsste ebenso in diesem hybriden Umfeld zwischen Gelehrtem und Praktiker eingeordnet werden, allerdings lässt sich dies nur schwer belegen, da von ihm keinerlei persönliche Aufzeichnungen überliefert sind. Vgl. Ursula Kleins Überlegungen zum hybriden Experten im 18. und frühen 19. Jhd. Klein 2012 (siehe Fußnote 125 in **Kapitel 2**).

[57]Brill (1887–1935). Brill nahm hier eine strenge Auswahl vor und vernichtete noch zu Lebzeiten alle Dokumente, die nicht mit seiner Arbeit in Verbindung standen, darunter die

Quelle, weil es Aufschlüsse über Brills Motive, Gedanken und seine Beziehungen
zu Kollegen und Familienmitgliedern gibt, sowie über seine Wissenspraktiken.[58]
Es veranschaulicht, dass das Arbeiten mit Modellen im 19. Jahrhundert keinen
oder wenigen wissenschaftlichen und handwerklichen Standards unterlag, und
nur durch den Transfer zu anderen Disziplinen, wie etwa der Bildhauerpraxis,
dem Kartonmodellbau oder dem mechanischen Vorrichtungsbau zu verstehen ist.
Die Rezeption von Brills Tagebuch bietet zudem beinahe die einzige Möglichkeit, etwas über die Vertriebswege für Modelle zu erfahren, denn Brill erwähnte
an mehreren Stellen, wenngleich flüchtig, wie es um seine Beziehung zu seinem
Bruder Ludwig stand und wie dieser – eher widerwillig – seinen Verlag nach den
Bedürfnissen des Modellvertriebs umgestaltete.[59] Um zu verstehen, wie mathematische Modelle in zahlreiche Universitätssammlungen Eingang fanden und so Teil
einer epistemischen Blickkultur wurden, ist die Untersuchung der Rolle der Verlage ganz besonders entscheidend. Wie sich zeigen wird, beruhte die Gründung
von Lehrmittelverlagen auf der Verlagstradition im 19. Jahrhundert und wurde
insbesondere für den Bereich der Modelle bisher nicht hinreichend aufgearbei-
tet.[60] Hermann Wieners Modellbaupraktiken wiederum sind aus Primärquellen
kaum zu erforschen. Sie müssen über historisch-experimentelle Rekonstruktionen
nachvollzogen werden.[61] Wiener hat weder einen Briefwechsel hinterlassen, noch
autobiographische Notizen oder Informationen darüber, woher er sein Wissen

---

Briefe von seiner Frau Anna an ihn. Das Original des Dokuments befindet sich bis heute bei
den Nachfahren Brills, eine Kopie liegt aber dem Archiv der TU München (im Folgenden
TUM.Archiv) vor. Mein Dank gilt an dieser Stelle Gerhard Betsch, der mir seine persönliche
Exemplar-Kopie mehrmals überließ und mir einige Male Seiten daraus kopierte und eigens
für mich exzerpierte. Eine wissenschaftliche Edition dieser Memoiren steht bisher noch aus.

[58]Den Begriff der „Wissenspraxis" schlüsselt Menke 2008 am Beispiel von Jean Paul's
Exerpiertechniken auf. Sie arbeitet den überaus treffenden Begriff der „Selbsterlebensbe-
schreibung" heraus, bei der der Autor seine Persona erst durch den Akt des Schreibens
erschafft.

[59]Zum Leben und Wirken Brills vgl. den umfangreichen Katalog der Tübinger Sammlung mathematischer Modelle von Seidl et al. 2018, der ausführlich auf die antisemitischen
Einlassungen Brills in dessen Memoiren eingehen – ein Aspekt, der bisher von der
mathematikhistorischen Forschung nicht beleuchtet wurde. Vgl. Seidl 2018, S. 22–25.

[60]Als überblickendes Werk zur Verlagsgeschichte vgl. etwa Jäger et al. 2001 und Jäger et al.
2003. Nähere Ausführungen hierzu folgen in **Kapitel 5/Abschnitt 5.1.**

[61]In den letzten Jahren erschien eine ganze Reihe methodischer Literatur, die sich mit dem
Themenfeld der experimentellen Wissenschaftsgeschichte auseinandersetzte. Peter Heering
und Olaf Breidbach etwa führten auf diesem Gebiet mit großangelegte Forschungsprojekte
durch, in denen sie sich der Rekonstruktion historischer Instrumente und Experimente widmeten. Vgl. etwa Breidbach et al. 2010. Weitere Literatur wird im **Kapitel 5/Abschnittt 5.4**
besprochen.

über Draht erhielt. Einzig die Familienabbildung und einige Musterzeichnungen sind überliefert. Der Mangel an Verschriftlichungen von Entwurfs- und Produktionsprozessen, der übrigens genauso auf Erwin Papperitz zutrifft, lässt sich zum Teil aus dem Selbstbild der Wissenschaftler herleiten. Wieners wissenschaftliches Selbstverständnis speiste sich vornehmlich aus der Nähe zu den Ingenieurswissenschaften.[62] Als Professor für darstellende Geometrie an der Technischen Universität Darmstadt hatte er vermutlich nur wenig Kontakt zu Geisteswissenschaftlern und deren gelehrten Praktiken. Ganz anders als sein Vater Christian, der neben mathematischen Abhandlungen zahlreiche philosophische Werke verfasste, verzichtete Hermann auf jegliche Form der literarischen Äußerung oder Selbstbeschreibung.[63]

Für diese Arbeit wählte ich daher den Weg, Befragungen und Interviews als Quelle heranzuziehen. Wissenschaftshistorikerinnen und -historiker wie Anke te Heesen oder Jochen Hennig haben diesen Weg aufgezeigt, indem sie Interviews mit Wissenschaftlern historisch aufarbeiteten und damit das Interview als historische Quelle nobilitierten.[64]

Um die Prozesse mathematischer Modellkonstruktionen historisch aufzuschlüsseln hat sich im Falle dieser Studie der Kontakt zu Friedhelm Kürpig als sehr hilfreich erwiesen. Kürpig, heute emeritierter Professor für Architektur aus Aachen, übernahm über einige Umwege die Werkstatt, die seinerzeit die Modelle für Wiener anfertigte. Im Selbststudium und anhand von Gesprächen mit Zeitzeugen erschloss sich der Architekt in den 1970er und 1980er Jahren das Wissen über die Modelle, von der Rekonstruktion historischer Zeichnungen hin zum Nachbau der einst verwendeten Instrumente. Ein zweitägiger Besuch in Kürpigs Werkstatt ermöglichte mir einen detailgetreuen, wenngleich nur in Ansätzen vollständigen Nachvollzug von Wieners Vorgehensweise. Neben diesem Werkstattexkurs lieferten mehrere mündlich geführte Gespräche mit Nachfahren von Mathematiker-Modelleuren Aufschluss über Akteure, die bisher in keinen gedruckten oder ungedruckten Stellungnahmen vorkamen. So waren die Gespräche mit dem ehemaligen akademischen Rat des mathematischen Instituts der Universität Tübingen, Gerhard Betsch, entscheidend, um den Herstellungsprozess

---

[62]Zur Verwissenschaftlichung der Ingenieurswissenschaften und dem daraus hervorgehenden neuen Selbstbild des Ingenieurs vgl. etwa Paulitz 2014.

[63]Vgl. etwa Wiener 1869a; Wiener 1879 sowie Wiener 1894. Christian Wieners Werke fanden allerdings unter Zeitgenossen nur wenig Anklang und wurden bisher in keinem philosophiegeschichtlichen oder wissenshistorischen Kontext untersucht.

[64]Zur Geschichte des Interviews erschien zu letzt te Heesen 2020. Hennig 2011 zeigt beispielhaft auf, wie die Quelle des wissenschaftlichen Interviews als historische Herangehensweise verarbeitet werden kann.

von Kartonmodellen zu verstehen. Betsch war der Sohn eines ehemaligen Studenten Brills, der zu Lebzeiten ein mathematisches Modell bei seinem Lehrer angefertigt hatte.

Einige dieser Nachforschungen beförderten noch einen weiteren Modellakteur zu Tage, der in gedruckten Quellen oder Lebenszeugnissen bislang keinerlei Beachtung fand: nämlich die Beteiligung der Frauen an der Modellherstellung.[65] Dies erstaunt umso mehr, als sich zeigen wird, dass Frauen – zumeist Angehörige von Mathematiker-Modelleuren – einen ganz erheblichen Anteil an der Herstellung von Modellen hatten.[66] Sie waren diejenigen, die die Fleißarbeit erledigten. Sie spannten die Fäden, ritzten die Linien in den Gips oder schnitten Kartonschablonen aus.

Eine weitere Quellenart bilden Kataloge. Sie dienten sowohl als Sammlungsverzeichnis, als auch als Preisübersicht und enthielten daneben oft ausführliche Beschreibungen einzelner Modelle, die es im Rückblick ermöglichen, Herstellungsweise und Funktion einzelner Modelle nachzuvollziehen. Daneben wurden pädagogische Zeitschriften und Abhandlungen über den Mathematikunterricht im 19. Jahrhundert in größerer Anzahl für diese Untersuchung herangezogen. Zu den wichtigsten Zeitschriften zählen hier *das Journal de l'École Polytechnique*, die *Zeitschrift für mathematischen und naturwissenschaftlichen Unterricht (ZMNU)*, sowie die *Unterrichtsblätter für Mathematik und Naturwissenschaft*, weil sie die Fragen zu einem zeitgenössischen Mathematikunterricht, zur Erziehung der Anschauung sowie zum Umgang mit mathematischen Lehrmitteln ausführlich diskutieren. In ähnlicher Weise liefern didaktische Abhandlungen wie etwa Peter Treutleins *Der geometrische Anschauungsunterricht* (1911) oder Karl Giebels *Anfertigung mathematischer Modelle* (1915) einen guten Einblick in die Überlegungen, wie mathematische Modelle in den Unterricht – hier zumeist an Schulen – miteinzubeziehen seien.[67] Zudem wurden für die Arbeit zahlreiche bisher unveröffentlichte Abbildungen untersucht, wie etwa die Fotografien von Sammlungslokalitäten aus dem Nachlass Wilhelm Loreys, die bisher nicht

---

[65]Vgl. etwa das Gesprächsprotokoll zwischen Katrin Richter, Professorin für Mathematik an der Universität Halle und Juliane Vogel, einer Nachfahrin von Martin Schilling, Inhaber des gleichnamigen Modellverlags. Das Protokoll wird hier und im Folgenden denotiert als Richter/Vogel 2008.

[66]Vgl. hierzu **Kapitel 5/Abschnitt 5.1.**

[67]Die didaktischen Abhandlungen, die sich mit dem Einsatz von Lehrmitteln im mathematischen Unterricht auseinandersetzen, werden an mehreren Stellen der Arbeit ausführlich besprochen, so etwa in **Kapitel 2/Abschnitt 2.2.2.**

genau zugeordnet werden konnten, Fotografien von Modellausstellungen auf Kongressen, wie etwa der Münchener im Jahr 1893 oder der Heidelberger 1904, oder die obenan besprochene Familienfotografie Hermann Wieners.[68]

Für eine Studie wie diese, die sich der materiellen Kultur mathematischer Gegenstände widmet, sind vor allem die Modelle selbst eine wichtige Quelle, wenngleich vielleicht die am schwierigsten zu bearbeitende. Die Vielzahl der Publikationen, die sich in den letzten Jahren dem Thema „Objektbiographien", „material culture" oder der „Dingtheorie" gewidmet haben, belegen ein großes Interesse am Umgang mit Objekten, statt mit den ihnen zugeordneten Texten allein.[69] Daneben haben sich mehrere groß angelegte Forschungsnetzwerke gebildet, die Fragen nach dem Umgang materieller Zeugnisse in der Wissenschaftsgeschichte stellen.[70] Ein großes Problem stellt die oft fehlende Möglichkeit der Handhabe von Modellen in den entsprechenden Sammlungen dar. Denn insbesondere die beweglichen Modelle, die man eigentlich selbst mit der Hand betätigen müsste, um ihre Funktionsweise zu verstehen, sind die empfindlichsten und auch die oftmals am schlechtesten konservierten. So befindet sich eine große Sammlung der Modelle Théodore Oliviers im Depot des Musée des Arts et Métiers in Paris, diese dürfen jedoch lediglich fotografiert, nicht aber berührt werden. Das Drehen an Schrauben oder das Biegen von Scharnieren – für den Nachvollzug der Funktionsweise der Modelle wichtige Vorgänge, bleibt hier auf den Bereich der eigenen Vorstellungskraft beschränkt. Insbesondere die von Olivier konzipierten Fadenmodelle sind aufwendig zu restaurieren und zerfallen leicht, weil die Spannung der Fäden nach einiger Zeit nachlässt und sich die Knoten lösen. Aus diesem Grund ist es immer notwendig, für den Nachvollzug der Funktionsweise der Modelle Schriften über die mathematischen

---

[68]Nachlass Wilhelm Lorey, GOEUB.Archivzentrum FFM, Sign. Na42; Mathematische Ausstellung TH München 1893, Saal Geometrie, TUM.Archiv, Kategorie Ereignisse; Akten der DMV, UAF, Sign. E4; sowie Fußnote 2 in dieser **Einleitung**.

[69]Für den amerikanischen Raum wären hier die zahlreichen von Pamela Smith ins Leben gerufene Projekte zu nennen, die sich interdisziplinär mit dem Umgang historischer Objekte auseinandersetzen sowie ihre einschlägigen Publikationen wie etwa Smith et al. 2014. Zu Objektbiographien vgl. etwa Daston 2000 und zum Schlagwort „Dingtheorie" Brown 2001.

[70]Europaweit ist das European Academic Heritage Network (UNIVERSEUM) sehr aktiv an der kontinuierlichen Weiterentwicklung des Wissens über den Umgang mit Objekten beteiligt. Vgl. https://www.universeum-network.eu/ (zuletzt geprüft am 12.10.2020). Daneben ist in den letzten Jahren unter der Initiative von Cornelia Weber das Projekt *Universitätssammlungen in Deutschland* entstanden, das sich als digitales Informationssystem zu Sammlungen und Museen an deutschen Universitäten versteht. https://www.universitaetssammlungen.de/ (zuletzt geprüft am 12.20.2020).

Hintergründe, Nachlässe von Mathematikern, sowie auch die Modellsammlungen als Bezugsrahmen heranzuziehen. Die Sammlungen mathematischer Modelle in Halle, München und Göttingen sowie das Archiv und Depot des Deutschen Museums dienten für diese Arbeit als Basis der Untersuchung von Modellen. Hier konnten neue Zusammenhänge hergestellt werden und teilweise verloren geglaubtes Material wiederentdeckt werden. Am Deutschen Museum etwa konnte ich den bisher als verschollen geltenden Apparat zur kinodiaphragmatischen Projektion von Erwin Papperitz wieder ausfindig machen.[71]

Die Sammlung mathematischer Modelle und Instrumente des mathematischen Instituts der Universität Göttingen ist zugleich Quelle und Untersuchungsgegenstand dieser Arbeit. Die in ihr enthaltenen Objekte und Dias sind so gut erhalten, dass eine gezielte Suche nach bestimmten Objekten, das Herausnehmen aus der Vitrine und das vorsichtige Betasten, Wenden, Drehen und Klappen möglich war. Der persönliche Kontakt zu Kuratorinnen, Kustoden und Institutsleiterinnen war für diese Art von Vorgehensweise unerlässlich, er bestimmte in fast allen Fällen, ob die Handhabe von Modellen möglich war oder nicht. Daran zeigt sich, dass die Prozesse und die Regularien zum wissenschaftlichen Umgang mit Objekten in Sammlungen weitaus weniger systematisiert sind, als etwa das Einsehen von Flachware im Archiv, für das sich bestimmte Abläufe wie das Aufsuchen eines Findbuchs, die Anfrage an das Archiv und das Vorfinden der Quellen im Archivraum etabliert haben.[72]

1.6 Mathematikgeschichte und materielle Kultur

Modelle haben in der Wissenschaftsgeschichte derzeit Konjunktur. Angefangen mit einem 2004 erschienenen Band von Nic Hopwood und Soraya de Chadarevian sind sowohl im englisch- als auch im deutschsprachigen Raum einige Sammelbände erschienen, die sich in Einzel- und Fallstudien mit der Geschichte und Theorie von Modellen auseinandersetzen.[73] Insbesondere eine Arbeitsgruppe, die

---

[71] Abt. Photographie DMM; Abt. Mathematische Instrumente, Analoggeräte und –rechner, Deutsches Museum München.

[72] Vgl. hierzu etwa die *ISIS* Ausgabe mit dem Fokus *Archive* (vgl. Yale 2016), sowie die Monographien von Farge 2011 und Friedrich 2013.

[73] Chadarevian und Hopwood 2004, Reichle et al. 2008, sowie Dirks und Knobloch 2008. Hopwood 2002 hat in einer separaten Studie über die Wachsmodelle von Embryonen aus den Ziegler Studios gezeigt, welche Rolle Materialität und Anschauung für die Anatomie im 19. Jahrhundert spielten.

sich 2009 um Bernd Mahr gebildet hat, plädierte dafür, Modelle als Forschungsgegenstand zu betrachten. Mahr betont in seinen Arbeiten immer wieder, dass Modelle ein Eigenleben haben und es bestimmter Kenntnisse bedürfe, um dieses zu untersuchen.[74] Zudem hat das Projekt *Materielle Modelle in Forschung und Lehre* eine Datenbank und einen Themenband hervorgebracht.[75]

Trotz dieser bisher aufgezeigten Vielzahl an mathematischen Modellsammlungen sowie einem seit etwa 15 Jahren ansteigenden Interesse an der materiellen Kultur von Modellen als Sammlungsobjekten im Allgemeinen liegt bisher keine umfassende, dezidiert historische Untersuchung zu mathematischen Modellen vor.[76] Eine Ausnahme bildet neben den bereits zitierten Arbeiten von Bernd Mahr ein Aufsatz des Mathematikhistorikers Herbert Mehrtens.[77] Dieser erzählt eine Geschichte der Modelle, die ganz losgelöst von der eigentlichen Mathematik stattfand. Mehrtens bezeichnet Modelle als eine Form der Repräsentation von etwas anderem, das auf eine Außenwelt verweist – und verfolgt damit eine gänzlich andere Argumentation als etwa Bernd Mahr, der Modelle als Dinge sieht, die unsere Wahrnehmung und damit auch die Welt, in der wir leben, konstituiert.[78] Nach Auffassung Mehrtens ist Mathematik generell eine „körperlose" („disembodied") Disziplin und daher vollzieht er eine strikte Trennung zwischen Mathematik und deren Verkörperung in Form von Modellen oder Bildern. Diese Zweiteilung zwischen Wissenschaft (Mathematik) auf der einen Seite und deren Repräsentation (Modelle) auf der anderen führt in Mehrtens Fall dazu, dass den Modellen jeglicher wissenschaftlicher Wert abgesprochen wird. Mehrtens verortet die Modelle außerhalb der Mathematik – es handle sich um „Skulpturen", die auf Künstler der Avantgarde einen großen Einfluss ausübten, innerhalb der Disziplingeschichte der Mathematik aber lediglich als heuristisch-didaktische

---

[74]Im Sommer 2010 fand ein von Reinhard Wendler organisierter Workshop unter dem Titel *Modelle als Akteure* an der Technischen Universität Berlin statt, der das Thema Modelle aus sowohl kunsthistorischer als auch wissenschaftshistorischer Perspektive auslotete. Vgl. auch Wendler 2013.

[75]Vgl. Ludwig et al. 2014; sowie https://www.universitaetssammlungen.de/modelle (zuletzt geprüft am 12.10.2020).

[76]Fischer 1986a&b hat einen zweibändigen Katalog zu mathematischen Modellen herausgebracht, in dem einzelne Modelle aus verschiedenen Universitätssammlungen Deutschlands abgelichtet und beschrieben sind. Die Texte gehen allerdings fast ausschließlich auf die mathematischen Hintergründe der Modelle ein, nicht aber auf deren Entstehungskontext. Daneben können die Aufsätze von Toepell 1991 sowie Brüning 2008 genannt werden.

[77]Mehrtens 2004.

[78]Vgl. den **Abschnitt 1.4** in dieser **Einleitung**.

Instrumente zu verstehen seien.[79] Die vorliegende Arbeit verfolgt einen anderen Ansatz. Anstatt der Frage nachzugehen, was Modelle repräsentieren und ob diese Repräsentation für den Fortgang der Mathematik relevant war, setzt sie bereits einen Schritt früher an und fragt nach den Praktiken der Modellherstellung und deren epistemischen Funktionen für die Genese mathematischer Anschauung. David E. Rowe und Peggy A. Kidwell haben aufgezeigt, wie eine solche Herangehensweise aussehen könnte, indem sie die Akteure, die Praktiken und die Verwendungszusammenhänge von Modellen herausarbeiteten und eine dichte *Beschreibung* pädagogischer Praktiken vornahmen.[80] Moritz Epple und Cathérine Goldstein haben sich in ihren Arbeiten ebenfalls der materiellen Praxis der Mathematikgeschichte gewidmet, indem sie materielle Objekte, mathematische Ideen oder schriftliche Aufzeichnungen von Mathematikern mit mathematischen Theorien in Verbindung setzten, und somit materielle Praxis und mathematische Theoriebildung als ein sich gegenseitig bedingendes Gefüge verstanden wissen wollen.[81] Michael Friedman wiederum zeigt in seiner Arbeit über die Geschichte der mathematischen Faltung die Wechselwirkungen zwischen mathematischer Forschung und Pädagogik auf.[82]

Wenn in dieser Arbeit von mathematischen Anschauungsmodellen gesprochen wird, so sind diese nicht als Forschungsobjekte oder „epistemische Dinge" im Sinne Hans-Jörg Rheinbergers zu verstehen.[83] Denn sie dienten nicht dazu, abstrakte mathematische Gebilde zu finden, sondern sie sollten der Erlangung der Fähigkeit dienen, logisch und damit abstrakt denken zu können.[84] Dennoch können sie als Teil einer Wissensproduktion verstanden werden, weil sie als Denkhilfen für die Genese anschaulich- mathematischen Wissens konzipiert wurden. An ihnen sollten Sachverhalte – wie etwa der Verlauf einer Kurve – so lange

---

[79]Zum Einfluss mathematischer Modelle auf den Surrealismus vgl. etwa Werner 2002.

[80]Vgl. etwa Rowe 2013 und Kidwell et al. 2008. Vor allem letztere nimmt eine *dichte Beschreibung* mathematischer Modelle und ihrer Verwendungszusammenhänge im amerikanischen Kontext vor.

[81]Epple 1999 sowie Goldstein et al. 2007.

[82]Friedman 2018.

[83]Vgl. etwa Rheinberger 2000; sowie Rheinberger 2001. Nach dessen Unterscheidung zwischen „epistemischen" und „technischen" Dingen könnten mathematische Modelle noch am ehesten als technische Dinge bezeichnet werden, auch diese Gleichsetzung wird aber nicht konsequent durchzuhalten sein. Mehrtens 2004 benennt mathematische Modelle zwar als „epistemic things", macht aber selbst deutlich, dass diese, wenn überhaupt, nur für eine sehr kurze Zeit als eigentliche Forschungsinstrumente zur Erlangung neuen Wissens dienten.

[84]Dies zeigt sich etwa bei der Durchsicht pädagogischer Anleitungsbücher zur Gestaltung des mathematischen Unterrichts aus der Zeit zwischen 1870 und 1910. Vgl. etwa Sondhauss 1877 oder Treutlein 1985 [1911].

studiert werden, bis sich das Gelernte von selbst im Kopf des Schülers oder Studierenden manifestierte. Dieser Zweischritt aus Anschauung und Abstraktion, den etwa Felix Klein in seinen Schriften immer wieder betonte, entsprach der bis etwa 1930 gängigen Auffassung über die Aneignung von Wissen.[85]

So gesehen kann das Familienportrait zugleich als eine Momentaufnahme für den Idealzustand gängiger Praktiken der Wissensvermittlung und -aneignung um 1900 betrachtet werden. Es zeigt eine Szene, die sich wahrscheinlich in nur wenigen Elternhäusern und kaum in einem Klassenzimmer jemals so zugetragen hat, und weist doch auf die zentralen Funktionen hin, die mathematischen Modellen in jener Zeit zugedacht waren, nämlich der anschaulichen Übertragung mathematischen Wissens von einer Generation auf die nächste.

Was bedeutet das aber für unser Verständnis von mathematischem Denken in der heutigen Zeit? Mathematische Modellsammlungen sind keine in sich abgeschlossenen Orte. Sie erfahren gerade heute, in einer Zeit in der Digitalisierung und der Erschaffung virtueller Welten im Computer immer wichtiger werden ein hohes Maß an Aufmerksamkeit. Kann es also sein, dass die Anschaffung von 3D-Druckern, wie sie heute an vielen mathematischen Instituten vorgenommen wird, versucht, einem Bedürfnis zu entsprechen, abstrakte, nicht vorstellbare Dinge visuell-haptisch zu veranschaulichen? Viele der Gründe, die von Mathematikern wie Felix Klein, Alexander Brill, Hermann Wiener oder Erwin Papperitz angeführt wurden, um die aufwendige Produktion und Anschaffung von Modellen und Projektionsapparaturen, Hörsälen und Sammlungsräumen zu rechtfertigen, erscheinen angesichts einer Welt, die sich des analogen, materiellen Gegenstands zunehmend entledigt, aktueller denn je.

---

[85]Vgl. **Kapitel 2/Abschnitt 2.3**

Über Modelle Sprechen

2

2.1 Anschauung als Idee

Im Jahr 1872 hielt Felix Klein anlässlich seiner Berufung zum Professor für Mathematik seine Antrittsrede an der Universität in Erlangen. Klein, der zu diesem Zeitpunkt erst 23 Jahre alt war, hatte diese Professur im selben Jahr angetreten, nachdem er sich im Jahr zuvor in Göttingen habilitiert hatte.[1] In seiner Rede richtete er sich zu zentralen Fragen des Mathematikunterrichts direkt an seine Hörerschaft:

> „Glauben Sie nicht etwa, dass das Wesen der Mathematik in der Formel ruhe; die Formel soll nur eine exacte Bezeichnung der gedanklichen Verknüpfung sein."[2]

Insbesondere gelte dies für die Geometrie, die Klein als ein *sinnliches* oder *anschauliches* Gebiet der Mathematik bezeichnete. Für Klein bestand das Erlangen mathematischen Wissens zu einem ganz wesentlichen Teil in der Verwendung der „lebhaften sinnlichen Anschauung"[3]. Viel zu sehr werde bisher die Zeit im Mathematikunterricht an Gymnasien zum Erlernen eines „geistlosen Formalismus

---

[1] Zur Biographie Kleins vgl. Tobies 1981 und Tobies 2019 sowie Wußing 1974 und Gray 2005. Letztere gehen vor allem auf das sogenannte „Erlanger Programm" Kleins ein, eine Schrift, die Klein ebenfalls 1872 verfasste, und die für seine spätere Rezeption wichtig werden sollte. Vgl. außerdem zu Felix Kleins akademischem Werdegang Hunger Parshall und Rowe 1994, insbesondere Kapitel 4.

[2] Klein 1872 Antrittsrede FAU MI, Kasten 22, 1 (Personalia), Bl. 6 (S. 10).

[3] Klein 1872 Antrittsrede FAU MI, Kasten 22, 1 (Personalia), Bl. 7 (S. 10).

© Der/die Autor(en), exklusiv lizenziert durch Springer Fachmedien Wiesbaden GmbH, ein Teil von Springer Nature 2021
A. Sattelmacher, *Anschauen, Anfassen, Auffassen.*, Mathematik im Kontext, https://doi.org/10.1007/978-3-658-32528-2_2

oder zur Übung in principlosen Kunststücken verwandt".[4] Mathematisches Denken, konstatierte Klein, wolle nicht bloß angeregt, es müsse eingeübt werden.[5] Insbesondere in der Geometrie müsse das „lebendige Anschauungsvermögen" gestärkt werden, damit Schüler erlernen könnten, Gedanken selbstständig zu entwickeln. Um dies zu erreichen müsse in erster Linie die Ausbildung angehender Lehramtskandidaten für das Fach Mathematik an den Universitäten verbessert werden.[6] Als mögliche „Übungen", die diesem Missstand entgegenwirken könnten, stellte Klein sich das geometrische Zeichnen sowie das Modellieren vor. Erst durch das aktive Erlernen „lebendiger mathematische[r] Anschauung" würde beim Schüler und Studenten ein mathematischer „Bildungswert" und damit die Fähigkeit zu logischem Denken herausgebildet.[7]

Bereits in seiner Zeit als Student in Bonn war Klein mit mathematischen Modellen in Berührung gekommen. Nach eigener Aussage hatte ihm dabei besonders das Modell einer Fläche dritter Ordnung mit 27 möglichen Geraden imponiert, welches Christian Wiener, der Vater Hermann Wieners, bereits im Jahr 1869 konstruiert und beschrieben hatte (vgl. **Abb. 2.1**).[8] Auch in späteren Texten, die Klein erst kurz vor seinem Tod verfasste, war seine Haltung eine ähnliche, wobei er nun immer mehr die Verbesserung der Ausbildung der Ingenieure, Naturforscher und Ärzte anmahnte.[9] Eine wichtige Rolle bei der Entwicklung der (räumlichen) Anschauung spielte nach Klein das eigenständige Anfertigen geometrischer Zeichnungen und Modelle.

> „In diesen Bestrebungen ist der geschichtliche Ursprung aller späteren Sammlungen mathematischer Modelle zu sehen. Wie heute, so war auch damals der Zweck des Modells, nicht etwa die Schwäche der Anschauung auszugleichen, sondern eine lebendige, deutliche Anschauung zu entwickeln, ein Ziel, das vor allem durch das Selbstanfertigen von Modellen am besten erreicht wird."[10]

---

[4]Klein 1872 Antrittsrede FAU MI, Kasten 22, 1 (Personalia), Bl. 9 (S. 15).

[5]Klein 1872 Antrittsrede FAU MI, Kasten 22, 1 (Personalia), Bl. 8 (S. 14).

[6]Bis ins 19. Jahrhundert hinein war der Beruf des Mathematiklehrers kaum professionalisiert, d. h. nur wenige Lehrer, die Mathematik oder Naturwissenschaften an Gymnasien unterrichteten besaßen eine universitäre Ausbildung in ebendiesen Fächern. Hierzu Schubring 1987, S. 209 und Schubring 1983.

[7]Klein 1872 Antrittsrede FAU MI, Kasten 22, 1 (Personalia), Bl. 9 (S. 15).

[8]Auch unter dem Begriff der Clebschen Diagonalfläche bekannt. Vgl. hierzu Wiener 1869 und Klein 1973 [1922]. Diese Fläche wurde ebenfalls von Fischer 1986b, S. 10–12 beschrieben.

[9]Auf den Aspekt der Ingenieursausbildung wird im weiteren Verlauf dieser Arbeit noch weiter eingegangen. Vgl. etwa Klein 1898a, Klein 1898b; sowie Klein 1908.

[10]Klein 1979 [1926/1927], S. 78.

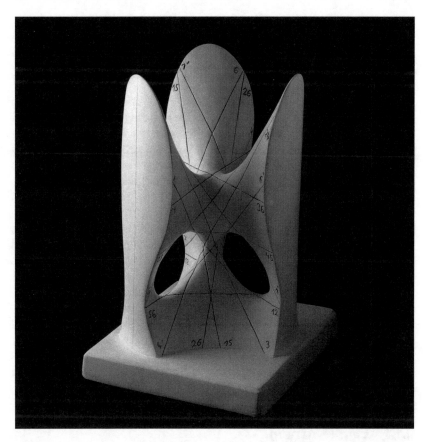

Abb. 2.1 Gipsmodell einer Diagonalfläche von Alfred Clebsch. Hergestellt von Carl Rodenberg 1880, Sammlung mathematischer Modelle Universität Düsseldorf. Fischer 1986a, Foto Nr. 10

In einem von Klein anvisierten System aus Hochschulpolitik, wissenschaftlicher Praxis und pädagogischer Umsetzung von Reformideen hatten mathematische Modelle einen rhetorisch-argumentativen Stellenwert und dienten dazu, ein bestimmtes Ziel zu erreichen: größere Räume, mehr Geld, besseres Ansehen innerhalb einer im Wandel begriffenen Disziplin.[11] Ähnliche Ansichten über die

---

[11]Dieses Argument macht ebenfalls Mehrtens stark, vgl. Mehrtens 1990, S. 80. Zur argumentativen Funktion von Modellen (und Bildern) vgl. Brandstetter 2011.

Bedeutung der Anschauung waren übrigens in anderen Fächern ebenso verbreitet. So bezeichnete etwa der Arzt Rudolf Virchow 1899 in einer Rede Präparate als „wirkliche Bilder", die dazu dienten, medizinisches Wissen auf bestmögliche Art und Weise zu vermitteln, weil diese die „sinnliche unmittelbare Anschauung" förderten.[12]

Das Zusammenspiel von Anschauung, Mathematik und Modell soll in diesem Kapitel vor allem im Hinblick auf drei Aspekte aufgezeigt werden. Zunächst ist ein Blick in die Begriffsgeschichte wichtig, um zu erkennen, dass Mathematiker im 19. Jahrhundert dank ihrer zumeist humanistisch geprägten Ausbildung mit dem philosophischen Konzept von „Anschauung" vertraut waren. Zweitens kann Anschauung als eine pädagogische Praxis aufgefasst werden, die genau jene Ideale einer humanistischen Erziehung in Frage stellte, und die nach Methoden suchte, um ein Unterrichten vom Objekt aus zu ermöglichen. Modelle, Zeichnungen und Bilder wurden von Vertretern einer realistischen Schulbildung als wichtige Agenten verstanden, um Kinder zur Selbsttätigkeit zu erziehen. Und drittens spielten Überlegungen zur Psychologie eine Rolle, dann nämlich, wenn es darum ging, Anschauung als etwas zu begreifen, das sich einstudieren ließ und mithilfe dessen gewisse Denkvorgänge ökonomisiert werden könnten. „Idee", „Praxis" und „Anwendung" dürfen allerdings nicht als trennscharfe Begriffe verstanden werden. Vielmehr dienen sie hier dazu, Modelle in einem ideen- und pädagogikhistorischen Gefüge zu verorten, dessen Bestandteile sich gegenseitig vielmehr bedingten, als dass sie sich ausschlossen. Die Geschichte mathematischer Modelle lässt sich nicht erzählen, ohne über das Konzept „Anschauung" im 19. und frühen 20. Jahrhundert zu sprechen.

2.1.1 Begriffsklärung

Der Begriff „Anschauung" geht sowohl sprachlich als auch geistesgeschichtlich auf unterschiedliche Traditionen zurück und erfuhr im Verlauf seiner Geschichte etliche Wandlungen. Er konnte, je nach intellektuellem Umfeld und philosophischer Strömung, ganz verschiedene Bedeutungen annehmen, was ihn zu einem äußerst beweglichen Begriff macht. Unter „Anschauung" wird im deutschen Sprachraum nicht nur das äußerliche Betrachten, sondern zugleich das unmittelbare Erfassen, das innere Sehen oder sogar eine einleuchtende Gewissheit verstanden.[13] Die drei lateinischen Ursprünge, die im *Deutschen Wörterbuch*

---

[12]Virchow 1899, S. 9 und 6. Ich danke Thomas Schnalke für diesen Hinweis.
[13]Vgl. „Anschauung", in: Barck 2010, Bd. 1, S. 208–245, insbes. S. 212.

(DWB) angegeben werden, „contemplatio, intuitio, experiencia", verweisen bereits auf die vielfältigen Bedeutungen des Begriffs. Laut *Real-Encyclopädie* verstand man unter ‚Anschauung' zu Beginn des 19. Jahrhunderts

> „eine durch die Empfindung irgend eines Sinnes unmittelbar erlangte Vorstellung. [...] Sie ist unter allen Arten der Vorstellungen die klarste und lebhafteste, dabei aber auch die beschränkteste, einzeln, individuell, an das Gegebene wie an die Gesetze der Sinnlichkeit gebunden, und unfähig, über die Grenzen sinnlicher Wahrnehmbarkeit hinauszugehen".[14]

Anschauung stand zudem nach dieser Auffassung mit der „Abstraktion" in engem Zusammenhang. Beide müssten sich miteinander vereinen, „um allgemeine Vorstellungen zu erzeugen".[15]

Andersrum wurde „Anschaulichkeit" als die Fähigkeit eines Begriffes oder einer Idee aufgefasst, um „Gegenstand sinnlicher oder geistiger Anschauung zu werden".[16] Bis ins 20. Jahrhundert hinein unterschied man in den Enzyklopädie-Einträgen zudem zwischen reiner (a priori) und empirischer (a posteriori) Anschauung. Erstere umfasse alles, auf das „der Geist frei von allem konkreten Gehalte, nur als rechte Form schaut", so wie etwa Zeit und Raum, sowie die Gegenstände der reinen Mathematik.[17] Letztere beziehe sich auf alles Gegenständliche, in der Welt vorhandene. Diese Unterscheidung geht vor allem auf Immanuel Kant zurück, der beides, sowohl intuitives als auch begriffliches Denken, als eine Einheit verstand:

> „Unsere Natur bringt es so mit sich, daß die Anschauung niemals anders als sinnlich sein kann [...]. Dagegen ist das Vermögen, den Gegenstand sinnlicher Anschauung zu denken der Verstand [...]. Ohne Sinnlichkeit würde uns kein Gegenstand gegeben, und ohne Verstand keiner gedacht werden. Gedanken ohne Inhalt sind leer, Anschauungen ohne Begriffe sind blind."[18]

Kant, der den Anschauungsbegriff für den deutschsprachigen Raum prägen sollte, sah die Anschauung als einen Zustand des Bewusstseins, der nicht für sich stehe,

---

[14] „Anschauung", in: Meyer 1839–1842, [Abt. 1] Bd. 3 (1842), S. 122.

[15] „Anschauung", in: Meyer 1839–1842, [Abt. 1] Bd. 3 (1842), S. 122.

[16] „Anschauung", in: Meyer 1839–1842, [Abt. 1] Bd. 3 (1842), S. 122–123.

[17] „Anschauung", in: Meyer 1839–1842, [Abt. 1] Bd. 3 (1842), S. 122. Meyers Conversationslexikon von 1907 unterscheidet hingegen – auch unter Rückgriff auf Kant – etwas allgemeiner zwischen „passiver" (oder diskursiver) und „aktiver" (intuitiver) Anschauung, vgl. „Anschauung", in: Meyer 1902–1908, Bd. 1 (1902), Sp. 556.

[18] Kant 2009 [1974], S. 97–98.

sondern in Beziehung mit dem Denken einerseits und dem Empfinden andererseits. Auf Affektion beruhend, war die Anschauung für ihn eine Vorstellung, die allem Denken vorangestellt sei, alle synthetischen Urteile beruhten auf ihr. Das Denken Kants und die Wahl seiner Begriffe war für Mathematiker wie Felix Klein insbesondere deshalb wichtig und soll an dieser Stelle eigens betont werden, weil Kant selbst sich selbst vor allem auf die Geometrie bezog. Für ihn waren geometrische Urteile synthetisch a priori und beruhten somit auf reiner Anschauung.[19]

2.1.2 Zwischen Abstraktion und Sinnlichkeit

Die Auffassung darüber, mit welchen Mitteln mathematisches Wissen erlangt werden könne, die Klein vertrat und an deren Anfang das Erkennen anhand von Sinnesempfindungen stand, war in den utilitaristischen Auffassungen von Wissen verwurzelt, die sich in Frankreich zur Zeit der Aufklärung verbreiteten. Deren wohl bekanntester Vertreter, Jean Baptiste le Rond d'Alembert, selbst Mathematiker, widmete sich in der Einleitung zur *Encyclopédie* der Frage nach der Anwendbarkeit von Wissen in einer Gesellschaft, die sich zunehmend technischen Neuerungen und dem Studium der Natur und den Künsten zuwandte.[20] Dieser Text, der im Original bereits 1751 erschien, wurde erst 1912 in deutscher Sprache herausgegeben, Klein muss die Schrift d'Alemberts also entweder im Original gelesen oder durch Sekundärquellen rezipiert haben. Erwähnung finden d'Alembert und die Enzyklopädisten bei Klein etwa in seinem Seminar *Psychologische Grundlagen der Mathematik*, welches er im Wintersemester 1909/1910 an der Universität Göttingen abhielt.[21]

d'Alemberts Auffassung von Welt speiste sich aus dem Wechselspiel von begrifflichem und abstraktem Denken. Wenn alles Wissen in der Welt auf Erfahrung beruht, dann sollte dies Konsequenzen für das Verhältnis von abstraktem und konkretem Zugriff auf die Welt im Allgemeinen und auf Mathematik im Besonderen haben. Auf diese Weise entstünde eine Geometrie, die sich an die Physik

---

[19]Vgl. etwa Lenhard 2006. Dass das Denken Kants und seine Bedeutung für die zeitgenössische Mathematik um 1900 sowohl auf Philosophen als auch auf Mathematiker wirkten, zeigt sich in einem Aufsatz Ernst Cassirers über Kant und die moderne Mathematik, vgl. Cassirer 1907.

[20]le Rond d'Alembert 1989 [1751].

[21]„In Frankreich wirkt das 19 Jahrhundert hindurch die Tradition der Enzyklopädisten nach (d'Alembert, Condorcet). Besonders zu nennen auch Ampère und Comte". Klein 1909–1910: Psychologische Grundlagen der Mathematik, SUB.Gött MI, „Giftschrank", S. 65.

sowie die Ingenieursfächer, wie etwa die Mechanik, anzunähern suchte, indem sie sich anstatt auf ausschließliche Berechnung auch auf die Beobachtung stützte.

„Nicht auf unbewiesene oder willkürliche Annahmen gründen wir also die Hoffnung auf Erkenntnis der Natur, sondern auf ein durchdachtes Studium der Erscheinungen, auf Vergleiche, die wir mit diesen anstellen".[22]

Analysis und Algebra sollten dazu dienen, die realen physischen Dinge, die in der Welt existieren, in einer möglichst exakten mathematischen Sprache abzubilden. So stellten sich für d'Alembert Abstraktionsvermögen und Sinnlichkeit als zwei untrennbar miteinander verbundene Fähigkeiten dar. Der Begriff, französisch „abstraction", abgleitet vom lateinischen „abstrahere", abziehen, ist in der *Encyclopédie* definiert als eine „opération de l'esprit", bei der ein Gegenstand aus der inneren Vorstellung als ein reales Objekt betrachtet wird, das außerhalb des eigenen Denkens existieren könne, etwa, indem es auf seine wesentlichen Eigenschaften reduziert und damit verallgemeinert werde. Dies geschehe, indem ein gedankliches Konzept oder eine Idee durch einen sprachlichen Begriff benannt und damit vermittelbar werde.[23] d'Alembert schildert den vom konkreten Gegenstand ausgehenden Abstraktionsprozess, der sich in der Geometrie vollzieht daher folgendermaßen: Zunächst müsse man sich einen geometrischen Körper in all seinen sinnlich wahrnehmbaren Komponenten vorstellen: Größe, Form, Dichte, etc. Anschließend müsse dieser Körper dann in seine Einzelteile zerlegt werden, sodass seine einzelnen Eigenschaften sicht- und vor allem bestimmbar würden. Dieses Zerlegen geschehe am besten, indem man sich jenen Körper zunächst nur in einer Dimension denke, also in der linearen Form, dann in zwei Dimensionen, also als eine Fläche, und schließlich in der dritten Dimension. Somit könnten die Eigenschaften vonLinien, Flächen und schließlich die von Krümmungen untersucht werden.

„Mit Hilfe einer einfachen geistigen Abstraktion betrachtet man eine Linie als breitenlos und eine Oberfläche als tiefenlos: Die *Geometrie* erwägt also den Körper in einem Zustand der Abstraktion, in dem er sich gar nicht wirklich befindet."[24]

---

[22] le Rond d'Alembert 1989 [1751], S. 20. Zu d'Alemberts Vorrede in der Encyclopédie Vgl. Daston 1986, S. 271. Zu d'Alemberts bisher im deutschsprachigen Raum kaum rezipierten Schriften vgl. Comtesse und Epple 2013.

[23] Vgl. „Abstraction", in: Diderot und le Rond d'Alembert 1751–1772, Bd. 1 (1751), S. 45–48.

[24] „C'est par une simple abstraction de l'esprit, qu'on considère les lignes comme sans largeur, et les surfaces comme sans profondeur: la *Géométrie* envisage donc les corps dans un état d'abstraction où ils ne sont pas réellement." Vgl. „Géometrie", in: Diderot und le Rond d'Alembert 1751–1772, Bd. 7 (1757), S. 633.

Es wäre sicherlich zu kurz gegriffen, eine lineare Verbindung zwischen den Ideen d'Alemberts und den Bestrebungen Kleins herzustellen, liegt zwischen ihnen doch ein Zeitraum von über hundert Jahren. Klein vereinnahmte aber rhetorisch diese von d'Alembert favorisierte Kombination von Anschauung und Abstraktion für sein eigenes Anliegen, das sich bereits in seiner Erlanger Antrittsrede von 1872 herauskristallisierte und dann um die Wende zum 20. Jahrhundert manifestierte. Ein mathematischer Gegenstand müsse zunächst auf anschauliche Art und Weise verstanden werden, ehe man ihn logisch durchdringen kann. Insbesondere in den Reden und Schriften, die ab etwa 1890 erschienen, betonte Klein gerne, wie wichtig ein sogenannter Zweischritt aus Anschauung und Abstraktion sei, um einerseits die Mathematik Schülern und Studenten verständlich zu machen und andererseits die Mathematik näher an die Praxis von Technikern und Ingenieuren zu rücken. Oftmals hob er hier sogar zu einem verteidigenden Ton an. So etwa in einer Rede im Jahr 1895 über die Tendenz einer sich zunehmend arithmetisierenden Geometrie.[25] Darin referierte er über die vermeintliche Unschärfe, die die Anschauung in der Geometrie mit sich bringe und den Versuch, dies mit einer zunehmenden Formalisierung (hier Arithmetisierung genannt) auszugleichen. Figuren und Zeichnungen würden nun in Lehrbüchern der Differenzial- und Integralrechnung zunehmend durch Formeln und Zeichen ersetzt. Anschauliches und logisches Denken ließen sich für Klein aber nicht gegeneinander ausspielen. Die Mathematik erschöpfe sich eben nicht in logischer Deduktion, sondern beruhe ebenso auf der spezifischen Bedeutung der Anschauung.

Klein stützte sich dabei in seiner Argumentation unter anderem auf die Physik, aus deren Experimenten schließlich auch allgemeine Sätze für die Mathematik abgeleitet würden. Warum sollten dann nicht Mathematiker auch induktiv, also mit anschaulichen Mitteln, arbeiten dürfen?[26] Ingenieure sollten schließlich ein Gefühl für das Material bekommen, mit dem sie arbeiten, und nicht allein durch abstrakte Berechnungen zum Ergebnis kommen. Tatsächlich ging es Klein um Gefühlseindrücke. Die „motorische Empfindung" sei das, was die Anschauung ausmache und was dem angehenden Ingenieur oder Geometer dazu verhelfe, seinen Untersuchungsgegenstand besser zu verstehen.

> „Ich sage, daß die so verstandene mathematische Anschauung auf ihrem Gebiet überall dem logischen Denken voraneilt und also in jedem Moment einen weiteren Bereich besitzt als dieses."[27]

---

[25] Klein 1896.

[26] Klein 1896, S. 146.

[27] Klein 1896, S. 147.

2.1.3 Krise?

Eine so von Klein formulierte Denkart sollte den Stil seiner zukünftigen Arbeiten prägen, aber sie barg auf der anderen Seite auch Konfliktpotential. Denn
was in der Mathematik des 18. Jahrhunderts unter Mathematikern noch Kon-
sens war und durch die Auffassungen der Aufklärungsphilosophen, wie etwa
d'Alembert, verbreitet wurde, war nun, zum Ende des 19. Jahrhunderts nicht mehr
selbstverständlich: die Vereinigung von mathematischer Logik und sinnlicher
Wahrnehmung – allgemein gesprochen von Geometrie und Algebra. Während die
darstellende Geometrie als angewandtes Fach genau wie die Physik von der reinen
Mathematik immer weiter abgekoppelt wurde, kam es im Verlauf des 19. Jahrhunderts auf unterschiedlichen Ebenen zu einer sich intensivierenden Diskussion
über den Raum und dessen Handhabung durch die Mathematik.[28] Es entstanden
unterschiedliche Auffassungen von Geometrie und darüber, wie Räume aussähen,
die mehr als drei Dimensionen besitzen. Diese unterschiedlichen Vorstellungen
vervielfältigten sich spätestens mit der Entwicklung der projektiven Geometrie in
der nur die relative Lage von einem geometrischen Gebilde betrachtet wird, nicht
aber ihre Größe.[29]

Ziemlich genau 1872, also zu dem Zeitpunkt als Klein seine erste Professur in
Erlangen antrat, waren zudem die Forschungen zur nicht-euklidischen Geometrie
so weit vorangeschritten, dass sie unter Mathematikern nach und nach akzeptiert
wurden.[30] Durch neue Erkenntnisse von Mathematikern des frühen 19. Jahrhunderts wie etwa Carl Friedrich Gauss, Janos Bolyai und Nikolai Lobatschewski,
sowie ab etwa 1850 Bernhard Riemann und Hermann von Helmholtz, war die
Gewissheit darüber gewachsen, dass jenseits der menschlichen Vorstellung Räume
von n-dimensionaler Ausdehnung existierten.[31] Mehr und mehr Wissenschaftler kamen zu der Überzeugung, dass der mathematisch-geometrische Raum vom

---

[28]Scriba und Schreiber 2005, S. 387.

[29]Vgl. Shapiro 2000, S. 176–185.

[30]Wußing 1974, S. 14. Zur hiermit eingehenden „Modernisierung" der Mathematik vgl. Mehrtens 1990 sowie zuletzt Gray 2008, der ebenfalls detailliert auf den Aspekt einer „modernen"
(nicht-euklidischen) Mathematik eingeht. Klein selbst hatte bereits in den 1870er Jahren einschlägige Publikationen zu diesem Thema geliefert, darunter etwa zwei Arbeiten *Über die
sogenannte Nicht-Euklidische Geometrie* in den Bänden 4 und 6 der *Mathematischen Anna-
len* (1871, 1872) (wieder abgedruckt in Klein 1921a, Abhandlungen XVI und XVIII). Zur
Rezeption der nichteuklidischen Geometrie im deutschsprachigen Raum vgl. auch Volkert
2013.

[31]Vgl. hierzu zuletzt etwa Epple 2016.

physisch wahrnehmbaren Raum unbedingt zu trennen sei.[32] Was algebraisch berechenbar war, musste nicht mehr unbedingt geometrisch darstellbar sein und umgekehrt konnte eine geometrische Konstruktion einer Fläche deren algebraische Berechnung nicht mehr ohne weiteres ersetzen. Damit wurde klar, dass die Geometrie sich nicht allein auf den physischen dreidimensionalen Raum und die Menge der reellen Zahlen stützen könne, sondern dass eine weitere Lehre vom Raum existierte, die nicht *vorstellbar*, aber dennoch *wahr* sei. Mit der Etablierung der nichteuklidischen Geometrie(n) wurde zugleich der Auffassung Kants vom Raum, ein zweites Konzept an die Seite gestellt, welches davon ausging, dass es Räume gibt, die eben nicht physisch erfahrbar sind. Erfahrung allein, diese Erkenntnis stammte zunächst aus der Physik, war nun keine verlässliche Einheit mehr, durch die sich neues Wissen generieren ließ.[33] Dass sich mit diesen neuen Erkenntnissen, die auf dem Gebiet der Mathematik und der Physik im 19. Jahrhundert gewonnen wurden, die Kontroverse um die Rolle der Anschauung in der Mathematik erst entfachte, belegt eine in den Jahren zwischen 1870 und 1930 lebhaft geführte Auseinandersetzung unter Mathematikern, Philosophen und sogar Künstlern.[34] Rückblickend schaute 1933 der österreichische Mathematiker und Mitglied des Wiener Kreises Hans Hahn, der unter anderem bei Felix Klein studiert hatte, auf die Kontroversen der vergangenen Jahre, die er unter dem Schlagwort *Die Krise der Anschauung* subsummierte.[35] In dem gleichnamigen Aufsatz, der als eine Art Endpunkt eines über 60 Jahre währenden Streits betrachtet werden kann, resümierte er die grundlegenden Ideen Kants zur Anschauung und deren Weiterentwicklung innerhalb der zeitgenössischen Geometrie:

„Der Raum der Geometrie ist nicht eine Form reiner Anschauung, sondern eine logische Konstruktion."[36]

---

[32]Vgl. Poincaré 1899. Auch in der Literatur ist in den letzten beiden Jahrzehnten des 19. Jahrhunderts eine Reflexion über „Mehrdimensionalität" zu verzeichnen, so etwa Abbott 1884. Vgl. hierzu etwa Macho 2004.

[33]Gray 2004 zeigt auf, dass dieses zunehmende Maß an Abstraktion, das sich auf dem Gebiet der Physik und der Mathematik ausbreitete, unter Mathematikern durchaus ein Unbehagen erzeugte.

[34]Basierend auf den Überlegungen Gaston Bachelards zur nicht-euklidischen Geometrie in *Le nouvel esprit scientifique* konstatierte der Künstler André Breton eine „crise de l'objet", die er mit Photographien Man Rays von mathematischen Modellen belegte. Vgl. Breton 1936; vgl. zu Bachelard, Breton und Man Ray Fortuné 1999.

[35]Vgl. etwa Volkert 1986, der darin eine Gegenbewegung zur formalistischen Mathematik sieht.

[36]Hahn 1988 [1933], S. 111.

Neben der ebenfalls von Klein so oft beklagten Tendenz der Logisierung der Mathematik, die sich den mathematischen Raum nicht mehr dreidimensional denke, gab es für Hahn die „Anschauungsmöglichkeit".[37] Darunter fasste er all das auf, was unserer Gewöhnung unterliegt und was der Ordnung und Strukturierung der menschlichen Wahrnehmung dient. Als Beispiel diente ihm die Gestalt der Erde. Auch daran, dass die Erde eine Kugel sei, habe man sich seinerzeit erst gewöhnen müssen, schließlich galt die Vorstellung von zwei Antipoden, also zwei Punkten, die sich diametral gegenüberstünden, lange als „anschauungswidrig".[38] Hahn schloss seinen Text mit der Vermutung, dass es nur eine Frage der Zeit sei, bis der menschliche Geist sich an höherdimensionale Geometrien gewöhnt habe.

> „Denn nicht, wie Kant dies wollte, ein reines Erkenntnismittel a priori ist die Anschauung, sondern auf psychischer Trägheit beruhende Macht der Gewöhnung."[39]

Diese vermeintliche Krise der Anschauung, die kurz nach der Jahrhundertwende ihren Höhepunkt erreichte, ist in der zeitgenössischen Mathematikhistoriographie vor allem durch die beiden Mathematikhistoriker Herbert Mehrtens und Klaus Volkert rezipiert worden.[40] Beide Autoren greifen das hier von Hahn vorgeschlagenen Gefüge von Logik und Anschauung auf und versuchen, die „Krise" an dem Aufeinandertreffen verschiedener unterschiedlicher Denkweisen und -richtungen festzumachen – ein Grundlagenstreit, den Herbert Mehrtens anhand der zwei polarisierenden Begriffe „Moderne" und „Gegenmoderne" rekonstruiert. Unter „Moderne" wird dabei die sogenannte reine Mathematik verstanden, die sich auf die rein formale Symbolsprache der Mathematik beruft. Hingegen meint hier „Gegenmoderne" den von Felix Klein vertretenen Ansatz, die Mathematik näher an die Anwendungen heranzuführen und deren gegenständlich-anschauliche Seite für diesen Zweck zu instrumentalisieren.[41] Für Mehrtens bestimmte dieser Dualismus vor allem die Wahrnehmung und die Weltanschauung in jener Zeit. Wie ein Mathematiker die Welt sah, hing ganz unmittelbar davon ab, welches Lager er vertrat: das der Moderne oder das der Gegenmoderne. Mehrtens macht dies am

---

[37]Hahn 1988 [1933], S. 113.

[38]Hahn 1988 [1933], S. 113.

[39]Hahn 1988 [1933], S. 114.

[40]Vgl. Volkert 1986; Mehrtens 1990.

[41]Mehrtens spricht Klein sogar eine abwehrende Haltung gegenüber der Moderne und einen Hang zur Romantisierung zu, vgl. Mehrtens 1990, S. 207. Gleichzeitig verweist Gray 2008, S. 9–12 darauf, dass „Gegenmoderne" nicht grundsätzlich mit Antimoderne gleichzusetzen sei.

Beispiel der Sprache fest und zeigt, dass die Art zu sprechen, die Form des Aus-
drucks und die Verwendung bestimmter Zeichen Hinweise darauf lieferten, auf
welcher Seite man stand.

Die aus einem Streit zwischen modernen und gegenmodernen Wissenschaftlern herrührende Zuspitzung von Argumenten heute noch allein auf die Mathematik zu beziehen und sie an lediglich den zwei Gegensätzen Anschauung
vs. Logik festzumachen, würde aber zu kurz greifen. Denn spätestens seit den
1990er Jahren hat sich die Wissenschaftsgeschichte mit den Themen wie visueller Kultur, Aufmerksamkeit und Objektivität eingehend befasst und hat für die
Zeit zwischen 1850 und 1920 Veränderungen diagnostiziert, die sowohl von der
Mathematik ausgingen und in andere Disziplinen eindrangen, als auch auf sie
zurückwirkten.[42] Mathematik war eben nie eine abgezirkelte Disziplin, deren
Schaffen sich allein aus sich selbst heraus speiste. Die Entstehung mathematischer
Theorien wirkte sich auf andere Wissensbereiche aus und wurde ebenso von zeit-
genössischen Denk- und Blickgewohnheiten getragen.[43] Bereits 1983 machte die
Wissenschaftshistorikerin Linda D. Henderson darauf aufmerksam, dass die vierte
Dimension sich in der Kunst des frühen 20. Jahrhundert dank der neu entdeckten
Räume in der Mathematik und Physik zum Leitmotiv entwickelte.[44]

Als ein Beispiel dafür, dass anschauliche und formale Mathematik über das
Mittel der (universitären) Lehre immer wieder zueinander fanden, dient das
vonDavid Hilbert und Stefan Cohn-Vossen zuerst 1932 herausgegebene Buch
Anschauliche Geometrie.[45] Hilbert, der meist als Wegbereiter der formalen Mathematik gilt, hatte bereits im Wintersemester 1920/21 eine Vorlesung mit demselben
Titel an der Universität Göttingen gehalten, bei der er sich im Wesentlichen auf
die Untersuchung der mathematischen Modelle stützte, die etwa 30 Jahre zuvor
von Klein an der Universität Göttingen angeschafft worden waren. Die Publikation erschien in zweiter Auflage im Jahr 1996. Das Besondere an dieser Schrift ist,
dass sie mathematische Gegenstände in ihren inhaltlichen Beziehungen zueinander auffasst. Schon im Vorwort ihres Buches betonen beide Autoren, dass es sich
lohne, die Geometrie vom Standpunkt der Anschauung her zu betrachten, weil
sich auf diese Weise geometrische Tatsachen und Fragestellungen erörtern ließen.

---

[42]Vgl. etwa Crary 2002; Daston und Galison 2007; Anderson und Dietrich 2012 sowie Gray
2008, der den von Mehrtens eingeführten Begriff der „modernen" Mathematik neu diskutiert,
indem er als Vergleich die Entwicklungen in der zeitgenössischen Kunst mit anführt.

[43]Sehr anschaulich schildern dies etwa Epple 1999 und Goldstein et al. 2007.

[44]Hier sei auf die Neuauflage Henderson 2013 verwiesen, die einige Überarbeitungen und
Ergänzungen zur ursprünglichen Fassung von 1983 enthält.

[45]Hilbert und Cohn-Vossen 1996 [1932].

Das Buch war für ein breiteres Publikum verfasst worden, also für eine interessierte Leserschaft außerhalb des universitären Umfelds. Zugleich war es auch als Lehrbuch gedacht. Die einzelnen Kapitel sind nach Themen gegliedert und aufeinander aufbauend geordnet: Das erste Kapitel widmet sich den „einfachsten Kurven und Flächen", das zweite Kapitel diskutiert „reguläre Punktsysteme". Das dritte Kapitel trägt die Überschrift „Konfigurationen", worunter unter anderem Streckenabschnitte, reguläre Körper und abzählende Methoden der Geometrie verstanden wurden. Das vierte Kapitel behandelt „Differentialgeometrie", das fünfte „Kinematik" und das abschließende sechste Kapitel behandelt die Topologie, insbesondere die von Flächen. Die einzelnen Kapitel sind mit Abbildungen gespickt (vgl. **Abb. 2.2**). Anstelle der sonst üblichen Formeln zur Erläuterung eines Problems oder eines Sachverhalts wählten Hilbert und Cohn-Vossen übersichtlich angeordnete anschauliche Figuren – Modelle oder Zeichnungen, anhand derer sie das jeweilige mathematische Thema erläuterten.[46] Hilbert und Cohn-Vossen wussten, dass diese Art der Gliederung und des Aufbaus dem Anspruch einer Vollständigkeit oder einer geschlossenen Systematik nicht nachkam. Wo andere Lehrbücher meistens kleinere Teilgebiete der Mathematik (Differenzialgeometrie, Topologie, etc.) abdeckten, gaben diese beiden Autoren eher einen Überblick über die Mathematik „und einen Eindruck von der Fülle ihrer Probleme und dem in ihr enthaltenen Reichtum an Gedanken."[47]

Diese „Krise der Anschauung" war eigentlich eine Frage nach dem richtigen Umgang mit der Moderne. Denn wenngleich der Begriff einer „modernen" Mathematik heutzutage der Strömung einer formalen, frei von anschaulichen oder begrifflichen Elementen arbeitenden Mathematik zugesprochen wird, beanspruchte doch Felix Klein ebenfalls für sich, eine moderne Mathematik zu betreiben.[48] Um 1900 verstand man unter „modern" im gewöhnlichen Sprachgebrauch alles, was der jeweiligen Mode entsprach. Während die Wissenschaft all das als

---

[46]Natürlich verzichtet das Buch nicht auf Formeln. Aber jedes Kapitel enthält zahlreiche Zeichnungen und Abbildungen von Modellen, deren Konstruktion zunächst näher geschildert und dann mathematisch analysiert wird.

[47]Hilbert und Cohn-Vossen 1996 [1932], S. XVII. Zu Publikationsstrategien der Mathematik zwischen 1870 und 1920 vgl. etwa Reményi 2008. Hier wird u. a. deutlich, dass es um 1930 für Mathematiker nicht unüblich war, sich über die Grenzen der Disziplin hinaus ein breiteres Publikum zu verschaffen, wie Hilbert und Cohn-Vossen es taten.

[48]Daston 1986, S. 277–278 weist darauf hin, dass bereits französische Mathematiker des 18. Jahrhunderts den Begriff der mathematischen „Moderne" für sich beanspruchten. Sie bezieht sich hier insbesondere auf Auguste Comte, der unter „moderner Mathematik" eine Disziplin verstand, die sich von der griechischen Disziplin abwandte, in der man nur den Einzelfall betrachtete. Modern hieß hier, Mathematik generalisierbar zu machen, und zwar anhand anschaulich-geometrischer Mittel.

§ 32. Elf Eigenschaften der Kugel.   193

fläche besteht aus der Rotationsachse und dem Kreis, der vom Mittelpunkt des erzeugenden Kreises bei der Rotation beschrieben wird. Ferner
sind die Rotationskegel und Rotationszylinder Zykliden; der eine Teil
der Brennfläche ist die Rotationsachse, der andere liegt im unendlichen.

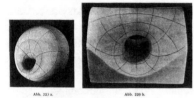

Abb. 22) a.   Abb. 229 b.

Bei den übrigen Zykliden besteht die Brennfläche aus zwei Kegelschnitten, im allgemeinen einer Ellipse und einer Hyperbel, die so zueinander liegen wie die Fokalkurven einer Fläche zweiter Ordnung¹.
Verlangt man nur, daß das eine Stück der Brennfläche in eine Kurve
ausartet, so ist die zugehörige Flächenklasse schon viel umfassender

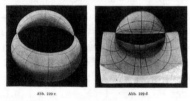

Abb. 229 c   Abb. 229 d

¹ Die in Abb. 229a, b dargestellten Flächen gehen aus dem Torus durch
Inversion im Raum hervor (vgl. S. 236). Das Inversionszentrum liegt bei
Abb. 229b auf dem Torus, bei Abb. 229a nicht. Die Flächen von Abb. 229c, d
erhält man durch räumliche Inversion aus einem Rotationskegel; 229d entspricht dem Fall des auf der Fläche liegenden Inversionszentrums. Abb. 229e,
S. 194 stellt eine Fläche dar, die durch Inversion aus einem Kreiszylinder hervorgeht; Inversionszentrum nicht auf der Fläche.

---

214   IV. Differentialgeometrie.

doch läßt es sich beweisen, daß keine dieser Flächen von Singularitäten
frei sein kann.

Es gibt also keine Fläche im Raum, die im kleinen längentreu auf
eine Fläche konstanter negativer Krümmung abgebildet werden kann,
und auf der die Abtragung geodätischer Strecken nirgends durch Rand-
punkte behindert wird. Man kann aber in der Ebene Modelle solcher
abstrakt definierter Flächen angeben, ebenso wie wir die projektive

Abb. 234 a.   Abb. 234 b.   Abb. 234 c.

Ebene zu einem Modell der elliptischen Ebene gemacht hatten. Wir
müssen zu diesem Zweck die Längen- und Winkelmessung auf eine neue
Art einführen, die von der euklidischen und auch von der elliptischen
Geometrie abweicht. Man nennt die Fläche, von denen wir solche Modelle
konstruieren wollen, die *hyperbolische Ebene* und ihre Geometrie die
hyperbolische Geometrie.

Als Punkte der hyperbolischen Ebene wollen wir die Punkte im Innern
eines Kreises in einer gewöhnlichen Ebene betrachten und als hyperbolische Geraden die Sehnen dieses Kreises
(mit Ausschluß der Endpunkte).

Abb. 235.

Es läßt sich nämlich für jedes Flächenstück
F konstanter negativer Krümmung $-1/c^2$ eine
Abbildung angeben, die F in ein Gebiet G der
Ebene im Kreisinnern derartig überführt, daß
die geodätischen Linien, die in F verlaufen,
durchweg in die Geradenstücke in G verwandelt werden. Natürlich kann diese Abbildung
nicht längentreu sein, da ja die Krümmung
von G verschwindet, während die von F negativ ist. Sind A, B (Abb. 235)
die Bilder zweier Punkte P, Q von F und sind R, S die Endpunkte der
durch A, B gelegten Kreissehne, so gilt für den geodätischen Abstand s
der Punkte P, Q die Formel

(1) $$s = \frac{c}{2} \cdot \left| \log \frac{AR \cdot BS}{BR \cdot AS} \right|.$$

Wir wollen die rechte Seite der Gleichung (1) für alle Punktpaare $A\,B$
unseres Modells der hyperbolischen Ebene als den „hyperbolischen Ab-

---

Abb. 2.2   Zwei Buchseiten aus David Hilberts und Stephan Cohn-Vossens Buch *Anschauliche Geometrie*, einmal mit übersichtlich angeordneten Fotografien und einmal mit
Zeichnungen. Hilbert & Cohn-Vossen 1996 [1932], S. 193; 214

„modern" bezeichnete, was sich von Antike bis zur Renaissance unterschied,
fasste die bildende Kunst den Begriff „modern" oftmals enger und verstand
darunter eine unmittelbare Abgrenzung zur vorangegangenen Strömung.[49]

Die „moderne Mathematik" wie sie Herbert Mehrtens oder in aktualisier-
ter Form Jeremy Gray diskutieren, muss in engerem Sinne aufgefasst werden.
Beide Autoren verstehen unter einer modernen Mathematik eine Neuausrichtung der mathematischen Forschung.[50] Für Klein wiederum war Mathematik
modern, wenn sie sich an den Interessen des modernen, industriellen Lebens

---

[49] „modern", in: Meyer 1902–1908, Bd. 14 (1908), S. 14.

[50] Gray vergleicht die mathematische Moderne mit der um 1912 auftretenden Moderne in der
Kunstgeschichte, die sich fortan abstrakten Formen zuwandte. Gray 2008, S. 1–2.

ausrichtete. Einen Weg, um dies zu erreichen, sah er in der „Modernisierung"
der Ausbildung von Mathematikern und angehenden Mathematiklehrern.[51] Schule
– und hier war immer ein Komplex aus unterschiedlichen Schulformen gemeint –
sowie das höhere Bildungswesen müssten sich an die Zeichen der Zeit anpassen,
um nicht zu veralten. So oder ähnlich formulierten es Klein und seine Kollegen vor der Jahrhundertwende wenn es um die Gestaltung eines anschaulichen
Mathematikunterrichts ging:

> „Neue Zeiten fordern neue Menschen, jeder Fortschritt des Kulturlebens beeinflußt
> den Bildungsbegriff, muß also auch auf die Schule bestimmend einwirken".[52]

Mit diesen Worten fasste es der Mathematiker und Direktor der Hagener Gewerbeschule Gustav Holzmüller 1896 in derselben Ausgabe der *ZMNU* zusammen,
in der auch Klein seine Rede über die Arithmetisierung der Mathematik veröffentlichte. Der Ingenieur von damals musste in der Lage sein, sich den aktuellen
Aufgaben des technischen Alltags zu widmen. Er musste beurteilen können, ob
die städtische Beleuchtung zukünftig besser durch Gas oder Elektrizität betrieben werden solle, ob die Straßenbahn besser mit Pferden, durch Maschinen oder
anhand von Elektrizität angetrieben werden können. Er musste wissen, ob eine
Brücke oder ein Gebäude besser gemauert oder aus Stahlbeton konstruiert werden muss. Vor allem aber solle er in der Lage sein, den Grund- und Aufriss und
den Schnitt eines Gebäudes oder einer Maschinenanlage zu erstellen und so eine
klare Vorstellung von dem Gegenstand zu bekommen, den er behandelt.

Es müsse darum gehen,

> „ein richtiges räumliches Bild aufzubauen oder eigene Gedanken entsprechend zu
> veranschaulichen. [...] Kohle und Eisen, Dampf und Elektrizität sind Kulturmächte
> geworden, deren Einfluß sich keiner mehr entziehen kann."[53]

---

[51]Für Mehrtens 1990, S. 376, besteht in dieser Auffassung von Moderne genau die von
ihm beschriebene „Gegenmoderne". Er argumentiert, dass diese von Klein angestrebte Ausrichtung des mathematischen Unterrichts auf eine moderne Kultur eben nichts mit der
Wissenschaft und ihren Praxisfeldern zu tun hatte, sondern auf öffentliche Legitimierung
seiner persönlichen Bestrebungen zielte. Fasst man den Begriff „modern" aber so auf, wie ihn
Klein ebenfalls verstanden haben muss, nämlich als eine Abkehr vom Alten, ist es sehr wohl
berechtigt, davon zu sprechen, dass es hier um die Position der Geometrie innerhalb einer
sich im Wandel befindlichen Auffassung von Mathematik ging. Es muss an dieser Stelle zwischen einer disziplinimmanenten „Moderne", wie sie von Mehrtens 1990 und von Gray 2008
diskutiert wird, und einer lebensweltlichen Moderne, an die sich das Gebiet der angewandten
Mathematik anzunähern versuchte, unterschieden werden.

[52]Holzmüller 1896, S. 468.

[53]Holzmüller 1896, S. 469.

Was die Anschauung und das dahinterstehende Konzept angeht, bestand für die Jahre zwischen 1870 und 1920 eine recht komplizierte Gemengelage. Einerseits schien der Begriff für eine Geometrie, die sich vom physisch wahrnehmbaren Raum verabschiedete, nicht mehr von Bedeutung zu sein. Modern war jetzt innerhalb der Mathematik alles, was mit Formeln und Zeichen operierte, nicht mit gezeichneten Linien und Flächen. Diese neue, formale Mathematik bewegte sich weg vom Alltagsleben und von den Anwendungen. Andererseits entstand genau in dieser Zeit eine Bewegung die unter dem Einfluss von Felix Klein versuchte, eben mit jener Anschauung die Mathematik wieder näher an die Lebensbereiche heranzubringen. „Modern" schien eine Mathematik doch genau dann zu sein, wenn sie sich technischen, naturwissenschaftlichen und sogar ästhetischen Fragen der Zeit widmete. Um sich der vermeintlichen Widersprüchlichkeit, die auf den vorigen Seiten als Krise verhandelt wurde, zu nähern, wird es nötig sein, nach den pädagogischen Praktiken zu fragen, die mit dem Begriff der „Anschauung" verwoben waren. Schließlich war „Anschauung" im 18. und 19. Jahrhundert eng an didaktische Konzepte gekoppelt, die die kindliche Erfahrung, das selbsttätige Lernen und das Begreifen anhand von Objekten in den Mittelpunkt rückten. Mit diesen Konzepten gingen immer bestimmte Praktiken zur Aneignung von Wissen einher. Lesen, Schreiben, Zeichnen oder Modellieren, dies waren Methoden, die Pädagogen seit jeher untersuchten, problematisierten und für ihren Zweck mit Bedeutung füllten. Sie zu historisieren bedeutet, sie in ihren jeweiligen sozial,- bildungs,- und kultur- und medienhistorischen Kontext einzubetten.[54]

2.2   Anschauung als Praxis

2.2.1   Gemeinnützige Kenntnisse

Felix Klein genoss, wie die meisten seiner Kollegen im 19. Jahrhundert, eine humanistische Erziehung, bevor er sich der Mathematik und den Naturwissenschaften zuwandte. Der Sohn eines höheren Regierungsbeamten, der ein Jahr nach der „deutschen Revolution" 1849 geboren worden war, wuchs im preußischen Düsseldorf auf, wo er ein altsprachliches Gymnasium besuchte, Griechisch und Latein lernte und zunächst wenig Kontakt zu anwendungsbezogenen oder

---

[54]Vgl. hierzu den in **Kapitel 1** diskutierten Begriff der „Kulturtechnik".

praktischen Fächern hatte.[55] Kleins Deutschunterricht etwa bestand darin, Verse
bekannter Gedichte aus dem Deutschen ins Griechische zu übertragen. Wissen
über Inhalt und Wert der Poesie wurden dabei, so berichtet er es zumin-
dest in seinen Lebenserinnerungen, außer Acht gelassen.[56] Ähnlich wie die
Sprachen und die Naturwissenschaften diente der Unterricht in Mathematik an
Gymnasien im 19. Jahrhundert vor allem dazu, den Intellekt zu schulen – ihr
Studium beschränkte sich auf das Auswendiglernen von Formeln und Gleichun-
gen, ohne dass dabei ein Bezug zur Anwendungspraxis geschaffen worden wäre.
Modelle in der Mathematik hatte Klein höchstwahrscheinlich in seiner eigenen
Schülerlaufbahn an einem altsprachlichen Gymnasium nicht erlebt.

Diese inhaltliche Ausrichtung des gymnasialen Unterrichts, die Klein für seine
eigene Biographie beschreibt, ist im Zusammenhang mit einem bereits um 1800
aufkeimenden „Neuhumanismus" zu verstehen, einer insbesondere vom preußischen Staat ausgehenden Neuausrichtung des Bildungssystems, die sich als
Rückbesinnung auf die Wertvorstellungen des Humanismus und damit auf die der
griechischen Antike verstand.[57] Beide Begriffe „Humanismus" und „Neuhumanismus" bezeichnen die jeweiligen Entwicklungen aus einer großen historischen
Distanz. Es sind Wortschöpfungen des 19. Jahrhunderts, die als Versuch angesehen werden können, große gesellschaftliche Zusammenhänge in einem zentralen
„-Ismus" zusammenzufassen.[58] Friedrich Paulsen etwa zählt zu den einschlägigs-
ten Historikern, die sich mit der Geschichte des Humanismus auseinandersetzten.
Seine Schriften sind nach wie vor eine wichtige Referenz, wenngleich sie heute
als Quelle gelesen werden müssen. Paulsen arbeitete heraus, dass „Humanismus"
sich gemeinhin auf die italienische Renaissance beziehe, in der man sich auf die
Schriften und Kunstwerke der Antike rückbesann, während der „neue Humanismus" die Zeit zwischen 1740 und 1870 bezeichne, als man – mit dem Beginn der
Aufklärung – begann, die Vorstellungen der Antike zu idealisieren und sich auf

---

[55]Zur Biographie Felix Kleins vgl. die kürzlich erschienene Publikation von Tobies 2019.
Andere Autoren wie Rowe 1989, Hunger Parshall und Rowe 1994, Rowe 2007 sowie Manegold 1970 greifen bereits Teilaspekte aus Kleins Leben und Wirken auf. Vgl. Fußnote 1 in
diesem Kapitel.

[56]Klein 1923, S. 13.

[57]Zugleich verstanden sich Vertreter des sogenannten Neuhumanismus als Schüler der Philosophen des deutschen Idealismus, wie etwa Kant, Hegel, Schelling oder Fichte. Vgl.
Friedeburg 1989, S. 151.

[58]Während der Begriff „Humanismus" um 1808 von Friedrich Immanuel Niethammer eingeführt wurde, prägte der Historiker Friedrich Paulsen den Begriff des „Neuhumanismus"
um 1885. Vgl. „Menschheit, Humanität, Humanismus", in: Brunner et al. 1972–1997, Bd. 3
(1982), S. 1121; sowie Ruhloff 2004, S. 448.

ein bürgerlich-aufklärerisches Selbstverständnis stützten, das den Mensch und das Menschsein in den Vordergrund rückte.[59] Für das Bildungssystem der deutschen Staaten, insbesondere Preußen, bedeutete dies die Betonung der Menschenbildung (gegenüber der Berufsbildung), also der Bevorzugung all dessen, was der Vernunft, dem Streben nach Wahrheit, der Freiheit und Vollkommenheit dienlich sei. Nützlichkeitsbestrebungen, eine übermäßige Betonung des Verstandes und das Streben nach ökonomischem Ertrag hingegen wurden abgelehnt.[60] Dementsprechend traten in dem von Wilhelm von Humboldt um 1810 in Preußen grundlegend erneuerten Unterrichtswesen Nützlichkeit im Sinne eines materiellen Utilitarismus sowie der Anwendungsbezug des Gelernten in den Hintergrund.[61] Bereits 1792 hatte Humboldt betont, dass eine öffentliche Erziehung darauf auszulegen zu sei, den Menschen zum Bürger zu erziehen und seine Charakterbildung zu unterstützen.[62] Das Ideal dieser (neu-)humanistischen Bildung, das sich an der klassischen Antike orientierte, betraf dabei lediglich die Gymnasien und galt ausschließlich für die Bildung von Jungen. Mädchen gingen bis ins 20. Jahrhundert hinein auf gesonderte höhere Schulen, die dem Knabenschulwesen nicht vollkommen gleichgestellt waren und an denen diese Bildungsideale nur begrenzt vermittelt wurden.[63] Zugleich waren alle leitenden Ämter in Staat und Gesellschaft an das gymnasiale Abitur gekoppelt, sodass sowohl Frauen, als auch Absolventen von Realgymnasien, wo zumeist praxisnaher Unterricht vollzogen wurde, automatisch benachteiligt wurden.[64]

Dieses Bildungsmonopol des Gymnasialunterrichts stieß jedoch nach und nach auf Widerstand. Die naturwissenschaftlichen Fächer beanspruchten für sich gleichermaßen, einen Beitrag zur allgemeinen Bildung zu leisten.[65] Deutlich wird dies wenn etwa Gustav Holzmüller in dem weiter oben zitierten Artikel unter Berufung auf die mathematisch-naturwissenschaftlichen Fächer betonte, das (humanistische) Gymnasium dürfe nicht zur Fachschule verkommen, sondern müsse allgemein bildend tätig sein. Ziel des Gymnasiums müsse sein, die jungen Schüler zu „ideal denkenden Männern" heranzuziehen, „deren geistige Kräfte

---

[59]Vgl. Paulsen 1885, S. 419.

[60]„Menschheit, Humanität, Humanismus", in: Brunner et al. 1972–1997, Bd. 3 (1982), S. 1098–1099.

[61]Die kleineren nord- und mitteldeutschen Staaten sollten Humboldt's Modell nur wenig später folgen, allerdings blieben bis zur Reichsgründung 1871 noch große Unterschiede zwischen den Staaten. Vgl. Jeismann 1987, S. 158.

[62]Humboldt 2000 [1792].

[63]Vgl. Küpper 1987.

[64]Ruhloff 2004, S. 450.

[65]Frühwald et al. 1991, S. 103.

nicht einseitig, sondern gleichmäßig und harmonisch geschult worden sind".[66]
Neben den Gymnasien bildete sich im Verlauf des 19. Jahrhunderts eine ganze
Zahl neuer Formen von höheren Schulen heraus, deren Unterrichtsschwerpunkt
eben nicht auf den alten Sprachen und der Philosophie, sondern auf Fächern wie
Erd- Naturkunde- und Sachunterricht, moderne Sprachen, Rechnen und Zeichnen.[67] Die Lehre an diesen Real-, Handels-, oder Gewerbeschulen stützte sich
nicht allein auf die Lehre aus Büchern, sondern auch auf das Studieren von „Realien". In diesem Begriff drückt sich der Anspruch auf Allgemeinbildung aus, den
diese Schulen durchaus für sich erhoben. Im *Encyclopädisch-Pädagogischen Lexikon* von 1835 sowie in der *Pädagogischen Real-Encyclopädie* von 1843 findet sich
unter dem Eintrag „Realien-Unterricht" ein Verweis auf den Begriff „gemeinnützige Kenntnisse".[68] Darunter verstand man die Gegenstände, welche dem Zweck
des Unterrichts dienten und einen Gegenpol zu den „Humaniora" bilden sollten,
also den Lehren der alten Sprachen. Die Lehre mit Realien beanspruchte einen
Wissenskanon, der möglichst anhand sinnlicher Anschauung, anstatt mittels reiner
Überlieferung aus Büchern, vermittelt werden sollte.[69] Für die einzelnen Fächer
waren dabei unterschiedliche Realien vorgesehen, so etwa Globus und Landkarten
für die Geographie, für die Geschichte eine Zeittafel, für die Naturkunde Abbildungen von Pflanzen und Tieren und für die Lehre des menschlichen Körpers ein
Skelett und die Abbildung eines geöffneten Menschenkörpers.[70] In der *Pädagogischen Encyclopädie* von 1797 etwa findet sich eine Einteilung von „Spielen für
Kinder" in acht verschiedene Gruppen, darunter „Abbildungen", „Sammlungen
aus dem Thier-; Pflanzen- und Mineralienreiche", „Karten" und „Modelle" von

---

[66]Holzmüller 1896, S. 468.

[67]Sowohl Fuhrmann 1999, S. 185–201 als auch Herrmann 2005, S. 120–121 verweisen darauf,
dass aus heutiger Sicht zumindest für diesen Zeitraum der ersten Hälfte des 19. Jahrhunderts
die humanistische Denkweise nicht gegen das Prinzip einer anschauungs- und realienbasierten
Bildung ausgespielt werden darf. Altsprachlicher Unterricht und Realienwissen galten zu
jener Zeit nicht grundsätzlich als unvereinbar. Zur Geschichte des Mathematikunterrichts im
Neuhumanismus vgl. Jahnke 1990.

[68]„Gemeinnützige Kenntnisse", in: Wörle 1835, S. 342–347, sowie „Gemeinnützige Kenntnisse", in: Hergang 1843, Bd. 1, S. 748–754. In früheren pädagogischen Nachschlagewerken
finden sich Einträge zu „Realien" unter dem Begriff „Spiele für Kinder" Wenzel 1797, S. 350–
353. Diese hier zitierten pädagogischen Enzyklopädien sind alle online abrufbar unter https://
goobiweb.bbf.dipf.de/viewer/index/ (zuletzt geprüft am 12.10.2020).

[69]Zeitgleich, aber vor allem in späteren Werken kommt es zunächst zu begrifflichen
Überschneidungen mit dem Begriff „Lehrmittel", bis dieser dann im Verlauf der zweiten
Hälfte des 19. Jahrhunderts den Begriff „Realien" ganz verdrängt. Vgl. zum Realien- bzw.
Lehrmittelbegriff Schröder 2008, S. 104–135 und te Heesen 1997, S. 56–57.

[70]Vgl. „Gemeinnützige Kenntnisse", in: Wörle 1835, S. 342–347.

Gebäuden und nützlichen Maschinen. Letztere seien nicht so sehr als Spielzeug
für Kinder zu sehen, sondern vor allem als die „verjüngten Nachahmungen" von
Dingen aus der Lebenswelt, wie etwa von Wohn- und Haushaltsgebäuden, Gärten,
Schiffen oder Fahrzeugen, aber auch von Werkzeugen, kurz:

> „von allen Sachen, deren Kenntniß, wie sie eingerichtet sind, und was dadurch hervor-
> gebracht werden kann, sind zu der Absicht bequem, Kinder auf eine angenehme und
> unterrichtende Art zu beschäftigen."[71]

Grundidee der Realienkunde war, dass jeder Schüler und jede Schülerin einen
Grundkanon an Wissen erlangen sollte, um sich im alltäglichen Leben zu Recht
zu finden. Hier kam der Anschauung, oder genauer der Anschauungslehre, eine
tragende Rolle zu, denn sie hatte die Aufgabe, anhand von Übungen und Regeln
das äußere und innere Anschauungsvermögen „und dadurch zugleich die Denk-
fähigkeit der Kinder zu wecken und zu stärken"[72]. Dabei wirkten vor allem die
Gedanken der Sensualisten sinnstiftend, die sich seit der zweiten Hälfte des 18.
Jahrhunderts von Frankreich und England aus in weitere Länder Europas verbreiteten. Davon ausgehend, dass die Sinne grundlegend für das Erlangen von
Erkenntnis seien, rückten John Locke in England, sowie Etienne Bonnot de Con-
dillac und Jean-Jacques Rousseau in Frankreich die menschliche Erfahrung ins
Zentrum ihrer Betrachtung.[73] Insbesondere für die Geschichte der Pädagogik in
Deutschland war das 1762 von Rousseau verfasste Werk *Emile* von großer Bedeutung, denn es nahm Bezug auf die Idee der freien Entfaltung der Persönlichkeit
eines Kindes, die durch die Ausbildung eines inneren Sinnes vollzogen werde.[74]
Nach Rousseaus Vorstellung konnten abstrakte Sachverhalte erst verstanden werden, wenn zuvor eine Vermittlung von Wissen durch eine Pädagogik vom Kinde
aus mittels greifbarer Gegenstände („Realien") stattgefunden habe.[75] Dies sollte
vor allem im Hinblick auf eine „Erziehung zur Sachlichkeit" geschehen, bei

---

[71] „Spiele für Kinder, 3. Modelle", in: Wenzel 1797, S. 350.

[72] „Anschauungslehre" in: Meyer 1839–1842, [Abt.1] Bd. 3 (1839), S. 123.

[73] Vgl. Rhyn 2004 und den Eintrag „Die Erkenntnis und das Wissen", in: Sandkühler 2005,
S. 81–93, sowie zuletzt die Studie von Chakkalakal 2014 und zwar insbesondere das Kapitel
Die Entdeckung der Kindheit und die Entdeckung der Sinne, S. 43–187.

[74] Hentig 2010 verweist hier etwa auf Kant, Hegel, Schelling oder Pestalozzi (um dann
eine direkte – aus geistesgeschichtlicher Perspektive sehr verkürzt dargestellte – Verbindung zwischen der Rezeption Rousseaus und den späteren anti-aufklärerischen und
anti-demokratischen Strömungen im 19. Jahrhundert bis hin zum Nationalsozialismus
herzustellen).

[75] Vgl. Herrmann 2005, S. 105.

der das Kind zur Selbsttätigkeit animiert würde.[76] „Um denken zu lernen", so formuliert Rousseau selbst,

> „müssen wir also unsere Glieder, unsere Sinne und unsere Organe üben, denn die sind die Werkzeuge unseres Geistes. [...] Die wahre Vernunft entwickelt sich also nicht unabhängig vom Körper, sondern im Gegenteil, die gute körperliche Verfassung macht alle geistigen Akte leicht und sicher."[77]

Anschauung wurde in einem pädagogischen Kontext als ein Mittel gedacht, um dem Kind das Rationale vor Augen zu führen, und zwar in einer Art und Weise, die sich nach den einzelnen Entwicklungsstufen des Kindes richtete. Anschauung erhielt so die Bedeutung einer „unmittelbar sinnlichen Erfahrung", die das aktive Begreifen des Kindes mit einschloss.[78]

Zu den Rezipienten des Sensualismus zählten in Deutschland im 18. Jahrhundert unter anderem die Philanthropen, deren Anliegen darin bestand, einen Elementarunterricht zu schaffen, der das Lernen durch Anschauung, praktisches Arbeiten und Selbsttätigkeit befördere.[79] Denn das gewerbetreibende städtische Bürgertum, das aus Handwerkern, Kaufleuten und niederen Beamten bestand, konnte mit der (damals zumeist protestantisch-pietistisch orientierten) Lateinschule nur wenig anfangen. Dementsprechend wurden sogenannte Musterschulen gegründet, an denen nun die Fächer Lesen, Rechnen und Schreiben, Naturgeschichte, Geographie, Geometrie, Astronomie und Physik oder Gesundheitslehre und Moralerziehung im Vordergrund standen. Die mithin wohl bekannteste dieser Musteranstalten ist das 1774 in Dessau von dem Hamburger Pädagogen Johann Bernhard Basedow gegründete Philanthropinum. Es verstand sich als eine „menschenfreundliche" Erziehungsanstalt, deren Prinzipien aus dem Geist der Aufklärung hervorgingen und dessen Wirken aus bildungshistorischer Perspektive den Beginn moderner Schulreformen markierte. Basedows pädagogische Praxis beruhte auf einer Schule des ‚anschauenden Denkens'. Nur durch die frühzeitige Lenkung der kindlichen Sinne könne ein Kind eine zeitgemäße Auffassung der Welt erhalten. Durch die geschickte Anordnung von Bildern in kindorientierten

---

[76]Der Ausdruck ist Blankertz 1982, S. 74 entlehnt.

[77]Rousseau 1998, S. 111.

[78]Daston und Galison 2007, S. 219 weisen darauf hin, dass diese Auffassung der Anschauung wie sie die Sensualisten der Aufklärung vertraten von Kant heftig kritisiert wurde, da ihre Darstellung der Selbsterkenntnis und des Zugangs des persönlichen Subjekts zur Welt unzulänglich sei.

[79]Herrmann 2005, S. 106.

Publikationen, so die Idee, könne das kindliche Denken beeinflusst und form-
bar gemacht werden. Zum Ausdruck kam dies etwa in dem 1770 von Basedow
publizierten *Elementarwerk*, das mit zahlreichen Bildtafeln des Kupferstechers
Daniel Nikolaus Chodowiecki ausgestattet war und das sich zum Ziel setzte, die
fortschreitenden Stufen des Lernens im Leben eines Kindes maßgeblich zu unterstützen und sogar selbst zu formen.[80] Der Stoff war dementsprechend stufenweise
vom Leichten zum Schweren angeordnet, wobei mit „leicht" eher Bilder und mit
„schwer" textbezogene Informationen gemeint waren. Die ersten Lehrstoffe, die
ein Kind erfuhr, sollten praktikabel, alltags- und berufsbezogen sein. Erfahrungen im späteren Leben könnten dann eher auf einer abstrakten Ebene gemacht
werden.[81]

　　Auch Pädagogen wie etwa der Schweizer Johann Heinrich Pestalozzi und der
Thüringer Friedrich Wilhelm August Fröbel nahmen die sinnliche Wahrnehmung
und die Methode der anschauenden Erkenntnis als Ausgangspunkt für den Entwurf pädagogischer Praktiken. Pestalozzi, der sich auf Rousseau und auf die
Gedanken des Sensualismus berief, verfasste zwischen 1803 und 1808 zahlreiche unter dem Begriff *Elementarbücher* zusammengefasste Werke, in denen er
seine pädagogischen Experimente ausführte und sich den Techniken des Buch-
stabierens, Redens, Lesens, Schreibens, Rechnens und Zeichnens widmete. Zu
diesen Elementarwerken gehörten das *Buch der Mütter*, das *Abc der Anschauung* und die *Anschauung der Zahlenverhältnisse*.[82] Für Pestalozzi war ebenso wie
für die Philanthropen das Prinzip der Entwicklung entscheidend. Die elementare
Bildung sollte beim Einfachsten beginnen und den Stoff aufeinander aufbauend
gestalten.[83] Pestalozzi bezeichnete in diesen Texten den Anschauungsunterricht
als „Schlüssel zur Erfahrung und Erkenntnis".[84] Das ungeübte Kind dürfe nicht
gleich zu Beginn seiner Schulzeit mit Punkten und Linien konfrontiert werden
– so heißt es im *ABC der mathematischen Anschauung für Mütter* – sondern
die Dinge, an denen die kindliche Wahrnehmung geschult werden soll, müssten
zunächst dem Alltag entstammen, um dann langsam abstrakter zu werden.[85]

---

[80]Basedow 1785.

[81]Zu Basedows Elementarwerk und dem Prinzip des anschauenden Denkens vgl. te Heesen
1997, S. 51–54, te Heesen 2002, sowie Chakkalakal 2014, S. 126–134.

[82]Pestalozzi 1803.

[83]Zu Pestalozzis Elementarwerken und seiner Unterrichtsmethode vgl. etwa Klinger 2014,
S. 191–193 und Korte 2002. Zu Pestalozzi, seiner Person, seinem Werk und seiner Wirkung
selbst liegt eine unübersichtlich große Zahl an Publikationen vor, von denen hier stellvertretend
Hager und Tröhler 1996 und Oelkers und Osterwalder 1995 genannt werden sollen.

[84]Pestalozzi 1964 [1808], S. 97.

[85]Pestalozzi 1964 [1808], S. 97–98.

Friedrich Fröbel wiederum war von den Ideen Rousseaus und der Philanthropen, insbesondere denen Pestalozzis, fasziniert, vor allem was das Konzept eines „aktiven Kindes" und einer „selbsttätigen Erziehung" betraf.[86] In den 1830er Jahren entwickelte er Spielmaterialien für die frühe Kindheit, die dem Kind dazu verhelfen sollten, Grundbegriffe des räumlichen Denkens anhand der Elementarformen Linie, Fläche und Punkt, Kugel und Würfel zu begreifen. Hier ging es wieder einmal darum, abstrakte Sachverhalte anhand anschaulicher Gegenstände zu begreifen und vom Einfachen zum Schweren voranzuschreiten. So schreibt Fröbel in der Einleitung zu seiner „zweiten Spielgabe", der Kugel, dass Spiele für das Kind von Bedeutung seien,

> „damit im Fortgange seiner Entwicklung der Mensch das Leben wie in sich und mehrfach außer sich, so auch als Kind schon sein Leben, wie das Leben überhaupt im Spiel und Spielen im klaren Spiegel schaue. [...] Darum nun so erscheine denn auch dem Kinde im Spiele und durch dasselbe zuerst das Allgemeine, das in vielen Beziehungen Unbestimmte, dann das im Raume mehr bestimmte, Festgestaltete, weiter das Gegliederte und so schon Lebensausdruck an sich tragende, endlich der Mensch selbst."[87]

Diese Spielgaben bestanden aus Bausätzen, die sich aus unterschiedlichen Holzklötzchen zusammensetzte, die es in einer bestimmten Reihenfolge zusammenzusetzen und zu zergliedern galt (vgl. **Abb. 2.3a & b**). Diese Baukästen wurden ab den 1840er Jahren auch kommerziell vertrieben und sorgten damit für eine gewisse Popularität der Fröbelpädagogik im bürgerlich-aufgeklärten Milieu des Vormärz sowie außerhalb Deutschlands.[88]

Dass die Gedanken Rousseaus, Pestalozzis und Fröbels wiederum unter Pädagogen des 19. Jahrhunderts noch sehr ernst genommen wurden, zeigt sich in den Texten zum „Anschauungsunterricht" in den Pädagogischen Enzyklopädien

---

[86]Fröbels Hauptwerk *Die Menschenerziehung* (1826) enthält bereits im Titel eine direkte Anknüpfung an Rousseau und die Philanthropen, aber auch an den Humanismus. Zu Fröbel allgemein vgl. insbesondere die Schriften von Helmut Heiland, wie etwa Heiland 1989, Heiland 1998, Heiland et al. 2006, sowie zuletzt auch Sauerbrey 2013.

[87]Fröbel 1962, S. 13; sowie Fröbel 1982.

[88]Christoph Meinel behandelt die Spielgaben Fröbels aus wissenschaftshistorischer Sicht und fasst sie in dem Kontext eines „konstruierenden Blicks auf die Wirklichkeit" auf, in dem Disziplinen wie etwa die Chemie sich der bildhaft-anschaulichen Denkweise bemächtigten um neue Theorien zu entwickeln. Vgl. Meinel 2004, Meinel 2008, sowie unter demselben Titel aber mit leicht variierendem Inhalt Meinel 2009.

Abb. 2.3 a & b Die Spielgaben Friedrich Fröbels im Fröbel Museum Bad Blankenburg, hier vor allem die 3. und 4. Gabe: Würfel und Quader mit zugehörigen Zeichnungen, die mögliche Anordnungen der Bauklötze zeigen. Friedrich-Fröbel-Museum Bad Blankenburg, © Anja Sattelmacher

des 19. Jahrhunderts.[89] Etwa ab 1850 erhielt dieser Begriff neben dem der „Anschauung" eigene Einträge und es wird immer wieder deutlich, dass die Schulung der Anschauung gleichermaßen als Unterricht im Denken verstanden wurde: „Denn wo das Denken Statt finden soll, muß eben so das Anschauen vorher Statt gefunden haben" heißt es in der *pädagogischen Real-Encyclopädie* von 1843.[90] Übungen, welche die Anschauung unterstützen oder gar bilden sollten waren dementsprechend zumeist vom Konkreten zum Abstrakten organisiert: Sie begannen mit den Dingen des Lebens selbst, also den Objekten in der Natur, den Tieren, den Pflanzen, fuhren dann mit deren Abbildungen fort, hier waren Modelle oder

---

[89]Zur Rolle der pädagogischen Enzyklopädien für die Herausbildung einer akademischen Pädagogik vgl. Herrmann 1991, S. 159–160.

[90]„Anschauungs- und Sprechübungen", in: Hergang 1843, Bd. 1, S. 90–122.

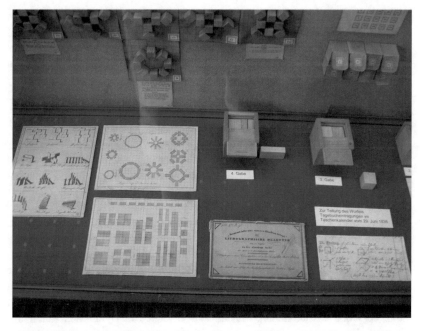

Abb. 2.3 a & b (Fortsetzung)

Zeichnungen gleichermaßen gemeint, um dann schließlich den abstrakten Denk-
prozess vollziehen zu können.[91] In den Berliner *Grundsätzen für die Erteilung des
Anschauungsunterrichts* von 1896 heißt es dazu etwa:

> „Der Unterricht geht von den Erfahrungen der Kinder aus, ordnet und ergänzt
> sie; er leitet die Sinne und Gedanken auf naheliegende wertvolle Dinge, wel-
> che Teilnahme erwecken, und führt zu richtigen Vorstellungen über dieselben [...]
> Indem er auf genaues Sehen und Hören, auf Selbstdenken und Selbstfinden und
> auf selbstständiges Aussprechen der Gedanken hält, steuert er der Zerstreutheit und
> Oberflächlichkeit entgegen".[92]

Um 1870 trat die Rezeption von Fröbels Pädagogik über die Grenzen des
deutschen Reichs hinaus. Europa- und sogar weltweit kam es zu Gründungen

---

[91]Vgl. etwa die Stichwörter „Empfindsam", in: Küster 1774, S. 47–50; „Empfindungen
überhaupt", in: Wenzel 1797, S. 134–135; „Sinnesübung", in: Reuter 1811, S. 229–230.
[92]Anonym 1896, S. 191.

von Kindergärten, einem von Fröbel entwickelten Konzept der frühkindlichen
Erziehung.[93] Dabei blieben die zentralen Motive dieselben wie zu Beginn des
Jahrhunderts: Kinderzentriertheit, spielerisches Lernen und Selbsttätigkeit des
Kindes waren die Grundelemente, an denen sich reformorientierte Pädagogen
zwischen 1870 und 1914 orientierten.[94]

2.2.2   Mathematischer Anschauungsunterricht

Der Zeitpunkt, den Feix Klein für seine in der Erlanger Antrittsrede formulierten
Forderungen nach der verbesserten Unterrichtsgestaltung im Fach Mathematik gewählt hatte, erwies sich rückblickend als äußerst günstig. Im Zuge der
Reichsgründung hatte der preußische Staat nämlich ebenfalls 1872 umfassende
Veränderungen hinsichtlich des Unterrichtswesens angekündigt. Dies betraf zum
einen das niedere und mittlere Schulwesen, wo nun in deutlich stärkerem Umfang
ein Unterricht mittels Realien vorgesehen war.[95] Zum anderen erlangten Absolventen der Realgymnasien in den 1870er Jahren die Zugangsberechtigung für
das Studium bestimmter Fächer an Universitäten – ein wichtiger Schritt, um
dem Engpass an Oberlehrern für Mathematik, Naturwissenschaft und modernen
Fremdsprachen beizukommen.[96] Denn Absolventen von Gymnasien waren tra-
ditionell eher selten am Studium dieser Fächer interessiert.[97] Überhaupt kamen
Zweifel auf, ob die Gymnasien die richtige Ausbildung für das spätere Studium
eines naturwissenschaftlich-technisch ausgerichteten Fachs böten.[98] Die umfassenden Diskussionen über die Reformierung des gesamten Schulsystems, die in
der Folgezeit geführt wurden, dominierte Felix Klein in der Mathematik weitgehend. Zur Legitimierung seiner Ideen griff er gerne auf die pädagogischen
Theorien des frühen 19. Jahrhunderts zurück, wenn auch nur sehr kursorisch.

---

[93] Vgl. Oelkers 2004, S. 788.

[94] Zu diesen gehörten Vertreter der anthroposophischen Bewegung, wie etwa Rudolf Steiner,
oder auch Maria Montessori. Vgl. Oelkers 2004, S. 789–794.

[95] Kuhlemann 1991.

[96] Dies betraf allerdings nur Absolventen, die von einer Realschule kamen, an der auch Latein
und Griechisch unterrichtet wurde. Gleichzeitig wurden aber angehende Lehramtskandidaten
die von der Realschule kamen, nur für das Realschulzertifikat zugelassen. Vgl. Pyenson 1983,
S. 25.

[97] Vgl. Ringer 1983, S. 33–34.

[98] Albisetti und Lundgreen 1991.

So schrieb er, kurz vor seinem Tod, dass von den Bewegungen im Volksschulunterricht um 1800 weitreichende Veränderungen ausgegangen seien, die den mathematischen Anschauungsunterricht betrafen:

> „Es ist die Auffassung, daß *im Elementarunterricht notwendig die unmittelbare Anschauung voranstehen*, daß man hier den Unterricht immer an sichtbare, dem Schüler wohlbekannte Dinge anknüpfen müsse."[99]

Seine Urteile über die Pädagogen selbst fielen allerdings eher nüchtern aus. So schrieb er über Pestalozzis Elementarbücher:

> „Freilich täuscht man sich sehr, wenn man in ihnen irgend etwas besonders Packendes erwartet; sie sind so ziemlich das Langweiligste, was ich je in der Hand gehabt habe, da sie lediglich alle möglichen trivialen Verhältnisse mit erschreckender Konsequenz ganz ausführlich darstellen."[100]

Fröbel fand etwas positivere, wenngleich sehr kurze Erwähnung:

> „Um den richtigen Kern aus diesen pädagogischen Monstrositäten [gemeint sind Johann Heinrich Pestalozzi und Johann Friedrich Herbart, A.S.] herauszuschälen und die Erziehungskunst in vernünftigere Bahnen zu lenken, bedurfte es erst eines Fröbel. Er [...] stellte die körperliche Gestalt, also das Dreidimensionale, bei der Erziehung des Kindes voran."[101]

Bei aller Oberflächlichkeit, mit denen Klein sich der Pädagogik Pestalozzis oder Fröbels zuwandte, zeigte sich doch, dass sie seine eigene Sicht auf das, was einen guten Mathematikunterricht ausmachte, prägten. Hier ist zum einen der Blick für die materiale Komponente von Bildung und Erziehung zu nennen, den die Philanthropen durch ihre pädagogische Praxis prägten und den Pestalozzi und später Fröbel gerne aufgriffen. Klein sollte ebenfalls, wie sich im Verlauf der Arbeit noch zeigen wird, zumindest auf rhetorischer Ebene großen Wert auf den Umgang mit Objekten, vornehmlich Modellen, in der Mathematik legen. Vielleicht aber noch entscheidender sind die Gedanken zu einer fortschreitenden Erkenntnis, die von den Sensualisten ausgegangen war und die im Umfeld von Kleins Bestrebungen zur Verbesserung des Mathematikunterrichts immer wieder – wenngleich in für die zweite Hälfte des 19. Jahrhunderts angepassten Formulierungen – auftauchten.

---

[99]Klein 1968 [1925], S. 250.

[100]Klein 1968 [1925], S. 250.

[101]Klein 1979 [1926/1927], S. 128.

Die Bestrebungen auf Seiten der Vertreter einer realistischen, auf die Anschauung ausgerichteten Bildung blieben von der Gegnerseite indes nicht unbeachtet. Führende Intellektuelle, Bildungsreformer sowie Politiker aller deutschen Staaten bekamen die sozialen und kulturellen Spannungen spätestens ab 1870 aufgrund einer sich beschleunigenden Industrialisierung in deutlichem Ausmaß zu spüren.[102] Insbesondere die Akademiker des Kaiserreichs fürchteten das von Fritz Ringer so treffend formulierte „Gespenst einer seelenlosen Moderne", und beschworen eine ‚Krise der Kultur, der Bildung, der Werte oder des Geistes' herauf.[103] Die gebildete Oberschicht, deren Kapital sich aus Erbe und einem hohen Bildungsgrad speiste, und die von Ringer als die „deutsche Mandarine" bezeichnet wurde, reagierte besonders alarmiert und versuchte die Dominanz des gymnasialen Schulweges weiter auszuweiten, etwa indem Absolventen von Realgymnasien zunächst keine Hochschulzugangsberechtigung erteilt wurde und später, ab der Mitte des 19. Jahrhunderts, nur eine eingeschränkte. Während an den Gymnasien hauptsächlich Klassische Philologie und nur in den oberen Klassen Naturwissenschaften gelehrt wurde, legte man an den sogenannten „lateinlosen" Schulen (auch Oberrealschulen genannt) dagegen einen Schwerpunkt auf naturwissenschaftliche und technische Fächer.[104] Auf diese Weise entstand in Preußen ein Bildungssystem, das zwischen zwei bildungspolitischen Ausrichtungen differenzierte, der technisch-realen auf der einen und der humanistisch-formalen auf der anderen Seite. Innerhalb der Mathematik koexistierten ebenfalls zwei Forschungskulturen: die eine sogenannte reine, abstrakte Mathematik, und die andere, die nach Anwendungsmöglichkeiten mathematischer Inhalte suchte.[105] Ähnlich wie die meisten Naturwissenschaften blieben technische Schulfächer wie angewandte Mathematik und Physik im 19. Jahrhundert im gesamten Schulwesen in einer minder beachteten Stellung.[106] Klein beklagte das an der Klassik ausgerichtete neuhumanistische Bildungsideal als zu einseitig und machte in seiner Erlanger Antrittsvorlesung 1872 deutlich, dass durch

---

[102] König 2007.

[103] Diese Formulierungen sind Ringer 1983, S. 13 entlehnt.

[104] Vgl. Pyenson 1983, S. 7.

[105] Nach Kleins Vorstellung sollte der Mathematikunterricht an Gymnasien gestärkt werden, um genau dieser Tendenz einer Formalisierung der Mathematik entgegen zu wirken. Eine stärkere Betonung der Fächer Arithmetik und Geometrie sollte verhindern, dass die Schüler sich „für immer der Mathematik entfremden". Vgl. Klein 1968 [1933], S. 292.

[106] Andreas W. Daum konstatiert dies zumindest für die Naturwissenschaften: „Im Denken der meisten Schulbürokraten, in der Rangordnung der Unterrichtsinhalte und in der Stundenverteilung wurden die Naturwissenschaften deutlich benachteiligt." Daum 2002, S. 44 (und folgende).

ein solches „System der verhaengnisvollen Zweitheilung [in humanistische und naturwissenschaftliche Bildung, A.S.], die nur zu sehr in unserer Bildung Platz gegriffen hat" mathematisch-technische Kenntnisse nicht weit genug verbreitet würden.[107] Einem an der Antike ausgerichteten Bildungsideal stellte er hinsichtlich des mathematischen Unterrichts folglich ein neues Konzept entgegen, das die Mathematik weder der einen noch der anderen Kategorie zugehörig machte. Mathematik, so proklamierte er, müsse „als allgemein aufgefasst vorausgesetzt werden können".[108] Man kann durchaus festhalten, dass Klein beide Bildungsideale, die um 1870 auseinander zu driften drohten, in der Mathematik vereint sehen wollte.

So ließe sich zumindest begründen, warum er immer wieder auf das Bildungsideal des 18. Jahrhunderts referiert, das, wie es der Pädagoge und Philosoph Friedrich Paulsen 1906 konstatierte, nicht die „Abrichtung des Kindes zum gehorsamen Untertan" vorsah, sondern die

> „Bildung zum Menschen, Bildung zur vollen freien Persönlichkeit, durch Entwickelung aller von der Natur in dieses Wesen gelegten Kräfte, Bildung zur Humanität."[109]

Diese der Aufklärung entsprungene Vorstellung von Erziehung, die laut Paulsen bis in die Geistesgeschichte des 19. Jahrhunderts hineinwirkte, war demnach auf die unmittelbare Verbindung der Jugend mit der Realität des „natürlichen und geschichtlichen Lebens" bedacht: „Nicht Formeln und Abstraktionen, das Lebendige allein bildet."[110]

Einige Jahre nach seiner Antrittsrede – Klein war mittlerweile Professor an der Universität Göttingen – bekräftigte er erneut die Notwendigkeit der Vereinigung von technisch-naturwissenschaftlicher und humanistischer – „culturwissenschaftlicher" – Bildung. In seinem Vortrag *Universität und Technische Hochschule*, den er 1898 auf der 70. Versammlung Deutscher Naturforscher und Ärzte in seiner Heimatstadt Düsseldorf hielt, plädierte er einmal mehr dafür, dass „alles Unterrichten von der Anschauung der Dinge selbst ausgehen sollte", ein Prinzip, das sich die Mediziner und Naturforscher längst schon zu Eigen gemacht hätten und welches ebenso gut für Mathematik gelte.[111] Vor allem der mathematische Unterricht an technischen Hochschulen solle möglichst „nicht abstract" erteilt

---

[107] Klein 1872 Antrittsrede FAU MI, Kasten 22, 1 (Personalia), Bl. 2 (S. 2).

[108] Klein 1872 Antrittsrede FAU MI, Kasten 22, 1 (Personalia), Bl. 2 (S. 1).

[109] Paulsen 1906, S. 98–99.

[110] Paulsen 1906, S. 99.

[111] Klein 1898a, S. 6. Klein hält diesen Vortrag auch vor dem Hintergrund eines seit längerem schwelenden Konflikt zwischen Mathematikern und Ingenieuren, der seit dem Ende des 19.

werden. Bereits seit der Mitte des 19. Jahrhunderts waren zahlreiche Anleitungsbücher zur Ausgestaltung eines solchen mathematischen Anschauungsunterrichts,
der von den Dingen ausgeht, erschienen. Zu den bekanntesten gehören die in
Adolph Diesterwegs *Wegweiser zur Bildung für Deutsche Lehrer* erschienenen
Schriften, etwa *Der Elementarunterricht in der Geometrie* von Carl Sondhauss
(1877) und Friedrich Reidts *Anleitung zum mathematischen Unterricht an höheren Schulen* (1. Aufl. 1886). Diese Schriften hatten zum Ziel, die Ausbildung der
Lehramtskandidaten zu verbessern.[112] Als Professor an einer Universität hatte
Klein selbst keinen direkten Einfluss auf die Gestaltung der Lehrpläne an Schulen. Aber er publizierte regelmäßig programmatische Schriften und hielt Vorträge,
die vor allem für Lehrer bestimmt waren. So etwa ein Vortrag *Über eine zeitgemäße Umgestaltung des mathematischen Unterrichts an den höheren Schulen*,
den er anlässlich eines Ferienkurses für Oberlehrer der Mathematik und Physik in 1904 Göttingen hielt.[113] Darin schilderte er die neueren Entwicklungen
an Schulen, die Raumanschauung vermehrt zu betonen und die Anwendungs-
gebiete der Mathematik noch mehr zu berücksichtigen.[114] Wenige Jahre später
sollten die Bemühungen Kleins Wirkung zeigen. Aus seinem Umfeld erwuchs
eine ganze Generation an Mathematiklehrern, die teils unter seiner Aufsicht
weitere Publikationen verfassten und die sich intensiv mit der Gestaltung des
Mathematikunterrichts auseinander setzten.

So erschienen als direkte Reaktionen auf die Bemühungen Kleins etwa zwischen 1910 und 1924 Werke wie die *Didaktik des mathematischen Unterrichts*
(1910) des österreichischen Pädagogen Alois Höfler, *der Geometrische Anschauungsunterricht* (1911) des Karlsruher Lehrers Peter Treutlein und die *Methodik
des mathematischen Unterrichts* (3 Bände 1916, 1919, 1924) von Walther Lietzmann, einem Göttinger Mathematikpädagogen.[115] Diese drei Publikationen hatten

---

Jahrhunderts hinsichtlich Fragen der Ausbildung zu tiefgreifenden Spannungen führte, vgl.
Hensel 1989. Fuhrmann 1999, S. 192–198 macht in dem Kapitel „die Mathematik und die
Naturwissenschaften" darauf aufmerksam, dass sich auch Vertreter anderer Disziplinen wie
etwa bereits 1840 der Chemiker Justus Liebig, der Zoologe Ernst Haeckel und der Physiologe
Emil Du Bois-Reymond gegen eine Allmacht der humanistischen Erziehung gewehrt hätten.

[112]Sondhauss 1877; Reidt 1886.

[113]Begünstigend auf Kleins Anliegen wirkte sich auch die Lehrplanreform an den höheren
Schulen in Preußen 1901 aus, bei der das Fach Mathematik auf allen Klassenstufen am Gymnasium mit vier und am Realgymnasium mit vier, ab der Unterprima mit fünf Unterrichtsstunden
vertreten war, ganz so, wie Klein es gefordert hatte. Vgl. Albisetti und Lundgreen 1991.

[114]Klein 1904, S. 15.

[115]Vgl. Höfler 1910; Treutlein 1911; Lietzmann 1916, 1919, 1924. Diese Publikationen
erscheinen jedoch relativ spät wenn man bedenkt, dass der geometrische Vorkurs an höheren

ein „zweistufiges System" zum gemeinsamen Ziel, bei dem der Stoff der Mathematik aufeinander aufbauend zunächst von seiner anschaulich-induktiven hin zur
deduktiv-abstrakten Seite unterrichtet werden sollte. Die hier vor allem für die
Realgymnasien vorgeschlagenen Pläne für eine neue Unterrichtsgestaltung sahen
für die unteren Klassenstufen ein sogenanntes „mathematisches Propädeutikum"
vor, in dem ein Schwerpunkt auf die „anschauliche Raumlehre" gelegt werden
sollte. Bei der praktischen Umsetzung eines solchen Propädeutikums kam insbesondere Modellen eine wichtige Rolle zu. Deren Betrachtung und Beschreibung
sei eine der wichtigsten Aufgaben des Unterrichts der Geometrie, wobei zu beachten sei, die Modelle nicht nur „den Schülern auf dem Katheder in 8 m Abstand
zum Anstaunen vorzuführen". Vielmehr sollten sie in die Hand genommen werden. „Neben dem Gesichtsorgan soll auch das Tastgefühl Bekanntschaft mit den
Formen machen".[116]

All diese Autoren, sowohl Sondhauss und Reidt im ausgehenden 19. Jahrhundert, als auch Lietzmann, Treutlein und eben Klein zu Beginn des 20. Jahrhunderts, betonten in ihren Werken, dass die Erziehung der Anschauung vor allem
in den unteren Schulklassen als eine Schärfung der Sinne verstanden werden
müsse.[117] Erst in einem zweiten Schritt sollten die Schüler mithilfe der geschulten Sinne auf Rechenverfahren zurückgreifen. In höheren Klassenstufen könne
die Raumanschauung als gegeben vorausgesetzt werden und man könne sich dem
Stoff dann auf wissenschaftlich strengere Weise nähern.[118]

Die Auffassung, dass dem logischen Denken immer ein Prozess anschaulichen Verstehens vorausgehe, spiegelt sich in den pädagogischen Handbüchern
und Enzyklopädien wider. Die Abstraktion wird hier als ein Prozess verstanden,
der sich im Denken vollziehe und der immer vom Besonderen zum Allgemeinen fortschreite. So ist etwa im *Lexikon der Pädagogik* 1913 noch zu lesen, dass
„die Begriffe von den [sinnlich wahrgenommenen, A.S.] Einzeldingen abstrahiert"
werden.

Schulen (zunächst nur in der Unterstufe) bereits 1882 eingeführt wurde. Vgl. Klein 1968
[1925], S. 252.

[116]Lietzmann 1916, S. 88.

[117]Ganz deutlich wird dies mit der Publikation Heinrich Emil Timerdings *Erziehung der
Anschauung* von 1912, welches die verfolgte Absicht bereits im Titel trägt. Timerding widmet
sich darin dem historischen Hintergrund des Begriffs der Anschauung von einem pädagogischen Standpunkt aus und versteht unter „Erziehung der Anschauung" vor Allem die
Erziehung des Technikers und die Ausbildung zum „richtigen" Zeichnen. Vgl. Timerding
1912.

[118]Treutlein 1985 [1911], S. V–VII.

„Wenn die Unterweisung in Naturkunde, Erdkunde, Anschauungsunterricht das Einzelne zur Anschauung darbietet, so soll der Lehrer sich dabei gegenwärtig halten, daß die Erkenntnis des Einzelnen nützlich, notwendig, daß sie aber doch nur die Grundlage für die Abstraktion, für die Gewinnung der allgemeinen od. abstrakten Erkenntnis ist."[119]

20 Jahre später hatte sich die Begriffsvorstellung von „abstrakt" erheblich verändert. Abstraktion sei nun die Bildung von neuen Begriffen aus bereits vorhandenen. Die Theorie hingegen, „daß das Gedachte, vor allem der Begriff, durch Abstraktion aus dem Sinnlich-Wahrnehmbaren entspringe", schien nun ganz und gar unhaltbar.[120]

2.3   Anschauung als Anwendung

2.3.1   Das Denken mechanisieren

Hatte Klein den Begriff der „Anschauung" als Idealform der menschlichen Auffassung zunächst dem ihm vertrauten Bildungskanon der Neuhumanisten entnommen, gab er ihm in den 1890er Jahren das Gepräge eines Begriffs, der die praktischen Dimensionen der Mathematik hervorhob. Indem er ihn – zumindest oberflächlich – in die Tradition der Real- und Anschauungspädagogik stellte, ließ er die von ihm immer betriebene und vorangetriebene Mathematik als zeitgemäß und relevant erscheinen. Etwa um 1890 zog die „Anschauung" noch weitere Kreise in Kleins Deutungshorizont und wurde um den Begriff der „Anwendung" ergänzt. Immer wichtiger wurden für ihn Themen der Hochschulpolitik, insbesondere dann, wenn es um die Beziehung der Mathematik zu den technischen Fächern ging.[121]

---

[119] „Abstraction", in: Roloff und Willmann 1913–1917, Bd. 1 (1913), Sp. 36.

[120] „Abstraction", in: Schwartz 1928–1931, Bd. 1 (1928), Sp. 14.

[121] Albisetti und Lundgreen 1991 verweisen darauf, dass Klein hier zugute kam, dass auf der Schulkonferenz von 1900 die Gleichstellung der Absolventen von Gymnasium, Realgymnasium und Oberrealschule für den Zugang zur Hochschule beschlossen wurde. Klein plädierte dabei nicht allein für eine Gleichstellung von Technischer Hochschule und Universität, sondern sprach sich gar für eine Verschmelzung beider Institutionsformen aus, um so Mathematik, Technik und Naturwissenschaften in direkter Verbindung zueinander setzen zu können, vgl. Manegold 1970. Mit seiner Aufwertung des Realismus in der Mathematik im Besonderen ging Klein mit den Bestrebungen des Kaisers und Königs von Preußen, Wilhelm II. konform, der sich ganz dem Ideal der praktischen Bildung verschrieben hatte und der

„Da kommt in erster Linie wie in allen anderen Ländern die starke, in Deutschland etwas ums Jahr 1890 einsetzende Bewegung in Betracht, die *die Anwendungen der Mathematik in allen Zweigen der Naturwissenschaft*, insbesondere in der *Technik*, sowie *ihre Bedeutung für alle Seiten des menschlichen Lebens* mehr betont zu wissen wünscht."[122]

Der Begriff der „Anwendung" bleibt dabei in Kleins Texten relativ unscharf.[123] Er umschrieb sie lediglich als „die verschiedensten anderen Gebiete", also alles was nicht der „reinen" Mathematik, die um ihrer selbst willen betrieben werde, zuzuordnen sei.[124] Ganz entgegen humanistischer Auffassungen, nach denen die Mathematik keinem praktischen Zweck dienen sollte, sah Klein mathematisches Arbeiten als etwas an, das durch die Praxis erlernt und in der Praxis ausgeführt werden könne.[125]

Klein war sich bewusst, dass der Begriff der mathematischen Anschauung einerseits zu kurz griff, wenn es um die Lösung exakter mathematischer Probleme ging. Andererseits führte die Art und Weise, wie er den Begriff immer wieder gezielt in seinen Schriften einsetzte (und von anderen einsetzen ließ) dazu, dass dieser an Bedeutung gewann, wenn es um die Argumentation für mehr anwendungsbezogene Forschung oder gegen die Ausbreitung des Mandarinentums und des jenem entspringenden mathematischen Formalismus ging.[126] „Anschauung"

Bildung und Wissenschaft ganz und gar im Dienst von Industrie und Wirtschaft verstanden wissen wollte. Vgl. König 2007.

[122] Klein 1968 [1925], S. 253.

[123] Wesentlich klarer fasst es Lorey 1916, S. 250 unter Berufung auf die preußische Prüfungsordnung von 1898 zusammen: Zur „Angewandten Mathematik" gehörten demnach die Fächer darstellende Geometrie, Geodäsie und technische Mechanik.

[124] Klein 1968 [1925], S. 254.

[125] Hilfreich erscheint hier das Konzept des „artisanal-scientific expert", das Ursula Klein in ihren Arbeiten ausführt. Diese hybride Figur steht für eine wissenschaftliche Persona des 18. Jahrhunderts in Deutschland und Frankreich, die einerseits Naturforscher war und andererseits über technisches Wissen verfügte. „Living in both an academic and an industrial world, and further participating in the world of state bureaucracy, they personally spurred the circulation of knowledge and objects between these worlds." Klein 2012, S. 303. Für Felix Klein lässt sich sagen, dass er dieses Ideal aus dem Preußen des vorangegangenen Jahrhunderts vor Augen hatte, als er immer wieder für die Vereinigung von „Technik" und „Wissenschaft" plädierte. Ihn selbst als hybriden Experten zu bezeichnen, wäre sicherlich anachronistisch, dennoch oszillierte auch sein Wirken zwischen Wissenschaft und Verwaltung. Vgl. dazu auch Epple 1999 und Tobies 1999.

[126] Die These, dass der Begriff „Anschauung" Symbolcharakter hat und als ein rhetorisches Mittel verstanden werden muss, vertritt auch Mehrtens 1990. Eine ähnliche Argumentation

war Mathematikern, die im 19. Jahrhundert vornehmlich eine humanistische Bildung durchlaufen hatten, ein Begriff, der, zumindest in der Kantischen Auffassung
nicht so recht zu einer Mathematik passen wollte, die immer unabhängiger von
der physischen Sinneswahrnehmung wurde, wie etwa die seit 1860 vermehrt
erforschte nichteuklidische Mathematik. Klein ging es aber nicht um die philosophischen Implikationen des Begriffs Anschauung, sondern vielmehr um deren
Funktion als Weltbezug für Mathematiker untereinander.[127]

Um diesen Bezug zwischen Außen- und Innenwelt der Mathematik so groß
wie möglich werden zu lassen, und um den Anwendungen der Mathematik möglichst viel Spielraum eröffnen zu können, unternahm Klein einige Anstrengungen,
die Tätigkeit des Mathematikers unter psychologischen Vorzeichen zu betrachten. Wenn anhand von Anschauungsmitteln das logische Denken geschult werden
sollte, dann sei überhaupt das Einüben von Anschauung ein grundlegender Schritt
hierfür: „Man soll nicht etwa bloß an anschaulichen Dingen das logische Denken
üben, sondern um *Übung der Anschauung selbst* handelt es sich."[128]

Für diese Überlegungen kamen ihm die etwa zeitgleich entstandenen Arbeiten
aus der experimentellen Psychologie und Pädagogik, wie etwa die des Begrün-
ders der experimentellen Pädagogik Ernst Meumann, gut zu Pass.[129] Meumann
war zunächst Schüler und später erster Assistent des Psychologen Wilhelm Wundt
in Leipzig, wo er bereits begann, die Anwendung dessen Methoden der experimentellen Psychologie bei Kindern zu erforschen.[130] Im Rahmen der von ihm neu
begründeten *experimentellen Pädagogik* untersuchte er Fragen zur Begabung und

---

liefert auch Epple, der darauf hinweist, dass die in Kleins späten Schriften oft betonte Unterscheidung zwischen „Approximations- und Präzisionsmathematik", die der Betonung der
Bedeutung für die Anschauung in der angewandten Mathematik dienen sollte, erst sehr spät
von ihm eingeführt wurde. Vgl. Epple 2002, S. 173.

[127]Mehrtens 1990, S. 79–84. Mehrtens führt zudem an mehreren Stellen an, dass Anschauung
Klein als „rhetorisches Symbol für die Gemeinschaftlichkeit der Wissenschaftler und das
notwendige Erziehungsprogramm" diente. Z.B. Mehrtens 1990, S. 214.

[128]Klein 1968 [1925], S. 252.

[129]Inwieweit Klein Meumanns Werke wirklich rezipierte ist unklar. Auffallend ist aber die
Überschneidung an Begriffen, die die Idee ausdrücken, Anschauung sei eine Sache des
Einübens und Trainierens.

[130]Vgl. zur Biographie Meumanns und der Entstehungsgeschichte seiner Werke Hopf 2004.
Insgesamt besteht hinsichtlich der Rezeptionsgeschichte Ernst Meumanns eine Lücke. Galt er
zu Lebzeiten als anerkannter Wissenschaftler, werden seine Werke heute kaum besprochen,
geschweige denn in einen größeren geistesgeschichtlichen Zusammenhang gestellt. So verzichtet etwa Stefan Rieger in seinem Aufsatz über Mnemotechniken des 17–19. Jahrhunderts
gänzlich auf einen Verweis auf Meumann, obwohl dieser sich einschlägig mit Techniken zum
Einüben des Merkens und Behaltens auseinandersetzte. Vgl. Rieger 2000. Auch in Naumann

Intelligenz unter besonderer Berücksichtigung der experimentellen Erforschung der kindlichen Entwicklung.[131]

In seinen Vorlesungen zur Einführung in die *Experimentelle Pädagogik*, die erstmals 1907 in gedruckter Fassung erschienen, stellte Meumann seine Methode zur *Erforschung des Lernens* vor. Er erläuterte die psychologischen Bedingungen des Lernens, vor allem des Auswendiglernens und des Merkens, erörterte die Entwicklung von Wahrnehmung, Vorstellung, Gedächtnis und Sprache beim Kind und widmete sich dem Thema der Begabungslehre.[132] Wenngleich Klein Meumann selbst nur am Rande erwähnte, ging er in dem erstmals 1908 veröffentlichten zweiten Band seiner *Elementarmathematik* doch auf genau eben jene Themen ein: Die neusten Ergebnisse der modernen psychologischen Forschung, die Erforschung des Gedächtnisses, Untersuchungen zur Ermüdung, sowie das Problem der Unterschiede in der individuellen Begabung seien wichtig, um das mathematische Denken noch besser im Schüler verankern zu können und um so die Mathematik *„für alle Seiten des menschlichen Lebens* mehr betont zu wissen".[133]

Im Wintersemester 1909/1910 mündeten Kleins Ausflüge in die Pädagogik und Psychologie in einem Seminar mit dem Titel *Psychologische Grundlagen der Mathematik*. In dieser Lehrveranstaltung sollten vor allem über die

> „geistigen Prozesse gesprochen werden, welche die logischen Prozesse begleiten, zum Teil ihnen auch vorangehen, und hier kurz als *psychologisch* bezeichnet werden".[134]

Die Inhalte für diese Veranstaltung entwickelte er gemeinsam mit einigen ausgewählten Kollegen, darunter Felix Bernstein, Leonard Nelson, Otto Töplitz und Ernst Zermelo. Klein versuchte in diesem Seminar einen großen Bogen in der Geschichte der Pädagogik zu spannen, indem er stichpunktartig über die wichtigsten Personen referierte, die sich mit dem Thema der Anschauung befasst hatten. Er begann dabei mit der Unzulänglichkeit der scholastischen Pädagogik, ging über zu Pestalozzi und endete mit den Entwicklungen einer „neuen Schule" der

---

2005 ist Meumann erstaunlich abwesend, wenngleich jener im Jahr 1894 *Untersuchungen zur Psychologie und Ästhetik des Rhythmus* angestellt hatte.

[131] Vgl. Hopf 2004.

[132] Vgl. Meumann 1913; Meumann 1922a [1911] und Meumann 1922b [1914].

[133] Klein 1968 [1925], S. 253.

[134] Klein 1909–1910: Psychologische Grundlagen der Mathematik, Mathematisches Institut SUB.Gött MI, „Giftschrank", S. 1. Mehrtens geht auf dieses Seminar unter der Bezeichnung „Mathematik und Psychologie" ein und beschreibt den Zweck dieser Lehrveranstaltung Kleins als eine „naturwissenschaftlich [begründete] Politik der Mathematik". Mehrtens 1990, S. 216.

beobachtenden und experimentierenden Pädagogik (bzw. Psychologie), zu denen er auch Meumann zählte.[135] Ihm widmete Klein nun eine ganze Sitzung seiner Lehrveranstaltung und ging dabei vor allem auf die Bedingungen des Lernens ein. Der Referent dieser Sitzung, ein Student mit dem Nachnamen Behrend, hielt hierfür zusammenfassend fest, es sei das allgemeine Ziel

> „dass alle Aufgaben des mathematischen Unterrichts bis hin zum Hochschulunterricht experimentell pädagogisch durchgearbeitet werden".[136]

Wesentlich ausführlicher wurden die Methoden der experimentellen Psychologie und deren Bedeutung für den Mathematikunterricht von dem Psychologen David Katz diskutiert. In dem 1913 erschienenen Buch *Psychologie und mathematischer Unterricht* setzte dieser sich mit den Grundzügen der experimentellen Pädagogik und deren Bedeutung für den systematischen Aufbau des mathematischen Unterrichts auseinander. Er erachtete es als notwendig, dass die Didaktik der Mathematik auch auf die Forschungsergebnisse der neueren Psychologie Rücksicht nehme.[137] Es sei wichtig, mehr über die Funktionsweise des kindlichen und jugendlichen Gehirns zu erfahren, um herauszufinden, wie man es steuern und damit das Denken beeinflussen und in bestimmte Richtungen lenken könne. So stellte Katz seiner Studie voran, dass der Zweck eines jeden Unterrichts darin liege „dem Zögling durch ein zweckmäßiges Verfahren gewisse Kenntnisse sowie Denk- und Arbeitsweisen beizubringen."[138] In Hinblick auf das Erlernen mathematischer Sätze sprach Katz sich für einen „Mechanisierungsprozess" aus, der frühzeitig im Denken des Schülers eingepflanzt werden müsse. Gemeint war damit, dass auch die rein logische mathematische Beweisführung das Ergebnis eines langen Prozesses repetitiven Auswendiglernens sein müsse. Ein Satz müsse den Schülern zuerst „‚in Fleisch und Blut' übergehen", damit er für selbstverständlich erachtet werden könne.[139] Katz hatte zunächst ein mathematisch-naturwissenschaftliches Studium in Göttingen begonnen, wechselte dann aber zur Psychologie und wurde 1907 Assistent am Lehrstuhl des Professors für Psychologie Georg Elias Müller, der sowohl mit

---

[135]Klein 1909–1910: Psychologische Grundlagen der Mathematik, Mathematisches Institut SUB.Gött MI, Separata, S. 46–48.

[136]Klein 1909–1910: Psychologische Grundlagen der Mathematik, Mathematisches Institut SUB.Gött MI, Separata, S. 50–54.

[137]Katz 1913, S. 2.

[138]Katz 1913, S. 5.

[139]Katz 1913, S. 4.

Meumann in Verbindung war als auch Felix Klein sehr nahe stand.[140] Auch nachdem er das Fach gewechselt hatte, behielt Katz den Kontakt zum mathematischen Seminar, insbesondere zu Felix Klein und Walther Lietzmann bei. Seine Publikation, für die er das Seminarprotokoll von Kleins Lehrveranstaltung *Psychologische Grundlagen* rezipiert hatte, erschien im dritten Band in der von Klein herausgegebenen Reihe *Abhandlungen über den Mathematischen Unterricht in Deutschland*. Hierbei handelte es sich um eine Schriftenreihe, die von der Internationalen Mathematischen Unterrichtskommission (IMUK) herausgegeben wurde.[141] Insgesamt erschienen 36 Abhandlungen in fünf Bänden zusammengefasst, die sich mit I. den *Höheren Schulen in Norddeutschland* befassten, II. den *Höheren Schulen in Süd- und Mitteldeutschland*, III. *Einzelfragen des höheren mathematischen Unterrichts*, IV. der *Mathematik an den technischen Schulen* und V. dem *mathematischen Elementarunterricht und der Mathematik an den Lehrerbildungsanstalten*.[142]

2.3.2   Modelle müssen verschwinden

Was Katz in seiner Abhandlung als „Mechanisierung mathematischer Wahrheiten"[143] bezeichnete, erinnert an die „Ökonomie und Technik des Lernens", die Ernst Meumann 1908 verfasste und die sich der Untersuchung kindlicher Lernprozesse oder der Aneignung von Wissen überhaupt experimentell annahm.[144] Die Bedingungen geistiger Arbeit müssten methodisch durchgebildet werden, „um sie technisch zu verbessern und ökonomischer zu machen."[145] Hier sprach Meumann etwas an, das auch Klein und Katz erkannt hatten: Um den wachsenden Anforderungen des praktischen Lebens gerecht werden zu können, müssten Kinder frühzeitig darin geschult werden, ihre Lern- und Merktechniken zu verbessern

---

[140]Zu Katz gibt es, bis auf einen Eintrag in der Neuen Deutschen Biographie, so gut wie keine Sekundärliteratur. Vgl. „Katz, David", in: NDB 1971–2013, Bd. 11 (1977), S. 332–333.

[141]Die Herausgabe der Abhandlungen unterlag der Leitung Felix Kleins. Koordination und Redaktion der Texte übernahm aber hauptsächlich Lietzmann in enger Abstimmung mit Klein. Vgl. Korrespondenz zur mathematischen Unterrichtsreform SUB.Gött Cod.Ms.W. Lietzmann.III.1–12.

[142]Gutzmer 1912.

[143]Katz 1913, S. 4.

[144]Meumann 1908. Das Werk erschien zunächst 1903 unter dem Titel *Über Ökonomie und Technik des Lernens*.

[145]Meumann 1908, S. 2.

und das Lernen an sich zu beschleunigen. Klein beschrieb dies in seiner *Element-armathematik* als ein Übergreifen pädagogischer Ideen auf den mathematischen Unterricht an höheren Schulen:

> „Die *Raumanschauung* wird nicht nur auf der Unterstufe als Vorbereitung betrieben, sondern sie wird zum *Selbstzweck* erhoben. Man soll nicht etwa bloß an anschaulichen Dingen das logische Denken üben, sondern um *Übung der Anschauung* selbst handelt es sich."[146]

Meumann wiederum differenzierte zwischen einer „Technik" des Lernens, also der Methode wie man ein Gedicht auswendig lernt oder sich eine Vokabel einprägt, und einer „Ökonomie" des Lernens und Denkens. Letztere bezeichnete die Methode, dem Schüler dazu zu verhelfen, mit dem geringsten Aufwand an Zeit und Kraft einen möglichst großen Lerneffekt zu erreichen.[147] Im Falle des Auswendiglernens eines Gedichts nannte er hier etwa den Einsatz von Rhythmus, Pausen und Wiederholungen.[148] Diese Untersuchungen Meumanns entstanden in einer Zeit der zunehmenden Zerstreuung der modernen Wahrnehmung, die zudem durch ständig neu auftretende Medien, Fortbewegungsmittel, Produktionsmaschinen, Warenanhäufungen und einer zunehmenden Bilderflut beeinflusst und ständig verändert wurde. Die Rückbesinnung auf Merk- und Lerntechniken, die eine gewisse Innerlichkeit erforderten, schien der beschleunigten Welt etwas entgegen halten zu wollen und gleichzeitig Werkzeuge bereit zu stellen, um in ihr zurechtzukommen. Insbesondere den Nachrichtenmedien wurde die Funktion zugeschrieben, bei wachsender Komprimierung des Inhalts gleichzeitig eine Ersparnis an Zeit zu ermöglichen. So galt um 1900 das Lesen eines Zeitungsartikels oder -ausschnitts gegenüber der Lektüre eines Buches als Arbeitsersparnis. Die Zeitungslektüre ermöglichte zudem das Erfassen einiger wichtiger Stichworte, weil sich die Aufmerksamkeit nur punktuell auf einen Abschnitt richtete und dann wieder abließ.[149]

Fragen nach der Einsparung geistiger Arbeit kamen in dieser Zeit auch unter Mathematikern auf. Hier kannte man den Begriff der „Denkökonomie" bereits um die Jahrhundertwende. So schrieb etwa der Mathematiker Wilhelm Franz Meyer aus Königsberg in einem Aufsatz *Zur Ökonomie des Denkens in der Elementarmathematik* 1899, dass man bei mehrmaliger Durcharbeitung des Elementarstoffs

---

[146]Klein 1968 [1925], S. 252.

[147]Meumann 1908, S. 3–4.

[148]Meumann 1908, S. 208–215.

[149]Vgl. te Heesen 2006, S. 261–263.

an der Hochschule eine „wesentliche Ersparnis an Gedanken- und Rechnungs-arbeit erzielt".[150] Auf diese Weise gelange man dann „möglichst rasch zu den Anwendungen" – im dargelegten Beispiel der Trigonometrie hieß dies, dass man möglichst bald die Auflösung des Dreiecks herbeiführen könne.[151] Wenn bestimmte elementare Grundlagen der Mathematik nur frühzeitig genug einge-übt würden, so könne man später, also im Unterricht an der Hochschule, darauf zurückgreifen, ohne sie wiederholen zu müssen. Auch Klein bediente sich die-ses Begriffs der „Denkökonomie". Für ihn bedeutete die Ökonomie des Denkens die Verwendung einfachster Formeln, die eine Erscheinung in der Natur „*mit hinreichender Genauigkeit darzustellen vermögen*".[152]

Im Hinblick auf die Verwendung von Anschauungsmitteln im Unterricht waren die Formulierungen einer Ökonomie des Denkens um 1900 ebenfalls virulent, vor allem dann, wenn es darum ging, eine Fülle von Tatsachen auf einmal zu überbli-cken. So beschrieb es der Physiker Ludwig Boltzmann anlässlich eines Beitrags in dem 1893 begleitend zu einer Modellausstellung in München erschienenen Katalog. In der Mathematik und insbesondere der Geometrie sei es zunächst das Bedürfnis nach Arbeitsersparnis gewesen, das zur Veranschaulichung durch Modelle geführt habe. Schließlich dienten diese dazu,

> „die Resultate des Calcüls anschaulich zu machen und zwar nicht blos für die Phantasie, sondern auch sichtbar für das Auge, greifbar für die Hand, mit Gips und Pappe."[153]

Boltzmann war von Walther von Dyck, Herausgeber des *Kataloges mathematisch-physikalischer Apparate, Modelle und Instrumente,* um diesen Beitrag gebeten worden. Und er kam dieser Aufforderung nach, indem er explizit auf die Rolle von mathematischen und physikalischen Modellen in der Frage nach einer Veran-schaulichung und Ökonomisierung einging. Eben weil die Fülle der Eindrücke immer größer werde und die menschliche Auffassung begrenzt sei, müssten mathematische Tatsachen möglichst zeit- und arbeitssparend aufgefasst werden. Boltzmann brachte in seinen Text ein Beispiel aus seiner eigenen Kindheit der 1850er bis 60er Jahre ein:

---

[150]Meyer 1899, S. 148.

[151]Meyer 1899, S. 148.

[152]Klein 1968 [1928], S. 18.

[153]Boltzmann 1892, S. 90. Auch Hermann Wiener machte einige Jahre später darauf aufmerksam, dass der hauptsächliche Zweck von Modellen in deren „Einfachheit und Übersichtlichkeit" liege, vgl. Wiener 1907a, S. 3–4.

„Damals war die Theorie Flächen zweiten Grades noch der Gipfelpunkt geometrischen Wissens und zu ihrer Versinnlichung genügte ein Ei, ein Serviettenreif, ein Sattel. Welche Fülle von Gestalten, sich aus einander entwickelnder Formen hat der Geometer von heute sich einzuprägen, und wie sehr wird er dabei durch Gipsformen, Modelle mit fixen und beweglichen Schnüren, Schienen und Gelenken aller Art unterstützt."[154]

Etwas systematischere Überlegungen zur Denkökonomie stellte Boltzmanns Kollege Ernst Mach an, auf den sich Boltzmann in seinem Katalogbeitrag sogar direkt bezog. Mach ging davon aus, dass Wissenschaft Erfahrungen durch „Nachbildung und Vorbildung von Thatsachen in Gedanken" zu ersetzen habe, da schließlich die Nachbildung leichter zur Hand sei als die Erfahrung selbst.[155] Dementsprechend sei es die Aufgabe des wissenschaftlichen Unterrichts, dem Schüler Erfahrung ersparen. Zu diesem Zweck würden Erkenntnisse in einfachere, häufiger vorkommende Elemente zerlegt und „stets mit einem Opfer an Genauigkeit, symbolisiert".[156]

Ähnlich äußerten sich die im Umfeld Felix Kleins wirkenden Mathematiker und Modellbauer an den technischen Hochschulen. So hing für Hermann Wiener „die Möglichkeit, durch Abstraktion *Begriffe zu bilden*, […] von der Fähigkeit ab, den Stoff mit sich herumzutragen". Hierfür sei das Rechnen und Zeichnen zwar von Nutzen, aber vor allem werde das hier benannte Abstraktionsvermögen durch „Anschauungsmittel aller Art" erworben.[157] In dieser Aussage Wieners liegt vielleicht das deutlichste Indiz dafür, welche Rolle die Anschauung im Wirkungskreis Felix Kleins spielte: sie machte mathematisches Wissen universell einsetzbar („die Fähigkeit, den Stoff mit sich herumzutragen"). Anschauung sollte dazu verhelfen, individuell erworbenes Wissen zu kanonisieren und in andere Kontexte an anderen Orten übertragen zu können.[158]

---

[154]Boltzmann 1892, S. 90.

[155]Mach 1883, S. 452. Vergl. auch die Publikationen von Karin Krauthausen, insbesondere Krauthausen 2010, sowie auch Wulz 2015.

[156]Mach 1883, S. 453. Boltzmann erwähnt in dem oben zitierten Katalogbeitrag auch die Arbeit Machs zur Denkökonomie, nicht ohne sie zugleich ins Lächerliche zu ziehen. Denn Boltzmann schlussfolgert, dass auf diese Weise sich die Wissenschaft komplett dem Zweck der „Verkaufsbuden und des Geldes" unterwerfe. Boltzmann 1892, S. 89.

[157]Wiener 1913, S. 296.

[158]Ergänzend hierzu kann auch das Wechselspiel von „lokalem" und „universalem" Wissen angeführt werden, welches Moritz Epple in mehreren einschlägigen Artikeln und Büchern aufgezeigt hat, vgl. etwa Epple 2004. Hier geht Epple der Frage nach, in welchem Verhältnis Wissen, das etwa anhand experimenteller Praktiken an einer spezifischen intellektuellen Umgebung („intellectual environment") erworben wurde, zu dem Wissen stehe, das als universal oder nicht-lokal bezeichnet wird, etwa mathematische Formeln. Epple zeigt anhand der

Pädagogen, die in Reaktion auf die Bestrebungen Kleins daran arbeiteten, ganze Unterrichtskonzepte für die Mathematik an höheren Schulen auf dem Prinzip einer Schulung der Raumanschauung aufzubauen, rezipierten und adaptierten ein solches Verständnis von Arbeitsersparnis, auch mit Blick auf zeitgenössische Untersuchungen der Psychologie des Kindes, wie etwa Ernst Meumann sie angestellt hatte. Und sie gingen sogar so weit, zu behaupten, ein Modell erfülle seinen Zweck erst, wenn es sich selbst überflüssig mache.[159] So war sich etwa Peter Treutlein, der sich in einem Text über mathematische Modelle und deren Verwendung im Unterricht 1911 direkt auf die oben angeführten Aussagen Boltzmanns berief, sicher, dass die Fähigkeit zum logischen Denken nur dann erreicht würde, wenn genügend Modelle vorhanden seien.[160] Durch ihren „vernünftigen Gebrauch", folgerte Treutlein,

> „müssen die Modelle je im Verlauf jedes Lehrabschnittes und schließlich am Ende des Gesamtunterrichtes unnötig geworden sein und müssen verschwinden".[161]

Sobald der Stoff soweit vom Schüler verinnerlicht war, dass das Modell nicht mehr vorgezeigt werden musste, um einen bestimmten Sachverhalt zu demonstrieren, trat für Treutlein der ökonomische Aspekt der Anschauung zu Tage: Logisches Denken, einmal eingeübt, ließ sich überall anwenden, unabhängig davon, wo und anhand welcher Mittel dieses Denken eingeübt worden war. Ausgerechnet zuvor aufwendig und teuer hergestellte Modelle sollten also am Ende im Sinne einer Anschauungsökonomie überflüssig werden. Diese von Treutlein stellvertretend für zahlreiche Pädagogen formulierte Idee zeugt von einer gewissen Ambivalenz zwischen normativer Rhetorik (was Modelle leisten müssen)

Knotentheorie auf, wie eng theoretische und praktische Wissensaneignung hier miteinander verwoben waren.

[159] Auf diese Bedeutung von Modellen hatte auch der Eintrag zu mathematischen Modellen in der Encyclopaedia Britannica von 1883 hingewiesen, vgl. etwa Fußnote 29 in **Kapitel 1**.

[160] Auf die Person Peter Treutlein wird in **Kapitel 6/Abschnitt 6.2.2** noch näher eingegangen. An dieser Stelle sei nur angemerkt, dass dieser zusammen mit Felix Klein von der Deutschen Mathematiker Vereinigung in den Deutschen Ausschuß für den mathematischen und naturwissenschaftlichen Unterricht entsandt wurde. Vgl. Schönbeck 1985.

[161] Treutlein 1911, S. 8. Der Berliner Mathematiker Guido Hauck äußerte sich ganz ähnlich: „Es ist ja eben der Zweck der darstellenden Geometrie, das räumliche Modell dadurch überflüssig zu machen, dass sie es durch sein Bild ersetzt, welches der Schüler lernen soll plastisch zu sehen." Hauck 1900, S. 110. Zeitgenössische Pädagogen und Psychologen stellten diese Ideen allerdings deutlich in Frage und bezweifelten, dass eine „Kopfgeometrie" wie Treutlein sie vorschlug, tatsächlich in die Tat umgesetzt werden könnte. Vgl. Katz 1913, S. 46–47, Lietzmann 1916, S. 96 und Lietzmann 1919, S. 48.

und der tatsächlichen Verortung ihrer praktischen Verwendung (wofür Modelle tatsächlich nützlich waren). Um diese Mehrdeutigkeit aufzuschlüsseln, müssen sowohl mathematikhistorische als auch kulturhistorische Argumente ins Feld geführt werden, um ein komplexes Geflecht aus Materialität, Abstraktion und Ökonomie zu entwirren, das sich hinter der Entstehung der hier diskutierten Modelle verbirgt.

Im folgend Kapitel wird sich zeigen, dass, wenngleich die obenan vorgestellten Konzepte von „Anschauung", „Anschaulichkeit", „Raumanschauung", usw. zumeist unhinterfragt verwendet und nur in seltenen Fällen kritisiert wurden, der Herstellung mathematischer Modelle sehr heterogene Wissenstraditionen und Praktiken vorausgingen.[162]

---

[162] Vgl. etwa Grüttner 1907.

Modelle Zeichnen

3

3.1 Géométrie pour Tous!

Paris 1794. Kurz nach der Französischen Revolution gründete der Mathematiker Gaspard Monge gemeinsam mit dem Ingenieur Lazare Nicolas Marguerite Carnot die École Polytechnique. Diese zunächst für die Militärerziehung eingerichtete Schule entsprach ganz den Leitgedanken des postrevolutionären Frankreichs, insofern als Wissenschaft und Technik als Garant für Fortschritt und Wohlstand gesehen wurden.[1] Die technischen Künste, zu denen auch die Ingenieurswissenschaften und die Architektur zählten, wurden als Stellvertreter des technischen Fortschritts verstanden, der nun für die Sicherung des Allgemeinwohls dienen solle. Bildung und Erziehung, so der Grundtenor der Gründerväter der neuen Schulformen, wie der École Polytechnique oder auch dem Conservatoire des Arts et Métiers (im Folgenden CNAM), dessen Gründung ebenfalls 1794 erfolgte, trügen dazu bei, dass die demokratischen Errungenschaften, also die Abkehr von Aberglaube, Despotismus und Rechtswillkür, aufrecht erhalten werden könnten.[2] Das Ausbildungs- und Unterrichtswesen in Frankreich sollte zunehmend durch den Staat kontrolliert werden und nicht mehr, wie bisher, allein dem Adel zugänglich sein, sondern auch für das Bürgertum. Seit der Gründung der École Polytechnique wurde das technische Bildungswesen – zunächst in Frankreich, später auch in Deutschland – zunehmend ausdifferenziert und auf die öffentliche Erziehung ausgerichtet. Hintergrund einer solchen Institutionalisierung anwendungsnaher Disziplinen war das Bestreben, eine gesellschaftliche sowie staatliche

---

[1] Richards 2003, S. 450; 455–456, weist auf die Koinzidenz von Französischer Revolution und grundlegenden Änderungen in der Geometrie hin.

[2] Vgl. Pfammatter 1997, S. 23.

© Der/die Autor(en), exklusiv lizenziert durch Springer Fachmedien Wiesbaden GmbH, ein Teil von Springer Nature 2021
A. Sattelmacher, *Anschauen, Anfassen, Auffassen.*, Mathematik im Kontext,
https://doi.org/10.1007/978-3-658-32528-2_3

Neuordnung auch anhand von technischem Wissen voranzutreiben, das wiederum an den höheren Schulen anhand von praktischen Werkstattübungen, Laborarbeiten und Exkursionen vermittelt werden sollte.[3] Dabei stand, vor allem bei der Gründung der École Polytechnique, eine pädagogische Grundhaltung im Vordergrund, die sich auf die Förderung von „Ehrgeiz und Lerneifer" stützte und die für ein Verantwortungsbewusstsein des Schülers gegenüber seiner eigenen Leistung sorgen sollte.[4]

3.1.1 Technische Bildung

In fast allen deutschen Staaten diente die École Polytechnique ab etwa 1820 als Vorbild für zahlreiche Neugründungen von Industrie-, Baugewerbe, Gewerbe und ganz allgemein polytechnischen Schulen. Mit dem (etwas verzögerten) Beginn der Industriellen Revolution wuchs auch hier der Wunsch nach einer allgemeinen internationalen Wettbewerbsfähigkeit, aus dem die Ausdifferenzierung der technischen und gewerblichen Ausbildung resultierte.[5] Rechnen, Zeichnen und Modellieren waren fortan notwendige Techniken, die ein zukünftiger Ingenieur beherrschen musste, um dem industriellen Fortschritt standhalten zu können. Die 1827 gegründete polytechnische Schule in München etwa bildete hier keine Ausnahme: Sie war laut königlicher Verordnung von 1833 dazu bestimmt,

> „den Gewerbsbetrieb selbst auf jene Stufe zu bringen, welche den Fortschritten der Technik und der nothwenigen Konkurrenz mit der Industrie des Auslandes entspricht."[6]

Dementsprechend sollte der technische Unterricht an Lehranstalten wie der Münchener eine Kombination aus „streng wissenschaftlicher" und „praktische[r] Lebensbildung" bieten.[7] Der Lehrplan von 1833 sah daher die Fächer reine und angewandte Mathematik, darstellende Geometrie, technische Physik und Chemie, Warenkunde, bürgerliche Baukunde, freies, Ornament- und Maschinenzeichnen, Modellieren (von Steinschnitten) sowie praktische Mechanik vor.[8]

---

[3]Pfammatter 1997, S. 8.
[4]Vgl. Pfammatter 1997, S. 10.
[5]Vgl. Lundgreen 1990, S. 55.
[6]Anonym 1836, S. IV.
[7]Anonym 1836, S. 5.
[8]Anonym 1833c, S. 2.

Die Lehrprogramme, die im Verlauf des 19. Jahrhunderts an den neu gegründeten polytechnischen Schulen wie der Münchener entwickelt wurden, richteten ihr ganzes Augenmerk auf das einst von Monge entworfene Programm. Die von der École Polytechnique ausgehende Idee, eine neue und bessere Gesellschaft vollends planen und berechnen zu können, wirkte sich auch auf das Unterrichtswesen in Deutschland aus, etwa wenn es um die vollständige Systematisierung und Quantifizierung praktischen Wissens (in diesem Fall dem Zeichnen) ging. Mit Rückgriff auf die Gedanken der Französischen Revolution und der daraus hervorgegangenen Gründung der École Polytechnique sollten in den deutschen Staaten nun ebenfalls die technischen Wissenschaften die Legitimation erhalten, das soziale Leben mitgestalten zu können.[9]

Dieser von Frankreich ausgehende gesellschaftlich-pädagogische Antrieb wurde in Deutschland noch verstärkt, als es zur Zeit der Reichsgründung 1871 zu einer Akademisierung der technischen Ausbildung kam und die meisten polytechnischen Schulen und Gewerbeschulen in technische Hochschulen überführt wurden. Ein solcher Übergang erfolgte nicht immer ohne Brüche, wie sich am Beispiel der Münchener Polytechnischen Schule zeigt. Hier wurde 1868 eine „neue" polytechnische Schule gegründet, die offiziell nicht mit der ursprünglichen, 1864 aufgelösten königlichen polytechnischen Schule verbunden war. Die Konzeption und Ausgestaltung des „neuen" Münchener Polytechnikums wurde aber vom damaligen Leiter der „alten" polytechnischen Schule, Carl Maximilian Bauernfeind, vorgenommen.[10] Der Wandel von der polytechnischen Schule zur technischen Hochschule führte zu einem neuen Konkurrenzverhältnis zu den Universitäten. Nun wurden an technischen Fachschulen nicht mehr nur Beamte und Gewerbetechniker ausgebildet, sondern es ging an den neuerdings gegründeten technischen Hochschulen (Karlsruhe 1865, München 1868, Aachen 1870, Darmstadt 1877) um die Pflege der Wissenschaften und um einen neuen Forschungsimperativ im Dienst der Technikwissenschaften.[11]

Die Stärkung technischer Hochschulen war eines der zentralen Anliegen, die Klein seit den 1890er Jahren als Fürsprecher einer technisch ausgerichteten Mathematik verfolgte. Technische Hochschulen sollten nach Kleins Auffassung die naturwissenschaftliche und die technische Bildung „in höchster Entwicklung

---

[9]Vgl. Lundgreen 1990.

[10]Vgl. Hashagen 2003, S. 39–41.

[11]Lundgreen 1990, S. 55–58. Um 1900 erhielten zudem so gut wie alle technischen Universitäten in Deutschland das Promotionsrecht. Ähnlich wie in München handelte es sich im Falle Karlsruhes um eine Umbenennung. Die Schule hatte bereits seit 1825 unter dem Namen „Polytechnische Schule" firmiert.

vereinigen".[12] So betonte er 1898 in einem Vortrag auf der 70. Versammlung deutscher Naturforscher und Ärzte in Düsseldorf, dass er die technischen Hochschulen als einen Garant erachtete, auf die „unmittelbaren Anforderungen der Praxis" reagieren zu können, etwa indem im Unterricht nicht allein das Zeichnen und Konstruieren – und auch nicht nur die reine abstrakte Theorie unterrichtet würde, sondern indem

> „die Studirenden den Betrieb der lebendigen Maschine und die Beanspruchung des Materials unmittelbar beobachten und nachprüfen können."[13]

Klein berief sich hier direkt auf das „französische Ideal", die École Polytechnique, wenn er von der Vereinigung von „naturwissenschaftlicher und technischer Bildung" sprach.[14] Technische Bildung meinte hier vor allem eine Fachbildung des Technikers, die sich von der rein wissenschaftlichen Ausbildung (etwa an Universitäten abgrenzte).[15] Die Voraussetzung dafür, dass Studenten technischer Studiengänge auf Tuchfühlung mit der materiellen Praxis gehen konnten, war, dass sie Zugriff zu Objekten hatten, wie etwa Maschinen, Modellen oder Zeicheninstrumenten, an denen sie ihre Kenntnisse erproben konnten.

3.1.2 Der Omnibus

Gut 30 Jahre nach der Gründung der École Polytechnique hatten sich die politischen Vorzeichen in Frankreich so stark verändert, dass auch diese einst im französischen Bildungssystem verankerte Verbindung von Industrie und Technik in Frage gestellt wurde. Nach der Niederlage Napoleons kamen 1814 die Bourbonen wieder an die Macht und es sollte nun ein Bruch mit der revolutionären

---

[12]Klein 1898a, S. 5.

[13]Klein 1898a, S. 6.

[14]Klein 1898a, S. 5.

[15]In Schütte und Gonon 2004, S. 996 wird darauf verwiesen, dass die Begriffe „Technik" und „Bildung" im 19. Jahrhundert klassischerweise antagonistisch zueinander standen und dass der Begriff der „Technik" oft aus der Pädagogik im 19. (und frühen 20. Jahrhundert) ausgespart wurde. Im Zuge der Emanzipationsbewegungen, bei denen Naturwissenschaftler, Techniker und Mathematiker (wie etwa Felix Klein) sich für eine Gleichstellung von humanistischer und realistischer Erziehung einsetzten, kam es dann zu einer Aufwertung des Begriffs „technischer Bildung". Siehe hierzu auch die im **Kapitel 2** angestellten Überlegungen.

Vergangenheit vollzogen werden.[16] Nahezu alles, was im Nachklang der Französischen Revolution von den führenden Eliten zur bildungspolitischen Staatsräson erhoben worden war, nämlich die institutionelle Förderung der Mathematik und Naturwissenschaften, sollte plötzlich erneut einer intensiven Prüfung unterzogen werden.[17] Nun gerieten insbesondere die Gründer dieser Schule in Schwierigkeiten, da sie vorrevolutionäre Wurzeln hatten und die Idee der Institution sich überhaupt als ein Kind der Revolution verstand. Die École Polytechnique überlebte die strukturellen Umbrüche, die ab etwa 1816 erfolgten, aber sie erfuhr nun eine neue Ausrichtung, hin zu einer mehr abstrakt-theoretisch ausgerichteten Institution, die den Interessen der privaten Wirtschaft dienen sollte.[18]

Théodore Olivier, Mathematiker und ehemaliger Absolvent der École Polytechnique, war mit dieser Neuausrichtung seiner Alma Mater und der damit verbundenen Marginalisierung der praktischen Ausübung des Fachs Mathematik ganz und gar nicht einverstanden.[19] Gemeinsam mit seinen Kollegen Alphonse Lavallée, Jean-Baptiste Dumas und Eugène Péclet errichtete er 1829 mit der Pariser École Centrale des Arts et Manufactures (ECAM) eine Bildungsinstitution, die sich auf die Verbindung von Wissenschaft, Technik und Industrie konzentrierte.[20] Damit sollte zugleich eine neue Disziplin begründet werden, die sogenannte „industrielle Wissenschaft", die sich auf eine besonders starke Verbindung von Theorie und Praxis berief.[21] Die Gründung der ECAM erfolgte unter dem Eindruck, dass es einen neuen Berufstand, den „ingenieur civile" benötigte, um die (aufgrund der industriellen Revolution eintretenden) neuen wirtschaftlichen und technischen Herausforderungen des Landes besser bewältigen zu können.[22] Ein

---

[16]Zur Phase der Restauration in Frankreich vgl. u. a. Sellin 2001 sowie Scholz 2006.

[17]Fox 2012, S. 9–18.

[18]Fox 2012, S. 15; Pfammatter 1997 S. 36–37.

[19]Vgl. zur Person Olivier Hervé 2007.

[20]Die École Centrale des Arts et Manufactures stand in der Hierarchie französischer technischer Hochschulen allerdings unter der École Polytechnique, deren Absolventen hauptsächlich für das höhere Militärwesen ausgebildet wurden. Die Schüler der École Centrale waren Söhne von mittleren Beamten oder kamen aus der industriellen Burgeoisie. Sie gingen in die private Industrie oder in den Staatsdienst. Alder 1999, S. 98. Zur Geschichte der École Centrale vgl auch: Fox 2012, S. 37–38 und Pfammatter 1997.

[21]Pfammatter 1997, S. 105; Fox 2012, S. 37; Weiss 1982, S. 89–122.

[22]Bereits in der frühen Historiographie der École Centrale berief man sich unter anderem auf den französischen Sozialphilosophen und Utopisten Henri de Saint Simon, der nur wenige Jahre zuvor (1824) seinen *Catéchisme des industriels* verfasst hatte, in dem er eine gesellschaftliche Neuordnung und eine verbesserte Stellung der sogenannten industriellen Klasse forderte. Eine solche Forderung war natürlich zu diesem Zeitpunkt noch Utopie, denn von einer ausgeprägten Industrie, und noch weniger von einer industriellen Klasse konnte bisher

solcher ziviler Ingenieur sollte die Interessen der Techniker wahren, aber er sollte sich gleichzeitig auch als „Wissenschaftler" verstehen. Andersherum müsse ein Professor für darstellende Geometrie immer auch ein Ingenieur sein, d. h. er müsse die praktische Werkstattarbeit ebenso beherrschen wie die Theorie.[23]

So wurden an der ECAM, die das „Arts et Manufactures" im Namen trug, sich aber doch mehr als nur dem Handwerk widmete, die drängenden Fragen eines „modernen" Ingenieur- und Architektenwesens verhandelt. Man befasste sich nun etwa in der Architektur mit neuen Baumaterialien wie Eisen, Glas und Beton. Im Rahmen neuartiger Kurse über das Eisenbahnwesen, den Maschinenbau sowie das industrielle Bauwesen nahm man sich konkreter gesellschaftlicher Fragen an, wie etwa der Verbesserung des Lebensstandards im städtischen Leben, der technischen Sicherheit von Bauwerken und der Hygiene.[24] Dass auf dem Umgang und der Auseinandersetzung mit technischem Material von vornherein ein Schwerpunkt lag, lässt sich in den Lehrplänen der ersten Jahre ablesen. Hier standen vor allem Fächer wie Metallurgie, industrielle Physik, analytische Chemie, Mineralogie, Geologie und darstellende Geometrie auf dem Plan.[25] Nach einem Jahr Grund-lagenstudium in Mathematik, Physik, Mechanik und Chemie standen intensive Laborstunden, geologische Exkursionen und eine Prüfung im Fach Konstruktion an, wo eine Maschine oder ein Instrument, das für die Fabrikarbeit nützlich war, hergestellt werden sollte.

Eines der von Olivier eingeführten Unterrichtsmittel für das Fach darstellende Geometrie war der „Omnibus". Hierbei handelte es sich um ein Instrument, mit dessen Hilfe zukünftig das „gesamte aus geraden Linien bestehende Wesen der Geometrie" veranschaulicht werden sollte.[26] Dieses Gerät bestand aus einer fla-chen Schachtel, die in der Mitte durch ein Scharnier auf- und zu geklappt wurde, ähnlich wie ein tragbares Backgammon Spiel („un trictrac portatif"). Positionierte man beide Hälften im rechten Winkel zueinander, erhielt man die zwei aufrecht zueinander stehenden Flächen einer Zweitafel-Projektion, bei der die am Schar-nier entlanglaufende Linie die Rissachse bildete, also die Schnittgerade der beiden

---

keine Rede sein. Der Verfasser dieser ersten Gründungsschrift war ein ehemaliger Schüler der ersten Stunde der École Centrale, de Comberousse. Dieser bezieht Saint-Simon in seine Aus-führungen ein, um sich gleich darauf von dessen ideologischen Sichtweise zu distanzieren. Vgl. de Comberrousse 1879, S. 10–11 und als Sekundärtext dazu Dhombres und Dhombres 1989.

[23]Olivier 1849, S. 591.

[24]Pfammatter 1997, S. 12; 106.

[25]Vgl. Pothier 1887, S. 123.

[26]Olivier 1852, S. X.

Projektionsflächen. Man erhielt auf diese Weise ein dreiachsiges Koordinatensystem, in welchem die Rissachse, die in den Raum hineinführt, nicht perspektivisch gezeichnet, sondern unmittelbar räumlich dargestellt wurde. Olivier hatte auf beiden Böden der Schachtel jeweils eine Korkplatte befestigt, auf die er Karten aus Pappe in unterschiedlichen Farben stecken konnte – und zwar anhand einer Nadel, die an deren Ende befestigt war.[27] Die Karten dienten zur Veranschaulichung des Grund- und Aufrissverfahrens, insbesondere zur Projektion im Raum. Indem sie nämlich an verschiedenen Positionen auf der waagerecht stehenden Korkplatte befestigt wurden, konnten unterschiedliche geometrische Raumformen sowie deren Projektion auf der horizontalen Ebene dargestellt werden. Wollte man beispielsweise eine schräg ansteigende Gerade im Raum darstellen, so steckte man die Karten der Größe nach aufsteigend auf die Korkplatte auf und übertrug deren Position mit einem Stift auf die vertikale Ebene, indem man am oberen Ende der Karte einen Punkt markierte. Durch Verbindung aller projizierten Punkte entstand so die projizierte Linie (vgl. **Abb. 3.1**). Die so geschaffene Konstruktion von Raumpunkten und Linienverläufen konnte selbst nachdem die Karten entfernt und der Kasten zusammengeklappt worden war, jederzeit wieder anhand der entsprechenden Projektionslinien rekonstruiert werden.[28]

Der Name, den Olivier für sein Instrument wählte, verweist nicht allein auf den lateinischen Begriff, *omnibus*: „alle" oder „für alle". Omnibusse waren als Verkehrsmittel für eine größere Anzahl von Passagieren in Paris um 1820 im Zuge eines immer größer werdenden Verkehrsaufkommens an Kutschen wieder

---

[27]Die Rezeptionsgeschichte des Ominbus ist recht kurz. Ältere Werke, wie etwa Loria 1921, S. 157 erwähnt ihn in seiner Geschichte der darstellenden Geometrie, geht aber nicht im Detail auf den Apparat ein. Ein ähnlicher Apparat des Straßburger Mathematiklehrers Weissand wird von Terquem 1855 beschrieben. Lipsmeier 1971 erwähnt auf S. 290–291 Pendant im deutschsprachigen Raum: „Schröders räumliche Ecke". In einem kürzlich erschienenen Artikel über Oliviers Modelle wird eine (allerdings schematische) Abbildung des Omnibus gezeigt – in dem Fall aus einem portugiesischen Lehrbuch von 1916, vgl. Pedro Xaver und Manuell Pinho 2017.

[28]Bedauerlicherweise beschreibt auch Olivier selbst das von ihm entwickelte Instrument nur sehr ungenau und fügt auch an keiner Stelle Zeichnungen bei, sodass eine genaue gedankliche wie praktische Rekonstruktion des „Omnibus" schwierig ist. Ich danke daher an dieser Stelle Bruno Belhoste, Professor für Wissenschaftsgeschichte an der Université Paris 1 Sorbonne-Panthéon für ein ausführliches Gespräch und die Hilfestellung bei dem Versuch, die Funktionsweise des Omnibusses nachzuvollziehen.

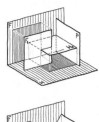

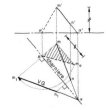

Les deux plans **H** et **F** constituent le repère de l'espace, les plans de référence. **H** est le plan horizontal de projection, **F** le plan frontal de projection. Ils se coupent selon «la ligne de terre».

Conformément à l'usage courant, un plan **H_v**, parallèle à **H**, est dit «horizontal», et un plan **V**, perpendiculaire à **H**, «vertical».

Un plan **F_v**, parallèle à **F**, est dit «frontal» et un plan **DB**, perpendiculaire à **F**, est dit «de bout».

Un plan «de profil», comme le plan **P**, est à la fois vertical et de bout, donc perpendiculaire à la ligne de terre.

Pour faire apparaître en vraie grandeur les figures tracées sur un plan P quelconque, on peut le «rabattre» sur l'un des deux plans de référence, par exemple le plan H. Connaissant l'épure (m,m') d'un point M du plan P, la figure ci-dessus indique comment on construit son rabattement m_1. A partir de ce point on déduit rapidement le rabattement de tout point N du plan P par la méthode des points fixes : la droite MN coupe la charnière de rabattement en un point a ; le point n_1 est à l'intersection de la droite am, et de la perpendiculaire à la charnière passant par n.

Abb. 3.1 Schematische Darstellung des Prinzips Omnibus. Ohne den Begriff und dessen historischen Kontext zu erwähnen greift der Verfasser dieser Zeichnungen dessen zentrale Eigenschaften auf: Die Schraffur als Markierung verschiedener Ebenen, die visuelle Darstellung von Objekten durch „Karten", sowie die Markierung eines „Scharniers" (Charnière). Sakarovitch 1998, Annexe

eingeführt worden, und ihre Nutzung war nicht wie noch 100 Jahre zuvor allein der Bourgeoisie zugedacht, sondern allen Bürgern.[29]

„Die Wagen sind ihrem Wesen nach demokratisch, denn sie richten sich an alle gleichermaßen – groß und klein können darin Platz nehmen. Man sieht sehr wohl, dass sich zwischen den Fahrzeugen des 17. und des 19. Jahrhunderts eine Revolution vollzogen hat."[30]

Olivier war mit praktischen Fragestellungen der Industrie vertraut. Er verfasste regelmäßig Gutachten zu allerlei technischen Problemen im Auftrag der Société de l'Encouragement, einer Gesellschaft die sich mit Fragen des technischen Fortschritts im Rahmen der Industriellen Revolution befasste. Seine Berichte

---

[29]Laut Larousse hatte es diese Einrichtung des öffentlichen Personenverkehrs aufgrund des Erwirkens Blaise Pascals bereits im Jahr 1672 gegeben, vgl. „Omnibus", in: Larousse 1866–1888, Bd. 4 (1869), S. 1338.

[30]Im Original kommt die Doppeldeutigkeit der Begriffe „demokratisch" und „Revolution" besser zum Tragen: „Voitures essentiellement démocratiques, elles s'adressaient à quiconque, petit ou grand, voulait bien y prendre place. Entre les carrosses du XVIIe siècle et les omnibus du XIXe on sent visiblement le passage d'une révolution." „Omnibus", in: Larousse 1866–1888, Bd. 4 (1869), S. 1338.

behandelten Themen wie die *Beschreibung der tragbaren Eisenbahnen*, über *mathematsche Reißzeuge* oder *über die abgegliederten und gekuppelten Wagen des Hrn. Dufour*.[31] Den Omnibus, über den er 1849 im *Polytechnischen Journal* referierte, verstand er als ein universelles Unterrichtsmittel im Dienst einer öffentlichen Erziehung. Dieses Instrument führe den Studierenden Fragen bezüglich des Punktes, der Geraden und der Fläche plastisch vor Augen, bevor sie versuchten, diese zu bearbeiten.[32] Olivier nannte die Methode, die bei der Verwendung seines Omnibusses erlernt und angewendet wird, das „Beschreiben" („decrire") sowie „Lesen im Raum" („lire dans l'espace").[33] Seinen Studierenden versuchte er zu vermitteln, dass derjenige, der diese „Schrift des Ingenieurs" verstehe, später in der Lage sei, eine Fabrik oder eine Manufaktur zu besichtigen, ohne Aufzeichnungen anzufertigen, um anschließend die dort gesehenen Werkzeuge und Maschinen aus der Erinnerung zeichnen zu können.[34] Anhand eines „Alphabet des Punktes", das mittels der darstellenden Geometrie aufgestellt würde, könnten die verschiedenen Positionen, die ein Punkt im Raum im Verhältnis zur Rissachse einer Mehrtafelprojektion einnehmen kann, genau bestimmt werden.[35] Aus den Mitschriften von Oliviers Lehrveranstaltungen, die er in den 1840er Jahren an der École Centrale unterrichtete, geht hervor, dass er dieses Punktealphabet tatsächlich vor den Augen seiner Studierenden durchbuchstabierte, um zu verdeutlichen, welche Position ein Punkt oder eine Linie in Relation zu ihrer jeweiligen Lage im Raum einnahmen. Die einzelnen gezeichneten Abbildungen zeigten an, an welche Stelle ein Punkt oder eine Linie bei gegebener Lage projiziert werden. Die Position des Punktes markierte das Kürzel M^v, dessen Bild das Kürzel M^h (vgl. **Abb. 3.2**).

Wenngleich Olivier in seinen eigenen Texten behauptete, den Omnibus verwendet zu haben, lassen sich in den Mitschriften seiner Vorlesungen keine Spuren

---

[31] Bei den genannten Titeln handelt es sich um die Titel der ins Deutsche übersetzte Berichte Oliviers, die im *Polytechnischen Journal* erschienen (Jg. 1830, Bd. 37, Nr. 25, S. 86–91; Jg. 1838, Bd. 70, Nr. 2, S. 4–22; Jg. 1844, Bd. 93, Nr. 64., S. 247–254). Vgl. auch: https://din gler.culture.hu-berlin.de/ (zuletzt geprüft am 21.10.2020).

[32] Olivier 1849, S. 594.

[33] Olivier 1843, S. 4. Interessanterweise erwähnt Olivier in der ersten Ausgabe seines Lehrbuchs den Omnibus nicht, dieser taucht erst im Vorwort zu der später erschienen Neuauflage 1852 auf.

[34] Vgl. Pothier 1887, S. 54. Pothier benutzt hier – rückblickend über seinen Lehrer Olivier sprechend den Begriff „écriture", was eine Abwandlung des berühmt gewordenen Ausspruchs Gaspard Monges ist, dass die Geometrie die Sprache des Ingenieurs sei. Siehe hierzu den **Abschnitt 3.2** in diesem Kapitel weiter unten.

[35] Olivier 1852, S. 5.

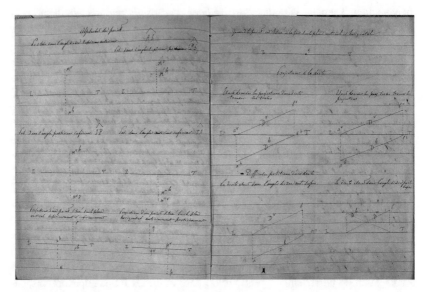

Abb. 3.2 Ausschnitt aus der Mitschrift einer Vorlesung Oliviers in darstellender Geometrie an der Ecole Centrale, ca. 1843. Verfasser der Mitschrift und genaues Jahr lassen sich nicht ermitteln. Bibliothèque de l'École Centrale de Paris, Fonds Ancien, Théodore Olivier, Fotografie © Anja Sattelmacher

davon finden. Die Studierenden führten alle entsprechenden Zeichenübungen auf einem Blatt Papier aus. Das dreiachsige Koordinatensystem wurde hier nicht erst räumlich konstruiert, sondern auf einer flachen Unterlage gezeichnet. Jedes beliebige Blatt Papier, schreibt einer der Repetitoren Oliviers, der für die Reinschrift seiner Vorlesungen zuständig war, eigne sich, um jede beliebige Abmessung eines Körpers darzustellen.[36]

Oliviers „Ominbus" ist vor allem als ein Symbol für die sozialen, wissenschaftlichen und politischen Veränderungen zu verstehen, die ab etwa 1830 in die Wissenspraktiken der Mathematik, oder genauer der Geometrie, einwirkten. Der Omnibus illustriert exemplarisch, welche Rolle die wissenschaftliche Zeichnung für die Bildung einer neuen Gesellschaftsordnung spielen sollte. Ob ein Gebäude, eine Brücke, ein Werkzeug oder eine Maschine: Die Konstruktionszeichnung war der Schlüssel, um die Welt der Technik zu verstehen und gleichzeitig zu gestalten.

---

[36] Anonym, ca. 1843: Handschriftliche Vorlesungsmitschrift „Géométrie Descrpitive", Bibliothèque ECAM Paris, Fonds Ancien.

Die Namensgebung dieses Lehrmittels verweist sowohl auf den Kontext der Französischen Revolution und die aus deren Geist entsprungenen angewandten Disziplinen, als auch auf ein egalitäres Bildungsprinzip, in dem Studierende aus so vielen gesellschaftlichen Schichten wie möglich Zugang zur mathematisch-technischen Erziehung hatten. Olivier selbst fühlte sich voll und ganz der Meritokratie verschrieben: Die gesellschaftliche Stellung eines jeden ergebe sich aus dessen Leistung und nicht aus dessen Stand.[37] Zugleich war seine Auffassung von Bildung elitär und antiegalitär. Wer arm sei und sich eine Ingenieursausbildung nicht leisten könne, der bleibe besser Arbeiter.[38] Jedes Mitglied der Gesellschaft nahm nach dieser Vorstellung den von ihm verdienten Platz ein. Aber Olivier wollte das Fach darstellende Geometrie für alle Berufsgruppen und damit für alle gesellschaftlichen Schichten öffnen und hierfür schien ihm der Omnibus gut geeignet zu sein. Jede Schule, die Arbeiter ausbilde, genau wie jede technische Hochschule sollte nach seiner Vorstellung idealerweise über einen Omnibus verfügen, denn er ermöglichte es, die Grundlagen des geometrischen Zeichnens auf den unterschiedlichen Wissensebenen zu vermitteln. Dem Arbeiter helfe er dabei, eine Zeichnung so zu lesen, dass daraus ein dreidimensionales Objekt, etwa eine Maschine, ein Werkzeug oder ein Modell entstünde. Der Ingenieur wiederum müsse diese Methode genau andersherum beherrschen: Zunächst müsse er die geometrischen Eigenschaften eines Objekts im Raum erfassen, um diese dann in eine geometrische Zeichnung umzuwandeln.[39] Der Omnibus könne dabei helfen, eine zweidimensionale Zeichnung in den Raum zu übersetzen, und umgekehrt, ein räumliches Gebilde auf eine Fläche zeichnerisch zu übertragen. Genau diese beiden Vorgänge bilden das Fundament der wissenschaftlichen Geometrie, die im postrevolutionären Frankreich entstand und die für die Entstehung mathematischer Modelle von grundlegender Bedeutung ist. Der Omnibus und alle Schritte, die zu seiner Entstehung führten, müssen als Bestandteil eines umfassenden Prozesses der Genese geometrischen Wissens verstanden werden, der aus einem Wechselspiel von Berechnung, Zeichnung und Übersetzung ins Räumliche bestand. Im Verlauf dieses Kapitels sollen diese unterschiedlichen Ebenen des Ver- und Entschlüsselns aufgezeigt werden, die mithilfe der (mathematischen) Zeichnung vorgenommen werden konnten und die letztendlich für die Entstehung mathematischer Modelle grundlegend waren.

---

[37]Zum System der Meritokratie der Ingenieure des 18. Jahrhunderts vgl. Alder 1999.

[38]Olivier 1851, S. XXIII.

[39]Olivier 1849.

3.1.3   Kurven, Linien und Gleichungen: Die Arithmetisierung der Geometrie

Um die Motive zu verstehen, die Olivier dazu bewegten, ein Instrument wie den Omnibus zu konstruieren und damit ein ganzes Bildungsprogramm zu umreißen, müssen die Entwicklungen der Geometrie im Frankreich des 18. Jahrhunderts ein wenig eingehender betrachtet werden.

Bereits 1750 war es ausgehend von französischen Militärschulen, an denen Ingenieure ausgebildet wurden (wie etwa der École de Génie de Mézières), zu einer Ausdifferenzierung des Faches Geometrie und damit zu einer starken Veränderung wissenschaftlicher Zeichen- oder allgemein Darstellungsmethoden gekommen.[40] Die Geometrie erhielt ein zunehmend wissenschaftliches, theoretisches Fundament und koppelte sich ihrerseits von den angewandten Wissenschaften, wie etwa der Optik und der Kartographie als eine eigenständige Disziplin ab. Die Verknüpfung von geometrischen und algebraischen Methoden, die sich im Verlauf des 18. Jahrhunderts vollzog, machte die Kurve zum Untersuchungsgegenstand – sowohl in der Geometrie, als auch in der sich bis dato entwickelten Analysis. Denn von nun an war die Geometrie keine reine Vermessungskunst mehr, sondern ihr Gegenstand ließ sich mittels Berechnungen abstrahieren.

Konstruktive Abbildungsverfahren ermöglichten eine Differenzierung zwischen konstruktiver, also geistiger, und körperlicher Arbeit im Bereich des Handwerks und der Architektur.[41] Neue Techniken zur Herstellung von Maschinen und Bauwerken, darunter militärische Festungsanlagen, sorgten zur Mitte des 18. Jahrhunderts für die Weiterentwicklung von Bauwesen und Architektur und es bedurfte ausgereiftere Konstruktionstechniken als bisher. Die Konstruktionszeichnung und mit ihr die Disziplin der – später sogenannten – darstellenden (auch konstruktiven oder beschreibenden) Geometrie diente mithin als Instrument der Vermittlung zwischen Handwerk und theoretischer Konstruktionslehre. Die neu entstehenden Zeichen- und Konstruktionswege im 18. Jahrhundert zielten zunächst auf eine bessere Verständlichkeit. Der Handwerker sollte dabei möglichst mit neuen Formen und Mustern vertraut gemacht werden, und er sollte das Lesen einer Konstruktionszeichnung einwandfrei beherrschen lernen.[42] Neue

---

[40]Vgl. hierzu etwa Belhoste 1990.

[41]Zur Geschichte der perspektivischen Darstellung in der Architekturzeichnung vgl. v.a. Sakarovitch 1998.

[42]Vgl. Kemp 1979, S. 150; 187. Kemp spricht hier von einer „Intellektualisierung" des Zeichnens.

Instrumente, die als zeichnerische Hilfsmittel dienten – wie etwa der Ellipsen-
zirkel – unterstützten diese Formierung eines genauen, konstruktionsbasierten
Zeichnens.[43] Im Deutschen lässt sich diese Entwicklung auch lexikographisch
nachweisen, denn hier wird der Begriff „Konstruktion" im doppelten Sinne verstanden: Einerseits verweist er auf die Geometrie der griechischen Antike, die mit
Euklid die Erstellung von Linien, Flächen sowie geometrischen Körpern mittels
Zirkel und Lineal begründete. Bei Goethe etwa war die Konstruktion zu verstehen

> „als Vorgang a auf ein sinnlich-konkretes Resultat gerichtet; α bezogen auf ein
> bestimmtes Gerät, Bauwerk, Kunstwerk: Entwurf u Anfertigung, Bau, Bauweise,
> kunsttechnische Ausführung."[44]

Andererseits, und das deutet Goethe ebenfalls an, erhielt der Begriff zunehmend
einen Bezug zu abstrakten Dingen: So sei die Konstruktion „das Berechnen
u. Errichten von Bauwerken, die technisch-physikalische (im Unterschied zur
künstlerischen) Seite der Architektur."[45]

Seit der Mitte des 19. Jahrhunderts verstand man unter einer Konstruktion
zugleich die Ermittlung einer oder mehrerer Unbekannten mittels algebraischer
Umformungen. Mit ihrer Hilfe ließen sich kompliziertere Flächen darstellen, die
nicht mehr allein mit Zirkel und Lineal erstellt werden konnten. So heißt es im
Grand Dictionnaire Universel zur mathematischen Konstruktion:

> „Es ist also keine Frage, dass die Relationen, die das Studium geometrischer Figuren
> hervorbringt, sich mithilfe von elementaren arithmetischen Rechnungen ausdrücken
> lassen, da diese Rechenvorgänge genau für diesen Zweck erdacht wurden."[46]

Die Anwendung algebraischer Methoden in der Geometrie barg zugleich eine
zunehmende Entfremdung vom Gegenstand der Darstellung. Denn nun konnten geometrische Einheiten – also Linien, Flächen oder Körper – nicht nur von
ihrer physischen Erscheinung her gedacht werden, sondern auch mit Hilfe von

---

[43]Dieser wird von Olivier als eine aus Frankreich aus dem Jahr 1814 stammende Erfindung
ausgewiesen, vgl. Anonym 1839, S. 498.

[44]„Konstruktion", in: GWB 1978–2012, Bd. 5 (2011), S. 597–598.

[45]„Konstruktion", in: GWB 1978–2012, Bd. 5 (2011), S. 597–598.

[46]„Il est donc tout simple que les relations que fournit l'étude des figures géométriques, [...]
s'expriment d'elles-mêmes au moyen des signes des opérations arithmetiques élementaires,
puisque ces opérations ont été imaginées justement pour servir à cet usage." „Construction",
in: Larousse 1866–1888, Bd. 4 (1869), S. 1053.

Symbolen, die von der Sinneswelt abgekoppelt sind.[47] Dieser Schritt hin zu einer abstrakteren Vorgehensweise in der Geometrie bedeutete vor allem deren Generalisierung, nicht aber deren ausschließliche Theoretisierung.[48] Denn auf die zeitgenössischen Entwicklungen in der Geometrie hatten neben Philosophen und Physikern ebenso Künstler, Handwerker und Ingenieure maßgeblichen Einfluss.

3.2 Zeichnen als wissenschaftliche Praxis

3.2.1 Zeichnen nach Zahlen

Als ein Resultat einer sich ausdifferenzierenden und mit algebraischen Methoden verknüpften Geometrie und im Nachklang zu den Forderungen der Erschaffung einer neuen, vernunftgeleiteten, fortschrittsorientierten und egalitären Gesellschaft kam es zu einer zunehmenden Standardisierung (und Systematisierung) der Unterrichtsmethoden in der Geometrie und im (wissenschaftlichen) Zeichnen. Die Französische Revolution stellt nicht nur in Hinblick auf gesellschaftliche und politische Neuordnungen einen Wendepunkt dar, sondern auch für die Geschichte der technischen Disziplinen und des damit verbundenen Bildungswesens. Mit der Gründung der École Polytechnique und einer daraus resultierenden Verwissenschaftlichung des technischen Zeichnens wurde das Handwerk vollends von der Konstruktionslehre abgekoppelt, und es kam – zumindest in Frankreich – zu einer staatlich unterstützten Benachteiligung der Handwerkszünfte gegenüber den Ingenieuren.[49] Im Sinne der damaligen Polytechniker sollte alles, was aus der Natur stammte – auch geometrische Kurven – quantifizierbar werden. Vor dem Hintergrund dieser Beweggründe deutete sich ein neues Verhältnis zwischen *Wissenschaft* und *Technik* an, welches das 19. Jahrhundert maßgeblich prägen sollte. Die Wissenschaft – hier als Sammelbegriff für Naturwissenschaft, Mathematik und Ingenieurswissenschaft verwendet – sollte die Theorie liefern, auf deren Basis die Praxis zur Perfektion gebracht werden konnte.[50]

So etablierte Gaspard Monge, einer der Gründer der École Polytechnique, in den 1790er Jahren die darstellende Geometrie als eine systematisierte Disziplin, die der zweidimensionalen Darstellung dreidimensionaler Objekte dienen sollte. In seinen Schriften über die Gründung der École Polytechnique betont er vor

---

[47]Daston 1986, S. 274.

[48]Vgl. hierzu auch Wise 2010, der den Versuch einer Kulturgeschichte der Kurve unternimmt.

[49]Alder 1997, S. 129 sowie auch Kemp 1979.

[50]Zusammenfassend stellt Blankertz 1982, S. 68–69 diese Entwicklungen dar.

allem, dass Bücher nicht die alleinige Grundlage des Studiums sein sollten, da sich der Stoff viel besser einpräge, wenn der Student selbst Hand an die Dinge lege.[51] Auf diese Weise begründete Monge neben einer neuen Disziplin zugleich ein didaktisches Konzept, das nicht nur der darstellenden Geometrie, sondern den angewandten Wissenschaften insgesamt ein methodisches Gerüst verlieh.[52] In einer Phase der Neuordnung des französischen Bildungssystems sei vor allem die Schulung manueller Arbeit von großer Bedeutung, so Monge, denn ohne diese Praxis würden Studenten nur eine oberflächliche Ausbildung erhalten, nicht aber zu einer länger anhaltenden Beschäftigung mit einem Thema angeleitet werden.[53] Strukturell gesehen ging es Monge für sein Lehrkonzept darum, das *gesamte* System der Wissenschaft innerhalb einer institutionellen Einrichtung zur Darstellung zu bringen.[54] Die von ihm begründete Disziplin, die er selbst an der École Polytechnique unterrichtete, nannte sich Géométrie Descriptive – ein Begriff, der im Deutschen später mit darstellender Geometrie übersetzt wurde, wörtlich jedoch beschreibend meint.[55] In der Einleitung zu seinem Werk *Géométrie Descriptive* (erstmals 1799 erschienen), das aus redigierten Vorlesungsmitschriften, den *Leçons de Géométrie Descriptive*, hervorging, bestimmte Monge zunächst die grundlegenden Anliegen des neuen Unterrichtsfaches: Die Zergliederung und Zusammenfügung geometrischer Körper anhand von Berechnung und Zeichnung.

„Diese Kunst hat zwey Hauptgegenstände: Der erste besteht darin, auf Zeichnungsflächen, die nur zwey Dimensionen haben, mit Genauigkeit alle Gegenstände

---

[51]Neveu geht in seinem Aufsatz über das Zeichnen an der École Polytechnique auf die Gedanken Rousseaus ein, vgl.: Neveu 1794, S. 87.

[52]Zu den Motiven von Monges Wirken vgl. auch Glas 1986.

[53]Monge 1794a, S. v.

[54]Monge 1794a, S. viii. Monge benutzt im Text hier den Begriff „tableau de sciences", was als Anlehnung an die Ideen der Enzyklopädisten sowie die Ausrichtung an naturgeschichtlichen Ordnungsprinzipien verstanden werden kann. Tatsächlich war das 1794 erstellte Unterrichtsprogramm der École Polytechnique als ein Übersichtstableau organisiert, das die einzelnen Lehrgebiete der Schule ganz ähnlich wie die enzyklopädisch angeordneten Wissenskategorien in d'Alemberts Vorrede zur Enzyklopédie organisiert. Bei Monge erfolgte eine Unterteilung der Wissensgebiete in mathematische Berechnungsmethoden und physikalische Grundlagen, die er dann noch weiter untergliederte in „Analyse", „Description des objects", sowie „Générale" und „Particulière", usw. Vgl. Pfammatter 1997, S. 23–26, sowie auch Anonym 1987a [1794].

[55]Diese Bezeichnung geht auf die Tradition der Naturgeschichte zurück, sich den Dingen der Außenwelt durch Beobachtung und Beschreibung zu nähern. Vgl. hierzu etwa Lepenies 1978.

darzustellen, welche drey Dimensionen haben, und welche einer strengen Definition fähig sind."[56]

Diese darstellende Geometrie, die Monge entwickelte – und das war das grundsätzlich Neue an ihr – erlaubte anhand der zeichnerischen Methode die genaue Bestimmung der Lage von Punkten im Raum, indem diese zweimal, nämlich einmal auf eine horizontale Ebene, die Aufrissebene, und einmal auf ein vertikal dazu gerichtete Bildtafel, die Grundrissebene, projiziert wurden: Zwei Punkte, verbunden durch eine Gerade AB, wurden somit einmal auf der Aufrissebene (mit den Koordinaten x,y) und einmal auf der Grundrissebene (mit den Koordinaten y,z) abgebildet, sodass jeder Punkt exakt im Raum bestimmbar wurde. Die Position jeder Projektion lieferte somit zwei Abbilder, einmal auf der vertikalen, und einmal auf der horizontalen Fläche.[57] Die von Monge entwickelte und ausformulierte *géométrie déscriptive* war nicht nur präziser als vorangegangene Methoden der geometrischen Abbildung, sondern sie war vor allem rationeller. Anstatt für jede Ansicht eine eigene Tafel anzufertigen, reduzierte er die unterschiedlichen Ansichten auf lediglich zwei im rechten Winkel zueinander aufgestellten Tafeln (vgl. **Abb. 3.3**).

Monges Methode des wissenschaftlichen Zeichnens entstand zeitgleich zu dem Bestreben der Naturwissenschaften, vermehrt auf die Zeichnung als epistemisches Mittel zurückzugreifen.[58] Das Zeichnen als wissenschaftliche Praxis wurde nun auch in Lehrplänen der naturwissenschaftlichen Fächer an Schulen und Hochschulen stärker berücksichtigt und es kam zu einer Professionalisierung des wissenschaftlichen Zeichnens im deutschsprachigen Raum.[59] Lorraine

---

[56]Schreiber 1828, S. II–III. Bei der hier und im Folgenden verwendeten Fassung handelt es sich um die erste ins Deutsche übertragene Ausgabe von Monges *Géométrie Descriptive*, deren erste Ausgabe im Original 1799 erschien. Zugleich ist dies keine reine Übersetzung. Guido Schreiber, der zu der Zeit als Professor für darstellende Geometrie am Karlsruher Polytechnikum lehrte, organisierte Monge's Werk in seiner Fassung komplett um. Lediglich das von Monge dem eigentlichen Text vorgeschaltete „Programme" (Schreiber übersetzt dies auf Deutsch mit „Vorrede") ist eine wörtliche Übersetzung ins Deutsche und wird darum auch an dieser Stelle in der Übersetzung zitiert. Die erste komplette Übersetzung ins Deutsche erschien erst im Jahr 1900 in der Reihe Ostwald's Klassiker der exakten Wissenschaften, Nr. 117. Vgl. Monge 1900.

[57]Gray 2010, S. 8–10 liefert sowohl eine anschauliche Beschreibung, als auch einige schematische Abbildungen zur Funktionsweise der darstellenden Geometrie.

[58]Schulze 2004, S. 105.

[59]Vgl. Kemp 1979, S. 187 und Klinger 2009.

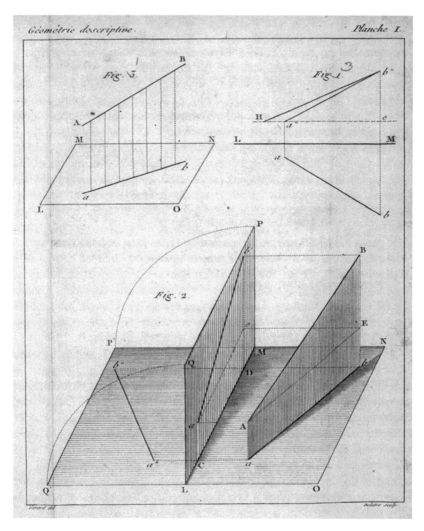

Abb. 3.3   Darstellung der Zweitafelprojektion von Monge, 1798. Monge 1798, Tafel I

Daston und Peter Galison haben in ihrer Studie über wissenschaftliche Objektivität gezeigt, dass mit der Praxis des Zeichnens die epistemische Tugend der

„Naturwahrheit" verbunden war. Darunter fassen die beiden Autoren eine epistemische Konvention des gemeinsamen Sehens von Naturforscher und Künstler zusammen, bei der es galt, beim Zeichnen unbekannter Pflanzenarten das typische Merkmal einer Art so darzustellen, dass es von unterschiedlichen Betrachtern gleichermaßen identifiziert werden konnte.[60] In Atlanten zusammengetragen konnten Zeichnungen für die visuelle Kanonisierung bestimmter Darstellungsweisen und damit für eine größere Reichweite der Verbreitung erbrachten Wissens für eine oder sogar mehrere Forschergenerationen sorgen.[61]

Anders als etwa das naturkundliche Zeichnen, das bereits über entsprechende Vorlagen aus der Natur – etwa Präparate – verfügte und diese in einem Prozess von Wiedergabe und Abbildung bereit stellte, zeichnete sich die technische Konstruktionszeichnung dadurch aus, dass sich durch sie Punkte und Linien von einer Position im Raum mit Hilfe von Zirkel, Lineal und rechnerischen Mitteln direkt auf eine andere übertragen ließen.[62] Im Unterschied zum Freihandzeichnen ermöglichte der Zirkel eine proportionsgenaue Darstellung verschiedener Größenverhältnisse zueinander. Gleichwohl gehörte ebenso das Erlernen gewöhnlicher Zeichenmethoden, wie sie sowohl aus dem Naturkunde- als auch dem Kunstunterricht bekannt waren, also das Kopieren von Zeichnungen, Skulpturen, Pflanzen und Tieren, zum Curriculum des sogenannten *cours préliminaire* an der École Polytechnique.[63] Für Monge galt diese nachahmende Zeichenmethode als eine Vorstufe zur Fähigkeit des abstrakteren geometrischen Zeichnens.[64]

Im Zuge einer zunehmenden Ausdifferenzierung der verschiedenen ingenieurwissenschaftlichen Disziplinen schuf Monge um 1800 Ansätze eines Systems zur Klassifikation von geometrischen Flächen. Mit anderen Worten: Er stellte Gleichungen für unterschiedliche Kurven- und Flächenfamilien auf und machte so das Verfahren der Grund- und Aufrisszeichnung für jeden Anwendungsfall verallgemeinerbar. Das mongesche Ordnungsprinzip sah vor, Flächen gemäß den Linien einzuteilen, die sie erzeugten – den sogenannten „Erzeugenden". Damit wurde das jeweilige Bewegungsgesetz der Linien, das eine Fläche hervorbrachte, entscheidend für deren Einordnung in eine bestimmte Klasse. Eines der zentralen Erkenntnisse der mongeschen Arbeiten war, dass eine Kegelfläche sich durch die

---

[60]Daston und Galison 2007 widmen das gesamte zweite Kapitel ihres Buches dem Thema „Naturwahrheit". S. 59–119.

[61]Vgl. Daston und Galison 2007, S. 67–70.

[62]Dazu Olivier 1849, S. 595.

[63]Neveu 1794.

[64]Monge 1794b.

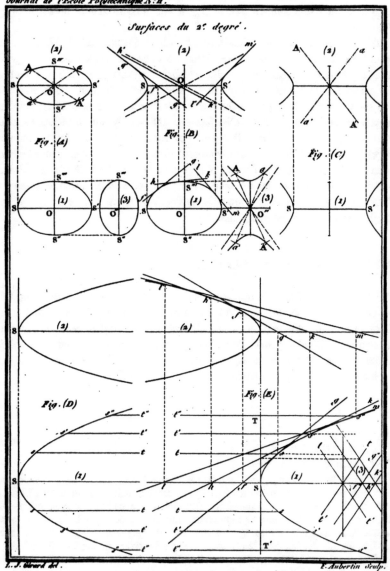

Abb. 3.4 Flächen zweiter Ordnung mit deren Tangenten und Erzeugenden von Monge. Stellte man sich vor, dass die Geraden um einen Punkt bzw. um eine Achse rotierten, entstünde ein dreidimensionaler Körper. Monge 1809, S. 57

Bewegung einer Geraden (Erzeugenden) generieren lässt, die durch einen festen Punkt, den sogenannten Scheitel, geht und eine Leitkurve durchläuft (vgl.
Abb. 3.4).[65]

Die Idee für ein solches Klassifikationssystem, das auf den die Fläche erzeugenden Linien beruhte, kam aus der Praxis. Monge dachte sich eine Erzeugende
als die geometrische Abstraktion eines Schneidewerkzeugs, etwa in der Technik
des Steinschnitts („coupe des pierres"). Der erdachte Schnitt durch eine Fläche simulierte die Bewegung einer Fräsmaschine oder einer anderen technischen
Apparatur zum Schneiden von Oberflächen.[66] Dieses System der Klassifizierung
war, wenngleich mit anderen Benennungen versehen, stark an die Taxonomien
angelehnt, die sich in den Naturwissenschaften um 1800 unter dem Eindruck
einer immer weiter zunehmenden Menge von Wissen herausbildeten. Ähnlich
wie den Naturforschern des 18. Jahrhunderts ging es Monge darum, Klassen und
Kategorien für immer neue geometrische Objekte zu schaffen, nach denen jene
vergleichbar gemacht werden könnten.[67]

3.2.2 Ingenieure und Künstler

Die Methode der Klassifikation von Flächen in der Geometrie löste einen Ver-
änderungsprozess in der Konstruktion geometrischer Abbildungen und deren
Anordnung auf Bildtafeln, etwa in Lehrbüchern, aus. Indem Monge versuchte,
geometrische Objekte gemäß ihrer Erzeugungsweise zu ordnen und darzustellen,
abstrahierte er von einzelnen Eigenschaften und schuf typisierte Figuren, die sich
nach einer festen Regel herleiten und erkennen ließen.[68]

---

[65]Vgl. Zeidler et al. 2013, S. 24–26.

[66]Vgl. Sellenriek 1987, S. 166–167.

[67]Zu diesen Verzeitlichungs- und Systematisierungspraktiken und der damit verbundenen
Historisierung der Lebenswissenschaften vgl. einschlägig und bis heute aktuell Lepenies
1978. Die Parallelen zwischen Monges Klassifikationssystem und der Naturgeschichte sowie
die Nähe zu den Ideen der Enzyklopädisten wird oftmals angedeutet, ist bisher aber in keiner
Studie näher untersucht worden. Vgl. Lesch 1990 und Pfammatter 1997, S. 22–24. Langins
1987, S. 43, gibt den interessanten Hinweis, dass der Unterricht in Maschinenlehre Monges
weniger vom Gedanken einer „industriellen Revolution" als mehr von einer „Naturgeschichte
des Maschinismus" („histoire naturelle du machinisme") getragen wurde, der ein stärkeres
Interesse in der Klassifikation von Maschinen, als an deren Funktionsweise aufwies.

[68]Diesen Transformationsprozess beschreibt Lipsmeier 1971 genau.

Dass diese Möglichkeit zur Verallgemeinerung zugleich mit wachsender
Komplexität einherging, zeigt sich in den Abbildungen der Publikationen zur darstellenden Geometrie, die ab 1800 erscheinen. Denn mit Monge vollzog sich
ein Bruch mit den Zeichentraditionen des 18. Jahrhunderts. Er markierte den
Beginn einer neuen Zeichentradition in den technischen Fächern. Im Gegensatz
zu den gegenständlichen, oftmals plastisch wirkenden aber unbemaßten Darstellungen von Details von Bauwerken oder Maschinenteilen, wie man sie auf
den Tafeln der *Encyclopédie*, der *Encyclopédie Methodique* oder in technischen
Enzyklopädien vor 1800 findet, waren die Darstellungen, die Monge „épures"
nannte, überwiegend unschattiert und rein linear.[69] Plastizität macht eine Darstellung der immer komplexer werdenden Bauteile, Werkzeuge oder Maschinenteile
zwar anschaulich, wirkt aber deren praktischer Umsetzung in der Fertigung
entgegen. Tatsächlich wird auf diese Eigenschaft der Abstraktion einer Architekturzeichnung in der *Encyclopédie* hingewiesen, ohne dass sie zu der Zeit bereits
verwirklicht worden wäre: So sei ein wesentliches Merkmal in der Architekturzeichnung die Strichzeichnung, welche mit Bleistift oder Tinte ausgeführt werde
und die ohne jegliche Schatten auskomme (**Abb. 3.5.1&3.5.2**).[70] Das geometrische Zeichnen, das Monge entwickelte, war weniger darauf ausgerichtet, einen
räumlichen Überblick über eine Konstruktion, etwa eines Bau- oder Maschinen-
teils zu liefern, sondern es war das Ergebnis der Projektion verschiedener Punkte
im Raum und hatte damit – ganz im Gegenteil zur illustrierenden Zeichnung – die
Reduktion von Dimension und räumlicher Tiefe zum Ziel. Anstatt der realistischen Darstellung eines realen Objektes stand die Projektion, also die geometrisch
exakte Abbildung eines analytischen Vorgangs, im Vordergrund. Der Begriff „Projektion" verweist hier einerseits auf den Begriff des „Entwurfs" (frz. le projet),
aber andererseits auf die Figur, die man in der Geometrie erhält, indem man alle
Punkte einer bestimmten Figur aus einer höheren Dimension in einer niedrigeren
– beispielsweise mittels einer Senkrechten auf einer horizontalen oder vertikalen
Ebene – abbildet.[71] Dieses Verfahren erhielt mit Monge systematischen Einzug
in die Geometrie.

Zeichnerische Darstellungen zielten nun auf spezielle Problemstellungen der
Geometrie und damit auf die Ausführbarkeit ihrer Anforderungen. Dies zeigt
sich etwa an den frühen Bildtafeln zweier Publikationen Monges: der *Géométrie*

---

[69]Lipsmeier 1971, S. 69–71, sowie speziell zum Fall der Tafeln in der Encyclopédie
Méthodique Blanckaert et al. 2006.

[70]„Dessein (en Architecture)", in: Diderot und le Rond d'Alembert 1751–1772 Bd. 4 (1757),
S. 891.

[71]Zur Begriffsklärung Projekt/Entwurf vgl. Wittmann 2012, S. 135–136, sowie zur Kulturtechnik des Entwerfens ausführlich Gethmann und Hauser 2009.

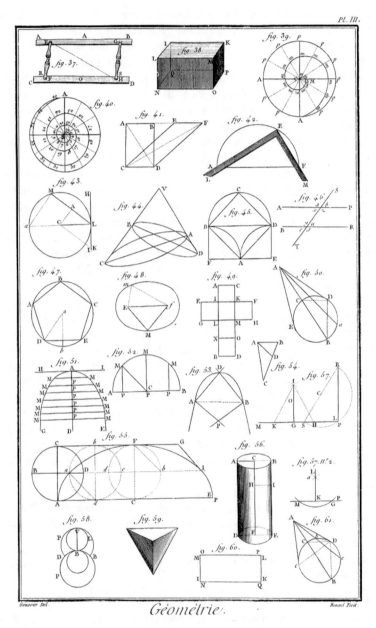

Abb. 3.5.1 Tafel mit geometrischen Zeichnungen von 1767. Diderot & d'Alembert 1767, Abteilung Sciences Mathématiques/Géometrie, Bd. 22, Tafel III

Abb. 3.5.2   Abbildung von Kegeln aus der Encyclopédie Méthodique 1784–1789. Urheber beider hier angeführter Abbildungen war der Kupferstecher Bernard Direxit, hinter dessen Namen sich allerdings höchstwahrscheinlich mehrere Stecher verbergen. Direxit, soviel ist jedoch sicher, hatte James Cook auf einer seiner Expeditionsreisen begleitet und verfügte über eine ausgeprägte Erfahrung im Zeichnen von Naturobjekten. Pancoucke 1789, Abt. Mathématiques, Bd. 3, Tafel III

Descriptive, erschienen 1794 sowie der *Application de l'Analyse à la Géométrie (Application)*, erschienen 1795.[72] Die beigefügten Kupferstiche waren in beiden Fällen nach den Zeichnungen von Monges Schüler Louis-Joseph Girard von unterschiedlichen Stechern angefertigt worden. Girard führte die Zeichnungen so aus, dass sie anstatt auf räumliche Darstellung allein auf die Linie reduziert waren. Anhand von Hilfslinien konnte das Verhältnis von Punkten und Linien zueinander genau nachvollzogen werden. So erhielt jeder Bildpunkt korrespondierend zu seinem entsprechenden Punkt denselben Buchstaben, z. B. bezeichnete c' einen Bildpunkt von c, e' von e und E' von E (vgl. **Abb. 3.6**).

Im Zuge der methodischen Verfeinerung und Schärfung der darstellenden Geometrie und ihrer Methoden und Praktiken prägte Monge den Begriff der „Sprache für den Mann von Genie" („une langue nécessaire à l'homme de génie"), die keine zusätzlichen Anweisungen für die Ausführung einer Zeichnung mehr benötigte.[73] Ein gezeichneter Entwurf musste so klar sein, dass sowohl der Baumeister, als auch der ausführende Künstler bzw. Handwerker ihn ohne weiteres verstanden.[74] Mit „Genie" war hier der Ingenieur, frz./lat. „ingenium", gemeint, ein Begriff der vor allem im 18. Jahrhundert hauptsächlich einen für die Umsetzung von Festungsbauanlagen verantwortlichen Kriegsbaumeister oder Feldmesser bezeichnete. Der Begriff „Genie" (frz. „genie"), der in der offiziellen Verwaltungssprache als Überbegriff für das Ausbildungswesen der Ingenieure („École de genie") verwendet wurde, verweist bis ins 19. Jahrhundert hinein neben seiner militärischen Zuordnung auf „die natürliche Geschicklichkeit, gewisse Dinge leichter und besser zu vollbringen, als andern möglich ist".[75] Unter einem Genie verstand man insbesondere in der Kunst „die zum Erfinden nöthige scharfe und schnelle Beurtheilungskraft, schnellen Witz und unerschrocken Muth".[76] In einem etwas

---

[72]Die erste Ausgabe der *Application* erschien unter dem Titel *Feuilles d'Analyse appliquée à la Géométrie* in-folio, demselben Format wie auch die *Encyclopédie*.

[73]Schreiber 1828, S. III; im Original Monge 1811, S. viij.

[74]Sellenriek fasst dieses berühmte Zitat Monges sogleich als „Sprache des Ingenieurs" zusammen, vgl. Sellenriek 1987, S. 165. Sakarovitch weist darauf hin, dass die Géometrie descriptive gemeinhin als „Zwischending von Wissenschaft und Kunst" gesehen wird, dass aber der Begriff der „Sprache" von Monge selbst gewählt wurde und daher die Bezeichnung des „Dazwischen" nicht direkt zutrifft. Für Monge war die darstellende Geometrie die Sprache der Darstellung dreidimensionaler räumlicher Verhältnisse (Sakarovitch 2005, S. 226). Auch Pircher verwendet diesen Begriff der „Sprache des Ingenieurs" und datiert die Geburt des Begriffs „Ingenieur" ins frühe 17. Jahrhundert (Pircher 2005, S. 86).

[75]„Genie", in: Adelung et al. 1811 Bd. 2, Sp. 563–565. In demselben Artikel wird darauf hingewiesen, dass das Wort, ebenso wie der „Ingenieur", seine Wurzel im lateinischen „ingenium" und keinesfalls, wie oftmals vermutet, im „Genius" habe.

[76]„Genie", in:Krünitz 1773–1858 Bd. 17 (1779), S. 321.

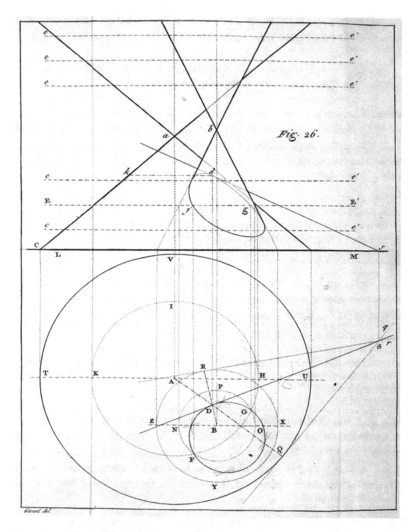

Abb. 3.6 Durchdringungsflächen zweier Kegelflächen, angefertigt von Girard, einem Schüler Monges. Im Gegensatz zu den Abbildungen 3.5.1&3.5.2 ist diese Zeichnung sehr viel genauer, da jeder Buchstabe eines Punktes seine genaue Entsprechung hat. Monge 1798, Tafel VI

allgemeineren Kontext bedeutete Genie aber in Frankreich um 1800 zugleich der Besitz eines ausgeprägten Wahrnehmungs- und Beobachtungsvermögens.

> „Nehmen wir den Umfang des Geistes, die Kraft der Vorstellung und die Tätigkeit der Seele zusammen und wir haben es mit einem Genie zu tun."[77]

Demnach sei derjenige als ein Genie zu bezeichnen, der die Dinge nicht einfach nur passiv aufnahm, sondern sie auch zu verarbeiten wusste, ja mehr noch: Das Genie könne sich mehr vorstellen als es je gesehen hat, und vermöge mehr als lediglich zu entdecken, Neues zu produzieren. Es unterwerfe sein Seelenleben der Ratio („la raison") und seine innere Vorstellungskraft sowie seine Empfindungen bestimmten sein Schaffen:

> „Er sieht oft die abstrakten Ideen nur in ihrer Beziehung zu den sinnlich wahrnehmbaren Ideen. Er gibt der Abstraktion ein Dasein unabhängig von dem Geist, der sie geschaffen hat."[78]

Monge selbst ließ diese beiden Konzepte von „Künstler" und „Ingenieur" in seiner *Vorrede* ebenfalls miteinander verschmelzen. Aufgabe einer im Rahmen des Unterrichts an der École Polytechnique stattfindenden öffentlichen Erziehung sei es,

> „die Hände unserer Künstler an die Handhabung von Werkzeugen aller Art gewöhnen, welche dazu dienen, Präzision in die Arbeiten zu bringen, und die verschiedenen Grade davon zu messen."[79]

Diese Art von Ausbildung müsse voll und ganz im Dienste der Industrie und des Gewerbes stehen und habe den Künstler an die „Kenntniß der Verfahrungsarten jener Künste und Maschinen" heranzuführen. Dieses Ziel sei nur dadurch zu erreichen, dass man „alle jungen Leute von Intelligenz" frühzeitig an die Anwendung der darstellenden Geometrie heranführe.[80] Für Monge war klar, dass dies

---

[77] „L'étendue de l'esprit, la force de l'imagination, et l'activité de l'âme, voilà le genie." „Genie", in: Diderot und le Rond d'Alembert 1751–1772, Bd. 7 (1757), Sp. 582.

[78] „Il ne voit souvent des idées abstraites que dans leur rapport avec les idées sensibles. Il donne aux abstractions une existence indépendante de l'esprit qui les a faites „Genie", in: Diderot und le Rond d'Alembert 1751–1772, Bd. 7 (1757), Sp. 583.

[79] Schreiber 1828, S. II.

[80] Schreiber 1828, S. II. Monge hatte hier immer die „große Nation" im Blick, die im Zuge der Verabschiedung vom Ancien Régime gerade erst im Entstehen begriffen ist. Aber auch der Konkurrenzgedanke zu England ist zu beachten, siehe Pircher 2004, S. 136.

nur geschehen könne, wenn Zirkel und Lineal im Unterricht eingesetzt würden und wenn die Behandlung von Perspektiv- und Schattenlehre Teil des Stoffes sei. Durch die genaue Beschreibung und Wiedergabe von „Naturerscheinungen", wie Monge die geometrischen Grundformen nannte, sowie von Maschinen und deren Funktionsweisen sollte beim Schüler ein inneres, „geistiges" Bild von räumlich wahrzunehmenden Dingen entstehen können, eine Vorstellung, die schon bei den Sensualisten und in der Beschreibung eines „Genies" in den Einträgen unterschiedlicher Nachschlagewerke des 18. und frühen 19. Jahrhunderts vorkam.[81] Die Zeichnung sollte dabei ein Mittel darstellen, um auf dem Blatt Papier eine Konstruktion – also ein Bauwerk oder eine Maschine – entstehen zu lassen, die dann in drei Dimensionen umsetzbar war. Damit war sie vor allem als eine Schulung des Blicks und des räumlichen Sehens gedacht. Denn eine technische Zeichnung, etwa die orthogonale Projektion eines Objekts, bedurfte immer der Entschlüsselung, sie war nicht selbsterklärend und benötigte Erfahrung und Übung.[82]

In dem von Monge selbst errichteten ersten Lehrgebäude der École Polytechnique, das er über das *Journal de l'École Polytechnique* kommunizierte (und rechtfertigte), nahm das Zeichnen eine bedeutende Stellung ein. Es bildete das Fundament für die drei Unterfächer Stereometrie, Architektur und Fortifikation.

> „Die Zeichnung ist zumeist, wenn auch die [mathematisch] weniger strenge, entweder die einzig mögliche Beschreibung eines Objekts; oder sie dient der Kunst des Geschmacks."[83]

Monge stufte also das Zeichnen als geschmacksfördernd ein und stellte dessen darstellerischen Stellenwert über den Aspekt der mathematischen Genauigkeit. Diese Haltung gibt einen weiteren Hinweis darauf, dass die Technik des Zeichnens als Schulung der (inneren) Vorstellungskraft diente. Denn Geschmack galt im Frankreich des 18. Jahrhunderts als ein geeignetes Mittel der rationalen Urteilskraft.[84] In der *Encyclopédie* findet sich unter dem Stichwort „goût" ein eigener Vermerk zur Architektur. Geschmack, heißt es dort, stünde in der Architektur als Metapher für das gute oder schlechte Erfindungs,- Zeichnungs-, oder allgemein Arbeitsvermögen.[85] Monge ging so weit, die Zeichnung, oder genauer:

---

[81] Schreiber 1828, S. II.

[82] Vgl. Ferguson 1993, S. 94.

[83] „Le dessin s'y trouve joint, soit comme étant la description moins rigoureuse, mais souvent la seule possible, des objets; soit comme art de goût." Monge 1794a, S. iv.

[84] „Geschmack/Geschmacksurteil", in: Barck 2010, Bd. 2, S. 809–810.

[85] „Goût", in: Diderot und le Rond d'Alembert 1751–1772, Bd. 7 (1757), S. 282–284.

die Stereotomie – also die Abbildung räumlicher Dinge in zwei Dimensionen – nicht nur als Sprache, sondern sogar als „Instrument der Recherche" einzustufen, welches das Denken beförderte und die Wahrnehmung zu fördern half.[86] Indem beispielsweise eine gekrümmte Oberfläche präzise in die sie konstituierenden Linien zerlegt würde, könnte die Zeichnung dazu verhelfen, dass Ingenieure und Künstler mit geometrischer Exaktheit arbeiteten.[87] Die Studierenden an der École Polytechnique – zunächst ganz gleich, ob sie eine architektonische, eine technische oder eine Landschaftszeichnung anfertigten – müssten sich daran gewöhnen, das Augenmaß wie einen Zirkel zu benutzen („se mettre un compas dans l'oeil").[88] Auf diese Weise lernten sie, Proportionen abzuschätzen, diese auszudrücken und nicht zuletzt das eigene Seh- und Beobachtungsvermögen zu trainieren.

Die Zeichnung wurde auf diese Weise zu einer Methode zur Erstellung weitgehend standardisierter und genormter konstruktiver Ergebnisse. Hatte bis ins 18. Jahrhundert jedes Handwerk, jede Region, manchmal sogar jede Manufaktur in Frankreich unterschiedliche Bezeichnungen für ihre Techniken, fand spätestens mit Monge eine methodische und begriffliche Vereinheitlichung statt.[89] Diese Normierung drückte sich unter anderem durch den immer wieder benutzen Begriff der „Exaktheit" aus. Er war Ausdruck einer Technik, die sich auf das unverfälschte Kopieren sowie das maßstabsgetreue Konstruieren in der Geometrie berief, und die nur mit dem entsprechenden Werkzeug, vor allem aber nur mit einer vereinheitlichten, universellen Sprache durchgeführt werden konnte. Exakt hieß hier einerseits das Anfertigen einer genauen Zeichnung und andererseits die genaue (arithmetische) Berechnung. Wenn Zeichnungen dazu dienen sollten, ein Blickregime beim Betrachter zu evozieren, welches die Vorstellungskraft räumlicher Dinge verstärkte, dann sollte dies nicht durch plastisch wirkende Darstellungen geschehen, sondern genau umgekehrt, anhand möglichst linearer, abstrakter Abbildungen. Monge und seine Kollegen erklärten ihre Methode, die darstellende Geometrie, ausdrücklich zu einer Sprache und verwiesen so auf die Notwendigkeit fester Regeln, Zeichen und Verständigungsmethoden, die generalisierbar und

---

[86]Monge 1794b, S. 1

[87]Vgl. die Auflistung der Zeichenaufgaben in Monge 1794b, S. 13–14. Monge spricht in diesem Artikel auch über das Arbeiten mit Licht und Schatten, vgl. S. 6–7.

[88]Neveu 1794, S. 79. Dieser Ausdruck ist im Französischen noch heute ein feststehender Begriff für die „Schulung des Augenmaßes".

[89]Vgl. Alder 1997, S. 316.

damit wiederholbar wurden – so wie Olivier es um 1850 mit seiner Formulierung eines *Alphabète du point* zusammenfasste.[90]

Der *moderne Ingenieur* musste dieses Alphabet und die Sprache, die auf ihm fußte, beherrschen. Fehlerhaftigkeit und Ungenauigkeit waren unbedingt zu vermeiden. Dieser „neue" Ingenieur musste nicht nur seine Zeichnung beherrschen, sondern auch sich selbst. Das zeigt sich daran, dass die Schüler an der École Polytechnique einem strengen Diktat unterzogen wurden, was den Tagesablauf betraf. In den frühen Morgenstunden war Zeit für freie Lektüre, aber der Vormittag war, zumindest im ersten Lehrjahr, an allen Tagen für die Darstellende Geometrie vorgesehen.[91]

3.3 Von der Zeichnung zum Modell

3.3.1 Das Scharnier

Nur wenige Jahre nach der Entwicklung seines „Omnibus" präsentierte Olivier 1832 vor der Société Philomatique de Paris das Modell eines hyperbolischen Paraboloids, bestehend aus Messingestänge und Seidenfäden. In einer Beschreibung dieses Modells hieß es dazu:

> „M. Théodore Olivier präsentiert der Gesellschaft ein kleines Modell der darstellenden Geometrie, das er selbst erfunden hat und mit dessen Hilfe man hyperbolische Paraboloide […] repräsentieren kann."[92]

Dieser Bericht markiert nicht nur die erste Schilderung eines mathematischen Modells in einem akademischen Kontext. Mit ihr findet die darstellende Geometrie erstmals Eingang in die Zeitschrift *Nouveau Bulletin des Sciences*, dem Zentralorgan der Société Philomatique de Paris.[93]

Das Modell bestand aus einem Rahmen aus zwei V-förmigen Kupferleisten, die wiederum an ihren unteren Enden mit zwei auf einem zweifüßigen Ständer sitzenden Scharnieren miteinander verbunden waren. Das sich auf diese Weise

---

[90]Vgl. den **Abschnitt 3.1.2** in diesem Kapitel.

[91]Vgl. Langins 1987, S. 27–28.

[92]„M. Théodore Olivier présente à la Société un petit Modèle de Géométrie Descriptive, de son invention et au moyen duquel l'on peut représenter des paraboloïdes hyperboliques." Anonym 1833a, S. 184.

[93]In der Ausgabe von 1826 finden sich lediglich Artikel zur Mathematik allgemein, die Geometrie hingegen kommt nicht vor.

ergebende windschiefe Viereck mit den vier Seiten a, a', b und b' war durch
ein Netz aus zweifarbigen Seidenfäden miteinander verbunden, die am unteren
Ende mit Bleigewichten versehen waren, um die Fäden straff zu halten. Diese
Seidenstränge, die sich kreuzartig überschnitten, waren durch Knoten an dem mit
Löchern versehenen Metallrahmen befestigt.[94] Ganz ähnlich wie der Omnibus
beruhte das Modell ebenfalls auf einem Klappmechanismus entlang einer Achse
und diente dazu geometrische Formen zu veranschaulichen (vgl. **Abb. 3.7.1,
3.7.2& 3.7.3**). Bei einer solchen Sattelfläche handelte es sich um eine Regelfläche
zweiter Ordnung. Die Scharniere dienten dazu, die verschiedenen Flächen einer
Schar darzustellen. Eine analytische Untersuchung der Kurvenverläufe wurde
etwa möglich, indem man sich den Paraboloid in ein drei-achsiges Koordinatensystem eingespannt dachte, bei dem die x-Achse die beiden starren Winkel
der zwei Vs verbindet, die y-Achse die zwei beweglichen Scharniere und die
z-Achse senkrecht zum Nullpunkt verläuft.[95] Wenn man einen der beiden Winkel nach oben oder unten neigte, veränderte sich damit zugleich die Position der
Fäden. Bei dieser Konstruktion konnten beide Teile des konstruierten Vs, ähnlich wie beim *Omnibus*, exakt übereinander gelegt werden. Das Scharnier sorgte
dafür, dass beide Flügel sich langsam in unterschiedliche Winkel neigen konnten
und sich so an dem Modell eine ganze Reihe unterschiedlicher Kurvenverläufe
demonstrieren ließen.

> „Auf diese Weise konnte während der Bewegung des beweglichen V der Winkel der
> beiden Fäden kontinuierlich variiert werden, also sich vom stumpfen in den rechten,
> bis hin zum spitzen Winkel verwandelt, um am Ende sich ganz aufzulösen, wobei die
> beiden Fäden sich überlagern, und die beiden Vs aufeinanderliegen."[96]

Die anderen Modelle, die Olivier aus Kupfer und Faden konstruierte, bestanden
ebenfalls aus speziellen Dreh-, Klapp- oder Biegemechanismen. Entweder ließen
sich einzelne Teile des Modells anhand eines Schraubenmechanismus nach oben-
oder unten verschieben, gegeneinander drehen, oder aber die einzelnen Teile des
Modells wurden dadurch veränderlich, dass sie sich wie beim hyperbolischen

---

[94]Vgl. Fischer 1986b, S. 3. Dieses Modell wurde mehrmals von verschiedenen Modelleu-
ren ausgeführt und nachgeahmt. Im Nachhinein lässt sich nicht mehr genau nachvollziehen,
welche Ausführung des hyperbolischen Paraboloids Olivier tatsächlich vor der *Société*
präsentierte. Zur Beschreibung passt das hier angeführte Modell allerdings am Besten.

[95]Vgl. Fischer 1986b, S. 4.

[96]„De sorte que pendant le mouvement du V mobile, l'angle de ces deux fils varie continuel-
lement, passent de l'angle obtus à l'angle droit, puis à l'angle aigu, pour enfin s'anuler, auquel
cas les deux fils se superposent, les deux V se recouchant l'un sur l'autre." Anonym 1833a,
S. 185.

Abb. 3.7.1 Modell eines hyperbolischen Paraboloids von Théodore Olivier, hergestellt durch die Firma Pixii, Frère et Fils, ca. 1840. Auf der rechten Seite lässt sich das Scharnier erkennen, an dem es geklappt werden konnte. Von diesem Modell gibt es mehrere Ausführungen. Auf welches genau sich Olivier in seiner Präsentation vor der Société Philomatique bezieht bleibt unklar. Diese sowie die folgende Abbildung zeigen die Modelle in ihrem nicht restaurierten Ist-Zustand am CNAM in Paris. Sammlungen des Musée des Arts et Métiers, Dépot, Inv.-Nr. 4441, Fotografie © Anja Sattelmacher

Paraboloid durch ein Scharnier in verschiedene Neigungen bringen ließen.[97] Der Übergang von der Zeichnung zum Modell erfolgte demnach anhand der Techniken des Klappens, Drehens und Neigens.

Die Verwendung von Scharnieren war im Modellbau nicht ungewöhnlich. Zumindest verwendete man sie für die Herstellung von faltbaren Objekten aus Pappe. Solche Modelle profitierten von der Einrichtung eines Scharniers, da so die einzelnen Teile präziser und unabhängig voneinander bewegt werden konnten. So schildert es zumindest der Artikel über „Papparbeit" in *Krünitz' Oeconomischer Enzyklopädie* von 1807. In diesem Artikel – einer Art Bauanleitung für Pappmodelle und -behältnisse – wird das Scharnier aus Holz als eine Möglichkeit vorgeschlagen, eine aus Pappe gefertigte Schachtel zu verschließen (vgl.

---

[97]Da die meisten von Oliviers Modellen in einem konservatorisch sehr schlechten Zustand sind, ist es nicht ganz leicht, gute Abbildungen von ihnen anzuführen. Weiter unten in diesem Kapitel wird noch das Modell eines Zylinders/Paraboloids besprochen und abgebildet werden (vgl. **Abschnitt 3.3.2** dieses Kapitels, sowie **Abb. 3.9**).

Abb. 3.7.2 Modell eines
hyperbolischen Paraboloids
von Théodore Olivier, hier
in etwas anderer
Ausführung. Sammlungen
des Musée des Arts et
Métiers, Dépot, Inv.-Nr.
4457, Fotografie © Anja
Sattelmacher

Abb. 3.8).[98] Es ist davon auszugehen, dass selbst bei der Verwendung von Pappta-
feln die Einrichtung eines Scharniers gegenüber einfacheren Klappmechanismen,
wie etwa der Falz, den Vorteil bot, dass beide Tafelseiten unabhängig voneinander zu bewegen waren und dass das Modell sich nicht so leicht abnutzte wie
eine Falzlinie. Durch die Verwendung eines Scharniers entstand im Fall einer
im Raum ausgeführten Zweitafelprojektion ein Abstand zwischen Horizontal-
und Vertikalebene, der hilfreich war, um auf der entstandenen Risslinie selbst
Punkte zu projizieren, wie es in einigen Aufgaben der *Géométrie Déscriptive*
von 1789/99 bzw. 1828 beschrieben ist. Zudem bot ein Scharnier die zuver-
lässigere und präzisere Methode beide Projektionsflächen exakt aufeinander zu
legen, sodass, wie bereits von Monge beabsichtigt, eine Linie immer senkrecht

---

[98] „Papparbeit", in: Krünitz 1773–1858, Bd. 107 (1807), S. 238–323.

Abb. 3.7.3 Modell eines hyperbolischen Paraboloids, hergestellt nach den Plänen Théodore Oliviers, vermutlich von Alexander und Ludwig Brill um 1880. Ob dieser Entwurf von Olivier selbst stammt ist unklar, am CNAM befindet sich jedenfalls kein Modell in genau dieser Ausführung. Andererseits tragen die Materialien (Messing und Seide), sowie der weitere Aufbau des Modells doch Oliviers Handschrift. Fischer 1986a, Foto Nr. 8

zur horizontalen Ebene projiziert werden konnte.[99] Denkbar wurde auf diese Weise ein Projektionssystem, in dem sich das zu projizierende Bild der Vertikalebene direkt durch den Klappvorgang auf die Horizontalebene einschrieb. Das erreichte man beispielsweise dadurch, dass man die Zeichnung mit einem Kohlestift anfertigte, dessen Markierung auf die andere Ebene abfärben konnte.[100] Tatsächliche Gebrauchsspuren, die nahelegen, dass etwa Punkte direkt von der

---

[99] Auch Monge verwendet den Ausdruck „Scharnier" mehrfach, etwa um zu beschreiben, wie sich die horizontale Fläche bei einer Zweitafelprojektion „wie ein Scharnier" („comme une charnière") um die Vertikalebene dreht, vgl. z. B. Schreiber 1828, S. 10–11. Dieses Verfahren ist im Deutschen unter dem Begriff „Umklappung" bekannt.

[100] Vgl. zum Prinzip des Abdrucks im Projektionsverfahren Wittmann 2012.

Zeichnung auf ein Modell übertragen wurden, sind allerdings bei den heute überlieferten Zeichnungen Oliviers nicht zu erkennen. Es handelte sich hierbei zumeist
um Kupferstiche, die für die Publikation, nicht aber für die eigentliche Herstellung
von Modellen vorgesehen waren.[101]

3.3.2 Der Wunsch nach Berührung

Im Verlauf seiner Karriere als Professor für darstellende Geometrie entwarf Olivier an die 50 unterschiedlichen Modelle von geometrischen Regelflächen. Alle
diese Modelle ließ er durch die Firma Pixii Père et Fils produzieren. Sie war
eine der Produktionsstätten, die über viele Jahre hinweg die École Polytechnique
und andere Schulen mit Apparaten zwecks der Durchführung von Experimenten
im Unterricht versorgt hatte und war vor allem durch die Erfindung und Herstellung von elektrostatischen Apparaten zur Stromerzeugung bekannt geworden. Die
prominenteste unter den von Pixii hergestellten Apparaten war ein Wechselstrom-
generator, dessen Hauptbestandteil ein Hufeisenmagnet war, der mit von Seide
umhülltem Kupferdraht umwickelt wurde. Er beruhte auf dem von André-Marie
Ampère 1831 vorgestellten Prinzip der elektromagnetischen Induktion.[102] Viele
der von Pixii produzierten Apparate verfügten über Elemente aus Holz und Kupfer
und waren mit Gewichten versehen. Olivier kannte diese Geräte aus dem Umfeld
der École Polytechnique und es ist davon auszugehen, dass Olivier sich von den
Apparaten aus der Physik beeinflussen ließ, was die äußere Form seiner Modelle
anging.[103] Dabei fällt auf, dass die geometrischen Körper Oliviers oftmals von
einer Apparatur umgeben sind, die für die Präsentation des Modells nicht notwendig erschienen. So etwa bei Oliviers Modell eines einschaligen Hyperboloids,
das sich mithilfe von Drehschrauben in einen Zylinder verwandeln ließ. Die Seidenfäden waren am unteren Ende mit Bleigewichten beschwert und oben an einem
Metallring befestigt, der sich anhand einer Schraube um die ebenfalls aus Metall
bestehende Mittelachse des Zylinders drehen ließ. Die Gewichte verschwanden

---

[101] An anderer Stelle gibt es den Beleg für die direkte Übertragung von Markierungen von der
Zeichnung zum Modell. Vgl. hierzu **Kapitel 5/Abschnitt 5.4**, sowie **Abb. 5.7.3 & 5.10.2**.

[102] Im November 1832 präsentierte Hachette diese Apparatur in derselben Sitzung der Société
Philomatique, in der auch Olivier ein weiteres seiner Modelle vorstellte. Vgl. Anonym 1833b.
Zu Pixii und dessen Arbeiten in Zusammenarbeit mit sowie im Auftrag von Ampère vgl.
ausführlich Steinle 2005.

[103] Leider sind von Olivier selbst keine persönlichen Dokumente, wie etwa Korrespondenzen
o.ä. erhalten. Er selbst hat sich ebenfalls nie zur Auswahl der Materialien für seine Modelle
geäußert, so dass der Nachvollzug seiner Motive und Handlungen an mancher Stelle im
Dunkeln bleibt.

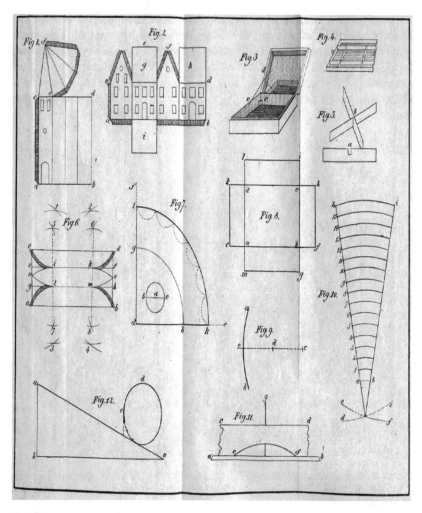

Abb. 3.8 Figurentafel aus Poppes kleinem Papparbeiter. Diese Stiche dienten zugleich als Schnittmuster zur Erstellung von Netzen für die Erstellung von Pappmodellen. Fig. 6 darauf zeigt ein „Kästchen mit Scharnierdeckel". Poppe 1840, Tafel VI

in einer Holzschachtel, die gleichzeitig als Sockel für das Modell diente. Brachte man das Modell in seine Ausgangslage – den Zylinder – und begann dann, beide Ringe gegeneinander zu drehen, entstand langsam ein einschaliges Hyperboloid.

Die erzeugenden Geraden eines Zylinders (= die Seidenfäden) veränderten ihre Position, um sich langsam in die Erzeugenden eines Hyperboloids zu verwandeln.[104] Das Holzpodest, auf dem das Modell steht, sowie die Stangen, an denen es aufgehängt ist, beruhen auf den damals aus der Physik bekannten Aufbauten, ohne dass sie für die Darstellung einer mathematischen Fläche oder Kurve eine Bedeutung gehabt hätten.[105] Möglicherweise war die Form des Kastens ästhetisch motiviert, so wie in **Abb. 3.9**, denn er verbarg die störenden Gewichte.

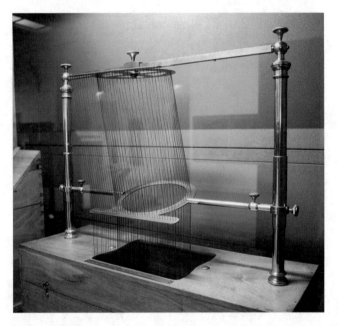

Abb. 3.9 Modell eines Zylinders von Théodore Olivier, der sich in ein einschaliges Hyperboloid verwandeln lässt. Sammlungen des Musée des Arts et Métiers, Inv.-Nr. 4440, Fotografie © Anja Sattelmacher

---

[104]Zur Materialwahl vgl. auch Black 1968, S. 233–234. Physiker im 19. Jahrhundert, wie etwa James Clerk Maxwell, wechselten oft das Material, um eine Sache am Modell zu veranschaulichen. Mathematiker, die Modelle herstellten, wie etwa Théodore Olivier, orientierten sich, was die Materialität von Objekten anging, an ihren Physikerkollegen, wie etwa Faraday und Ampère.

[105]Vgl. der elektromagnetische Globus von George Birbeck, eines Kollegen von Faraday in: Gooding 1989, S. 206. Gooding weist darauf hin, dass Faraday Kurven als geometrisches Konstrukt auffasste, die durch Versuche entstanden, und nicht auf der Grundlage von Theorien.

Es ist naheliegend, dass Olivier die Materialien Kupfer und Seide ob ihrer guten Verfügbarkeit einsetzte und weil er sich darauf verlassen konnte, dass Modellmacher wie Pixii sich mit deren Verarbeitung auskannten. Kupfer etwa war um 1830 trotz seiner Härte ein weit verbreitetes und gut zu bearbeitendes Material im Bauwesen. Hier wurde es vor allem für die Anfertigung von Ornamenten, Beschlägen und Dachspitzen – wie etwa bei Kirchtürmen – verwendet.[106] Erst ab der zweiten Hälfte des 19. Jahrhunderts verbreiteten sich Kupfer und Messing zunehmend als Baustoffe und zählten bald zu den wichtigsten Konstruktionsmaterialien. Messing, eine Metalllegierung die auf den beiden Metallen Kupfer und Zink basiert, kam neben Versuchsanordnungen zum Elektromagnetismus in Fabriken, im Kunsthandwerk aber auch in privaten Wohnhäusern zum Einsatz. Während es sich bei den Experimenten aus der Werkstatt meistens um Kupferdraht handelte, wurde zum Ende des 19. Jahrhunderts Messingblech beliebter, das sich in beliebiger Dicke herstellen ließ.[107] Seide war ebenfalls ein beliebtes Material im Kunstgewerbe und der Textilindustrie. Sie kam aufgrund ihrer Leitfähigkeit in den technischen Fächern für elektromagnetische Versuche zur Anwendung.[108] Für Oliviers Zwecke hatte sie den Vorteil, dass sie vor allem sehr belastbar und stabil genug war, um den Gewichten standzuhalten, die zur Spannung der Fäden an deren unteren Enden befestigt waren, sowie der Bewegung, der die Modelle ausgesetzt werden sollten, standhalten konnten. Olivier, der aus Lyon und damit aus einer der wichtigsten Städte europäischer Seidenmanufaktur kam, kannte die Eigenschaften, Vorzüge und Funktionen des Materials.[109] Neben der Stabilität und Belastbarkeit war die Möglichkeit des Färbens ausschlaggebend für die Verwendung für seine Modelle. Die Farbe der einzelnen Fäden der Modelle hatte nämlich eine besondere Funktion. Alle von Olivier modellierten Quadriken bestanden aus zwei Scharen von Erzeugenden, jeweils in einer Farbe dargestellt. Diese zwei Scharen fallen dann bei den Grenzfällen, also Zylinder und Kegel,

---

[106]Vgl. „Cuivre", in: De Quincy 1788–1825, Bd. 2 (1820), S. 459.

[107]Vgl. „Messing", in: Bersch 1899, S. 390–412.

[108]Siehe die Beschreibung eines elektromagnetischen Versuchs mit seidenumsponnenen Kupferdrähten des Professor Schweiggers aus Halle in: Anonym 1821. Zu den Versuchen Ampères und Faradays sowie deren experimentellen Praktiken vgl. auch Steinle 2005.

[109]Erstaunlicherweise gibt es nur sehr wenig bis gar keine Sekundärliteratur zu Geschichte der Lyoner bzw. französischen Seidenmanufaktur. Als überblickendes Werk kann lediglich auf Federico 2009 verwiesen werden, der in seiner Studie allerdings vornehmlich die ökonomischen Aspekte des Seidenhandels eingeht. Die Studie setzt zudem erst sehr spät an – sie behandelt vor allem den Zeitraum ab etwa 1870 (wenngleich im Titel anders angegeben). Daneben erschienen zwischen etwa 1840 und 1930 Handbücher zur Herstellung von Seide auf Deutsch sowie einige Überblickswerke zur Geschichte der Seidenmanufaktur, wie etwa Fischbach 1883, Silbermann 1897 oder Ley und Raemisch 1929.

zusammen. Bewegte man das entsprechende Modell an einem seiner Teile, wurde die damit einhergehende Veränderung der einzelnen Flächen durch Abgrenzung voneinander sichtbar (vgl. **Abb. 3.10.1, 3.10.2& 3.10.3**).

Abb. 3.10.1 Modell zweier sich durchdringender Zylinder von Théodore Olivier. Der kastenförmige Unterbau dient lediglich der Verstauung der mit Bleigewichten versehenen Fadenenden und wirkt im Verhältnis zum Modell überdimensioniert. Das Modell wurde als eines der wenigen vor einiger Zeit restauriert, befindet sich aber nicht in der ständigen Ausstellung. Sammlungen des Musée des Arts et Métiers, Dépôt, Inv.-Nr. 4462, Fotogafie © Anja Sattelmacher

Suggerierten Scharniere, Drehschrauben und veränderbare Fadenlängen am Modell zwar Beweglichkeit und Manipulierbarkeit, so sah der konkrete Gebrauch der Objekte womöglich sehr viel statischer aus.

Außer der oben angeführten, im *Nouveau Bulletin* erschienenen Kurzbeschreibung eines hyperbolischen Paraboloids, wird zu Oliviers Lebzeiten weder von ihm selbst noch von seinen Kollegen oder gar Studenten jemals auf den Gebrauch der Modelle eingegangen. Erst 1872 lässt sich eine Gebrauchsanleitung für die Handhabung der Objekte finden, und zwar in einem Katalog des damals neu gegründeten South Kensington Museums in London. Die Modelle, die nun nach den Plänen von Olivier von der Nachfolgefirma Pixiis, Fabre de Lagrange, produziert wurden, waren dort in die Sammlung aufgenommen worden, um die Position der Geometrie innerhalb der „Industrial Arts" mehr zu stärken. So lässt sich zumindest der zugehörige Text aus dem *Catalogue of a Collection of Models of*

Abb. 3.10.2 Dasselbe Modell wie in Abb. 3.10.1, in anderer Ansicht. Die kleinen Metallringe dienen der Markierung und zeigen an, wo sich die einzelnen Flächen voneinander abgrenzen. Sammlungen des Musée des Arts et Métiers, Dépot, Inv.-Nr. 4462, Fotografie © Anja Sattelmacher

Ruled Surfaces von 1872 verstehen. Der Beschreibung der Modelle selbst folgt ein Bericht über die Anwendung der Analysis auf die Geometrie zur mathematischen Untersuchung und Klassifikation von Flächen (vgl. **Abb. 3.11**). Der in diesem Katalog vorgestellte Formenkanon repräsentierte eine Auswahl von Modellen der wichtigsten Flächen zweiter Ordnung, die bereits in den 1830er bis 50er Jahren unter der Leitung Oliviers in Paris konzipiert worden waren. Als entscheidende Eigenschaft der Modelle wurde dabei vor allem deren Beweglichkeit hervorgehoben. So heißt es in der Einleitung des Kataloges:

> „Die Modelle sind so konzipiert worden, dass die Möglichkeit besteht, ihre Form zu verändern, indem etwa die Fäden bewegt werden, ihre Länge oder Position an manchen Teilen verändert wird, oder indem man eine aufrechte Form in eine liegende verwandelt [...] Diese Möglichkeit der *Deformation*, wie der Prozess technisch genannt wird, unterstützt den Wert der Modelle, indem sie eine größere Anzahl an Oberflächen darstellen können, als wenn sie statisch wären."[110]

---

[110] „The models are constructed with especial reference to the possibility of changing their shape, by moving some of the supports of the strings, by altering the lengths or positions of certain parts, or by converting upright forms into oblique [...] This possibility of *deformation*, as the process is technically called, greatly enhances the value of the models, by allowing them

Abb. 3.10.3 Detailansicht desselben Modells wie in 3.10.2. Auf dieser Abbildung lässt sich gut erkennen, welche Präzision die Konstruktion der Modelle erforderte und welcher Belastung die Seidenfäden ausgesetzt waren, vor allem dann, wenn das Modell beweglich war. Sammlungen des Musée des Arts et Métiers, Dépot, Inv.-Nr. 4462, Fotografie © Anja Sattelmacher

Diese Beschreibung der Modelle lässt vermuten, dass ihre ganze Herstellung darauf ausgerichtet war, sie so stabil und robust wie möglich zu konzipieren, um immer wieder angefasst, bewegt, geklappt oder gedreht zu werden. Doch nur ein paar Zeilen weiter fügt der Katalogtext an:

> „Sie sind, jedoch, zu fein alsdass man sie viel berühren könnte, und die Fäden verknoten oder brechen sehr leicht, es sei denn, sie werden überaus vorsichtig behandelt."[111]

Die Modelle Oliviers waren zwar konstruiert worden, um unterschiedliche Kurventypen und deren Übergänge mittels Bewegung zu veranschaulichen. Doch das konnte nur durch Manipulation an einem Modell geschehen, was wiederum von

---

to represent a much greater variety of surfaces than if they were fixed." Fabre de Lagrange 1872, S. 4.

[111] „They are, however, too delicate to be much pulled about, and, unless they are very cautiously handled, the strings are apt be become entangled or break." Fabre de Lagrange 1872, S. 4.

SCIENCE AND ART DEPARTMENT
OF THE COMMITTEE OF COUNCIL ON EDUCATION,
SOUTH KENSINGTON MUSEUM.

A CATALOGUE

OF A COLLECTION OF MODELS OF

RULED SURFACES,

CONSTRUCTED

By M. FABRE DE LAGRANGE ;

WITH AN APPENDIX, CONTAINING AN ACCOUNT OF
THE APPLICATION OF ANALYSIS TO THEIR
INVESTIGATION AND CLASSIFICATION,

By C. W. MERRIFIELD, F.R.S.,

PRINCIPAL OF THE ROYAL SCHOOL OF NAVAL ARCHITECTURE AND MARINE
ENGINEERING, AND SUPERINTENDENT OF THE NAVAL MUSEUM
AT SOUTH KENSINGTON.

LONDON:
PRINTED BY GEORGE E. EYRE AND WILLIAM SPOTTISWOODE,
PRINTERS TO THE QUEEN'S MOST EXCELLENT MAJESTY.
FOR HER MAJESTY'S STATIONERY OFFICE.

1872.

29902.

Abb. 3.11 Katalogtitelblatt von 1872. Fabre de Lagrange vertrieb die Modelle Oliviers nach dessen Tod und sorgte für eine Verbreitung über die Grenzen Frankreichs hinaus. Fabre de Lagrange 1872, Titel

vornherein ausgeschlossen schien. Das Material und die Konstruktionsweisen –
in diesem Fall gelenkige Kupfermodule und flexible Seidenfäden – ermöglichten
und verhinderten gleichzeitig die Durchführung von Bewegungsversuchen.
Offensichtlich unterlagen Modelle wie das hyperbolische Paraboloid oder das
einschalige Hyperboloid einem Konflikt zwischen der haptischen Eigenschaft
und der gleichzeitigen Unmöglichkeit, das Modell im Unterricht zu berühren
geschweige denn zu bewegen. Die Modelle Oliviers, deren Materialität ja das
Berühren und Bewegen, Aufzeigen und Demonstrieren mathematischer Sachverhalte erst ermöglichte, schienen für den Lehrbetrieb kaum geeignet. Hierin
liegt ein Phänomen, das uns bei mathematischen Modellen immer wieder begegnet: Einerseits wurde ein großer Aufwand für das Berechnen, Konstruieren und
Herstellen von Modellen betrieben. Andererseits blieb die vielbeschworene Nutzung oftmals unbestimmt. Wenn etwa Oliviers Modelle in Zeitschriftenaufsätzen
Erwähnung fanden, so wurde über deren Funktionsweise oft nur wenig berichtet.
Öfter ging es um die rechnerische und zeichnerische Konstruktion einer entsprechenden Fläche, selten aber darum, wie nun anhand eines Modells bestimmte
Aussagen über eine Fläche oder eine Kurve getroffen werden konnten.[112]
    Um die Entstehung, Verbreitung und Verwendung mathematischer Modelle
besser zu verstehen, müssen neben den wissenshistorischen Untersuchungen
zur Genese zeichnerischen Wissens noch andere epistemische Umgebungen von
Modellen betrachtet werden. Daher wird es im Folgenden darum gehen, Modelle
im Kontext wissenschaftlicher Sammlungen näher zu betrachten

---

[112]In einem ausführlichen Bericht einer Sitzung der Société Philomatique vom 17. November 1833 geht Olivier etwa auf die verschiedenen Kurven auf einer Schraubenfläche ein. Er
erwähnt dabei jedoch an keiner Stelle ein Modell, sondern führt lediglich Berechnungen und
graphische Konstruktionswege an. Vgl. Anonym 1833b, S. 167–168.

Modelle Sammeln

4

4.1 Modellgeschichte ist Sammlungsgeschichte

Felix Klein reiste 1870 nach Paris. Zwei Jahre vor Antritt seiner Erlanger Professur unternahm er eine Studienreise, auf der er unter anderem das CNAM besuchte. Dort fand er die Modelle Olivers – 40 Jahre nach deren Entstehung – in einem beklagenswerten Zustand vor. Während die Modellsockel noch in recht guter Verfassung waren – nur das Holz war ein wenig nachgedunkelt – war das Messing glanzlos geworden und die einst in leuchtenden Farben glänzenden Seidenfäden hingen kraftlos und teilweise zerrissen herunter. Gebrauchsspuren waren, wenn es sie denn je gegeben hatte, nicht mehr von Verfallsmerkmalen zu unterscheiden. An das Bewegen der einzelnen Glieder war nicht mehr zu denken. Die Modelle aus Messing und Seide waren „infolge der mangelnden Haltbarkeit der Seidenfäden jetzt ganz zerfallen".[1] Klein berichtete von dieser Reise in einem Artikel, der erst posthum in der Zeitschrift *Die Naturwissenschaften* veröffentlicht wurde. Darin ging er vor allem auf die Arbeiten Monges und dessen Bedeutung für die zeitgenössische Geometrie, sowie auf Oliviers Wirken ein. Resümierend schrieb er über die Tätigkeiten beider Mathematiker:

> „Von besonderem Interesse dürfte es vielleicht sein, daß Monge von dem bloßen Zeichnen bereits zum Modellieren übergeht, ein Darstellungsverfahren, das von seinen Nachfolgern, insbesondere von Olivier für immer weitergehende Aufgaben verwendet wurde."[2]

---

[1] Klein 1927, S. 44. Klein schrieb dies zwar in den 1920er Jahren, aber er bezog sich dabei auf den Zeitpunkt an dem er die Modelle vorfand, also 1870.
[2] Klein 1927, S. 44.

© Der/die Autor(en), exklusiv lizenziert durch Springer Fachmedien Wiesbaden GmbH, ein Teil von Springer Nature 2021
A. Sattelmacher, *Anschauen, Anfassen, Auffassen.*, Mathematik im Kontext, https://doi.org/10.1007/978-3-658-32528-2_4

Für Klein erschloss sich die Welt der französischen Geometrie und deren Ursprünge über die von Monge eingeführten Zeichenpraktiken und die Modelle Oliviers. Denn beides, sowohl das Zeichnen als auch das Herstellen von Modellen, so lässt sich die Äußerung Kleins verstehen, müsse als zusammenhängend gedacht werden. Wenngleich die Argumentation dieser Arbeit einer ähnlichen Logik folgt, so soll dies gleichzeitig nicht bedeuten, der Rhetorik ihrer Akteure – in diesem Falle der Felix Kleins – aufsitzen zu wollen. Die Geschichte mathematischer Modelle kann und soll nicht auf teleologische Weise geschildert werden, bei der eine Erfindung am Anfang stand, und daraufhin viele weitere Entwicklungen folgten, oder bei der ein Ereignis notwendigerweise aus dem anderen hervorging. Zumal die Schilderung der Pariser Modelle erst etwa 45 Jahre nach Kleins Besuch am CNAM veröffentlicht wurden und somit unklar ist, ob die Erinnerung an das Erlebte nicht erst im Nachhinein von Klein erst (re-)konstruiert wurde. Wenn hier und im Folgenden dem Wirken einzelner Mathematiker und deren Argumente nachgegangen wird, geschieht dies, um zu zeigen, dass Modelle einem steten Wandel an kulturellen, materiellen und wissenschaftlichen Praktiken unterlagen. Insbesondere der Blick auf die Sammlungen ermöglicht es, Modelle als Teil eines Gefüges zu verstehen, in dem wissenschaftliche, politische und sogar kommerzielle Interessen miteinander verschmolzen. Mathematische Modellsammlungen im 19. Jahrhundert gingen aus einer Kombination unterschiedlicher Sammlungstraditionen hervor. Sie trugen Elemente technischer Sammlungen, Lehrsammlungen und kommerziell angelegter Sammlungen, wie etwa Musterlagern. Und sie überspannen ein ganzes Jahrhundert – von 1830 bis 1930 – in dem sich sowohl die Sammlungspraxis, als auch die visuelle Darstellung von Modellen in Vitrinen und Sammlungskatalogen grundlegend veränderte.

4.1.1   Wissenschaftliche Kabinette

Eine Reise nach Paris gehörte für Klein, wie für viele Mathematiker des 19. Jahrhunderts zum guten Ton, denn die französische Hauptstadt war zu diesem Zeitpunkt zusammen mit Berlin eines der wichtigen Zentren für Mathematik und Naturwissenschaften.[3] Dies änderte sich durch den bald darauf eintretenden Krieg nur wenig, eher im Gegenteil: Frankreich wurde nach 1871 für das Deutsche Reich zu einem starken Vorbild, was die Organisation des Wissenschaftsbetriebs betraf.[4] Wenn Klein nun in seinem Vortrag den Besuch am CNAM so hervorhob

---

[3]Vgl. Cohen und Manfrass 1990.
[4]Hierzu etwa der in dem oben genannten Band erschienene Text von Fox 1990.

geschah dies vor allem, um die Bedeutung der Handhabe materieller Objekte, die in der Lehrpraxis an französischen höheren Schulen bereits eine lange Tradition hatte, zu betonen. Denn in Frankreich verfügten Gewerbeschulen und polytechnische Schulen bereits um 1800 über Curricula, in denen neben der Vorlesung sowohl Experimente im Labor, als auch praktisches Arbeiten im Atelier vorgesehen waren. An der École Polytechnique erfolgte etwa der Unterricht in Physik, Chemie, Stereotomie und anderen praktischen Kursen in sogenannten „ateliers" oder „laboratoires", die ebenso wie die „cabinets des modèles, dessins et instruments" bereits bei der Gründung der Schule eingerichtet worden waren.[5] Aus einem Bericht über den Ablauf des Unterrichts an der École Polytechnique aus dem Jahr 1794 geht hervor, dass ein typisches Atelier zumeist mit einzelnen kleinen Tischen für die Schüler sowie mit einem großen Tisch für den Lehrenden ausgestattet war, auf dem das Demonstrationsmaterial, also Modelle, Zeichnungen und Apparate, ausgebreitet werden konnten. Die verwendeten Zeichnungen und Objekte wurden vom Lehrenden nach deren Gebrauch wieder in den Schränken des „Cabinet" verschlossen. „Atelier", „Cabinet", und das „garde-magasin" standen also in direkter räumlicher und didaktischer Beziehung zueinander.[6] Das „Modell- und Zeichenkabinett", wie es hier genannt wird, verfügte zudem über einen Kustos, der für die Beaufsichtigung und den Verleih der Objekte an einzelne Institutionen verantwortlich war.[7]

Die praktische Arbeit mit Gipsmodellen fand bereits im ersten Studienjahr im Rahmen des Unterrichts in darstellender Geometrie statt. Die Studierenden begannen mit Strichzeichnungen von räumlichen Gebilden, bevor sie sich dem Steinschnitt und der Anfertigung von Modellen widmeten. Jedem anzufertigenden Objekt durften zwei Monate gewidmet werden. Während dieser Zeit sollten sie lernen, das Modell einer Zeichnung in Gips auszuführen. In den folgenden zwei Monaten erfolgte dann der Unterricht im Zimmerhandwerk und die Ausführung von Modellen aus Holz.[8] Die Werkstattarbeit in den Ateliers erfolgte zumeist unter der Anleitung von Handwerkern, also Tischlern, Schlossern oder Vorarbeitern, sowie von Künstlern und Kunstlehrern. So wurden die Übungen im Zeichenunterricht von den „besten Zeichnern von Paris" ausgeführt und die Steinschnittmodelle aus Gips von „ganz auserwählten Bildhauern".[9] Diese

---

[5]Vgl. hierzu etwa Langins 1987, S. 68–69.

[6]Anonym 1987b [1794], S. 244.

[7]Anonym 1987b [1794], S. 241.

[8]Anonym 1987b [1794], S. 232–234.

[9]Anonym 1807, S. 330.

Berufsgruppen waren größtenteils Vollzeit an der École Polytechnique angestellt, Schüler zu unterrichten und zugleich an der Ausführung von Modellen und
Instrumenten selbst zu arbeiten.[10]
    Unterstützend wirkten dabei systematisch angelegte Sammlungen wissen-
schaftlicher Objekte, sogenannte wissenschaftliche Kabinette, die – ähnlich wie
die Naturalienkabinette des 17. und 18. Jahrhunderts – als Laboratorien für
das (technische) Studium und der Wissenserweiterung dienten.[11] Monge selbst
veranlasste bereits kurz nach der Eröffnung der École Polytechnique 1794 die
Gründung eines physikalisches Kabinetts, das unter anderem Maschinenmo-
delle, Laborinstrumente, Mineralien, etc. enthielt, inmitten derer das Studium der
darstellenden Geometrie stattfinden solle:

> „Wenn man ihnen [den Studierenden, A. S.] in einen Raum folgt, der mit den Dingen
> geschmückt ist, die ihre Einbildungskraft verschönern und ihren Geschmack für die
> Zeichnung fördern können, deren Studium sie sich an den drei letzten Stunden ihres
> Tages widmen [...]; welch interessantes Schauspiel!"[12]

Sammlungen wissenschaftlicher Instrumente entstanden bereits im frühen 18.
Jahrhundert und trugen maßgeblich zur Entstehung der experimentell arbeitenden
Naturwissenschaften bei.[13] Die Instrumente befanden sich zunächst in privater
Hand, das Wissen über sie verbreitete sich jedoch weitreichend aufgrund der
gängigen Praxis, sie im Rahmen öffentlicher Veranstaltungen vorzuführen und
zu erklären.[14] Dies änderte sich in der zweiten Hälfte des 18. Jahrhunderts.

---

[10]Langins 1987, S. 68–69. Vorbild für dieses Unterrichtsmodell war die École de Mézières,
an der Monge zuvor gelehrt hatte. Sie verfügte ebenfalls über eine Musterwerkstatt für
verschiedene Handwerksarten.

[11]In den letzten 20 Jahren ist eine große Anzahl von Veröffentlichungen zur Geschichte früh-
neuzeitlicher Sammlungen erschienen, von denen hier stellvertretend Collet 2007, Siemer
2004 oder auch – noch immer von großer Relevanz – die Studie von Grote 1994 genannt
werden kann. te Heesen 2001 geht insbesondere auf den sozialen Aspekt von Naturalienka-
binetten ein. Speziell für die Geschichte wissenschaftlicher Kabinette kann an dieser Stelle
auf Olesko 1989, Pyenson und Gauvin 2002 und Fox und Guagnini 1999 verwiesen werden.
Die Forschungsliteratur ist hier allerdings bei weitem nicht so ausdifferenziert wie es für
frühneuzeitliche (naturhistorische) Kabinette der Fall ist.

[12]„Si de-là on les suit dans un local orné de tout ce qui peut embellir leur imagination et
former leur goût pour le dessin, sur lequel ils s'exercent dans les trois dernières heures du
jour [...]; quel intéressant spectacle!" Monge 1794a, S. viij.

[13]Erstmals wird dies in Shapin und Schaffer 1985 dargelegt. Zum Verhältnis von Wissenschaft
und Öffentlichkeit im 18. Jahrhundert vgl. z. B. Hochadel 2003 und Bensaude-Vincent und
Blondel 2008.

[14]Vgl. Brenni 2012, S. 195.

Sammlungen wissenschaftlicher Instrumente waren zumeist nicht mehr einer Privatperson zugeordnet, sondern sie wurden durch staatliche Institutionen zunächst angekauft und dann verwaltet.[15] Zahlreiche Institutions- und Lehrstuhlgründungen gingen mit der Gründung neuer wissenschaftlicher Kabinette einher, die nun in der Hand des Staates waren. Insbesondere in Frankreich ist um 1800 eine steigende Anzahl sogenannter wissenschaftlicher Kabinette zu vermerken, die auf die Gründungen landesweiter höherer Schulen zurückzuführen ist.

Eine dieser Gründungen war die Sammlung wissenschaftlicher Instrumente, das sogenannte Kabinett, des CNAM. Das Conservatoire selbst wurde 1794 zeitgleich mit der École Polytechnique auf Initiative von Abbé Grégoire in der ehemaligen Abtei St.-Martin in Paris gegründet. Die Wahl des Ortes ist in gewisser Weise ironisch. 1794, nur fünf Jahre nach der Französischen Revolution, wurde eine Kirche, die kurz zuvor noch ein zentraler Teil der klerikalen Macht Frankreichs darstellte, entweiht und dort genau das praktiziert, was den Lehren der Kirche diametral entgegengesetzt zu sein scheint: Die Lehre auf Rationalität beruhender wissenschaftlicher Tatsachen.[16] Vor dem Hintergrund, die nationale Industrie stärken zu wollen, begriff diese Institution sich von Beginn an als eine Einrichtung, die die französische Technologie einerseits hervorbringen und gleichzeitig repräsentieren wollte.[17] Sammlungsobjekte, die dem Unterricht der am CNAM gelehrten Fächer dienlich sein könnten, sollten dafür so weit wie möglich aus privatem in öffentlichen Besitz überführt werden. Mit der Gründung des CNAM fand die Zusammenführung verschiedener Sammlungen technischer Instrumente, Apparate, Geräte und Zeichnungen statt, die in den Jahren zuvor an einzelnen Orten in Paris entstanden waren. Zu solchen Sammlungen gehörten die bereits damals berühmte Automatensammlung des Ingenieurs Jacques de Vaucanson, die technischen Instrumente der Académie des Sciences und das sogenannte „Atelier de Perfectionnement", das später in die Maschinenwerkstatt überging.[18]

---

[15]Dies geschah auf ganz ähnliche Weise bei naturhistorischen Sammlungen. So ging etwa der Bestand des britischen National History Museums aus dem Ankauf der Privatsammlung des Naturgelehrten Sir Hans Sloane hervor. Vgl. hierzu te Heesen 2010, Sp. 586–587, sowie Blom 2004 und auch Beretta 2005.

[16]LeMoël und Saint-Paul 1994 geben einen Überblick über die Geschichte des Conservatoire, thematisieren diese Widersprüche jedoch nicht. Ferriot et al. verweisen darauf, dass dieser Ort kurzfristig und aus der Not heraus gewählt worden sei und dass die Kirche mit der Errichtung des Conservatoire der Zerstörung entgangen sei. Vgl. Ferriot et al. 1998.

[17]Vgl. zu den politischen wie ökonomischen Motiven zur Gründung des Conservatoire Alder 1997, sowie Fox 2012, S. 4 und aus sammlungs- und museumshistorischer Perspektive: te Heesen 2012, S. 75–76.

[18]Ken Alder bezeichnet das CNAM als „picture house of knowledge", vgl. Alder 1997, S. 315.

Das CNAM vereinte technische Lehranstalt, Maschinen- und Zeichenfabriken sowie die Sammlungen – darunter ein „Cabinet de Physique" –, die über das gesamte ehemalige Kirchengebäude verteilt thematisch aufgestellt wurden. Die einzelnen Begriffe – physikalisches Kabinett, wissenschaftliches Kabinett oder gar Modellkabinett – lassen sich für diese Zeit nicht immer ganz sauber voneinander trennen. In Krünitz' Enzyklopädie etwa wird auf die Sammlungen des CNAM als *technologisches Modell- und Kunst-Cabinette*, oder etwas allgemeiner gefasst als *Modellsammlungen* verwiesen, die „der Bildung junger Handwerker, Künstler und Baumeister und anderer Liebhaber der Wissenschaften" dienten.[19]

Inmitten dieser verschiedenen Sammlungen technischer Instrumente und Modelle am CNAM befand sich an zentraler Stelle des Kirchengebäudes in der ersten Etage die „Galérie Oliver", wie sie in einem Nachruf auf Olivier genannt wurde.[20] Sie umfasste Modelle für Gewinde, Getriebe, Dachstühle, Zeichnungen für die darstellende Geometrie, Steinschnitte, dazu Mess-, Zähl- und Zeichenapparate, sowie die von Olivier stammenden geometrischen Modelle (etwa Paraboloide, Hyperboloide, Konoide usw.). Die Wahl des Begriff „Galerie" verweist dabei einmal mehr auf den Anspruch, die Sammlungen zu einem Ort des Zeigens und Unterrichtens zu erheben.[21] Denn die „Galerie" war zu der Zeit im französischen wie im deutschen Sprachgebrauch einerseits als ein „Säulengang einer Kirche", frz. „galilée" (GWB), oder allgemein als ein „zum Spazierengehen bequemer Gang" (Krünitz) konnotiert. Andererseits aber war Galerie die Bezeichnung für ein großes Kabinett: Sie bezeichnete schon im 18. Jahrhundert nicht nur eine kleine private Sammlung (an Skulpturen, Gemälden oder Naturalien), „sondern Schätze zum öffentlichen Gebrauch".[22]

Oliver übernahm 1839 den Lehrstuhl für darstellende Geometrie am CNAM und etwa zeitgleich fanden die von ihm konstruierten Modelle Einzug ins Museum.[23] Zuvor hatte die Sammlung des CNAM vor allem über Konstruktionszeichnungen, Maschinen- und Architekturmodelle sowie astronomische und physikalische Instrumente verfügt. Kurz vor Oliviers Tod, im Jahr 1851, erstellte

---

[19] „Modell", in: Krünitz 1773–1858, Bd. 92 (1803), S. 550.

[20] Péligot 1853.

[21] Ferriot 1994 weist darauf hin, dass dies das zentrale Anliegen des CNAM seit dessen Gründung gewesen sei. Die Sammlungen waren um 1818 immer donnerstags und sonntags für die Öffentlichkeit zugänglich, an allen anderen Tagen waren sie für Künstler, Wissenschaftler und Ausländer geöffnet.

[22] „Galerie", in: Krünitz 1773–1858, Bd. 15 (1778), Sp. 776.

[23] Sakarovitch 1994.

der damalige Direktor des CNAM, Arthur-Jules Morin, einen Katalog des gesamten damals vorhandenen Bestandes.[24] Waren die Modelle bislang nur vereinzelt erwähnt worden, wie etwa im *Nouveau Bulletin des Sciences*, traten nun alle etwa 50 Modelle Oliviers in einer Publikation in Verbindung zueinander auf. Der Katalog Morins ordnete die Sammlungsgegenstände systematisch nach Themengebieten. Die einzelnen Fachgebiete, in Großbuchstaben durchnummeriert, unterteilten sich in die einzelnen zugehörigen Objektgruppen, durch Kleinbuchstaben markiert, welche wiederum aus einzelnen Objekt-Nummern (1, 2, 3, etc.) bestanden. So unterteilte sich die Abteilung „C. – Géométrie Descriptive et Dessin Géométrique" in „a, Paraboloides, – b, Hyperboloides", usw. die Gruppe a teilte sich nochmals in „1. Paraboloide Hyperbolique – Sections parallèles (paraboles), modèle fixe; 2. Paraboloide – Sections parallèles (Hyperboles), Model fixe", etc.[25] Somit wurden die einzelnen Sammlungen des CNAM, darunter die Oliviers, sichtbarer als zuvor und sie ließen sich klar einem Themengebiet zuordnen. Eine solche Um- und Neugestaltung der Sammlungen stand nicht zuletzt unter dem Einfluss der Weltausstellungen, für deren Bestückung das CNAM ab 1851 große Investitionen in der Höhe von je 100 000 Francs tätigte.[26] Es kamen dadurch so viele neue Objekte ins Museum, dass die Sammlungen in immer kürzeren Abständen neu geordnet, beschrieben und klassifiziert werden mussten.

4.1.2 Modell- und Mustersammlung

Auch in Deutschland entstanden zu Beginn des 19. Jahrhunderts wissenschaftliche Kabinette, so etwa die sogenannte „Polytechnische Modellensammlung" in München, die ab 1827 der Lehre an der sodann neu gegründeten polytechnischen Schule zugedacht war.[27] Diese Sammlung war zunächst 1822 in einem eigens dafür bestimmten Gebäude im Herzoggarten errichtet worden, zog dann aber nur wenige Jahre später (1826) in mehrere kleinere Räume des Anbaues des königlichen Hoftheaters. Sie enthielt hauptsächlich Modelle und Zeichnungen von Werkzeugen und Maschinen und war zunächst zur Förderung der „Gewerbs-Industrie" vorgesehen. In dem erstmals 1844 erschienenen Katalog legte der

---

[24]Bereits 1818 war ein erster Sammlungskatalog des CNAM erschienen, dieser führte die Sammlungen in einem ersten Teil nach Themengebieten und nach geographischer Lage im Museum auf. So gab es neben einem „Saal der Steinschnitte", einen „Saal der Türme" und einen „Saal seitlich des Gartens". Vgl. Christian 1818.

[25]Morin 1851, S. 17–18.

[26]Ferriot 1994, S. 147.

[27]Vgl. den Abschnitt zur Gründungsgeschichte der Schule weiter oben auf Seite 113 f.

Münchener Oberbaurat und Conservator der neugegründeten polytechnischen Sammlung, Antonin von Schlichtegroll, die in der königlichen Stiftungsurkunde angeführten zentralen Beweggründe zur Sammlungsgründung dar: Die Sammlung verfolgte das Ziel der Gemeinnützigkeit und sollte öffentlich für alle Stände zugänglich sein, um so die Aufmerksamkeit des bayrischen Gewerbestandes zu erregen.[28] Um dies zu erreichen sollten die bislang über die Stadt verteilten einzelnen technischen Sammlungen an einem zentralen Ort zusammengeführt werden. „Das Aehnliche und Verwandte ist in den einzelnen Sammlungen zerstreut" referierte Schlichtegroll über den Status quo vor 1822.

> „Manches wird mehrfach beigeschafft, während mit den hierauf verwendeten Kosten weit zweckmäßiger die noch bestehenden Lücken ausgefüllt würden; vieles ist aber bloß deswegen noch zu wenig bekannt, oder benützt, weil die besonderen Zwecke der verschiedenen Anstalten und Behörden, bei welchen solche Sammlungen aufbewahrt werden, nicht immer gestatten, diese in so ausgedehntem Maße zugänglich und gemeinnützig zu machen, als zu wünschen wäre."[29]

Bald nach der Gründung der Sammlung wurde klar, dass sie mehr Platz brauchte, um als ein Ort gelten zu können, an dem die „Belehrung durch nachahmenswerte Vorbilder" stattfinde.[30] So siedelte die Sammlung 1833 in einen Seitenflügel des königlichen Damenstiftsgebäudes über, dort wo sich auch die polytechnische Schule befand. Die Nähe zwischen Modellsammlung und polytechnischer Schule kam dabei insbesondere den Lehrkursen der praktischen Mechanik und der Maschinenbaukunde zugute, für die laufend Modelle benötigt wurden. Die Sammlung umfasste zudem auch eine mechanische Werkstätte, in der die Unterrichtsmittel verfertigt werden konnten.

Schlichtegrolls Sammlung speiste sich aus Modellen und Maschinen, die in den Werkstätten der Polytechnischen Schule hergestellt wurden und sie erhielt regelmäßig Steinschnittmodelle aus der örtlichen Baugewerbeschule.[31] Die Erweiterung der Sammlung fand daneben auch um Dubletten statt, die vornehmlich aus gewerblichen Musterlagern stammten. Hierbei handelte es sich um Lager

---

[28]Schlichtegroll 1844, XI. Die Sammlung war täglich außer samstags „für den öffentlichen Besuch" geöffnet. Laut Schlichtegroll wurde die Sammlung „von Einheimischen sowohl als von Fremden" gut besucht und fand insbesondere bei der nahegelegenen Feiertagsschule und der Baugewerbsschule großen Anklang.

[29]Schlichtegroll 1844, X.

[30]Schlichtegroll 1844, XIII. Der Sammlungsbestand war innerhalb weniger Jahre von 374 auf 676 Modelle und Maschinen angewachsen.

[31]So wurden im Jahr 1825 der Polytechnischen Modellensammlung 20 Steinschnittmodelle in Gips übergeben. Vgl. Vorherr 1825, S. 30.

von Warenproben, die von Fabrikanten und Großhändlern an wichtigen Handelsorten angelegt wurden und in denen die Waren für den Käufer zur Ansicht ausgestellt wurden.

Solche Mustersammlungen entstanden deutschlandweit bereits zur Mitte des 19. Jahrhunderts und gewannen insbesondere anlässlich der Industrieausstellungen in Frankreich, England und Deutschland in den 1840er und 1850er Jahren und der Londoner Weltausstellung 1851 an Bedeutung.[32] Ihr Zweck lag neben der „Beförderung des Absatzes" auch in der „Erläuterung und Veranschaulichung des theoretischen Unterrichtes an technischen Lehranstalten". Außerdem sollten sie der „Begünstigung der Geschmacksbildung und der Einführung neuer Produktionsartikel im gewerblichen Verkehr" dienen.[33] Jeder Berufsstand verfügte daher über seine eigenen Mustersammlungen – Bautischlereien, Schlosser, Steinmetze, Bildhauer und Stuckateure. Auch technische Lehranstalten sollten auf den Umgang mit Gegenständen aus Mustersammlungen im Unterricht zurückgreifen.

> „Keine technische Anstalt, niederer oder höherer Art, sollte deren entbehren, denn der Unterricht in Technologie, Waarenkunde [sic], Naturgeschichte, Geographie u. s. w. wird sicherlich nur dann recht lebendig und fruchtbringend, wenn man im Stande ist, dem Schüler die zur Besprechung kommenden Gegenstände auch wirklich zur Anschauung zu bringen und Urtheil und Gedächtnis damit zu üben."[34]

Einige Musterlager verfügten neben gewerblichen Produkten wie „musterhafter Erzeugnisse der Beinwaarenfabrikation und der Korbflechterei" ebenfalls über Sammlungen von Zeichnungsvorlagen, Lehrmitteln, sowie „instructive Gypsmodelle".[35] So entstand etwa 1850 auf Initiative der Centralstelle für Gewerbe und Handel in Stuttgart ein Musterlager, dessen Räumlichkeiten man zunächst in einer ehemaligen Militärkaserne einrichtete. In der Einleitung zur ersten Auflage des Katalogs der Industrieprodukte von 1867 heißt es da:

> „In jedem Saale befindet sich ein Aufwärter, welcher die Aufgabe hat, Gegenstände, die ein Besucher näher zu besichtigen wünscht, demselben zur schonenden genaueren Untersuchung in die Hand zu geben."[36]

---

[32]Dommann 2012, S. 36.

[33]Beeg 1855, S. 33.

[34]Beeg 1855, S. 33. Auch die Sammlungen des CNAM können als solche Mustersammlungen für Techniker und Unternehmen verstanden werden, vgl. Mende 2008, S. 51.

[35]Alle drei Zitationen aus: Steinbeis 1872, S. IV–V.

[36]Steinbeis 1872, VIII.

Zu der Kategorie der „Lehrmittel" des Stuttgarter Musterlagers zählten unter
anderem „physicalische und technologische Bilder", physicalische Apparate und
Modelle", „Mineralogische Gegenstände", „Pflanzenbilder", „Herbarien", Wandtafeln zu verschiedenen Themen sowie „Schulgeräte".[37] Zu der Gruppe „Gypsmodelle" zählten „Elementarmodelle für den Zeichenunterricht", „Bauornamente",
„Naturabgüsse, Gefässe und Geräthe", „Thiere" und „Figuren".[38] Sie wurden insbesondere für Zeichenschulen benötigt, wo sie als Vorlagen für das Freihand-
sowie das geometrische Zeichnen dienten. Zur Unterkategorie der Elementarmodelle für den Zeichenunterricht gehörten Modelle für das Projektionszeichnen
– darunter geometrische Formen wie Kegel, Zylinder, Würfel, Kugeln und Pris-
men. Hinzu kam – wie im Fall der Stuttgarter Mustersammlung – sogar eine
eigene Werkstatt sowie ein „Centraldepot" für die Herstellung und die Verbreitung von Gipsmodellen. Zeichenvorlagen, Lehrmittel und Gipsmodelle wurden
zunächst „für das specielle Bedürfniss der gewerblichen Fortbildungsschulen"
hergestellt, wo insbesondere ein großes Bedürfnis nach Modellen als Zeichenvorlagen herrschte.[39] Je besser eine solche Sammlung systematisiert und katalogisiert
war, desto wertvoller war sie für den Unterricht.

Bereits im 18. Jahrhundert hatte es sogenannte Warenkabinette gegeben, die
Proben und Muster von Waren enthielten und der Bildung des Kaufmanns dienten.
Mit ihrer Hilfe sollten die Grundsteine einer Erziehung zum richtigen Konsum
gelegt werden.[40] Anders als die Sammlungen des 18. Jahrhunderts waren die
Mustersammlungen um die Mitte des 19. Jahrhunderts durch ihren Bezug zur
Industrie und zur modernen Warenwelt, sowie durch eine zunehmende Verwis-
senschaftlichung und Verrechtlichung gekennzeichnet.[41] Es handelte sich hierbei
um höchst spezialisierte und ausdifferenzierte Sammlungen, die der wachsenden
Vielfalt in der Waren- und Gewerbewelt Herr zu werden versuchten. Gleichzeitig dienten sie dazu, die Professionalisierung der Berufsgruppen sicherzustellen.
Neben der Belehrung des Kaufmannes stand nun ebenfalls die Erziehung des
Handwerkers, des Ökonomen sowie von Beamten, etwa im Zoll- und Postwesen,
im Vordergrund. „Veranschaulichung", „Geschmacksbildung" sowie „Absatzför-
derung" waren wichtige Stichworte, mit denen die Bestrebungen des Gewerbestandes benannt werden konnten. Denn „Geschmack" wurde in gewerblicher

---

[37] Anonym 1875.

[38] Anonym 1868.

[39] Steinbeis 1868, S. 4.

[40] Vgl. te Heesen 1997, S. 152–157 sowie Siemer 2004, S. 181–184.

[41] So wurden Lagerbestände zunehmend verzeichnet und das Fach der Handelswissenschaft
etabliert sich im 19. Jahrhundert zum Universitätsfach, vgl. Dommann 2012, S. 40.

Hinsicht ganz besonders dadurch gefördert, dass man den Gewerbetreibenden Gelegenheit verschaffte, „viel Gutes und Schönes zu sehen".[42]

„Geschmacksbildung" und „Geschmackserziehung" waren zugleich die zentralen Anliegen der Gewerbe-, Industrie- und Weltausstellungen des späten 19. Jahrhunderts. Sie unterstreichen auch die Doppelbödigkeit des Begriffs „Veranschaulichung". Denn bei der Erziehung zum „guten" oder „richtigen" Geschmack ging es nicht allein um die Herausbildung eines ästhetischen Urteils, sondern um eine kulturelle Konvention, die von allen Schichten, egal ob Bürgertum oder Arbeiterschaft, verinnerlicht werden sollte.[43] Gewerbeschulstudenten und Konsumenten unterlagen diesem Primat des „guten Geschmacks" gleichermaßen. Gute Ware konnte nur von Handwerkern gefertigt werden, die über ausreichende Kenntnisse in Material und Herstellungsweisen von Dingen verfügten. Das Erkennen guter Ware wiederum unterlag der richtigen Urteilskraft, eine Fähigkeit, die wiederum vom Konsumenten erst erlernt werden musste.[44]

Das Beispiel der Polytechnischen Modellensammlung hat gezeigt, wie eng wissenschaftliches Gerät, pädagogische Erziehungsvorstellungen und Interessen der zeitgenössischen Industrie bereits im frühen 19. Jahrhundert zusammenhingen. Ab der zweiten Hälfte des 19. Jahrhunderts waren es vor allem die nationalen und internationalen Industrie- und Gewerbeausstellungen, welche die Veränderungen des sozialen und wirtschaftlichen Gefüges darzustellen vermochten. Sie wurden als ein Mittel verstanden, den im Zuge der rasch voranschreitenden Industrialisierung schier nicht mehr zu bewältigenden Fluss an industriellen und landwirtschaftlichen Erzeugnissen, Konsumgütern oder Lehrmitteln wenn nicht zu überblicken so doch zumindest erleben zu können.[45]

„Wo auch immer wir unsern Schritt hinsetzen, stoßen wir auf eine Ausstellung von irgend etwas: von den intimsten Gegenständen unseres persönlichen Daseins bis zu den gleichgültigen Dingen der äußeren Lebensführung."[46]

Der hier zitierte Soziologe und Volkswirt Werner Sombart attestierte den Gewerbe-, Industrie- und Weltausstellungen eine neue Qualität des Güteraustauschs: Man lud das Publikum ein, die Gegenstände zu betrachten, anstatt die

---

[42]Beeg 1855, S. 33.
[43]König 2009, S. 11.
[44]Vgl. Cleve 1996.
[45]Vgl. als einschlägige Publikation hierzu etwa Großbölting 2008.
[46]Sombart 1908, S. 249.

Musterstücke erst zu verschicken und zu warten, bis der Kunde in das entsprechende Musterlager kam, um sie zu sehen.[47] Anders formuliert: Man stellte ein Musterlager aus und übersetzte damit den unter dem Schlagwort „Geschmack" firmierenden Wert eines Gutes in einen Konsumwert.[48]

Von dieser neuen Art der Warendarbietung, der Verwandlung aller erdenklicher Dinge in Konsumgüter und der Entstehung einer modernen Marktgesellschaft blieben Wissenschaftler nicht unbeeindruckt. Dies galt ebenso für die Mathematik. Ab etwa 1870 entstanden an technischen Hochschulen und Universitäten mathematische Lehrmittelsammlungen, die Themen der zeitgenössischen Lehre bedienten, und die zugleich den Kriterien der Sichtbarkeit nach innen und außen unterlagen. Das hieß in diesem Falle sowohl die Sichtbarmachung des eigenen Fachs, das ansonsten nur mit wenigen vorzeigbaren Gegenständen arbeitete, als auch die übersichtliche Präsentation der Modelle und die Zugänglichkeit für die Studenten.

Die Technische Hochschule München und die Universität Erlangen – beides Wirkungsstätten Felix Kleins – gelten als die ersten Institutionen in Deutschland, an denen systematisch mathematische Modellsammlungen angelegt wurden. Der Bestand dieser Sammlungen erwuchs zunächst aus den von Studierenden verfertigten Modellen und wurde später durch deren Vervielfältigungen mit Hilfe von Lehrmittelfirmen erweitert.[49] Zwar hatte es bereits in den 1860er Jahren Modelle an technischen Hochschulen und Universitäten gegeben, so wie etwa die Exemplare Christian Wieners in Karlsruhe oder die von Julius Plücker in Bonn. Diese waren jedoch weniger zum Zweck der Lehre entstanden sondern mehr für die Forschungsinteressen des jeweiligen Professors gedacht.[50] An Volksschulen und höheren Schulen gab es ebenfalls Bestrebungen, Modellsammlungen systematisch anzulegen. Man konnte hier jedoch nicht auf einen so reichen Fundus zurückgreifen wie etwa die technischen Hochschulen. Denn man hätte die

---

[47]Sombart 1908, S. 251.

[48]Auch Alfons Paquet hat diese Zusammenhänge zwischen Konsumwert und Ausstellungswesen bereits 1908 trefflich unter der Formulierung „Sehenswürdigkeit als Wirtschaftsfaktor" zusammengefasst. Er bezeichnete Warenausstellungen als „Anschauungsunterricht großen Stiles". Paquet 1908, S. XI; 115.

[49]Vgl. **Kapitel 5/Abschnitt 4.4**.

[50]Darauf verweist auch Lorey 1916, S. 324. Sowohl Wiener als auch Plücker waren aber prägend für die Initiatoren späterer Lehrmittelsammlungen wie etwa Felix Klein, Alexander Brill und Hermann Wiener. Zur Erinnerung: Christian Wiener war nicht nur der Vater Hermann Wieners sondern auch der Onkel A. Brills. Plücker wiederum war Kleins Lehrer in Bonn, er leitete dort das „geometrische Laboratorium", an dem Klein assistierte.

Modelle hier kaum im Rahmen von Konstruktionsübungen selbst herstellen können, sondern hätte sie käuflich erwerben müssen, wofür den meisten Schulen die Mittel fehlten. Stattdessen gab es immerhin in den Städten Berlin, Dresden, Stuttgart und Karlsruhe die Möglichkeit für Schulen, auf die Lehrmittelsammlungen der örtlichen Schulmuseen zurückzugreifen.[51] In der Praxis erwies sich dies aber nicht so einfach, weil etwa in Berlin ausgerechnet die mathematische Lehrmittelsammlung wegen Platzmangel nicht aufgestellt werden konnte. Diese Schulmuseumsgründungen erfolgten teilweise erst sehr spät (Stuttgart 1910 und Karlsruhe 1912), sodass man diese Orte kaum als verlässliche Quellen für deutschlandweite Schulsammlungen bezeichnen kann.[52]

4.2 Modelle als Argumente

1875 war ein gutes Jahr für den Mathematiker, Architekten und Ingenieur Alexander Brill. Der 1842 in Darmstadt geborene Sohn eines Buchdruckers feierte in diesem Jahr nicht nur seine Hochzeit mit Anna Schleiermacher, der Tochter Ludwig Schleiermachers, Direktor des Darmstädter Großherzoglichen Museums und Kommissar des Polytechnikums. Er erhielt zudem den Ruf auf eine Professur für Mathematik an der Polytechnischen Hochschule in München, was er den Bemühungen seines Kollegen Felix Kleins verdankte, der ein Jahr vor Brill berufen worden war. Rückblickend schrieb Brill über diese Zeit, dass sie für ihn aus einem andauernden Ringen um Anerkennung und Gleichstellung mit dem bereits damals bekannten und geschätzten Mathematiker Felix Klein bestand.[53]

Eine der ersten Aufgaben, die Brill als Professor an der TH München ab 1875 zu erfüllen suchte, war, die „moderne norddeutsche Mathematik" im Süden einzuführen,

> „d. h. die junge Studentenschaft durch allmähliches Heranziehen zu wissenschaftlichen Spezialstudien für die moderne Mathematik zu interessieren".[54]

---

[51]Um 1900 begann der Frankfurter Lehrerverein unter der Leitung des Pädagogen Julius Ziehen damit ein Reichsschulmuseum zu konzipieren, dessen ständige Sammlungen vor allem höheren Schulen zugutekommen sollten. Im Rahmen dieser Planungen, die letztendlich aber nicht verwirklicht wurden, bestand auch das Bestreben, eine Mustersammlung mathematischer Modelle und Lehrmittel anzulegen (Dressler 1913, S. 195).

[52]Dressler 1913, S. 194.

[53]Brill 1887–1935, Bd. 2, S. 22–23.

[54]Brill 1887–1935, Bd. 2, S. 26–27.

Mit *moderner* Mathematik war hier eine *anwendungsbezogene*, auf die Interessen der Industrie ausgerichtete Mathematik gemeint, die nicht Selbstzweck war,
sondern einen konkreten Bezug zur technischen Praxis herstellte.[55]

4.2.1 Raumrhetorik

Eine Verzahnung von Theorie und Praxis an technischen Hochschulen, die weder
die technische Seite der höheren Bildung vernachlässigte noch die mathematisch-
geistige, wurde von Klein und Brill zunächst in München durch die Errichtung
von Räumlichkeiten und deren geschickte Benennung erreicht. Laut Brills eigenen
Angaben hatte er zu Beginn seiner Professur 1875 in München an der technischen
Hochschule ein „mathematisches Laboratorium" eingerichtet, dessen Benutzung
nur einigen Studierenden eines jeden Jahrgangs zugedacht war, „die sich einer
selbstständigen wissenschaftlichen Arbeit zu widmen vorhatten".[56] Anders als
Brill es in seinem nachträglich verfassten Bericht darstellt, entstand dieses „Laboratorium" erst etwas zeitverzögert, zudem ist eine solche Benennung nirgends
offiziell vermerkt. Als Klein und Brill zwischen Dezember 1874 und Februar 1875
an die Technische Hochschule berufen wurden, gab es weder ein eigenständiges
Institut für Mathematik noch ein mathematisches Laboratorium. Erst im Verlauf
des Studienjahres 1875/1876 wurde das mathematische Institut an der Polytechnischen Hochschule in München gegründet.[57] In einem Brief an seinen engen
Vertrauten Rudolf Sturm schrieb Brill im Juni 1875 dazu:

---

[55]Dieser zeitgenössische, von Brill hier verwendete Begriff einer „modernen" Mathematik steht dem von Mathematikhistorikern heutzutage gelegentlich verwendeten Begriff
einer mathematischen Moderne diametral entgegen. Denn für Mehrtens 1990 war die
„moderne" Mathematik eben jene, die sich nicht an den Anwendungen ausrichtete und
die auf rein formal-logische Methoden zurückgriff. Vgl. hierzu die Überlegungen aus
Kapitel 2/Abschnitt 2.1.

[56]Brill 1889, S. 76.

[57]Im *Bericht über die Königlich Polytechnische Schule zu München* aus dem Jahr 1876 etwa
wird unter dem Punkt VIII. 1. Das „mathematische Institut" angeführt, und unter 2. das
„physikalische Laboratorium". Vgl. Anonym 1876, S. 27. Renate Tobies weist darauf hin, dass
Klein es zur Bedingung für die Annahme seines Rufes nach München gemacht hatte, dass dort
ein solches mathematisches Institut errichtet würde. Vgl. Tobies 1992. In der Anlage dieses
Texts wurden einige Quellen zu Felix Klein wieder abgedruckt, darunter ein Schreiben Felix
Kleins vom 9.12.1874 an das Direktorium der Kgl. Polytechnischen Hochschule zu München
*betreffend der Überlassung von Räumlichkeiten für ein neu zu gründendes mathematisches
Institut.* Klein teilt hierin die Bedürfnisse mit, die ein solches Institut mit sich brächten. Das
seien I. geeignete Räumlichkeiten, II. ein Assistent, III. ein angemessener Jahresetat (50
Gulden) und IV. die Errichtung eines Extraordinariums.

„Ich habe mit Klein die Gründung eines ‚math. Instituts' beantragt, mit 300 fl. Jährlicher Dotierung für eine kleine Handbibliothek und Modelle, sowie 150 fl. Für Prämien an solche, die tüchtige Seminar-Arbeiten liefern."[58]

Das Institut unterteilte sich in zwei Abteilungen – eine für reine Geometrie und die andere für Differenzialrechnung, Mechanik, mathematische Physik – und unterstand zu gleichen Teilen der gemeinsamen Leitung von Klein und Brill.[59] Von Beginn an gab es hier eine kleine Sammlung von Unterrichtsmitteln, insbesondere von Zeichnungen und Modellen, die einerseits für die reine Geometrie (Theorie der algebraischen Kurven und Flächen) und andererseits für die Differentialrechnung, Mechanik und mathematische Physik vorgesehen war.

„Diese Modelle kommen bei den betreffenden Vorlesungen zur Verwendung, wenn es gilt, die Anschauung der Zuhörer zu unterstützen oder zu beleben, andererseits dienen sie als Vorbilder bei selbstständigen Arbeiten, die von vorgeschrittenen Zuhörern zu Hause oder in dem (vorab nur provisorisch eingerichteten) mit dem Institute verbundenen Arbeitsraume gefertigt werden."[60]

Ein Jahr später, im Studienjahr 1876/1877, erhielt dieses mathematische Institut einen Erweiterungsbau, in dem der bis dahin bestehende, provisorisch hergerichtete Arbeitsraum in ein „Modellir-Cabinet" umgewandelt wurde, dessen Leitung Brill übernahm.[61] Während die Sammlungen in den Räumen der beiden Institutsleiter untergebracht wurden, war das Kabinett für die Herstellung von Modellen und Zeichnungen vorgesehen und verfügte über die nötigen Werkzeuge und Zeichenutensilien.[62] Die hier ausgeführten Übungen wurden mit den am Institut

---

[58] Brill an Rudolf Sturm, 23.6.1875, abgedruckt in: Brill 1887–1935, Bd. 2, S. 41a. Die Abkürzung „fl." steht hier für den Gulden („Florin"). Deutschland hatte 1871 zwar den Reichstaler eingeführt, aber der zuvor in Süddeutschland verwendete Österreichische Gulden schien sich im Bewusstsein Brills dermaßen festgesetzt zu haben, dass er auch drei Jahre nach dessen Abschaffung (und ein Jahr nach dem Verbot) noch in Gulden rechnete.

[59] Zur Gründung des Münchener mathematischen Instituts vgl. auch Hashagen 2003, S. 59–62.

[60] Anonym 1876, S. 27.

[61] Brill geht auf die Verwendung des Begriffs „Modellir-Cabinet" nicht weiter ein. Die begrifflichen Abgrenzungen zum „Modellkabinett" sind nicht ganz leicht, da ja jenes auch synonym für den Begriff der „wissenschaftlichen Sammlung" verwendet wurde. (Siehe hierzu den Abschnitt **4.1.1** in diesem Kapitel.) Wie aus den oben zitierten Beschreibungen hervorging, handelte es sich beim „Modellir-Cabinet" jedoch nicht um einen Sammlungs- sondern um einen Arbeitsraum und der lateinische Begriff „Cabinet" verweist hier einfach auf dessen deutsches Äquivalent „Kammer".

[62] Anonym 1877, S. 16.

gestellten geometrischen Aufgaben abgestimmt und Modelle der zuvor besprochenen Flächen und Kurven konstruiert.[63] Zu Beginn lag die Frequenz von Studierenden, die in diesem Kabinett arbeiten durften, im Wintersemester bei 6 und im Sommersemester bei 8 Studierenden. Das war vergleichsweise wenig, hatte Klein allein in seiner Vorlesung zur Differential- und Integralrechnung zwischen 1875 und 1876 an die 200 Hörer und Brill in seiner Vorlesung zur analytischen Geometrie ebenso viele.[64] Mit der Benennung „Modellir-Cabinet" knüpften Klein und Brill sprachlich an die Tradition technischer und physikalischer Kabinette aus dem 18. und frühen 19. Jahrhundert an.[65] Für Brill stellte das mathematische Modellierkabinett sogar noch eine Steigerung zu den bisher bekannten Kabinetten dar. Schließlich regten Modelle den Mathematiker dazu an, Aufschluss über neue Fragen zu erlangen,

> „die ihn vielleicht sonst schon beschäftigten oder zu denen das Modell selbst Anlass gab. In diesem Sinn ist eine solche Sammlung wie eine Bibliothek anzusehen oder wie ein Naturalienkabinet [sic!], nur dass sie nicht mit Zufälligkeiten und Unwesentlichem zu kämpfen hat, wie auch die beste systematische Anordnung eines solchen."[66]

Diese enge rhetorische Anbindung an Bibliothek, Kabinett und Labor war mit Bedacht gewählt. Schließlich war die materielle Ausstattung von Instituten insbesondere für die Naturwissenschaften ein Zeichen zur Stärkung des eigenen Fachbereichs. Anderen Disziplinen, wie Physik oder Chemie standen ungleich mehr Mittel zur Verfügung, um Laboratorien, Werkstätten, Werkzeuge, Maschinen und Apparate für das praktische Arbeiten anzuschaffen. So verfügte die Polytechnische Hochschule München bereits seit deren Gründung über ein physikalisches, ein chemisches, ein mineralogisches sowie ein mechanisch-technisches Laboratorium. Insbesondere Letzteres wird heute gemeinhin als die Gründungsstätte technischer Experimentalforschung aufgefasst.[67]

Zur Mitte des 19. Jahrhunderts kam es zu einer zunehmenden Professionalisierung und Institutionalisierung vieler naturwissenschaftlicher Fächer. Zunächst waren dabei solche Institute mit eigenen Räumlichkeiten bedacht worden, die

---

[63] Anonym 1877, S. 16.

[64] Anonym 1876, S. 17.

[65] Auf den historischen Zusammenhang zwischen Kabinett und Labor geht Schubring 2000, S. 269 ein. Eine ausführliche Studie zur Verquickung von Museum und Labor haben te Heesen und Vöhringer 2014 vorgelegt. Galison und Thompson 1999 behandeln das Zusammenspiel von wissenschaftlicher Arbeit und den dafür notwendigen architektonischen Gegebenheiten.

[66] Brill 1889, S. 70.

[67] Manegold 1970, S. 147–148.

aufgrund ihrer besonderen Anforderungen nicht ohne weiteres in die Universitätsgebäude integriert werden konnten, wie etwa Anatomien, chemische Laboratorien oder Sternwarten.[68] Auch physiologische, pathologische und physikalische Institute erhielten nun eigenständige Gebäudekomplexe mit Laboratorien, Bibliotheken, Sammlungen, Lesezimmern und Übungsräumen. Besonders eindrücklich zeigt sich die Evolution des Labors als Insignie wissenschaftlichen Geltungsbedürfnisses am Beispiel des Berliner Physiologen Emile Du Bois-Reymond. Bis Ende der 1840er Jahre erfolgte dessen weitgehend privat finanzierte Forschung außerhalb der Universität in privaten Räumen und später in einer mechanischen Werkstatt.[69] Um 1850 wurde in Berlin dann – den Vorbildern Zürich und Danzig folgend – ein Universitätslaboratorium gegründet, das sich oberhalb des anatomischen Museums befand, und das in den Folgejahren zu einem Kleininstitut unter der Bezeichnung „Königlich-Physiologisches Laboratorium" avancierte.[70] Während allerdings in Berlin das Geld für einen eigenständigen Institutsbau fehlte, wurden andernorts, wie etwa in Leipzig, Leiden und Prag, große Laboratorien errichtet. Erst 1877 erhielt die Physiologie in Berlin einen eigenen Institutsbau.[71] Auf Alexander Brill mögen diese Berliner Verhältnisse dennoch prägend gewirkt haben. Als er sich zwischen 1865 und 1867 als Student in Berlin aufhielt, verdingte er sich seinen Lebensunterhalt unter anderem mit Privatunterricht der beiden Kinder Du Bois-Reymonds.[72] Gut möglich also, dass er auch die Arbeitsweise des Physiologen kannte und sich über die Bedürfnisse der modernen Wissenschaften austauschte. Auch Felix Klein war mit der Arbeit im Labor sowie mit dem Begriff des mathematischen Labors bereits aus Studienzeiten vertraut. Er

---

[68]Nägelke 2000, S. 44–59.

[69]Die neu errichtete Werkstatt (von Sven Dierig ob ihres wohnlichen Charakters als „Stubenlabor" oder „Wohnlabor" bezeichnet), in der Du Bois-Reymond nun seine Experimente in größerem Umfang durchführen konnte, war von dem Mechaniker-Gesellen Georg Halske gegründet worden. Dierig 2006, S. 30–36. Für die Durchführung seiner physiologischen Experimente bedurfte es des Zusammenspiels von handwerklichem und physikalischem Wissen. Dierig zeigt, dass die Generation Du Bois-Reymonds (und Hermann von Helmholtz') als Handwerksgelehrte oder „gelehrte Handwerker" bezeichnet werden kann (S. 34), deren Arbeit sich zwischen Wissenschaft und Handwerk ansiedelte. Dieser Aspekt ist insbesondere im Hinblick auf das folgende Kapitel 5 interessant.

[70]Dierig 2006, S. 54.

[71]Dierig 2006, S. 80.

[72]Brill 1887–1935, Bd. 1, S. 13; 15.

hatte zunächst bei Julius Plücker studiert und dort den ersten Kontakt zu mathematischen Modellen erhalten. Ab 1865 assistierte er seinem Lehrer, am Bonner „geometrischen Labor".[73]

Plücker hatte seinerzeit als Mathematikstudent an der Pariser École Polytechnique die Schule Gaspard Monges erlebt und forschte und lehrte später als Professor im Bereich der projektiven und analytischen Geometrie, bis er 1847 zur experimentellen Physik wechselte und den eher praktischen, nicht-analytischen Zugang Michael Faradays in der Physik fortführte. Das Streben nach größeren und eigenständigen Räumlichkeiten für die Mathematik in München erfolgte aus einem gewissen Selbstverständnis heraus, das sowohl Naturwissenschaftler als auch Mathematiker wie Felix Klein und Alexander Brill für sich beanspruchten. Wie wichtig eine Disziplin war, ließ sich für sie an den räumlichen Gegebenheiten ablesen, die ihr zur Verfügung standen.

Dass Brill und Klein den Begriff „mathematisches Labor" für das in Planung begriffene mathematische Institut in München wählten, hatte vor allem damit zu tun, dass sie den Stellenwert der eigenen Arbeit mit Modellen hervorzuheben suchten und zugleich die entscheidende Rolle Mathematik für die Lehre der technischen Fächer sichtbar machen wollten.[74] Noch in den Jahren 1870-1890 hatten die technisch ausgerichteten Disziplinen an Polytechnischen Hochschulen mit der starken Konkurrenz der Naturwissenschaften zu kämpfen und erfuhren dementsprechend auch weniger (finanzielle und ideelle) Anerkennung.[75] Denn anders als die naturwissenschaftlichen Fächer hatte die Mathematik keine Gegenstände oder Realien anzubieten, mit denen sie zur Verteidigung einer realistischen Bildung aufwarten konnte. Die Errichtung eines Labors für die Mathematik, die mit eigenständigen Institutsräumen einhergehen sollte, hätte die (angewandte) Mathematik gegenüber den Natur- und Technikwissenschaften gestärkt. Die Realisierung dieser Pläne sollte allerdings auf sich warten. In München kam es letztendlich erst nachdem Klein und Brill schon lange nicht mehr in München lehrten zu einem eigenständigen Institutsgebäude (und damit einem vormals erdachten Laboratorium) für die Mathematik. Im Wintersemester 1899/1900 bezog das Institut neue

---

[73]Vgl. zu Plückers Leben und zum „geometrischen Laboratorium" Müller 2011, S. 216. Die tatsächlich Verwendung und der Ursprung des Begriffs „geometrisches Labor" bleiben unklar. Bei Warnecke etwa wird nur ein „physikalisches Kabinett" genannt, in dem Klein mitwirkte, vgl. Warnecke 2004, S. 42.

[74]In den ersten Berichten über die Polytechnische Hochschule München werden die Begriffe „Laboratorium" und „Sammlung" sogar synonym füreinander gebraucht. Vgl. Anonym 1870, S. 10.

[75]Manegold 1970, S. 146.

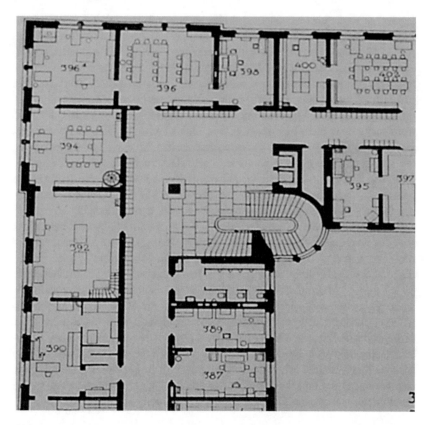

Abb. 4.1 Raumplan der Technischen Hochschule München von 1917. Das mathematische Institut befand sich in den Räumen 392 (Sammlung), 394 (Bibliothek) und 396 (Seminarräume) in der oberen linken Ecke des Plans. Alle drei Räume waren durch Türen miteinander verbunden. Die K.B. Technische Hochschule 1917, Tafel 27

Räumlichkeiten im Nordflügel des Hauptgebäudes des Münchener Polytechnikums. Hier waren nun Seminarzimmer mit Bibliothek, zwei Sammlungsräume und eine Werkstätte untergebracht. Wieder einige Jahre später, 1912, zog das Mathematische Institut der TH München in einen Neubau um, das aus einem Zimmer des Vorstandes, einem Vorlesungssaal, Zeichensaal, dem Lesezimmer mit

Bibliothek sowie einem Sammlungsraum und einer Werkstätte mit photographischer Kammer bestand.[76] Auf einem Raumplan aus einer Publikation aus dem Jahr 1917 (**Abb. 4.1**) lässt sich gut erkennen, dass bei der letztendlichen Umsetzung der Institutsplanung die Modellsammlung den größten Raum erhielt. Sie lag im linken Nordflügel des ersten Obergeschosses – genau zwischen Werkstattraum und Lesezimmer, von denen sie jeweils direkt betreten werden konnte.

Wenngleich es in München erst nach seinem Weggang zur Errichtung eines mathematischen Labors bzw. Instituts kam, hielt Klein an der Idee auch andernorts fest. Insbesondere ab den 1890er Jahren, inzwischen Professor für Mathematik an der Universität Göttingen, resümierte er mehrfach rückblickend die Bedeutung von Laboratorien für den Experimentalunterricht.[77] Hier hätten die Studierenden nun die Gelegenheit, „den Betrieb der lebendigen Maschine und die Beanspruchung des Materials unmittelbar beobachten und nachprüfen [zu] können".[78] Unterstützung fand diese Idee durch Kollegen aus dem In- und Ausland. So führte etwa der amerikanische Mathematiker Eliakim Hastings Moore in einem 1903 in der Zeitschrift *Science* abgedruckten Artikel *On the Foundations of Mathematics* die „Laboratory Method" an. Hierbei handle es sich um eine Unterrichtsreform für die Fächer Mathematik und Physik an höheren Schulen, bei der sowohl die theoretischen als auch die praktischen Grundlagen der Wissenschaft experimentell erprobt würden. Der Schüler könne sich so mathematischer und physikalischer Phänomene anhand graphischer Darstellung, aber auch rechnerisch nähern.[79] „Labor" meinte hier mehr eine auf Individualität ausgerichtete Lehrmethode als eine separate Räumlichkeit. Mit dieser Art von praktisch ausgerichteter Erziehung, die sich Methoden der Forschung bediente, würden Schüler höherer Schulen auf ein Studium der technischen Fächer sowie der reinen Mathematik vorbereitet.

---

[76]Finsterwalder 1917, S. 124.

[77]Genau wie bei Brill ist auch bei Klein die Bezeichnung „Labor" nur in rückblickenden Aufzeichnungen zu finden. „Eine systematische Ausgestaltung nahmen die Dinge insbesonderheit, als ich von 1875–80 an der Münchener technischen Hochschule mit A. Brill, der aus Darmstadt kam, zusammenwirken durfte. Nun wurde ein eigenes mathematisches Laboratorium eingerichtet, dessen Leitung A. Brill übernahm, und aus dem eine große Zahl der im Verlage seines Bruders L. Brill bald erscheinenden Modelle hervorgegangen ist. Als ich Herbst 1880 an die Universität Leipzig übergesiedelt war, habe ich dort diese Bestrebungen fortgesetzt, wobei W. Dyck, der schon in München mein Assistent gewesen war, meine beste Hilfe wurde." Klein 1921b, S. 4.

[78]Klein 1898a, S. 6. Vor allem der Besuch in den Vereinigten Staaten hatte Klein 1893 vor Augen geführt, dass das Vorhandensein technischer Laboratorien dort für Aufstieg amerikanischer Technik verantwortlich war. Manegold 1970, S. 147–157.

[79]Moore 1903.

Ganz ähnlich und zugleich konkreter beschrieb der ungarische Mathematiklehrer Karl Goldziher, was mit der Labormethode im Mathematikunterricht gemeint sei. In Anlehnung an die Ideen Moores verfasste er im Jahr 1908 einen Artikel über mathematische Laboratorien, in denen ein „auf die wirklichen Verhältnisse des Lebens" gegründeter Unterricht stattfinden solle.[80] Ein solches Laboratorium solle

> „unabhängig vom physikalischen und chemischen alle Prototype und Apparate enthalten, die beim Unterricht der Maßsysteme notwendig sind".[81]

Daneben müsse ein solches mathematisches Labor über eine Lehrerbibliothek und einen Zeichensaal verfügen, sowie die Möglichkeit zur Verfertigung geometrischer Modelle bieten.[82] Im selben Jahr stellte der Physiker Karl Tobias Fischer, außerordentlicher Professor an der Technischen Hochschule München, eine direkte Verbindung zwischen Modellsammlung und Labor her. Er forderte die Einrichtung von einfachen

> „mit Umsicht und Einsicht und mit genauer Apparate- und Materialkenntnis angelegten Sammlungen von Unterrichts- und Schülerübungsapparaten".[83]

Eine solche Sammlung dürfe jedoch keinesfalls einem Museum gleichen, in dem der Beschauer von den Apparaten durch eine Glaswand getrennt sei, sondern sie müsse ein Laboratorium darstellen, „in dem dem Lehrer die Möglichkeit geboten ist, die einzelnen Apparate selbst zu prüfen".[84]

Dieser Ratschlag Fischers zum „richtigen" Gebrauch einer wissenschaftlichen Sammlung wurde bei der Errichtung des Institutsgebäudes für die Mathematik letztendlich nicht berücksichtigt. Das mathematische Institut verfügte zwar seit 1912 über einen eigenen Sammlungsraum, hier befanden sich die Modelle nun aber größtenteils in Vitrinen hinter Glas. Die Sammlung war gerade kein Labor, wie zumindest auf rhetorischer Ebene von Brill und Klein oder von Fischer intendiert. Sie war nun ein eigener abgeschlossener Bereich, der die Modelle mehr als Museums- denn als Sammlungsobjekte präsentierte (vgl. **Abb. 4.2**).

---

[80]Goldziher 1908, S. 45.

[81]Goldziher 1908, S. 46.

[82]Goldziher 1908, S. 47.

[83]Fischer 1908, S. 224.

[84]Fischer 1908, S. 224.

Abb. 4.2 Sammlung des mathematischen Instituts der Technischen Hochschule München, ca. 1917. Die Sammlung war seit 1912 in dieser Form aufgestellt. Die K.B. Technische Hochschule 1917, Tafel 42

4.3 Die Sammlung als Schauraum

Im Jahr 1880 trennten sich die Wege von Felix Klein und Alexander Brill. Während Brill 1884 an die Universität Tübingen berufen wurde, ging Klein 1880 zunächst nach Leipzig und nur sechs Jahre später nach Göttingen, das nur kurze Zeit später zum Zentrum der Mathematik in Europa avancieren sollte. Und während Brill es nicht gelang in Tübingen, wo er bis zu seiner Emeritierung 1918 blieb, praktische Übungen im Modellieren in das Mathematikstudium zu integrieren, setzte Klein ab etwa 1886 in Göttingen alles daran, die Rolle der angewandten Mathematik an der Universität zu festigen.[85] Um die Mathematik stärker an die

---

[85] Brill verfasste hierzu 1892 einen recht emotionalen Tagebucheintrag: „Ich habe die Modelle ganz vernachlässigt, wiewohl ich ihnen doch einen Teil meiner Bekanntschaft in weiteren Kreisen verdanke. Freilich ist Württemberg nicht der Ort, zu dem in Bayern begonnenen viel

technischen Fächer anzubinden und die Universität besser für die Anforderungen der „modernen", also technisch ausgerichteten Wissenschaften zu wappnen, plante er einen ganzen universitären Campus, auf dem mehrere Institute in unmittelbarer Nähe zueinander liegen sollten.[86] Grundgedanke Kleins bei der Planung eines mathematischen Instituts war die Verbindung zwischen der (bereits bestehenden) reinen mathematischen Forschung und der praktischen Anwendung in den Technik- und Naturwissenschaften. Dies sollte durch die räumliche Nähe von mathematischem und physikalischem Institut sowie des Instituts für angewandte Mechanik erreicht werden. In seinen autobiographischen Aufzeichnungen schrieb Klein über das zu diesem Zeitpunkt noch nicht realisierte mathematische Institutsgebäude:

> „Der Plan ist, [...] ein eigenes Mathematisches Institut zu erbauen, groß genug, um alle zum Betriebe der reinen und angewandten Mathematik erforderlichen Räumlichkeiten zu umfassen [...]. Indem ein Gebäude den ganzen Organismus umschließt, müßte sich erreichen lassen, daß ein gemeinsames Verständnis für seine vielseitigen Lebensbedingungen und -ziele alle Mitwirkenden durchdringt!"[87]

4.3.1   Zeichensaal, Lesezimmer, Sammlungsraum

In Göttingen bestand bereits seit der Gründung der Universität sowohl ein physikalisches Kabinett, als auch eine Modellsammlung.[88] Die *Modell- und Maschinenkammer*, die im 18. Jahrhundert im damaligen *Akademischen Museum* untergebracht wurde, war zunächst noch technisch ausgerichtet und enthielt neben Modellen von Bauwerken wie der Londoner Themsebrücke eine Sammlung alter

---

Neues hinzuzufügen, Denn [sic!] so geeignet die Oberbayern sind für handliche Arbeiten, so viel Enthusiasmus man dort begegnet, so ungeschickt und der manuellen Betätigung abgeneigt ist im Durchschnitt der Schwabe; [...] Die Modelle stehen bei den meisten Geometern, die sie haben, in Kästen und Schränken, ohne daß sie in den Vorlesungen angewendet und verstanden werden. Bei mir bilden die unter meiner Leitung entstandenen Modelle ein lebendiges Glied der Vorlesungen über Flächenkrümmung und Raumgeometrie." Brill 1887–1935, Bd. 4 A, S. 109–110.

[86]Vgl. hierzu etwa Manegold 1970, S. 103–115 und Tollmien 1999. Grundzüge der Geschichte des mathematischen Instituts und der Evolution der Göttinger Modellsammlung wurden bereits in Sattelmacher 2014 besprochen.

[87]Klein 1914, S. 427.

[88]Das physikalische Kabinett wurde von Georg Christoph Lichtenberg geleitet, vgl. etwa Beuermann und Minnigerode 2001.

Rüstungen und Waffen sowie mathematische Instrumente.[89] Ab etwa 1881 ging aus ihr durch die Initiative des Mathematikprofessors und Leiters des damaligen mathematischen Seminars, Hermann Amandus Schwarz, eine Sammlung mathematischer Instrumente und Modelle hervor, deren Leitung Klein übernahm, als er 1892 Direktor des mathematischen Seminars wurde.[90] Sofort nach Antritt dieses Postens begann dieser mit der Planung eines mathematischen *Instituts*, dessen Räumlichkeiten aber zunächst die bisherige Struktur des Seminars beibehielten. In einem Brief vom 29.2.1892 an den Kurator der Universität Göttingen skizzierte er erste Ideen zur Ausgestaltung der „mathematischen Institute" und ließ keinen Zweifel daran, dass er der Mathematik fortan eine stärkere Präsenz an der Universität verleihen wollte. Zentrales Element eines zu gründenden Instituts in dafür neu bestellten Räumlichkeiten sollte erstens ein mathematisches Lesezimmer sein. Als Präsenzbibliothek angelegt enthielt dieses neben mathematischer Fachliteratur ebenfalls Vorlesungsmitschriften sowie einen Teil von Kleins eigener Sammlung an Separata, die von den Studierenden jederzeit eingesehen werden konnten. Zweitens sollte ein mathematisches Institut über eine ausreichend ausgestattete Modellsammlung verfügen, deren bisherigen Bestand Klein als ungenügend beklagte:

> „Wir besitzen schon innerhalb der Geometrie eine Menge von Modellen nicht, die andernorts existieren, namentlich aber fehlt es an Modellen zur Mechanik, wie insbesondere der Bewegungslehre."[91]

Gleichzeitig waren in der Sammlung noch zahlreiche Modelle aus der Zeit der Modellkammer vorhanden, die nach Kleins Ansicht dort nicht mehr hingehörten und die es folglich andernorts zu bringen galt. Dazu gehörten etwa Feldmessinstrumente. Der Hauptraum der Modellsammlung sollte keinesfalls nur für die Sammlungsgegenstände genutzt werden, sondern er sollte gleichzeitig als Sprech- und Versammlungszimmer dienen und dementsprechend mit Möbeln ausgestattet

---

[89]Burmann et al. 2001, S. 175.

[90]Klein beanspruchte ab 1892 einen Assistenten, der sowohl für die Beaufsichtigung der Sammlung und des Lesezimmers als auch für die Ausarbeitung seiner Vorlesungen zuständig sein sollte. Vgl. Schriftwechsel zwischen Felix Klein und dem Universitätskuratorium bzgl. des Mathematischen Lesezimmers und der Sammlung mathematischer Modelle 1892, SUB.Gött HSD Cod.Ms.F. Klein.2.B, Bl. 17. Kleins erster Assistent war Friedrich Schilling (bis 1893), der 1899 als Professor für darstellende Geometrie ans mathematische Institut zurückkehrte.

[91]Schriftwechsel 1892, SUB.Gött HSD Cod.Ms.F. Klein.2.B, Bl. 9 (Hervorhebungen im Original).

werden.[92] Ein von Klein selbst gezeichneter Raumplan und eine dazugehörende „Denkschrift betreffend die Verlegung und den Ausbau des mathematischen Instituts" aus dem Jahr 1899 belegen, dass er diese Forderungen zur Ausstattung seines Seminars zunächst realisieren konnte. Das „Institut" bestand nun aus fünf Räumen, die im Auditoriengebäude, dem damaligen Hauptgebäude der Universität, untergebracht waren. Es umfasste zwei etwa 59 m² und 76 m² große Räume, sogenannte „Auditorien", von denen einer auch als Zeichenatelier diente und der andere für kleinere mathematische Vorlesungen mit zwei transportablen Tafeln ausgestattet war.[93] Daneben gab es noch ein mathematisches Lesezimmer, den Sammlungs- und Besprechungsraum und den „Corridor", in dem ebenfalls einige Sammlungsschränke untergebracht waren.[94] Diese Räumlichkeiten waren aber dem tatsächlichen Seminarbetrieb nicht mehr gewachsen. Die Frequenz der Mitglieder des Lesezimmers etwa war seit 1895, also innerhalb von nur vier Jahren, auf 115 angewachsen – bei nur 35 bestehenden Sitzplätzen. Ausreichend Platz für die Anfertigung von Zeichnungen im Rahmen des Unterrichts in darstellender Geometrie zur Verfügung zu stellen, war in dieser Situation kaum mehr möglich. So mussten die Zeichentische sowie ein Teil der Modellsammlung in das frühere Wohnhaus des Direktors der Frauenklinik transferiert werden, was eine Teilung des Seminarbetriebs nach sich zog. „Aus dem Gesagten ergibt sich zur Evidenz, daß die bestehenden Unterrichtseinrichtungen nicht mehr ausreichen."[95]

Da die Räumlichkeiten des bisherigen Seminars im Auditorium sich nicht erweitern ließen und Klein die Nähe zu dem im Süden der Stadt geplantenphysikalischen Instituts suchte, verlangte er nun die gänzliche Verlegung des mathematischen Seminars auf die sogenannte Hufeisenwiese.[96]

---

[92] „Es wird sich [...] darum handeln, den Hauptraum der Modellsammlung, der von den Sammlungsschränken keineswegs vollständig gefüllt wird und der in der Tat für viele andere Zwecke: als Sprechzimmer und Versammlungszimmer dient, in etwa zu meublieren."Schriftwechsel 1892, SUB.Gött HSD Cod.Ms.F. Klein.2.B, Bl. 10.

[93] Entwurf einer Denkschrift Kleins zu Verlegung und Ausbau der mathematischen Institute 1899 SUB.Gött HSD Cod.Ms.F. Klein.2.I 1899, Bl. 15 (S. 1).

[94] Kurz vor seinem Tod stellte Klein es in seinen autobiographischen Notizen so dar, als ob er genau diese in Göttingen vorgefunden räumlichen Verhältnisse, nämlich ein Lesezimmer, eine Präsenzbibliothek und eine „ausgedehnte Modellsammlungen für die Ausbildung der mathematischen Anschauung" bereits in seiner Erlanger Antrittsrede gefordert habe. Klein 1923, S. 18. Tatsächlich ist diese Erwähnung aber nicht im Manuskript der Rede von 1872 zu finden.

[95] Entwurf einer Denkschrift 1899, SUB.Gött HSD Cod.Ms.F. Klein.2.I, Bl. 6 (S. 6. Hervorhebungen im Original).

[96] Entwurf einer Denkschrift 1899, SUB.Gött HSD Cod.Ms.F. Klein.2.I, Bl. 7 (S. 4).

Seit Beginn der Planungen für neue und größere Räumlichkeiten für die
Mathematik sprach Klein konsequent von einem „mathematischen Institut",
wenngleich die Mathematik über einen langen Zeitraum bis zur tatsächlichen
Realisierung eines eigenständigen Gebäudes 1929 im Seminarbetrieb verblieb.
Rein rhetorisch distanzierte er sich hier von der universitären Tradition, nach
der der Lehrbetrieb in den Geisteswissenschaften im 19. Jahrhundert in Form
von Seminaren organisiert war. Charakteristisch für das Seminar waren einerseits
die Ablösung der Geisteswissenschaften von der Theologie und andererseits die
Konzentration auf praktische Lehrübungen. Seminare waren als ein Mittel zur
Säkularisierung der Lehrerausbildung gedacht und wurden zunächst hauptsäch-
lich an den philosophischen Fakultäten eingerichtet.[97] Die Universitäten Halle
und Göttingen gehörten zu den ersten überhaupt, die solche Seminare im 18.
Jahrhundert – zunächst vor allem für die Altertumswissenschaften – einrichteten.
Im 19. Jahrhundert differenzierte sich das Fächerspektrum aus und es entstanden
Seminare für die Fächer Philologie, Geschichte und Mathematik. Insbesondere
nach der Reichsgründung 1871 kamen immer neue Seminare für immer kleinere
Fächer hinzu.[98] Üblicherweise nahm ein Seminar Teile oder sogar den ganzen
Flügel des Hauptgebäudes einer Universität ein. Es bestand aus einem Direktorenzimmer, einem oder mehreren Hörsälen, Sammlungs- und Übungsräumen
sowie einer Bibliothek, auch Lesehalle oder Lesezimmer genannt.[99] Klein wollte
diese Raumkonstellation für die Errichtung eines eigenständigen Institutsgebäudes
für die Mathematik beibehalten. Insbesondere die Einrichtung des „Lesezimmers"
erfolgte dabei nach dem Vorbild der philologisch-historischen Seminare: Ein solches wurde zumeist angelegt, um das selbständige wissenschaftliche Arbeiten mit
Hilfe von Quellen und Fachliteratur zu unterstützen.[100] Dass Klein bei der Planung seines „Instituts" der Seminarstruktur – trotz rhetorischer Abwendung – treu
blieb, zeigt, dass ihm ganz und gar nicht daran gelegen war, mit der historisch
verwurzelten Anbindung der Mathematik an die seminaristisch angelegte Geisteswissenschaft zu brechen.[101] Ganz im Gegenteil: Sein Ideal war „die Vertretung

---

[97]Schubring 2000, S. 270.

[98]Schubring 2000, S. 274.

[99]Nägelke 2000, S. 24.

[100]Bereits in Leipzig hatte Klein 1880/81 ein mathematisches Lesezimmer und eine Modellsammlung errichtet. Vgl. zur Geschichte des Leipziger Lesezimmers Frewer 1979, die den
Nachlass Kleins für ihre Studie äußerst genau und umfangreich studiert hat.

[101]Klein wollte, dass die Mathematik auch nach einer räumlichen Abspaltung weiterhin in
der philosophischen Fakultät verbleibt. Er setzte sich in Göttingen (letztendlich vergebens)
vehement gegen die Gründung einer eigenständigen mathematisch-naturwissenschaftlichen
Fakultät ein. Vgl. Tollmien 1999, S. 370.

der Mathematik nach ihrem ganzen Umfange".[102] Darunter verstand er einerseits die Berücksichtigung der theoretischen Seite der Mathematik und andererseits die Pflege der Beziehungen zu den Naturwissenschaften und „den Aufgaben des praktischen Lebens", bei gleichzeitiger Anbindung an die Philosophische Fakultät.[103] Diese Haltung zeigte sich in der von ihm 1907 verfassten Vorrede zum Katalog des mathematischen Lesezimmers. Jenes sollte an die Nachbarinstitute (inzwischen waren die Institute für angewandte Mathematik und Mechanik und das Physikalische Institut gegründet worden) und die Sternwarte anschließen:

> „[E]s soll überhaupt nicht nur die reine Mathematik pflegen, sondern die Gesamtmathematik in ihrer ganzen Ausdehnung."[104]

Zeichensaal, Lesezimmer und Sammlungsraum zählten für Klein zum Kern eines mathematischen Seminars. Dies zeigt sich in einem späteren Gebäudeplan aus dem Jahr 1908, nach welchem das zukünftige mathematische Institut zum ersten Mal in vielen Etappen der Planung ein eigenes Gebäude erhielt. Über eine zentral gelegene Wandelhalle im Erdgeschoss ließen sich Hörsaal und Modellsammlung (beide etwa 200 m² groß) erreichen und auch das Lesezimmer war von beiden unweit entfernt (vgl. **Abb. 4.3**). An den Universitäten Leipzig und Jena fand sich bei den neu gegründeten mathematischen Instituten eine ganz ähnliche Struktur, die zumindest in Leipzig auf Kleins Wirken in den 1880er Jahren zurückzuführen war. In Leipzig ergab sich 1905 die Gelegenheit zur Gründung eines mathematischen Instituts, nachdem das physikalische Institut aus seinen Räumlichkeiten ein Jahr zuvor ausgezogen war.[105] Noch zu Zeiten Kleins waren die Lehr- und Arbeitsräume von Modellsammlung und Lesezimmer getrennt und bestanden als zwei getrennte Bereiche unter der Bezeichnung „Institut" und „Seminar" nebeneinander.[106] Im neuen Gebäude (**Abb. 4.4**) befanden sich nun im ersten Obergeschoss in direkter räumlicher Nähe zueinander die Bibliothek, der Zeichensaal und die Modellsammlung, die in insgesamt sieben Schränken in einem der Arbeitsräume aufgestellt war.

---

[102]Schriftwechsel 1892, SUB.Gött HSD Cod.Ms.F. Klein.2.B, Bl. 8.

[103]Schriftwechsel 1892, SUB.Gött HSD Cod.Ms.F. Klein.2.B, Bl. 8.

[104]Klein 1907b, S. IV.

[105]Vgl. Lorey 1916, S. 328. Es kann beinahe als Ironie des Schicksals bezeichnet werden, dass obwohl Klein sich vehement an all seinen Wirkungsstätten für die Gründung eines mathematischen Instituts einsetzte, die Gründung eines solchen aber immer erst nach seinem Weggang beziehungsweise Ableben erfolgte (München 1912, Leipzig 1905, Göttingen 1929).

[106]Die Modellsammlung war bis zu dessen Abriss 1900 in einem Nebenraum des berühmten Czermakschen Spektatoriums untergebracht. Vgl. Hölder und Rohn 1909.

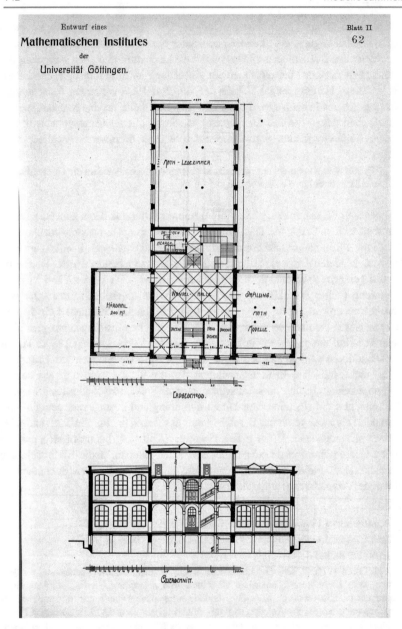

Abb. 4.3 Plan eines möglichen Institutsgebäudes in Göttingen, 1908. SUB.Gött. Cod.Ms.Math.Arch 50:22, S. 62/Bl. II. CC gemeinfrei

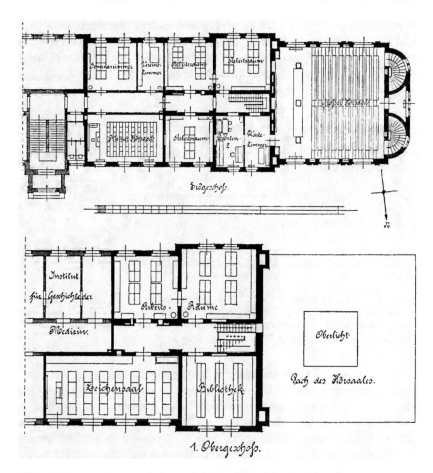

Abb. 4.4 Plan des Leipziger mathematischen Instituts nach 1905. Im oberen Geschoss befanden sich Zeichensaal, Bibliothek und Modellsammlung. Hölder 1909, S. 5

In Jena war man mit der Raumgestaltung stärker an die vorgefundenen Gegebenheiten gebunden. Hier verblieben die „mathematischen Institute" im Hauptgebäude. Immerhin aber stand in Jena ein ganzer Gebäudeteil dem Fach zur Verfügung, der 1908 nach den Wünschen des Mathematikers August Gutzmer neugestaltet wurde.[107] Ein Großteil der Modellsammlung war hier in der Halle in fünf Glasschränken untergebracht, einige Modelle der darstellenden Geometrie waren hingegen in eigens dafür vorgesehenen Vitrinen im Zeichensaal aufgestellt, der vom danebengelegenen Lesezimmer aus betreten werden konnte (vgl. **Abb. 4.5.1, 4.5.2, 4.5.3 & 4.5.4**).[108]

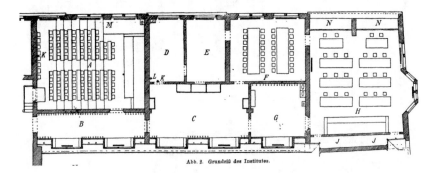

Abb. 2. Grundriß des Institutes.

Abb. 4.5.1 Plan des Jenaer mathematischen Instituts 1911 (nach Norden ausgerichtet). A = Hörsaal, M = Epidiaskop, B = Flur, C = Modellsammlung, D = Direktorenzimmer, E&F = Lesezimmer, H = Zeichensaal, N = Wandschränke mit Modellen der darstellenden Geometrie, J = Dunkelkammer. Haussner 1911, Abb. 2

Modellsammlungen legitimierten und bestimmten die Entstehung mathematischer Institute oder, wie in Göttingen, Seminare. In Göttingen, Leipzig und Jena lässt sich anhand von Raumplänen und historischen Aufnahmen ablesen, dass das Nebeneinander von Modellsammlung, Lesezimmer, Zeichen- und Hörsaal eine Art von universitärem Betrieb zuließ, der dem theoretischem Studium genauso viel Platz ließ wie dem praktischen. Dabei überwog meistens die bildliche und architektonische Rhetorik gegenüber der gelebten Praxis, denn Modellsammlungen wurden in diesen neu gegründeten Instituten und Seminaren immer dort aufgestellt, wo Besucher gut hingelangten. Blickt man zurück auf die Pariser Modelle und deren Verwendung, lässt sich eine gewisse Kontinuität erkennen was die Rhetorik einer nutzvollen Sammlung angeht. Oliviers Modelle waren ebenfalls auf die Möglichkeit hin konstruiert worden, berührt und bewegt zu werden, tatsächlich lag ihr Nutzen aber gerade darin nicht. Stattdessen setzte man

---

[107]Dies war durch eine großzügige Spende der Zeißstiftung möglich geworden. Vgl. Lorey 1916, S. 328.

[108]Haussner 1911.

Abb. 4.5.2   Hörsaal des mathematischen Instituts. Auf der linken Seite neben dem Fenster steht ein Epidiaskop der Firma Carl Zeiss. Haussner 1911, Abb. 3

auf ausführliche Beschreibungen von Modellen und gute Abbildungen. „Um eine Sammlung für Studierende der Geometrie so nutzbar wie möglich zu machen", heißt es in dem Katalog von Fabre de Lagrange, der die im South Kensington Museum vorhandenen Modelle Oliviers beschrieb,

> „ist es ratsam, in einen Anhang eine kurze Zusammenfassung der Anwendung analytischer Mathematik auf diese Flächen und ihre Eigenschaften zu geben".[109]

Die Diskrepanz zwischen dem gedachten Zweck einer Sammlung und der tatsächlichen Verwendung der darin enthaltenen Modelle wird insbesondere anhand des tatsächlich realisierten Göttinger Instituts deutlich, in dem der größte Raum des gesamten Gebäudes eigens für die Modellsammlung konzipiert wurde. Viel mehr als Klein sich es je hätte träumen lassen, wurde die Modellsammlung hier nach klaren Prinzipien der Sichtbarkeit konzipiert, aber sie war ganz und gar nicht auf deren Benutzung im Sinne eines Anfassens und Manipulierens ausgerichtet.

---

[109]„In order to make this collection as useful as possible to the student of geometry, it has been thought advisable to give, in an appendix, a short account of the application of analysis to the investigation of these surfaces, and of their properties." Fabre de Lagrange 1872, S. 4.

Abb. 4.5.3 Modellsammlung des mathematischen Instituts Jena (im Plan Nr. C). Sie enthielt fünf Glasschränke. Haussner 1911, Abb. 4

4.3.2 Ein Milieu aus Glas

In Göttingen kam es erst nach Kleins Tod zum Bau eines mathematischen Instituts. Eine Spende der Rockefeller Stiftung 1929 ließ die bis dahin ruhenden Pläne wieder aufleben.[110] Richard Courant, der seit 1920 den ehemaligen Lehrstuhl Kleins innehatte, übernahm mithilfe seines Assistenten Otto Neugebauers die Planung des Neubaus.[111] Die tatsächliche Ausgestaltung des mathematischen Instituts in Göttingen sah vor, die Modelle noch zentraler zu platzieren, als Klein es ursprünglich geplant hatte. In der Beschreibung des damals neu eröffneten Gebäudes schreibt Neugebauer über die Modellsammlung:

> „In etwa 50 Glasschränken, teils vollkommen freistehend, teils als Wandvitrinen ausgebildet, ist eine Sammlung aufgestellt, [...] deren Gestaltung und Ausbau [...] im

---

[110]Eine ausführliche Darstellung der Entstehung des mathematischen Instituts der Universität Göttingen ist in der bislang unveröffentlichten Diplomarbeit von Bernd Hoffman nachzulesen. Vgl. Hoffmann 2008.

[111]Otto Neugebauer war zuvor für die Betreuung des Lesezimmers und der Sammlung verantwortlich gewesen. Zur Person Neugebauers vgl. etwa Rowe 2012.

Abb. 4.5.4   Zeichensaal des math. Inst. Jena. An der vorderen Wand sind die Schränke mit Modellen der darstellenden Geometrie zu erkennen. Der Saal verfügte zudem über natürliches Oberlicht, um bestmögliche Bedingungen für das Zeichnen zu schaffen. Haussner 1911, Abb. 5

wesentlichen Kleins Werk ist. [...] Die Aufstellung ist eine sachliche, unterstützt von einer allgemein zugänglichen Kartei, welche die Bedeutung der Modelle angibt und die darauf bezügliche Literatur nachweist."[112]

Räumlich lag die Sammlung direkt zwischen dem Auditorium Maximum und dem Dozentenzimmer, das zugleich als Sitzungssaal der mathematischen Gesellschaft diente. Da sie direkt an das Treppenhaus angrenzte, das ebenfalls den Zutritt zu Lesezimmer und den einzelnen Dozentensprechzimmern gewährte, war sichergestellt, dass alle Studierenden des Instituts die Sammlung ständig vor Augen geführt bekamen (vgl. **Abb. 4.6**). Aber diese Modelle waren nun nicht mehr Teil ihres Curriculums. Denn seit Kleins Emeritierung 1913 hatte sich die Mathematik am Institut zunehmend formalisiert und die anwendungsbezogene Lehre wurde auf Fächer verlagert, die außerhalb des Instituts gelehrt wurden, wie etwa

---

[112]Neugebauer 1930, S. 2.

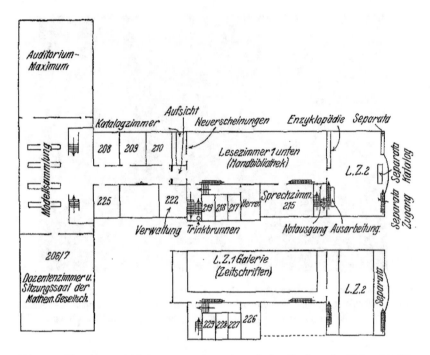

Abb. 4.6 Plan des tatsächlich umgesetzten mathematischen Instituts der Universität Göttingen in der Bunsenstraße (wo es sich noch jetzt befindet). Hier abgebildet ist das erste Obergeschoss, wo sich sowohl Modellsammlung, als auch Lesezimmer und Hörsaal befanden. Neugebauer 1930, Abb. Ia

Physik, praktische Mechanik oder Strömungsforschung.[113] Nicht die angewandte Mathematik sollte wie noch unter Klein im Vordergrund stehen, sondern die

---

[113] 1904 erhielt der Mathematiker Carl Runge eine Professur für angewandte Mathematik, die allerdings in das neugegründete Institut für angewandte Mathematik und Mechanik verlegt wurde. Vgl. Runge und Prandtl 1906. Nach der Emeritierung Runges wurde die Abteilung für angewandte Mathematik wieder am Institut für Mathematik angegliedert. In den kommenden Jahren gab es am mathematischen Institut so gut wie keine Lehre in angewandter Mathematik. Vgl. Neuenschwander und Burmann 1994. Nach Kleins Emeritierung 1913 versuchte David Hilbert im akademischen Jahr 1920/1921 die anschauliche Geometrie in der Lehre am Leben zu erhalten. Vgl. Hilbert und Cohn-Vossen 1996 [1932]. Ein Grund für die Vernachlässigung der Lehre in der angewandten Mathematik mag gewesen sein, dass angehende Ingenieure zum Studium an die zu der Zeit vollkommen gleichgestellten Technischen Hochschulen gingen.

nicht zweckgebundene, formale und abstrakte. Neugebauer selbst wies in seinem Begleittext zur Eröffnung des Instituts auf den Bruch mit den Plänen Kleins hin.

> „Wir hoffen und glauben, daß das neue mathematische Institut nicht einem neuen Impuls zu der so oft in Wort und Schrift prophezeiten ‚Mechanisierung' der Wissenschaft liefert, sondern eine Arbeitsstätte bieten wird, in der man *gerne* lehrt und lernt und in der vor allem die reine Wissenschaft nicht zu kurz kommen soll."[114]

Folgte die Realisierung in weiten Teilen Kleins Plänen für den Bau eines Instituts, dessen Kern Sammlung, Lesezimmer und Auditorium bildeten, machten sich in dem 1929 realisierten Gebäude doch deutliche Brüche bemerkbar, die Neugebauer selbst kommentierte. Wie im oben angeführten Zitat angemerkt, sollte das nun erbaute Institut eben nicht so sehr die Nähe zu den angewandten Fächern ausdrücken – wie von Klein beabsichtigt – sondern die „reine Wissenschaft" wieder mehr in den Vordergrund stellen. Wie sich das aufgrund der Raumsituation ausdrücken sollte, präzisierte Neugebauer zwar nicht, dafür vermerkte er aber, dass im neuen Gebäude eine grundlegende Neuordnung und Systematisierung von Modellsammlung und Bibliothek erfolgte. Jedes Modell enthielt nun eine Inventarnummer, die über einen entsprechenden Zettelkatalog gesucht werden konnte. Dieser Katalog wiederum war in die drei Kategorien A. „Inventarkatalog", B. „Systemkatalog" und C. „Modellkatalog" unterteilt. C. war eine Kombination aus A. und B und war für die allgemeine Benutzung vorgesehen. Er enthielt zu den jeweiligen Modellen zugehörige Literatur.[115] Die Organisation des Lesezimmers gestalteten Courant und Neugebauer ebenfalls anders als Klein es vorgesehen hatte. Das Lesezimmer hatte bereits seit 1895 einen solchen Zuwachs erfahren, dass es im Jahr 1930 über 450 Benutzer zählte. Das zog einen großen Anstieg an beschaffter Literatur nach sich, die nun nicht mehr thematisch nach Sachgebieten, sondern fortan alphabetisch nach Autoren geordnet wurde.[116] „Rein wissenschaftlich", wie Neugebauer es formulierte, war also vor allem die Organisation des Lehrbetriebs. Diese richtete sich nach Kriterien der neuesten Katalogisierungs- und Klassifizierungsmethoden von Literatur und Modellen.

Architektonisch lässt sich am Göttinger Institutsbau ein Bruch zu vorangegangenen Modellsammlungen mathematischer Institute erkennen. Zuvor waren

---

[114]Neugebauer 1930, S. 4.

[115]Diese Informationen habe ich einem nicht klar zu benennenden zweiseitigen maschinenschriftlichen Dokument am Mathematischen Institut der Universität Göttingen mit dem Titel *Gebrauchsanweisung zum Katalog der Modellsammlung* entnommen, das weder datiert noch mit einem Urheber versehen wurde. Ina Kersten war so freundlich, es mir zu überlassen.

[116]Neugebauer 1930, S. 2.

die Modellsammlungen zumeist mit massiven holzumrahmten Schaukästen ausgestattet. Wie beispielsweise in Jena, wo die Modellschränke an der Wand entlang
aufgereiht waren, sodass der Raum in der Mitte frei blieb (**vgl. Abb. 4.5.3**). Während die im Durchgang aufgestellten Modelle hier vor allem eine repräsentative
Funktion ausübten, waren die im Zeichensaal aufgestellten Modelle tatsächlich
dafür gedacht, aus ihrem Schrank herausgenommen zu werden. Zumindest suggerierte die Nähe zwischen Zeichentisch und Modellvitrine den aktiven Gebrauch
der Modelle für den Zeichenunterricht, zumal im unteren Teil der Schränke die
Reißbretter lagerten (vgl. **Abb. 4.5.4**).[117] Die Sammlung des Göttinger Instituts-
baus hingegen wurde in etwa 2,5 m hohen Vitrinen untergebracht, die auf einem
mit Türen versehenen Sockel aus Nussbaum-Furnier montiert wurden. Lediglich
mit einer dünnen Metallrahmung versehen, gaben die Glaskästen mit gläsernen
Einlagen den Blick auf die Modelle komplett frei. Die Vitrinen waren zudem so
im Raum angeordnet, dass sie nicht, wie etwa in Jena der Fall, an der Wand entlang aufgereiht waren, sondern im Raum standen – in senkrechter Position zur
Fensterfront (vgl. **Abb. 4.7**). Die Glasästhetik der Vitrinen ermöglichte es, nicht
nur die Modelle, sondern auch den gesamten sie umgebenden Raum zu überbli-
cken. Auf diese Weise konnte und sollte die Architektur des Institutsgebäudes
in ihrer Gesamtheit betrachtet werden. Im Unterschied zu anderen Sammlungen, deren Räume mit Bogenlampen (wie etwa in Halle), oder mit künstlichem
Oberlicht (wie in Jena) versehen wurden, war der Göttinger Sammlungsraum von
vornherein so konstruiert, dass genügend Tageslicht eindrang und der Blick des
Betrachters so durch die Modellvitrinen hindurch gelenkt wurde. Die von der
Altonaer Firma Carl Meier hergestellten Vitrinen wiesen zudem eine Neuheit im
Hinblick auf universitäre Sammlungsmöbel auf: Sie waren luftdicht verglast.[118]
Eine solche Art von Vitrine war normalerweise für den Museumsbetrieb vorgese-
hen. Sie sollte vor Feuchtigkeit und Verfall schützen, indem innerhalb der Vitrine
ein Vakuum hergestellt wurde.

> „Der luftdichte Abschluß ist bei diesem Ausstellungskasten durch eine allseitige Ver-
> kittung erreicht, deren Entfernung und Wiederanbringung im Falle einer erforderlichen
> Öffnung ziemlich umständlich ist."[119]

Ein einfaches Öffnen der Vitrine, um die Modelle herauszunehmen und sie im
Unterricht zu verwenden, war offensichtlich nicht mehr vorgesehen.

---

[117]Die Vitrinen wurden allerdings vor allem an der betreffenden Stelle im Hörsaal angebracht,
um „einen wenig schönen Anblick zu verdecken". Haussner 1911, S. 55.

[118]Göttinger Tageblatt 12.11.1929, UAG Sek.335.52 (Mappe 1).

[119]Rathgen 1909, S. 98.

Abb. 4.7   Raumflucht der Göttinger Modellsammlung. Die Vitrinen sind noch heute so im Raum angeordnet wie zu Zeiten von Courant und Neugebauer 1929. © Mathematisches Institut der Universität Göttingen, Modellsammlung

Der verglaste Sammlungsschrank hatte sich bereits seit der Zeit naturhistorischer Kabinette als ein Schaumedium für wissenschaftliche Sammlungen etabliert. Er bestand klassischerweise aus einem oberen Teil aus Glas und einem unteren mit Türen versehenen Holzkorpus, der als Stauraum verwendet wurde und war zugleich ein Behältnis des Verwahrens und des Präsentierens.[120] Insbesondere als private Sammlungen um 1800 vermehrt in öffentliche Museen überführt wurden, implizierte das Material Glas, dass der Sammlungsschrank nicht mehr geöffnet werden müsse, um einen Gegenstand herauszunehmen und zu betrachten. Die Hand wurde zugunsten des Auges aus dem Sammlungsgebrauch verdrängt und das überblickende Betrachten der Gegenstände erhielt eine geradezu pädagogische Funktion, weil es die präzise Anordnung von Gegenständen gemäß ihrer klassifikatorischen Zugehörigkeit, ihrer geographischen Herkunft oder ihres künstlerischen Materials gestattete. Sammlungen waren so gesehen zugleich immer Orte einer Schule des Sehens und Begreifens.[121]

---

[120]te Heesen 2007b, S. 93.

[121]Vgl. Bennett 1998, S. 351, der den Zusammenhang zwischen wissenschaftlicher Klassifikation und pädagogischer Vermittlung unter Bezugnahme auf Foucaults Begriff der „Episteme"

Mit dem Aufkommen temporärer kommerzieller Ausstellungen ab der Mitte des 19. Jahrhunderts näherten sich die Präsentationspraktiken von Sammlungen und Warendarbietungen zusehends an. Waren bereits die Gründungen des CNAM und der Polytechnischen Modellensammlung unter dem Eindruck erfolgt, dem Aufbau einer wachsenden Industrie dienen zu müssen, verstärkte sich unterdessen der Veranschaulichungsdruck auf das Sammlungswesen.[122] Treffend beschrieb dies Walter Benjamin in seinem Passagen-Werk. In seiner Schilderung der sogenannten Pariser „Passagen", der neuen ganz mit Glas bedeckten Gänge zwischen Häuserschluchten, die eine Vielzahl von Waren präsentierten, stellte er den Bezug zu Warenlagern her:

> „Spezifica des Warenhauses: die Kunden fühlen sich als Masse; sie werden mit dem Warenlager konfrontiert; sie übersehen alle Stockwerke mit einem Blick".[123]

Glas gewann als Material in der Architektur im Verlauf des 19. Jahrhunderts immer mehr an Bedeutung. Denn mit der Einführung von Eisenbeton als ein neuer Baustoff konnten nun größere Außenflächen mit Glasfassaden überspannt werden, eine Neuerung die sich wohl erstmals bei dem 1851 anlässlich der Londoner Weltausstellung errichteten Crystal Palace zeigte.[124] Die Verwendung von Holz wurde hingegen in Außen- und Innenräumen zunehmend als unpassend empfunden und somit durch die Kombination von Stahl und Glas ersetzt. So schrieb der Architekt Paul Scheerbart 1914 in seinem Aufsatz „Glasarchitektur" über die Verwendung von Holz: „[E]s paßt eben einfach nicht mehr in die Situation." Er forderte hingegen die Erschaffung eines neuen „Milieus" aus Glas, das Innenräumen zukünftig eine neue Kultur verleihen sollte. Räumen, so formulierte es Scheerbart, sollte „das Geschlossene genommen werden"[125]. Ob Gewächshäuser, Fabrikgebäude, Cafés oder private Räume, Glas wurde (in Kombination mit Eisen) zum neuen Merkmal moderner Architektur. Eine Verschmelzung von Innen und Außen, die Scheerbart in seinem Aufsatz eindringlich beschrieb, ist ebenfalls bei den Sammlungsvitrinen des mathematischen Instituts zu erkennen: Die sonst übliche Holzumrahmung ist einem dünnen Metallgestell gewichen, dafür hat sich die Glasfläche vergrößert, selbst die Einlegeböden in den Vitrinen sind aus Glas.

---

als „to see is to name correctly, to name correctly is to see" zusammenfasst. Vgl. ebenso Brenna 2013.

[122] Vgl. te Heesen 2012, S. 75.

[123] Benjamin 1991, S. 108.

[124] Vgl. hierzu etwa Nichols 2013 und Secord 2004.

[125] Scheerbart 1914, S. 11.

Das „Milieu aus Glas" wie Scheerbart es beschrieb, begünstigte die Betrachtung der Gegenstände und ließ die Rahmung der Vitrine vergessen.

Die Göttinger Sammlung mathematischer Modelle lässt sich insofern unter den Vorzeichen einer an Kriterien der Warenwelt orientierten Präsentation von Objekten verstehen. Denn die Gründungsgeschichte des Institutsgebäudes verweist auf eine zuvor kaum gekannte Verbindung von Kapitalismus und Wissenschaft. Die Göttinger Universität war unter Felix Klein eine der ersten in Deutschland, die ganze Forschungsaufgaben, Institutsgebäude oder Lehrstühle durch die Industrie finanzieren ließ.[126] Die Art und Weise, wie die Modelle in Göttingen präsentiert wurden – losgelöst vom tatsächlichen Institutsbetrieb und auf höchste Sichtbarkeit ausgelegt – ließ die Sammlungen einer Produktserie in einem Warenhaus gleichen. Damit wäre der Bogen zur Entstehung mathematischer Modell- und Mustersammlungen etwa 100 Jahre zuvor gespannt: Denn auch diese waren unter den ersten Vorzeichen einer auf Darbietung und Verkauf ausgerichteten Welt gegründet worden. Als ein Mittler in dieser Konstellation aus Sammlungsraum, Warenhaus und Modellvitrine lassen sich Sammlungskataloge verstehen, die, wie sich zeigen wird, häufig eine doppelte Funktion erfüllten: sie trugen die Objekte einer Sammlung in Buchform zusammen und beschrieben deren Funktion und mathematischen Hintergrund. Zugleich dienten sie als Verkaufskataloge, in denen die Modelle als Waren übersichtlich für die ökonomische Verwertung präsentiert wurden. An Katalogen mathematischer Modellsammlungen lässt sich zeigen, dass Mathematiker wie Alexander Brill oder Hermann Wiener sich immer zugleich als Unternehmer verstanden. Für sie war das Anlegen einer Sammlung mathematischer Modelle immer zugleich mit der Möglichkeit verbunden, Serien oder einzelne Objekte aus ihr kommerziell zu veräußern.

4.4   Sammlungskataloge

Alexander Brill stand mit Felix Klein auch nach 1880 in Austausch, was sich an einem umfangreichen (nur einseitig überlieferten) Briefverkehr erkennen lässt.[127] Darin berichtete Brill Klein von aktuellen Geschehnissen, fragte um Rat und gab Persönliches preis. Immer wieder besprach er einzelne Neuerungen, die sich bezüglich der Modelle ergeben hätten oder erzählte von Versuchen, die er mit

---

[126]Tollmien 1999, S. 371–372.

[127]Briefe Alexander Brills an Felix Klein, SUB Gött HSD Cod.Ms.F. Klein.8.235–291 A. Insgesamt umfasst der Bestand 61 Briefe. Die Antworten Kleins an Brill sind hingegen nicht überliefert.

ihnen gemacht habe. In einem Brief aus dem Jahr 1883 schrieb er, dass er mit Hilfe seines Bruders Ludwig einige Modelle seines Kollegen Eduard Kummer der „Öffentlichkeit übergeben" wollte.[128] Ludwig Brill, der Bruder Alexanders, hatte seinerzeit den väterlichen Verlag übernommen. Dieser war auf Lehrbücher spezialisiert, lief aber unter der Leitung von Ludwig nur mäßig.[129] Um 1877 vereinbarten beide Brüder, die „Publikation" von Modellserien mit in das Verlagsprogramm aufzunehmen.[130] Hiermit war einerseits die Veröffentlichung von Abhandlungen gemeint, die am Münchener mathematischen Institut begleitend zu den Modellen entstanden waren. Andererseits wurden die Modelle selbst in Serien über den Verlag an mathematische Seminare und Institute an Universitäten und technischen Hochschulen verkauft.[131]

4.4.1 Ein bequemer Überblick über den Bestand der Modelle

Kurz nachdem Brill München verlassen hatte und an die Universität Tübingen gegangen war, erschien 1885 ein erster umfassender aus zwei Teilen bestehender Katalog der Verlagsbuchhandlung seines Bruders. Der erste Teil enthielt die „serienweise Zusammenstellung der Modelle in der Reihenfolge ihrer seitherigen Publicationen".[132] Er war primär nach Produktionsserien geordnet und die

---

[128] Alexander Brill an Felix Klein, 6.4.1883, SUB.Gött HSD Cod.Ms.F.Klein.8.252, Bl. 30. In einem rückblickenden Tagebucheintrag Brills von 1912 klingen aber auch enttäuschte Töne gegenüber Klein an: „Gerade Klein gegenüber ward es mir nicht leicht, unabhängig zu bleiben. Er wußte jeden, der ihm näher stand, vor seinen Wagen zu spannen und zur Erreichung seiner allerdings nicht geringen Ziele dienstbar zu machen. Ich habe später oftmals von ihm Vernachlässigung erfahren müssen, weil ich mich dazu nicht gebrauchen ließ." Brill 1887–1935, Bd. 4, Chronik III, S. 252.

[129] Alexander Brill beschrieb das Verhältnis zu seinem Bruder als äußerst schwierig. Ludwig hätte auch lieber, genau wie sein jüngerer Bruder studiert, wurde vom Vater aber zur Weiterführung des Verlags (Brill spricht wörtlich in einem Brief an seine Frau Anna vom 18.3.1890 von einer „Buchdruckerei") gezwungen. Brill 1887–1935, Bd. 1, S. 3–4.

[130] Den Begriff „Publikation" benutzt Brill im Zusammenhang mit den von ihm verbreiteten Modellserien in einem Vortrag von 1886. Brill 1889, S. 79.

[131] Näheres zum Modellvertrieb und Lehrmittelverlagen vgl. **Kapitel 5/Abschnitt 5.1**. Über die Vertriebswege des Verlags Brill aus dieser Zeit ist kaum etwas bekannt. Es ist lediglich überliefert, dass Klein nach seiner Ankunft in Göttingen einige Modelle für das mathematische Seminar über seinen Bruder erwarb.

[132] Brill und Brill 1885, S. V.

Modelle einer Serie bestanden wiederum aus ein- und demselben Material.[133] So handelte es sich bei den ersten drei Serien um Modelle aus Gips, bei der vierten um Fadenmodelle, bei der achten um Modelle aus Draht, usw. Der zweite Teil des Katalogs ordnete die Modelle nach ihrer sachlichen Zugehörigkeit.[134] Er umfasste I. Flächen zweiter Ordnung, II. Algebraischen Flächen höherer Ordnung, III. Transzendente Flächen, IV. Raumcurven, V. Krümmung der Flächen und VI. Modellen zur darstellenden Geometrie, Physik und Mechanik. In diesem Teil wurden nun Modelle unterschiedlicher Serien und unterschiedlichen Materials miteinander in Beziehung gesetzt. Sowohl die einzelnen Modelle, als auch die zusammenhängenden Serien waren mit Preisen versehen, die je nach Material und Aufwand variierten. So kostete eine Serie von sieben Modellen aus Karton nur 16 Mark, während eine Serie von sechs Gipsmodellen 120 Mark und eine von fünf Fadenmodellen schon 270 Mark kostete.[135]

Nach Angaben des Verlegers Brill handelte es sich hierbei bereits um die dritte Auflage eines Modellkatalogs. Tatsächlich aber stellt dieser Modellkatalog die erste systematische Aufzählung aller bis dato in München hergestellten Modelle dar.[136] Denn die zuvor erstellten „Kataloge" bestanden aus handschriftlich verfassten Erläuterungen zu einzelnen Modellen oder Modellserien, die nur lokal an der Technischen Hochschule München aufgestellt waren, während der neue Katalog alle zwölf Modellserien in einer Publikation zusammenfasste. Erst bei dieser neuen Auflage wurde der zweite Teil hinzugefügt, in dem nun einzelnen Modellen kurze Erläuterungen und ein Nachweis über einschlägige Literatur beigegeben wurden. Hierdurch wurde nach Brills Auffassung

„ein bequemer Ueberblick über den vorhandenen Bestand der Modelle in einzelnen Wissenszweigen erzielt, und die Auswahl für das jeweilige Bedürfnis erleichtert."[137]

---

[133] Die Definition von „Serie" in Grimms Wörterbuch liefert einen Hinweis darauf, dass der Begriff aus der Tradition des Buchwesens heraus verstanden wurde. Sie bezeichnete „in collectivem sinne, z. b. von einer reihe von bänden oder werken, von denen jedes selbstständig ist, die aber doch zusammen ein ganzes bilden". „Serie", in: GWB 1854–1971, Bd. 16 (1905), Sp. 626.

[134] Brill und Brill 1885, S. 27–48.

[135] Das entspricht dem heute etwa fünf- bis sechsfachem in Euro. Zum Vergleich: ein einfacher Arbeiter verdiente um 1900 etwa 60 Mark im Monat, ein Lehrer dagegen um die 175 Mark. Vgl. zur Kaufkraft der Währung im deutschen Kaiserreich Henning 1996.

[136] Im weltweiten Bibliothekskatalog (worldcat) werden zwar noch zwei weitere Auflagen aus den Jahren 1888 und 1892 aufgeführt, diese konnten jedoch nicht aufgefunden werden.

[137] Brill und Brill 1885, S. III.

Ein Katalog bezeichnete im 19. Jahrhundert eine „(formlose) Auflistung, Aufzählung", oder auch ein

> „(vollständiges) Verzeichnis von Objekten eines Bestandes, meist nach einer bestimm-
> ten, insbesondere systematischen od[er] alphabetischen Ordnung angelegt u[nd] oft
> selbstständig publiziert."[138]

Solch ordnende Verzeichnisse kannte man aus Bibliotheken, der kaufmännischen
Buchführung und von Naturalien-, Kunst- und Modellkabinetten des 18. Jahrhunderts.[139] Insbesondere was die Erstellung und den Erhalt einer Sammlung
von Objekten anging, spielte der Katalog, oder das Verzeichnis – beide Begriffe
wurden oftmals synonym gebraucht – eine wichtige Rolle, um Gegenstände zu
verifizieren und memorierbar zu machen.[140]

Auch der Katalog der Polytechnischen Modellensammlung in München, den
Antonin von Schlichtegroll 1844 herausbrachte, sollte „das Anschauen und die
Benützung" der Sammlung erleichtern.[141] Er enthielt Informationen zu Öffnungs-
zeiten, Zugangsbeschränkungen sowie die Aufforderung, Modelle und Maschinen
nicht zu berühren oder gar zu betätigen. Zudem hatte Schlichtegroll sich ein einfaches System der Verzeichnung überlegt, das er mittels eines „weißlackierten
blechernen Schildchen[s]" umsetzte, welches an jedem Modell installiert wurde.
Darauf waren die jeweilige Abteilung und Objektnummer vermerkt, unter denen
sich das Objekt im Katalog wiederfinden ließ.[142] Um wiederum den Platz, an dem
jedes Modell im Raum stand, zu finden, waren sowohl die Tische im Saal, als auch
die einzelnen Kabinette mit Ziffern versehen worden. Ohne den Katalog war die
Modellsammlung nur ein willkürlich erscheinendes Nebeneinander von Objekten,
erst die begleitende Nummerierung ermöglichte das vergleichende Betrachten verschiedener Modelle einer Abteilung. Der Katalog des CNAM aus dem Jahr 1851
wies eine noch systematischere Auflistung von Gegenständen auf. Dieses Arthur-
Jules Morin herausgegebene Verzeichnis ordnete die Sammlungsgegenstände

---

[138] „Katalog", in: GWB 1978–2012, Bd. 5 (2011), S. 303.

[139] Eine umfassende Studie zur Geschichte des Sammlungskatalogs steht bislang noch aus. Im
Einzelnen geht Anke te Heesen in ihren Arbeiten über die Verflechtungen von Buchhaltungs-
und Sammlungspraxis sowie in ihrer Beschreibung der Genese der Kunst- und Naturalien-
kabinetten auf das Verzeichnis als ordnendes klassifizierendes Medium ein. Vgl. te Heesen
2003 sowie te Heesen 2012, S. 42–43.

[140] te Heesen 2012, S. 43.

[141] Schlichtegroll 1844, S. IV–V.

[142] Schlichtegroll 1844, XXI.

systematisch nach Themengebieten. Die einzelnen Fachgebiete, in Großbuchstaben durchnummeriert, unterteilten sich in die zugehörigen Objektgruppen, durch Kleinbuchstaben markiert, welche wiederum aus einzelnen Objekt-Nummern (1, 2, 3, etc.) bestanden. So unterteilte sich die Abteilung „C. – Géométrie Descriptive et Dessin Géométrique" in „a, Paraboloides, - b, Hyperboloides" usw., die Gruppe a wiederum in „1. Paraboloide hyperbolique – Sections parallèles (paraboles), modèle fixe; 2. Paraboloide – Sections parallèles (hyperboles), model fixe", usw.[143]

Brills Katalog orientierte sich an dieser Einteilung. Insbesondere der zweite Teil des Katalogs sollte eine Benutzungshilfe für die Sammlung sein, die ja noch über gar keinen eigenen Ort für ihre Modelle verfügte. Umso wichtiger erschien die im Katalog vorgenommene systematische Auflistung und Kategorisierung aller bereits vorhandenen Modelle in einer Publikation. So unterteilte sich im Katalog die Abteilung I. Flächen zweiter Ordnung in „A. Ellipsoide, 1. Ellipsoid mit Angabe der Hauptschnitte", 2. Desgl; „grosse Halbaxe" usw.; „B. Hyperboloide und Kegel", mit den Nummern 8–19 und „C. Paraboloide", Nr. 20-27.[144] Interessant ist, dass dieser einzig aus dem Brill-Verlag überlieferte Katalog wiederum ein manuell zusammengebundenes und handschriftlich durchnummeriertes Konvolut darstellte. Dem „Katalog" vorgeschaltet waren auf den Seiten 1–204 „Abhandlungen und Erläuterungen" zu den mathematischen Modellen der Serien I–XII des Modellverlags Brill aus den Jahren 1877–1885.[145] Der eigentliche *Katalog* folgt ab Seite 205 mit der handschriftlich notierten Nebenbemerkung Brills, dass es sich hierbei zugleich um das Verzeichnis der an der Universität Tübingen vorhandenen Modelle handelte (vgl. **Abb. 4.8**).[146] Das aus Katalog und Abhandlungen bestehende Dokument diente für Brill selbst als eine Referenz seiner Münchener Zeit. Es fasste alle bis dahin unter seiner Aufsicht entstandenen Modelle geordnet in Serien und sachliche Themengebiete zusammen. Neu war an

---

[143]Morin 1851, S. 17–18.

[144]Brill und Brill 1885, S. 27.

[145]Diese Abhandlungen hat Brill in der Tübinger Ausgabe mit dem Katalog zusammenbinden lassen und eine durchgehende handschriftliche Nummerierung vorgenommen die zumindest für den Teil „Abhandlungen" im Folgenden übernommen werden muss, da die Nummerierung der einzelnen Schriften nicht fortlaufend ist. Brill hat zudem im Nachhinein ein handschriftliches Inhaltsverzeichnis der Abhandlungen erstellt, in dem er die einzelnen beschriebenen Modelle den im Katalog aufgeführten Serien zuordnete. Brill und Brill 1877–1899.

[146]Die tatsächlich in Tübingen vorhandenen Modelle hatte Brill handschriftlich jeweils am Rand jener Modelle Querstriche versehen. Die ebenfalls handschriftlich hinzugefügten Nummern „A1", etc. am Textrand wiederum verwiesen auf die einzelnen in den Abhandlungen und Erläuterungen beschriebenen Modelle.

diesem Katalog Brills gegenüber denen Schlichtergrolls oder Morins, dass es sich zugleich um eine Verkaufsschrift handelte. Das lässt sich einerseits daran ablesen, dass Brill die Preise der Modelle aufführte und andererseits weisen die teilweise werbend formulierten Begleittexten darauf hin. Der Verlag beabsichtigte sowohl

> „den Wünschen der Hochschulen eben so sehr wie denen der technischen Mittelschulen entgegen zu kommen [...] So erlaubt sich denn die Verlagshandlung das vorliegende neue Unternehmen einer ebenso wohlwollenden Aufnahme zu empfehlen, wie sie die früher von ihr ausgegebenen Serien von Modellen bei dem mathematischen Publikum bereits gefunden haben."[147]

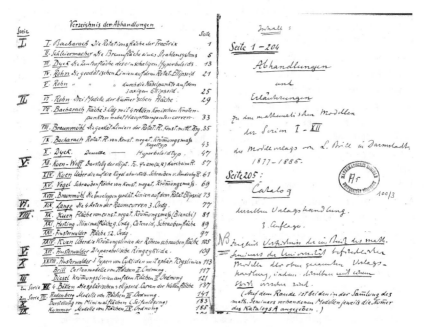

Abb. 4.8 Titelseite des von Brill manuell 1885 zusammengestellten Hefts, bestehend aus Abhandlungen und zweiteiligem Modellkatalog. Brill & Brill 1887–1899, Titelseite. Universitätsbibliothek Tübingen, Alte Drucke. CC gemeinfrei

---

[147]Brill und Brill 1885, S. 8.

Je weniger Brill sich selbst von Modellen umgeben sah, desto wichtiger erschien ihm die Möglichkeit, Modelle über München hinaus zu verbreiten. Tatsächlich ging die Modelltätigkeit am mathematischen Institut in München nach Brills Weggang rapide zurück. Im Studienjahr 1878/1879 waren 15 Modelle am mathematischen Institut von Studierenden für die Sammlung erstellt worden, im darauffolgenden waren es 14, neben zahlreichen Schenkungen und erworbenen Modellen, die aufgrund einer Etaterhöhung in jenem Jahr hinzukamen. Und im Studienjahr 1881/1882 waren es sogar 16 Modelle. Wiederum vier Jahre später im Studienjahr 1885/1886, ein Jahr nachdem Brill München verlassen hatte, sank die Zahl der hergestellten Modelle auf sechs.[148] Demgegenüber steht ein Anwachsen an zum Verkauf angebotenen Modelle aus verschiedenen Orten in Deutschland ab etwa 1885. Waren zumindest die ersten acht Serien des Katalogs unter der Leitung von Brill, Klein oder deren Studierenden entstanden, so wurden nun immer mehr Modellserien zusätzlich von anderen Mathematikern produziert, die nicht in direktem Kontakt zu München standen. Ablesen lässt sich dies an einem Katalog Martin Schillings, dessen Verlagsbuchhandlung ab 1899 die Geschäfte des scheidenden Verlags Brill übernahm.[149] Dieser Katalog bestand ebenfalls aus zwei Teilen. Im ersten Teil wurden die Modelle nach Serien und Nummern geordnet und in der Reihenfolge ihrer Veröffentlichung mit einem Verweis auf den jeweiligen Urheber angeführt. Auf diese Weise erhielt der Nutzer und Leser Auskunft über die Geschichte und Herkunft der Modelle, sowie über deren Bezugsmöglichkeiten, Preise und Bestellmöglichkeit. Im zweiten Teil waren die Modelle systematisch nach einzelnen Themengebieten geordnet und in römischen Ziffern durchnummeriert. Dieser Teil sollte

„vornehmlich dem Fachmanne die Aufgabe erleichtern, die für seine Zwecke gewünschten, insbesondere die für die einzelnen Vorlesungen geeigneten Modelle aufzufinden."[150]

---

[148]Vgl. Anonym 1879, S. 7–8; Anonym 1880, S. 7–8; Anonym 1882, S. 6–7 und Anonym 1886, S. 7–8. Auf Brill folgte Walther von Dyck, ein Schüler Brills und Kleins, der die vormals initiierten „Spezialstudien" am mathematischen Institut weiterführte, und der sich vor allem auf die Organisation einer umfangreichen Ausstellung mathematischer Modelle konzentrierte, die schließlich 1893 an der Technischen Hochschule München stattfand. Er selbst konzipierte am Modellierkabinett ebenfalls einige Modelle selbst, so etwa die „Centralfläche des einschaligen Hyperbolids" Brill und Brill 1877–1899, S. 13–18 [handschriftliche Paginierung], sowie eine Serie von Modellen zur Functionentheorie, vgl. Schilling 1903, S. 29.

[149]Bereits 1890 schrieb Alexander Brill an seine Frau Anna, dass es zu einer ernsthaften Unterredung mit seinem Bruder gekommen sei. Mehr zur Geschichte der schillingschen Verlagsbuchhandlung vgl. **Kapitel 5/Abschnitt 5.1.**

[150]Schilling 1903, S. IV.

Dass diese größere Übersichtlichkeit in der Darstellung von Modellen dabei mit einer Verbesserung ihrer Absatzmöglichkeit einherging, schrieb Martin Schilling selbst in der Einleitung zu seinem Katalog von 1903.

> „Er [der erste Teil des Katalogs, A.S.] giebt am besten Aufschluss über die bequemste Form des Bezuges der Modelle, über ihre Preise und deren Ermässigung bei Bestellung ganzer Serien."[151]

Mithilfe des Katalogs konnten Modelle, einmal reproduziert, an disparate Plätze gebracht werden. Es bedurfte dabei keiner Referenzsammlung mehr, denn die beschriebenen und ausgepreisten Modelle konnten jederzeit auf Bestellung durch die jeweilige Verlagsbuchhandlung reproduziert und vertrieben werden.

4.4.2 Sammeln und veräußern

Mathematische Modelle ließen sich auch dann verbreiten, wenn man nicht auf eine von vornherein vollständig vorhandene Sammlung zurückgreifen konnte. Das zeigt sich exemplarisch an den Modellverzeichnissen Hermann Wieners. Für den Mathematiker, der in München am mathematischen Labor bei seinem Cousin Brill studiert hatte, setzte sich eine Sammlung aus den „jährlich wiederkehrende[n] Ausgaben neuer Reihen" zusammen, deren Ziel es war,

> „die Geistesarbeit allgemeiner auszuwerten, die in den Modellschränken mancher höheren [sic] Schulen und Hochschulen aufgespeichert liegt".[152]

Im Jahr 1903 gab Wiener eine erste Ausgabe eines Modellkatalogs heraus, die fünf Modellreihen zu insgesamt 30 Modellen umfasste. Wiener lehrte bereits seit 1896 an der Technischen Hochschule Darmstadt, an demselben Lehrstuhl, den einst sein Cousin Brill innehatte. Es gab in Darmstadt ein mathematisches Institut, zu dessen Aufbau Wiener maßgeblich beigetragen hatte, sowie eine Sammlung mathematischer Modelle. Das Verzeichnis jedoch bezog sich weniger auf eine an einen bestimmten Ort gebundene Sammlung, sondern es handelte sich um eine Verkaufsschrift, die der Entstehung einer eigentlichen Modellsammlung vorgeschaltet war. Hier unterschied sich Wieners Vorgehensweise zu der seines Cousins Alexander Brill. Brill und später Schilling verwalteten und verkauften im

---

[151]Schilling 1903, S. IV.
[152]Wiener 1905a, S. 3.

Auftrag von Instituten und Seminaren bereits bestehende Modellserien. Es handelte sich hierbei aber größtenteils um Abgüsse von Originalen, die zwischen 1877 und 1885 an der Technischen Hochschule München angefertigt worden waren. Wieners Verzeichnis pries Modelle mit dem Hintergedanken an, die bereits bestehenden Modelle noch um weitere zu ergänzen. Wiener hoffte durch die Publikation seines Katalogs Anregungen für zukünftige Modelle zu erhalten. So schrieb er in der Ankündigung zur ersten Katalogausgabe von 1903, dass die

> „hiermit erscheinende ‚Sammlung' mit der Zeit auf eine gewisse Vollständigkeit in der bezeichneten Richtung Anspruch machen dürfte."[153]

An der Nummerierung der einzelnen Modelle innerhalb einer Reihe lässt sich erkennen, dass Wiener eine Vereinfachung im Klassifikationssystem der Modelle anstrebte. Statt die bis dahin übliche Verwendung von A, a, 1, usw., wie in den Katalogen des CNAMs – oder in etwas vereinfachter Form bei Brill – üblich, enthielt jede Nummer eines Modells zusätzlich dessen zugehörige Modellklasse. Die Hauptgruppe eines Modells wurde über die entsprechende Hunderterstelle angegeben und die Untergruppe über dieselbe Dezimalstelle. Begann seine erste Reihe der sieben Drahtmodelle zum Projizieren mit den Nummern eins, zwei und drei – „Quadrat", „regelmäßiges Fünfeck", und „Regelmäßiges Sechseck" – fuhr er daraufhin mit Nr. 11, 12, 13 und dann 21 fort. Seine zweite Reihe setzte er mit Nr. 101 fort und endete bei Nr. 105 und die dritte Reihe schloss sich mit Nr. 111 bis 116 fortlaufend an. Die vierte Reihe führte er sodann mit den Nummern 401–406 fortlaufend fort und seine fünfte Reihe besteht aus Nr. 411, 412 sowie 421 bis 424. Wiener unterwarf das Gedeihen seiner Sammlung dem Prinzip von Angebot und Nachfrage. Zwei Jahre nach der ersten Ausgabe folgte die zweite unter dem Titel *Verzeichnis Mathematischer Modelle*, eine auf mittlerweile acht „Modellreihen" zu 59 Modellen angewachsene „Sammlung" von Modellen (ebene Gebilde, ebenflächige Raumgebilde, Flächen zweiter Ordnung, Dreh- und Schraubenflächen, Raumkurven sowie Gelenksysteme).[154] In jährlichem Abstand sollten daraufhin weitere Ausgaben folgen, was allerdings nicht geschah. Lediglich ein weiteres Mal gab Wiener 1912 einen Modellkatalog heraus, der gegenüber dem vorangegangenen um zehn weitere Reihen ergänzt wurde und an die 200 Modelle aufzeigte. Nur zwei von diesen zusätzlichen Reihen stammten aber von Wiener selbst. Stattdessen hatte Wiener auch die Modelle seines Kollegen Peter

---

[153]Wiener 1903, S. 1–2 [handschriftliche Paginierung].

[154]Wiener verfügte allerdings schon über weitaus mehr Modelle, wie sich auf dem Internationalen Mathematiker Kongress in Heidelberg 1904 zeigte, wo er an die 200 seiner Modelle ausstellte.

Treutleins, Direktor des Karlsruher Realgymnasiums, mit aufgenommen. Diese Modelle waren, ganz anders als die von Wiener, für den Gebrauch in den unteren und oberen Klassenstufen höherer Schulen vorgesehen.[155]

Anders als die Kataloge Brills und Schillings war Wieners Katalog nicht zweigeteilt. Die einzeln angeführten Modellreihen enthielten zugleich detaillierte Beschreibungen zum Gebrauch einzelner Modelle und deren mathematischem Hintergrund. Den Erwerb einer Reihe schloss zudem automatisch der Bezug einer entsprechenden Abhandlung ein. Erwarb man etwa die V. Reihe, bestehend aus sechs beweglichen Modellen der Regelflächen 2. Ordnung zum Preis von 210 Mark, erhielt man zudem die Abhandlung *Bewegliche Fadenmodelle der Regelflächen 2. Ordnung mit gleichbleibenden Fadenlängen.*[156] Einzelne Modelle waren zudem mit genauen Anweisungen versehen, wie sie zu handhaben seien. Dieselbe hier angeführte Reihe von Modellen enthielt ein Gebrauchsmusterschutz, der ebenfalls im Katalog unter der Nummer D.R.G.M. 207707 vermerkt war (vgl. **Abb. 4.9**).[157] Damit ähnelte das Verzeichnis modernen Warenkatalogen, die ihre Ware übersichtlich anordneten, nummerierten, mit Preisen versahen und Beschreibungen beifügten, die zugleich die Funktion des jeweiligen Objekts (unter der Rubrik „Ausstattung") beschrieben. Ein Beispiel aus Stukenbroks *Illustriertem Hauptkatalog* von 1912 zeigt, dass z. B. Nähmaschinen auf eine ganz ähnliche Art und Weise im Katalog angeordnet wurden, wie Wiener es mit seinen Modellen tat (vgl. **Abb. 4.10**): Zwei Modelle sind zum direkten Vergleich nebeneinander angeordnet. Unter der Abbildung befinden sich die Warennummer, der Name und der Preis des Objekts sowie dessen Produktbeschreibung.

Neben allen Ähnlichkeiten zur visuellen Gestaltung kommerzieller Verkaufsschriften ist bei Wieners Modellverzeichnis ein deutlich pädagogischer Impetus zu erkennen. So fügte er seinem Modell Nr. 412 der V. Reihe, einem beweglichen hyperbolischen Paraboloid, die folgenden Hinweise zum Gebrauch hinzu:

„Beim Öffnen des Modells aus einer der ebenen Grenzlagen fasse man es an den beiden aufeinander liegenden Scharnieren und öffne es durch Ziehen in kurzen, ja nicht heftigen Rucken".[158]

[155]Vgl. Wiener und Treutlein 1912. Es handelt sich hierbei um den wohl einzigen vollständig überlieferten Katalog einer Schulmodellsammlung mathematischer Modelle überhaupt.
[156]Wiener und Treutlein 1912, S. 12–13.
[157]Mehr zum Gebrauchsmusterschutz von Wieners Modellen vgl. **Kapitel 5/Abschnitt 5.4**.
[158]Wiener und Treutlein 1912, S. 13

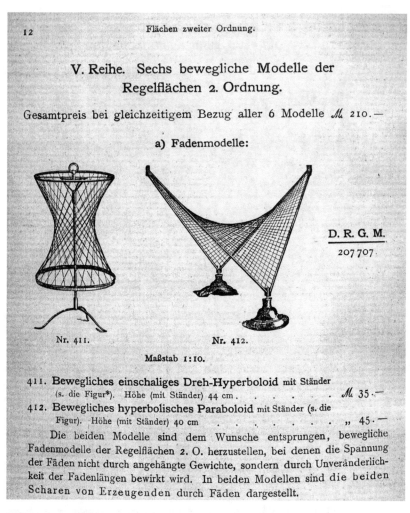

12   Flächen zweiter Ordnung.

V. Reihe. Sechs bewegliche Modelle der Regelflächen 2. Ordnung.

Gesamtpreis bei gleichzeitigem Bezug aller 6 Modelle ℳ 210.—

a) Fadenmodelle:

D. R. G. M.

207 707

Nr. 411.   Nr. 412.

Maßstab 1:10.

411. **Bewegliches einschaliges Dreh-Hyperboloid** mit Ständer
(s. die Figur*). Höhe (mit Ständer) 44 cm. . . . . . . ℳ 35.—
412. **Bewegliches hyperbolisches Paraboloid** mit Ständer (s. die
Figur). Höhe (mit Ständer) 40 cm . . . . „ 45.—
Die beiden Modelle sind dem Wunsche entsprungen, bewegliche
Fadenmodelle der Regelflächen 2. O. herzustellen, bei denen die Spannung
der Fäden nicht durch angehängte Gewichte, sondern durch Unveränderlich-
keit der Fadenlängen bewirkt wird. In beiden Modellen sind die beiden
Scharen von Erzeugenden durch Fäden dargestellt.

Abb. 4.9 Ausschnitt aus Hermann Wieners und Peter Treutleins Modellverzeichnis von 1912. Wiener und Treutlein 1912, S. 12

Die Benutzung des jeweiligen Modells erschloss sich also erst durch den zugehörigen Beschreibungstext.[159] Neu war an diesem Katalog gegenüber denen Brills

[159]Anschaulich schildert dies auch Brandstetter 2011 am Beispiel von Kristallmodellen.

„Deutschland"- Langschiffchen-Hand-Nähmaschinen
für Hausgebrauch und gewerbliche Zwecke.

Nr. 89.
„Deutschland"-Hand-Nähmaschine.

Mit obenstehender Abbildung bringe ich eine Nähmaschine gleicher Konstruktion wie Nr. 70 auf Seite 48 meines Kataloges. Dieselbe ist auf elegantem
Holzsockel montiert. Diese Maschine erzeugt einen schönen, gleichmäßigen
Perlstich und wird infolge ihrer kräftigen Bauart, hohen Leistungsfähigkeit
und ihres leichten Laufes sehr gern für den Hausgebrauch gekauft. Der
Apparatkasten, welcher sich rechts unter dem Drehgehäuse und Schwungrad befindet, enthält außer einer leichtfaßlichen Gebrauchsanweisung sämtliche Hilfsapparate, die ich jeder Maschine gratis beigebe.
Durchgangsraum: ca. 20 cm lang und 12 cm hoch.

Nr. 89. „Deutschland"-Hand-Nähmaschine,
wie obenstehende Abbildung . . . . Stück **Mk. 28.—**

Nr. 109.
„Deutschland"-Langschiffchen-Maschine.

Diese hocharmige Maschine, in Konstruktion der Maschine Nr. 73 auf Seite 45
meines Kataloges vollständig gleich, ist auf fein poliertem Holzsockel montiert
und mit verbessertem Handdrehapparat versehen, der höchste Tourenzahl bewirkt. Leichter, geräuschloser Gang, hoher Nadelhub und großer Durchgangsraum sind Vorzüge, welche die Maschine für den Hausgebrauch und für Damen-
schneiderei recht geeignet machen. Der Apparatkasten, welcher sich rechts
unter dem Drehgehäuse und Schwungrad befindet, enthält außer einer leichtfaßlichen Gebrauchsanweisung sämtliche Hilfsapparate, die ich jeder Maschine
gratis beigebe. Durchgangsraum: ca. 20 cm lang und 12 cm hoch.

Nr. 109. „Deutschland"-Langschiffchen-Handmaschine mit gebogenem
Verschlußkasten, wie obenstehende
Abbildung . . . . Stück **Mk. 38.—**

Zu obigen Langschiffchen-Nähmaschinen passen die Nadeln Nr. 2463 und 3704.

Abb. 4.10 Produkte aus August Stukenbroks Illustriertem Hauptkatalog, 1912. Stukenbroks 1912, S. 19

oder Schillings außerdem, dass er Fotografien der Modellreihen enthielt. Sie zeigen die einzelnen Modelle nach Reihen geordnet auf insgesamt sechs Tafeln, die
in den Katalog integriert sind. Am Beispiel der Tafel Nr. III (**Abb. 4.11**) lässt
sich am besten demonstrieren, worum es Wiener in diesen Darstellungen ging.
Es handelt sich hierbei um die Darstellung von Flächen zweiter Ordnung einge-
teilt in die Reihen Nr. IV, V und VI. Die äußere Rahmung der Fotografie bildet
das stilisierte und vereinfachte Regalsystem eines Schaukastens, von dem jedoch
weder der Rahmen noch die Glasscheiben, die den Blick des Betrachters ablenken
könnten, sondern lediglich die Regalböden abgebildet sind. Auf der Abbildung
sind die drei Modellreihen auf drei übereinanderliegenden Regalebenen verteilt.
Durch ein vertikal verlaufendes Brett wird der Kasten zudem in zwei gleichgroße
Hälften geteilt. Außer diesen Holzeinlagen ist von der Vitrine nichts weiter zu
erkennen. Die Aufsicht erfolgt frontal, eventuell störende Türen sind nicht abgebildet. Der Bildraum ist hier zudem ganz gleichmäßig ausgeleuchtet. Während
der Vitrinenhintergrund schwarz bleibt, treten die gleichmäßig ausgeleuchteten
Metallstäbe der Modelle in kontrastierendem Weiß hervor. Trotz der direkten Aufsicht, in der die Vitrine fotografiert wurde, und der aufgrund des nachtschwarzen

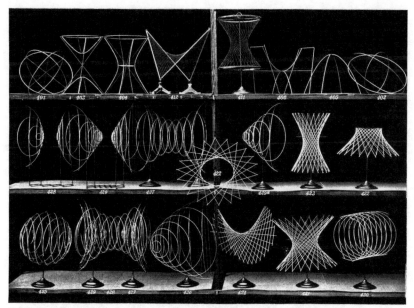

Maßstab 1 : 14.   H. Wieners Sammlung, Reihe IV, V, VI.

Abb. 4.11   Stilisierte Modellvitrine. Wiener 1912, Tafel III

Hintergrundes geringen Tiefenschärfe enthält das Bild eine räumliche Wirkung.
Der dadurch hervorgerufene Eindruck der Plastizität wird noch verstärkt, indem
die Regalböden – die beiden unteren sind perspektivisch dargestellt – sowohl die
Schatten der Modelle, als auch die der jeweils oberen Latten aufweisen. Durch
diese Schattierung der Böden, also ihre von hinten nach vorne verlaufende Aufhel-
lung, treten weitere Graustufen hinzu, welche die kontrastierende schwarz-weiße
Darstellung von Modell und Bildhintergrund komplementieren. Die Art, wie die
Modelle auf den Regalbrettern gruppiert sind – nämlich so, dass sie sich gegenseitig überlappen – verleiht der Darstellung weitere Bildtiefe und Dynamik. Bis
auf die Rotationsmodelle sind alle Modelle im Dreiviertel-Profil dargestellt. Auf
diese Weise kann jeweils deren positive, nach vorne verlaufende, sowie deren
negative, nach hinten gewölbte, Krümmung gesehen werden.[160] Vor allem an

---

[160]Einige Aspekte dieser Aufnahme werden in Sattelmacher 2013 im Hinblick auf die
Anordnung der einzelnen Modelle, deren Beziehung zueinander sowie deren Bezug zu einer
modernen Warenästhetik diskutiert.

Abb. 4.12 Vitrine einer mathematischen Modellsammlung, ca. 1900. Mit freundlicher Genehmigung GOEUB Archivzentrum Frankfurt/M, Nachlass Wilhelm Lorey Na42

dieser Eigenschaft der Aufnahme zeigt sich, dass es sich nicht um die abfotografierte Modellvitrine seiner Darmstädter Sammlung, sondern um eine inszenierte Darstellung handelt, bei der die Modelle sowohl im Sinne einer didaktisch motivierten Schulung des Auges als auch zu Werbe- und Verkaufszwecken möglichst übersichtlich und zugleich ansprechend aufgestellt wurden.[161] Ein zum Vergleich

---

[161]Eine ganz ähnliche Art der Anordnung von Gegenständen in einer Vitrine findet sich in dem Verkaufskatalog der Lehrmittelfirma Max Kohl aus dem Jahr 1909. In dieser sind gleich

herangezogenes Bild einer Modellvitrine aus der Zeit um 1900 verdeutlicht den stilisierten Charakter von Wieners Schaukasten (**Abb. 4.12**). Auf dieser Abbildung sind Modelle entsprechend ihrer mathematischen Klassifikation aufgestellt, nämlich nach Krümmungen auf Kugeln und Ellipsoiden, Elementarfunktionen, elliptischen Funktionen, Taylorschen Reihen, Riemannschen Flächen und Fourierschen Reihen.[162] Kleine handbeschriebene Schilder geben Hinweis auf die hier gezeigten mathematischen Themen und ein alphabetisch organisiertes, in Kästen aufbewahrtes Karteikartensystem war vermutlich ebenfalls für die ergänzende Benutzung der Modelle vorgesehen. Die Modelle selbst sind sorgsam aufgereiht, aber sie wurden nicht eigens für die Aufnahme arrangiert, was sich an der relativ dichten Anordnung der elliptischen Funktionen aus Gips in der drittuntersten Reihe gegenüber den etwas verstreut liegenden Riemannschen Flächen zeigt. Die oberste Reihe von Modellen verschwindet beinahe hinter der Vitrinenkante. Die

---

mehrere Vitrinen in der Vollansicht mitsamt Exponaten abgedruckt. Allerdings wird in diesem Fall die Vitrine selbst unter der Rubrik „Einrichtung des Sammlungszimmers" beworben und zum Verkauf angeboten. Es geht also nicht um die in ihr enthaltenen Instrumente, die in diesem Fall nur der Illustration dienen. Vgl. Max Kohl A.G. Chemnitz 1909, S. 44 u. 46.

[162] Bei dieser Aufnahme handelt es sich um eine von sechs bisher nicht zugeordneten Fotografien ein- und derselben Modellsammlung. Sie stammen aus dem Nachlass des Mathematikers Wilhelm Lorey in der Handschriftenabteilung der Senckenberg-Bibliothek an der Goethe-Universität Frankfurt (Nachlass Wilhelm Lorey GOEUB.Archivzentrum FFM, Na42). Allerdings konnten weder der Fotograf, noch Aufnahmejahr- oder -ort ausgemacht werden. Auch ist unklar, in welchem Zusammenhang die Fotos zu Wilhelm Lorey selbst stehen. Der Fund ereignete sich zufällig bei der Durchsicht des Nachlasses im Februar 2011. Dort lagen die Fotografien, lediglich in Papier verpackt, ohne Nummerierung und Signatur in einer der sonst feinsäuberlich beschrifteten Nachlasskästen, in dem sich thematisch gänzlich anderes Material befand. Die Aufnahmen sind – entgegen vielen anderen Abbildungen aus dem Nachlass – auch nicht im Findbuch aufgeführt. Es gibt mehrere Hinweise darauf, dass es sich hier um die Sammlung der Göttinger Modelle aus der Zeit etwa zwischen 1893 und 1916 handelt. Lorey hatte zwischen 1893 und 1896 bei Felix Klein und David Hilbert in Göttingen studiert. Später wurde er von Klein beauftragt, eine Geschichte des mathematischen Unterrichts in Deutschland im 19. Jahrhundert zu verfassen, dessen Entstehung sowohl im Nachlass Loreys in Frankfurt als auch in Kleins Nachlass in Göttingen durch einen ausgiebigen Briefverkehr dokumentiert wird. Die Publikation erschien 1916 und sie enthält zahlreiche Informationen zu einzelnen mathematischen Seminaren und Instituten, darunter auch Göttingen. Vgl. Lorey 1916. Möglicherweise hatte Lorey beabsichtigt, die Aufnahmen in diesem Band zu veröffentlichen. Ein rein visueller Vergleich der in der Abbildung gezeigten Modelle mit den heute noch in Göttingen vorhandenen Exemplaren hat zahlreiche Überschneidungen ergeben. Zudem stehen die in den Fotografien gezeigten Vitrinen im Korridor eines Gebäudes wie es auch im Raumplan in Göttingen von 1899 der Fall ist. Eine letztendliche Klärung wird schwierig sein, da die Räumlichkeiten des damaligen mathematischen Seminars nicht mehr vorhanden sind und sich aus dieser Zeit auch keine Innenraumaufnahmen erhalten haben, die zum Vergleich dienen könnten.

beiden Türen der Vitrine wurden eigens für die Photographie geöffnet, man sieht die beiden Türflügel am linken und rechten Bildrand.

Wiener hingegen hat auf alle störenden Elemente, die den Blick auf die Modelle behindern verzichtet und zudem auf eine perfekte Beleuchtung und Perspektive geachtet, sodass alle Modelle gleichermaßen sichtbar wurden. Die Nummern an der unteren Kante eines jeden Modells gaben Aufschluss über die jeweilige Reihe, der es im Katalog zugeordnet war. Diese Aufnahme ist das Abbild einer idealisierten Modellsammlung, die frei von räumlichen Beschränkungen, Vorgaben durch den Benutzer oder materieller Abnutzung existiert. Wiener schuf mit diesem Bild ein künstliches Arrangement von Modellen, wie es für die Stillebenphotographie des 19. Jahrhunderts typisch war. Ein sehr frühes Beispiel hierfür ist die Aufnahme *Shells & Fossils* von Louis Jacques Mandé Daguerre aus dem Jahr 1839 (**Abb. 4.13**). Diese Aufnahme wird in der Photographiegeschichte in mehreren Traditionen verankert. Sie entstammt dem photographischen Genre der Skulpturendarstellung, orientierte sich stark an den optischen Prinzipien der gerade im Entstehen begriffenen Werbeindustrie und des Museumswesens und war den Prinzipien der naturgeschichtlichen Klassifikation verschrieben.[163]

Es ist nicht weiter bekannt, ob Wiener die Darstellung Daguerres kannte, möglich ist es aber, schließlich handelte es sich hierbei schon damals um eines der bekanntesten Motive wissenschaftlicher Objekte jener Zeit. Zudem entstammte die Aufnahme dem CNAM und befand sich damit ganz in der Nähe des Wirkungskreises deutscher und französischer *Mathematiker-Modelleure*.[164] Im Gegensatz zu Fotografien des frühen 20. Jahrhunderts konnten Daguerreotypien nicht reproduziert werden, was die beiden Darstellungen zwar in der Anordnung der Objekte, nicht aber in ihrer Technik ähneln lässt. So wie *Shells & Fossils* zeigt Wieners Vitrine das Bild einer durchweg systematisch aufgestellten Sammlung, die jedoch die ästhetische Anordnung der Objekte noch vor deren Klassifikation stellt. Das zeigt sich daran, dass bei Wieners Aufnahme die Modelle nicht gemäß ihrer Nummerierung beginnend bei Nr. 401 (das erste Modell der IV. Reihe) bis Nr. 429 (das letzte Modell der VI. Reihe) aufgestellt sind, sondern gemäß ästhetischer Kriterien.[165] Das obere Bilddrittel der Modellvitrine wird von zwei Fadenmodellen

---

[163]Vgl. zu dieser Abbildung im Kontext der Geschichte der Photographie im 19. Jahrhundert: Tucker 2005; Rhodes 2008; Denney 2008; Smith 2008 sowie Blum 1993.

[164]Es ist nicht überliefert, ob Hermann Wiener jemals selbst in Paris war. Sein Vater Christian kannte aber ganz sicher zumindest die Arbeiten Oliviers und es ist sehr wahrscheinlich, dass beide mit den Sammlungen des CNAM vertraut waren. Vgl. mehr dazu im **Kapitel 5/Abschnitt 5.4.1.**

[165]Es ist nicht bekannt, wer der Urheber dieser Aufnahme ist.

Abb. 4.13 Louis-Jacques-Mandé Daguerre: Shells & Fossils, 1837-1839. cc gemeinfrei

dominiert, die in Form und Material von allen anderen Modellen abweichen. Das scheinbar kleinste Modell, ein bewegliches einschaliges Hyperboloid, wurde in der Mitte des Arrangements platziert. Insgesamt ist die Anordnung eine durchweg symmetrische: Beide Bildhälften links und rechts der mittleren Leiste weisen auf allen drei Ebenen die gleiche Anzahl an Modellen auf. Zudem erfolgte die Auswahl der Modelle insgesamt nach Kriterien der optischen Ähnlichkeit. Wiener hätte genauso gut andere Modellreihen miteinander kombinieren können für seine Aufnahme, aber er wählte die drei Reihen, deren Modelle visuell und thematisch am besten zueinander passten.

Wieners Vitrine lässt sich damit in der Tradition von pädagogisch motivierten Publikationen und deren Darstellungen aus dem Bereich des Kunstgewerbes verorten. Der von Paul Groß und Fritz Hildebrandt 1912 herausgegebene Band *Geschmacksbildende Werkstattübungen* weist zahlreiche ästhetische Darstellungen diverser Handwerksarbeiten auf, die in dieser Zeit an deutschen Oberrealschulen und Realgymnasien entstanden. Die Schrift, die in der Reihe *Moderner Werkunterricht* erschien, verfolgte das Ziel, Schüler an Kunstgewerbeschulen intensiv mit dem zu bearbeitenden Material vertraut zu machen. Unterstützend zu didaktisch formulierten Texten wurden Abbildungen der hergestellten Erzeugnisse angeführt. Insbesondere eine Fotografie von Messing- und Kupfergeräten aus der Sektion *Metallarbeiten* (**Abb. 4.14**) zeigt Arbeiten der Schüler an der Dresdener Oberrealschule als übersichtlich angeordnetes Schaubild von Gegenständen aus Metall.[166] Die Erzeugnisse wurden hier auf drei Etagen präsentiert und ganz grob nach ihrer Funktion geordnet, es handelt sich hauptsächlich um Schalen, Schatullen und Ständer. Das obere Bilddrittel wird, ganz ähnlich wie in Wieners Vitrine, durch einen Gegenstand dominiert, der in Form und Funktion deutlich von den anderen abweicht und auch hier ist das Modell in der Mitte des gesamten Bildes das Kleinste. Wiener selbst wies in seinem Katalog auf die Bezüge zwischen Kunstgewerbeerziehung und mathematischem Unterricht hin. So sei die Schulung des Anschauungsvermögens, die für die Mathematik so dringend benötigt würde, bereits seit der Mitte des 19. Jahrhunderts in der Kunsterziehung praktiziert worden, um dem Schüler Kunst- und Geschmacksempfinden zu lehren. Es müsse daher Aufgabe des Unterrichts anhand von Modellen in der Mathematik sein – und hier unterscheidet Wiener nun kaum zwischen Schul- und Hochschulunterricht – ein „unmittelbar anschauendes mathematisches Denken" zu schulen.[167]

Wieners Modellverzeichnis weist vielerlei Bezüge zur Waren- und Konsumwelt und zur pädagogischen Praxis des beginnenden 20. Jahrhunderts auf. Es zeigt sich hier, dass das Veräußern von Modellen im Selbstverständnis einer mathematischen Modellsammlung inbegriffen war. Eine Modellsammlung anlegen und katalogisieren hieß oft, sie zugleich zum Verkauf anzubieten.[168] Zudem liefert Wieners Verzeichnis einen entscheidenden Hinweis darauf, wie mathematische Modelle ab etwa 1903, dem Zeitpunkt des Erscheinens der ersten Ausgabe seines Modellkatalogs, hergestellt und vervielfältigt wurden. Wie sich im Verlauf des nächsten Kapitels noch zeigen wird, unterschied sich Wieners Modellpraxis in beinahe jeder Hinsicht von der seines Cousins Alexander Brill. Die in Wieners Modellverzeichnis von 1912 abgebildeten Fotografien machen besonders deutlich, dass die mechanische Reproduktion von Dingen für den Erhalt und Verbleib seiner Modellsammlung eine ungleich größere Rolle als für Brill oder Schilling spielte. Indem er sich einwandfrei reproduzierten Aufnahmen seiner Modellserien

---

[166] Gross und Hildebrand 1912. Diese Aufnahme wurde zudem in Das Kind und die Schule 1914 wieder abgedruckt.

[167] Wiener und Treutlein 1912, Buchumschlag.

[168] Der Sammlungsbegriff von Pomian 2007 [1988] kann hinsichtlich der Sammlungspraxis mathematischer Modelle nur als ungenügender Versuch einer Definition bewertet werden. Die Ergänzung um den ökonomischen Aspekt einer Sammlung, die Anke te Heesen in te Heesen 2001 vornimmt, ist wiederum sehr hilfreich.

Abb. 4.14 Übersichtlich angeordnete Darstellung der Erzeugnisse aus der Kategorie „Metallarbeiten" einer Kunstgewerbeschule. Gross 1912, o. S.

bediente, suggerierte Wiener, dass die hier abgebildeten Modelle ebenso einwandfrei reproduziert werden könnten. Der Katalog verwies damit nicht nur auf Wieners tatsächlich produzierte Modelle sondern vor allem auf die Möglichkeit, genau diese Modelle erneut in genau derselben Form und Qualität jederzeit wieder herstellen zu können.[169] Diese Möglichkeit der exakten Reproduktion wurde vor allem dort wichtig, wo es um ökonomische Aspekte ging, etwa um die Einhaltung von Standards für Patente oder Vermarktungsstrategien. Beides spielte für

---

[169] Alan Pottage und Brad Sherman weisen darauf hin, dass seit der Zeit der Versandhauskataloge im 19. Jahrhundert dem Konsumenten insbesondere durch mechanisch reproduzierte Abbildungen glaubhaft vermittelt werden sollte, dass es sich hier um einwandfrei reproduzierbare Manufakturware und eben nicht um Einzelstücke handelte. Sie beziehen sich hier auf die mechanisch angefertigte gegenüber der manuell erstellten Zeichnung, in der im Zeichen des technischen Fortschritts jede Spur von Handarbeit entfernt werden sollte. Insbesondere die Nähmaschinenfirma Singer machte sich diese Betonung der mechanischen Präzision als Marketingstrategie zu eigen und reüssierte in ihrer Unternehmung, das Produkt Nähmaschine als einwandfrei maschinell reproduzierbare Massenware zu verkaufen. Vgl. Pottage und Sherman 2010, S. 36–41.

Wiener eine große Rolle, da sich die von ihm betriebene Produktion und Vervielfältigung von Modellen gegenüber der Vorgehensweise seines Cousins deutlich
professionalisieren sollte.

Modelle Anfertigen

5

5.1 Eine Frage des Materials

5.1.1 Der Mathematiker als Modellmacher

Das sogenannte „Modellierkabinett" an der Technischen Hochschule München wurde von Felix Klein immer wieder gerne zitiert, wenn er in den Jahren nach seiner Münchener Professur über die Bedeutung von Modellen für die Genese mathematischer Anschauung sprach.[1] Der überwiegende Anteil der dort hergestellten Modelle wurde aber tatsächlich unter der Leitung Brills ausgeführt, der nach eigener Auffassung eine ganz persönliche Vorliebe für den Gebrauch von Veranschaulichungsmitteln hegte.[2] Rückblickend schrieb Brill über seine Arbeit an Modellen:

> „Wohl reichlich die Hälfte dieser Modelle ist mir, bevor sie ihre definitive Gestalt hatten, verschiedene Male durch die Hände gegangen, ich kenne ihre Entstehungsgeschichte, die rechnerischen und technischen Versuche, die vorausgiengen [sic!], die Schmerzen, die manches derselben ihren Verfertiger kosteten und die Freude an dem schließlich gelungenen Werk."[3]

---

[1] So etwa in Klein 1921b, S. 4.

[2] Brill schrieb in seinem Tagebuch dazu: „Von den gegen 100 Modellen, die von meinem Bruder aus München stammend, der Öffentlichkeit übergeben wurden, sind etwa 10 unter Leitung von Klein entstanden, die übrigen auf meine Veranlassung." Brill 1887–1935, Bd. 2, S. 26–27.

[3] Brill 1889, S. 69–70.

Brill stammte, ganz anders als sein Kollege Felix Klein, aus einer Familie von
Mathematikern und Praktikern. Zu den liebsten Beschäftigungen seiner Kindheit,
an die er sich rückblickend erinnerte, gehörten das Malen, Zeichnen und Musizieren, letzteres pflegte er auch später noch im Erwachsenenalter gemeinsam mit
Cousin Hermann Wiener fortzuführen.[4] Sein Onkel Christian Wiener, der Vater
von Hermann, kam wie er aus Darmstadt und lehrte seit 1852 darstellende Geometrie an der Polytechnischen Hochschule Karlsruhe, wo er bereits in den frühen
1870er-Jahren einige geometrische Modelle konstruierte.[5] Brills eigener Aussage
zufolge war es der Einfluss seines Onkels gewesen, der ihn dazu brachte, zunächst
ein Architekturstudium aufzunehmen, bevor er sich der Mathematik zuwandte.[6]
Zudem stammte seine Frau Anna Schleiermacher aus einer Familie von Darmstädter Mathematikern, Physikern, Museumsdirektoren und Schulkommissaren.
Sowohl ihr Großvater als auch ihr Bruder hatten sich selbst mit der Herstellung
mathematischer und physikalischer Modelle beschäftigt.[7] Sie war diejenige, die
Brill mit Themen aus Kunst und Kunstgewerbe vertraut machte und ihn, da sie
„mit lebhaftem Sinn für Form und namentlich für Farbe begabt [war], unwill-
kührlich (sic!) in eine Richtung hineinzog".[8] Brill war in ein dichtes Netz von
Beziehungen eingebunden, auf dem seine Tätigkeit mit Modellen beruhte. Der
Onkel war Mathematiker und mit der Konstruktion von Modellen tätig, ebenso der
Cousin, seine Frau stammte aus einer Darmstädter Familie, die in das Gewerbe-
und Technikwesen eingebunden war. Diese Verbindungen bestanden zum großen
Teil außerhalb seiner akademischen Karriere, aber sie ergänzten Brills Tätigkei-
ten und bildeten eine unabdingbare Ressource für seine Tätigkeit als Konstrukteur

---

[4]Brill 1887–1935, Bd. 1, S. 5.

[5]Zu diesen Modellen gehörten einerseits die bereits oben erwähnte Clebsche Diagonalfläche
und andererseits zahlreiche Modelle von Raumkurven bestehend aus Holz und Faden, die
unter Anleitung Wieners von Studierenden ausgeführt wurden. Vgl. Wiener 1913, S. 297.

[6]Brill 1887–1935, Bd. 1, S. 5.

[7]Der Großvater, Ludwig Johann Schleiermacher, hatte einige Modelle der Mathematik und
Physik in Holz entworfen, darunter Funktionsmodelle von Getrieben aus Holz. Vgl. Prieger und Feustel 1978. Dessen Sohn, August Heinrich Schleiermacher, und Vater von Brills
Frau Anna war Leiter des Ministerialrats des Hessisschen Finanzministeriums und zugleich
Direktor des Darmstädter Museums und Kommissar am Darmstädter Polytechnikum. „Schleiermacher, August Heinrich", HStAD, R 4. Annas Bruder, ebenfalls August Schleiermacher
mit Namen, studierte später bei Brill in München, führte dort Plateausche Versuche aus und
fertigte Drahtmodelle für die Darstellung von Minimalflächen an. Vgl. Brill an Rudolf Sturm,
11.8.1876, in: Brill 1887–1935, Bd. 2, S. 41b–c.

[8]Brill 1887–1935, Bd. 2, S. 38.

von Modellen.[9] Gleichzeitig wird klar, dass Brill und seine Kollegen, die sich mit Modellen beschäftigten, auf diesem Gebiet Laien waren. Kannten sie zwar die Methoden zur Berechnung von geometrischen Flächen und deren zeichnerischen Konstruktion von den Arbeiten Gaspard Monges, so mussten sie sich doch immer wieder aufs Neue mit den Materialien vertraut machen, aus denen sie die Modelle fertigten. Es ist daher nicht ganz leicht, eine treffende Bezeichnung für diese neben der Tätigkeit als Professor ausgeführte Arbeit zu finden. Am ehesten treffen es wohl die beiden Begriffe „Modellmacher", unter dem man im 19. Jahrhundert ganz allgemein jemanden verstand, „der große Sachen im Kleinen vorstellt", oder auch „Modelleur/Modellierer", was einen „Kunsthandwerker, Gestalter, Former von Mustern, Modellen" bezeichnete.[10] So wenig wie wir über Brills praktische Arbeit mit Modellen und die seiner Familienmitglieder wissen, so klar wird doch, dass Privatleben und akademischer Alltag für den Aufbau eines Umfeldes wichtig waren, in dem Modelle hergestellt, reproduziert und vertrieben werden konnten. Mathematische Institute stellten vielleicht die Räume für die Ausstellung von Modellen sowie deren erste Berechnungen und Ausführungen von Modellprototypen bereit. Aber das familiäre Umfeld Brills unterstützte sowohl die geistige als auch die materielle Entstehung der Modelle, für die es im wissenschaftlichen Kontext nicht immer Raum gegeben hätte. So lässt sich erklären, warum Modelle aus unterschiedlichen zeitlichen Epochen in Orten über ganz Deutschland, Europa und sogar die Welt verteilt, sich in Form und Material immer wieder ähnelten. Die in ihre Herstellung involvierten Mathematiker kannten sich gut, waren teilweise miteinander verwandt oder verschwägert und hatten in manchen Fällen gemeinsam studiert. Insbesondere für Alexander Brill war dieses familiäre Netzwerk von großer Bedeutung, denn er konnte kaum auf professionalisierte Betriebe für die Herstellung seiner Modelle zurückgreifen. Wie sich in diesem Kapitel zeigen wird, ändert sich diese Situation nur wenige Jahre später, als sein Cousin Hermann Wiener beginnt, Modelle zu konstruieren und zu verkaufen.

---

[9]In letzter Zeit haben sich eine Reihe von Publikationen mit dem Aspekt häuslicher Beziehungen zwischen Wissenschaftlern und deren Angehörigen und der unsichtbaren Arbeit befasst, die im Hinterzimmer die Ergebnisse von Wissenschaftlern erst ermöglichten. Vgl. etwa Opitz et al. 2016 und darin v. a. White 2016; sowie auch die Arbeiten von Christine von Oertzen zur Rolle der Frau in männerdominierten Arbeitsbereichen: Oertzen 2014; Oertzen et al. 2013.

[10]Vgl. „Modellmacher", in: DWB 1854–1971, Bd. 12 (1885), Sp. 2441 und „Modelleur", in: Pfeifer 1993, online https://www.dwds.de/?view=1&qu=Modelleur (zuletzt geprüft am 12. 10.2020).

Als Brill und Klein in den 1870er Jahren mit der Berechnung und Konstruktion mathematischer Modelle begannen, entwickelten sie zunächst ganz unterschiedliche Arten von Modellen, so etwa Flächen dritter Ordnung, Minimalflächen und vor allem Flächen zweiter Ordnung, auch Quadriken genannt.

> „Instructiv sind in dieser Hinsicht besonders Flächenmodelle. Aber es fehlte bisher an handlichen und leicht zu beschaffenden Modellen dieser Art; findet man doch selbst die wenigen Typen von Flächen zweiter Ordnung in einer Modellsammlung selten vollzählig vertreten."[11]

Brill kannte solche Flächen, insbesondere die von Olivier gefertigten Fadenmodelle aus der Sammlung des Pariser CNAM waren ihm vertraut, die er höchstwahrscheinlich selbst besichtigte.[12] Im Gegensatz zu Olivier verwendete Brill für die Herstellung dieser Flächen vor allem die Materialien Karton und Gips, während sein Cousin Hermann Wiener fast ausschließlich Modelle aus Faden und Draht herstellte. Ein- und dasselbe Modell konnte – in unterschiedlichen Materialien produziert – unterschiedliche Funktionen ausüben. Während ein Ellipsoid aus Gips unbeweglich und undurchsichtig war, war hingegen dasselbe Modell aus Karton beweglich; wenn man es aus Drahtgestänge fertigte und mit Scharnieren versah, war es zudem sogar durchsichtig. Ein Hyperboloid aus Messing und Faden hingegen hatte gegenüber dem Gipsmodell den Vorteil, dass es sich bewegen ließ (und dabei viel stabiler war als ein Modell aus Pappe) und an ihm somit unterschiedliche Kurventypen veranschaulicht werden konnten.

Wenn im Verlauf dieses Kapitels der Fokus auf den drei Materialien Pappe, Gips und Draht liegt, so handelt es sich hierbei natürlich um eine Auswahl aus einer tatsächlich sehr großen Anzahl verschiedener Stoffe. Mathematische Modelle wurden im Verlauf ihrer Geschichte ebenso aus Holz, Glas, Garn, Blei, Polyester und vielen anderen Materialien gefertigt. Soll es aber darum gehen, den epistemischen Wert von Modellmaterialien herauszuarbeiten, so eignen sich die drei Beispiele Karton bzw. Pappe, Gips und Faden/Draht am besten, weil sie zeigen, welchen Einfluss die Stofflichkeit eines Modells auf dessen Eigenschaften hatte. Pappe etwa war als Material leicht zu handhaben und ließ Modelle beweglich werden, was für den didaktischen Einsatz im Unterricht aus zwei Gründen hilfreich war: Das Modell ließ sich handlich zum Transport verpacken und es

---

[11]Brill 1878, S. 117 [handschriftliche Paginierung].

[12]Brill erwähnte die Sammlung in seiner Rede von 1889, vgl. Brill 1889, S. 72. Im Jahr 1880 reiste er selbst nach Paris und auch wenn er es in seinen Aufzeichnungen nicht erwähnt, ist anzunehmen, dass er sie dort auch selbst besichtigte. Vgl. Brill 1887–1935, Bd. 1, S. 34; 39 a–d.

ermöglichte, eine Fläche vor den Augen der Schüler und Studenten entstehen zu lassen. Gips machte ein Modell zwar unbeweglich und war schwieriger in der Handhabe. Dafür ließ sich ein Modell aus Gips leichter reproduzieren und an andere Sammlungen verteilen. Draht wiederum brachte ganz andere Eigenschaften mit sich: Modelle aus gebogenem Draht waren gut geeignet für die Projektion an eine Leinwand – eine Eigenschaft, die aufgrund steigender Studierendenzahlen um 1910 unabdingbar erschien. Alle drei Materialien werden im Verlauf dieses Kapitels insofern als typisch für ihre Zeit verstanden, als sie von ökonomischen, pädagogischen und ästhetischen Faktoren bedingt waren, die sich im Verlauf der Zeit von etwa 1875 – der Zeit als Brill mit dem Bau von Modellen begann – bis 1905, als Wiener seine Modelle herstellte, sehr stark veränderten. Dank der Arbeiten zu Materialikonographie und –ikonologie wissen wir, dass Material eine Wertigkeit besitzt und als eigenständiger Untersuchungsgegenstand behandelt werden muss.[13]

Diese Überlegungen können ebenso für die Wissenschaftsgeschichte geltend gemacht werden. Die Auswahl des Materials war und ist immer von Bedeutung für die Herstellung oder Benutzung eines Modells. Ob ein Modell aus Pappe, Gips, Draht oder Faden angefertigt wurde, bestimmte darüber, wer es konstruierte und mit welchen Mitteln, wie teuer es war, wo es gezeigt wurde, wie es transportiert wurde und wie es verwendet werden konnte. Neben wissenschaftlichen Aspekten spielten sozio-ökonomische und ästhetische Aspekte immer eine Rolle für die Wahl des Materials.

Neben der Vielzahl an Modellmaterialien gab es eine große Anzahl unterschiedlicher Flächentypen von Modellen. Wenn in dieser Arbeit bisher hauptsächlich über Flächen zweiter Ordnung gesprochen wurde – und im Folgenden fast ausschließlich von ihnen gesprochen wird – so liegt dies vor allem daran, dass genau diese Art von Modellen immer wieder in Sammlungen auftauchen und zwar in den drei oben genannten Materialien Pappe, Gips und Draht. Das macht sie miteinander vergleichbar und ermöglicht es zu untersuchen, ob mathematischen Modellen eine materielle Epistemologie zugeschrieben werden kann, also, ob sie bestimmte Eigenschaften allein aufgrund ihres Materials erhalten und ob diese

---

[13]Mit „Materialikonographie" ist hier – in Anlehnung an die kunsthistorische Methode der Bildikonographie – der Versuch gemeint, neben der Formanalyse auch eine Materialanalyse an Kunstwerken vorzunehmen. Vgl. etwa Wagner 2001, Rübel und Wagner 2002, Rübel et al. 2005. Darüber hinaus hat sich in den letzten Jahren an der Schnittstelle von Kunstgeschichte und Kulturanthropologie der Begriff der „Materialikonologie" etabliert. Hiermit ist die Untersuchung des Bezugs zwischen Inhalt (eines Kunstwerks) und dessen Material gemeint, so wie man es von der Bildikonologie kennt, bei der Inhalt und Form miteinander in Verbindung gebracht werden. Raff 2008.

Eigenschaften bestimmend waren für ihren Gebrauch und die Wissensgenese, die an ihnen stattfinden sollte.

Unter einer Fläche zweiter Ordnung versteht man im mathematischen Sinne eine Fläche im Raum, die auf einer quadratischen Gleichung mit mehreren Unbekannten beruht. Eine typische Formel für eine solche Fläche lautet etwa $\frac{x^2}{a^2} + \frac{y^2}{b^2} + \frac{z^2}{c^2} = 1$ (Ellipsoid), $\frac{x^2}{a^2} + \frac{y^2}{b^2} - \frac{z^2}{c^2} = 1$ (einschaliges Hyperboloid), oder $\frac{x^2}{a^2} - \frac{y^2}{b^2} = 2cz$ (hyperbolisches Paraboloid).[14] Monge hatte bereits zum Ende des 18. Jahrhunderts alle überhaupt vorkommenden Flächen zweiter Ordnung systematisch klassifiziert, sodass sie von da an für den Unterricht in darstellender Geometrie zur Verfügung standen, um das Verhalten gewisser Kurvenverläufe zu untersuchen. Insbesondere die Regelflächen standen dabei im Fokus, also die Arten von Quadriken, die Geraden enthielten (elliptischer, hyperbolischer und parabolischer Zylinder, Kegel, einschaliges Hyperboloid, hyperbolisches Paraboloid).

Für Brill dienten solche Regelflächen ebenfalls als fester und wichtiger Bestandteil des mathematischen „Anschauungsunterrichts".[15] Wie eine bestimmte Kurve oder eine Fläche berechnet und dann in ein Modell umgewandelt werden konnte, lag nicht allein in der Beherrschung mathematischer Kenntnisse, auch zeichnerische und nicht zuletzt handwerkliche Fähigkeiten, die an diesen Flächenmodellen eingeübt werden sollten, waren nötig.

Die rechnerischen Verfahren, die zur Konstruktionen dieser Flächen erforderlich waren, unterschieden sich dabei nicht von denen, die bereits zu Beginn des 19. Jahrhunderts an Hochschulen wie der École Polytechnique oder an der École Centrale angewendet wurden. Man fertigte wieder, wie bereits unter Gaspard Monge ca. 70 Jahre zuvor, geometrisch konstruierte Risse an, die zunächst eine dreidimensionale Fläche auf einem flachen Blatt Papier abbildeten und die sich dann auf ein dreidimensionales Modell übertragen ließen.

Die handwerklichen Operationen, die zwischen dem Vorgang der zeichnerischen Konstruktion und der Herstellung eines Modells lagen, beruhten nicht auf mathematischem, sondern vielmehr auf handwerklichem Können und Wissen. Wie im Fall der Modelle Théodore Oliviers des frühen 19. Jahrhunderts waren hier Arbeitsprozesse vonnöten, die von Handwerksbetrieben, Werkstätten oder

---

[14]Zeidler et al. 2013, S. 700.

[15]Brill verwendete diesen Begriff explizit im Zusammenhang mit der Produktion mathematischer Modelle in einem Brief an Rudolf Sturm vom 11.8.1876. Brill 1887–1935, Bd. 2, 41b–c. Zudem erwähnte Brill in ebendiesem Brief, dass er zusammen mit Klein das Kolleg über analytische Geometrie umgestaltet und bei gleicher Stundenzahl auf zwei Jahre ausgeweitet hatte.

Privatpersonen vollzogen wurden, die nicht unmittelbar an das mathematische Institut der Technischen Hochschule angebunden waren. Will man die Entstehung mathematischer Modelle verstehen, muss man einerseits diese aus Frankreich rührenden Traditionen einer praktischen Mathematik einbeziehen, die sich schon früh auf die Verwendung von professionell erstellten Modellen aus Messing und Seide oder auf die Verwendung von Gipsmodellen für die Lehre des Steinschnitts beriefen. Andererseits sind – gerade was die Geschichte mathematischer Modelle in Deutschland betrifft – Praktiken entscheidend, die im außerakademischen Kontext kultiviert wurden. Hier ist neben der Schule vor allem der Haushalt als ein Ort zu verstehen, der für das Einüben von Handfertigkeit besonders wichtig war.

5.1.2 Handarbeit und Hausfleiß

Ab etwa 1870 erstarkte in Deutschland die sogenannte Arbeitsschulbewegung, die das Handwerk und die Handarbeit in der Schule in den Vordergrund rücken wollte.[16] Ökonomische und pädagogische Motive spielten in diese Entwicklung hinein, denn spätestens seitdem man die heimischen Produkte auf internationalen Weltausstellungen mit den Waren anderer Länder vergleichen konnte, schien Deutschland besonders schlecht abzuschneiden.[17] Das Prinzip der „Selbsttätigkeit", von Fröbel und Pestalozzi in deren Schriften im frühen 19. Jahrhundert immer wieder betont, rückte ins Zentrum einer Erziehung, die Schule als Vorbereitung für die Arbeitswelt verstand. So entstanden Schulwerkstätten, Schulgärten, es wurden Vereine gegründet, die dieses Anliegen unterstützen sollten, wie etwa der 1876 gegründete *Verein für häuslichen Gewerbefleiß* oder auch das 1881 gegründete *Deutsche Zentralkomitee für Handfertigkeit und Hausfleiß* (später *Deutscher Verein für Knabenhandwerk*).[18] Techniken, die das Erlernen dieser sogenannten

---

[16]Der Begriff der „Arbeitsschule" wurde um 1900 von dem Pädagogen Georg Kerschensteiner aufgegriffen, ausdifferenziert und weiterentwickelt. Sein Anliegen war dabei unter anderem die Herausbildung „brauchbarer Staatsbürger". Vgl. Kerschensteiner 1912. Es mag hier als kleines aber doch nicht unbedeutendes Detail der Geschichte vermerkt werden, dass Kerschensteiner bei Alexander Brill an der Technischen Hochschule München 1886 promovierte (noch kurz nach dessen Weggang) und am Modellierkabinett auch selbst Modelle konstruierte. Beide blieben bis 1920 brieflich miteinander in Verbindung. In einem der frühen Briefe an Kerschensteiner schrieb Brill, dass er sich die „Discriminantenflächen" Kerschensteiners noch einmal angesehen habe, um sie mit anderen zu vergleichen. Alexander Brill an Georg Kerschensteiner, 1.10.1893 Monacensia GK B 113.

[17]Nohl 2002, S. 50–52 und Oelkers 2005, S. 42.

[18]Reble 1999, S. 301–302; sowie Oelkers 2005, S. 43, sowie 88–89.

Handfertigkeit unterstützen sollten, wurden dabei in der Schule oder im Kontext der (klein-)bürgerlichen Kleinfamilie eingeübt.

Eine Fülle von Lehr- und Anleitungsbüchern, die zum Ende des 19. Jahrhunderts erschienen, zeigten die Möglichkeiten auf, mit einfachen Mitteln das Modellieren von Formen im Haus- und Schulgebrauch anzuwenden. Eines dieser Bücher, die unter dem Begriff der Belehrungsliteratur[19] zusammengefasst werden können, war die *Kleine Baumodellierschule* der Gebrüder Gustav und Alexander Ortleb (vgl. **Abb. 5.1**). Dieses Buch verstand sich als eine

> „Anleitung wie Dilettanten und jugendliche Anfänger Modelle von Gebäuden jeder Stilart von Holz, Kork und Pappe selbst anfertigen können."[20]

Die von den Ortlebs behandelten Materialien umfassten dabei neben den hier genannten außerdem noch Gips, zu deren Verarbeitung auch das Modellieren in Ton und Wachs gehörte. Die Herstellung von Modellen stand im Zeichen eines ganzheitlichen pädagogischen Konzepts. Die Beschäftigung der Hand, so Ortleb, habe nämlich eine wichtige Bedeutung für „die körperliche, geistige und sittliche Entwickelung und Erziehung der Jugend gewonnen", da diese so an Überlegen und Denken sowie an „körperliche Thätigkeit, an Sauberkeit und Ordnung, an Lust und Liebe zu förderlichem Schaffen" gewöhnt werde.[21]

> „Die Handarbeit macht die Hand geschickt und gewandt, sie schärft das Augenmaß, bildet den Schönheits- und Formensinn und bereitet auf einen späteren Beruf, auf Tüchtigkeit und Erwerbsfähigkeit für das künftige Leben vor."[22]

Neben Ortlebs Baumodellierschule gab es noch weitere Anleitungsbücher zur Erstellung von Modellen und Apparaten, die in mehrfacher Auflage immer wieder um neue Techniken und Materialien ergänzt wurden. So erschien etwa 1873 erstmals E. Barths und W. Niederleys *Des Deutschen Knaben Handwerksbuch* und 1894 Carl Freyers *Der junge Handwerker und Künstler*.[23] Beide behandelten

---

[19]Dieser Begriff stützt sich auf die pädagogische Sachliteratur des 19. Jahrhunderts. Vgl. Pech 2010, S. 15–16. Dabei stammt die Tradition der Sachschrift bereits aus dem 18. Jahrhundert, als Pädagogen sich mittels Anleitungsliteratur einer realistischen, utilitaristisch aufgefassten und anschaulich vermittelten Bildung zuwandten. Vgl. te Heesen 1997, S. 50–58.

[20]Ortleb und Ortleb 1886.

[21]Ortleb und Ortleb 1886, S. 3.

[22]Ortleb und Ortleb 1886, S. 3.

[23]Barth und Niederley 1873; Freyer 1894. Barth und Niederley fügten erst in der 2. Auflage von 1888 einen Abschnitt über Metallarbeiten hinzu.

Abb. 5.1 Titelblatt von August und Gustav Ortleb's Kleiner Baumodellierschule, 1886. Ortleb & Ortleb 1886

neben den Materialien Gips, Pappe und Holz auch Metallarbeiten. Die Kapitel waren dabei so angeordnet, dass sie bei den am leichtesten auszuführenden Arbeiten begannen und dann zu den schwierigeren vorrückten. Deutlich wird bei der

Lektüre dieser Sach- und Anleitungsliteratur, dass es neben der Auflistung möglicher Gegenstände und Spielzeuge sowie der Ausführung über den Umgang mit
ihnen zugleich immer auch um deren Herstellung ging. Bereits im Anfertigen
eines Alltagsgegenstandes, eines Spielzeugs oder eines Modells lag ein Erkenntniswert, der sich sowohl aus dem Umgang mit dem Material, als auch aus dem
dafür vorgesehenen Werkzeug speiste.

Diese belehrenden technischen Sachschriften des 19. Jahrhunderts stellten
einerseits das Einüben bestimmter Tugenden wie Fleiß oder Sorgfalt und andererseits die Verbreitung von Kenntnissen über Material und Werkzeug in den
Vordergrund.[24] Wie die Titel der beiden zuletzt zitierten Werke zeigen, richteten
sie sich ausschließlich an Jungen. Die Erziehung von Mädchen orientierte sich
hingegen eher an häuslichen Pflichten, der Handarbeit und der Kinderpflege.[25]
Diese geschlechtsspezifischen Grundsätze wurden nicht nur in Sachschriften und
Zeitschriften vermittelt, auch Mädchenschulen waren demnach um 1880 darauf
ausgelegt, Mädchen auf ihre spätere Rolle als Frau und Mutter vorzubereiten.
Fertigkeiten, die Mädchen erlernen sollten, standen immer im Kontext von Haus,
Herd, Heim und Familie. Der Handarbeitsunterricht – und die ihn begleitende
Anleitungsliteratur – verfolgte das Ziel, die Schulung des Geistes mit morali-
schen Kategorien zu verbinden. Die gute Hausfrau sei eben nicht nur ihrem Mann
gegenüber einfühlsam und verständnisvoll, sondern sie verfüge über Fertigkeiten,
die ihre Arbeit im Haushalt verbessere.[26]

5.1.3   Die Frauen wirken im Hintergrund…

Blieben Frauen, was die technische Handhabe von Werkzeug und den Umgang
mit Material betrifft, in populären Medien wie Anleitungsbüchern meistens vernachlässigt, fungierten sie dagegen oftmals als Gehilfinnen, wenn es um die
alltäglichen Arbeiten ging, die in einem Modellverlag oder einer Lehrmittelhandlung verrichtet wurden.[27] Ihre Arbeit kommt weder in den Quellen noch
in der bisher erschienenen Sekundärliteratur über mathematische Modelle zum
Vorschein. Sie muss eher anhand einzelner Bruchstücke rekonstruiert werden

---

[24]Vgl. Pech 2010.

[25]Als ein etwas späteres Beispiel dient hier Walther 1912.

[26]Kraul 1991, S. 290–293

[27]Karin Zachmann fasst dieses Phänomen am Beispiel der Textilindustrie mit der Formel
„Männer arbeiten, Frauen helfen" zusammen, vgl. Zachmann 1993.

und bleibt doch lückenhaft. Die Frau im engeren – und die Familie im weiteren Sinne – hatte dennoch einen großen Anteil am ökonomischen Erfolg des mathematischen Lehrmittelhandels im letzten Drittel des 19. Jahrhunderts.[28]

Um 1870 entstanden deutschlandweit zahlreiche Lehrmittelhandlungen, von denen sich einige auf die Herstellung und den Vertrieb mathematischer Modelle und Instrumente spezialisierten. Unter „Lehrmittel" verstand man im Erziehungs- und Unterrichtswesen des 19. Jahrhunderts

„Natur- oder Kunstproducte, welche zur Erläuterung oder Förderung des Unterrichts durch Anschauung dienen, und Instrumente, welche zu Experimenten gebraucht werden und den Unterricht ebenfalls durch Anschauung unterstützen."[29]

Hierzu gehörten Turngeräte, das Schulmobiliar sowie Modelle, Präparate, Zeichengeräte, Landkarten und Wandtafeln. Lehrmittelhandlungen, die sich auf die Herstellung didaktischer Instrumente konzentrierten, kannte man bereits seit dem frühen 19. Jahrhundert aus Frankreich und England. Dort waren es Firmen wie Pixii oder Nollet, sowie später Fabre de Lagrange, die die Produktion mathematischer Modelle mit übernahmen. Ihr Hauptgeschäft bestand allerdings in der Herstellung physikalischer Instrumente, wie etwa der Wellenmaschine, die zunächst aus einem Forschungskontext erwuchsen und später für den Unterricht verwendet wurden.[30] Auch deutsche Firmen wie etwa Ernst Leybold's Nachfolger (Köln) und Max Kohl (Chemnitz) behaupteten sich seit Ende des 19. Jahrhunderts auf dem internationalen Markt für physikalische Instrumente und Apparate.[31]

Was die Herstellung und den Vertrieb didaktischer Modelle für die Mathematik betraf, entstand in Darmstadt – dem Geburtsort Brills und der späteren Wirkungsstätte Hermann Wieners – einer der ersten Modellverlage überhaupt. 1837 gründete dort der gelernte Tischler Jacob Peter Schröder die Firma *J. Schröder, Nähmaschinen, polytechnisches Institut und polytechnisches Arbeitsinstitut*. Die Vorlagen für dessen Modelle entstanden im heimischen Umfeld seiner Wohnung, wo er Modellier- und Zeichenunterricht erteilte. Nachdem er die Nähmaschinenproduktion in den 1850er Jahren eingestellt hatte, konzentrierte Schröder sich auf das Kerngeschäft, das neben mathematischen Modellen ebenfalls Modelle für

---

[28]Nils Güttler zeigt am Beispiel der Koloristinnen des Gothaer Perthes Verlags, welch entscheidende Rolle die Arbeit der Frauen, die zumeist vollständig im Hintergrund des Verlagsgeschehens betrieben und nach außen nicht kommuniziert wurde, an der Verwissenschaftlichung der Kartographie hatten. Güttler 2013.

[29]„Lehrmittel", in: Schmid 1859–1875, Bd. 4 (1865), S. 278.

[30]Vgl. Brenni 2012.

[31]Vgl. hierzu etwa Wittje 2011.

die Kristallographie, das Bauwesen und den Maschinenbau umfasste. Wenngleich noch 1885 ein Katalog für Unterrichtsmodelle erschien, musste seine Firma kurz nach seinem Tod 1887 verkauft werden.[32] Etwa zeitgleich zu Schröder brachten andere Modellhersteller ihre Produkte auf den Markt, so die 1833 gegründete Firma Dr. Krantz, Rheinisches Mineralien-Kontor aus Bonn. Deren Modelle waren hauptsächlich für den Unterricht in der Kristallographie und Mineralogie vorgesehen.[33]

5.1.4 ... und ziehen die Fäden

Alexander Brill war zweifelsohne mit den bereits bestehenden Herstellerfirmen für Modelle und Instrumente vertraut. Er kannte die ortsansässige „Schröder'sche Modellfabrik" und deren Erzeugnisse, gab aber dennoch die Produktion und den Vertrieb seiner Modelle nicht in deren Hände. Nach Brills eigener Aussage kamen die bestehenden Firmen Brills Ansprüchen nicht in genügender Weise nach. Viele der käuflichen Modelle aus der Zeit vor Antritt seiner Professur in München

> „ließen viele Wünsche unbefriedigt, die sich bei den Vorträgen über Geometrie, namentlich solchen über Krümmung der Oberflächen, geltend machten."[34]

Dass Brill neue Wege beschritt, lag mitunter an der bestehenden Unternehmensstruktur von Modell- und anderen Lehrmittelverlagen. Die Firmen Schröder und Krantz waren als Familienunternehmen gegründet worden und verblieben in dieser Struktur. Diese Praxis der Unternehmensführung nach Erbfolge und im Familienbund war vor allem typisch für das Verlagswesen des späten 19. Jahrhunderts. Dadurch wurde sichergestellt, dass persönliche und familiäre Verbindungen ein Unternehmen über Generationen hinweg erhielten.[35] Der Verlag Ludwig Brill ist ebenfalls im Zusammenhang mit dieser Tradition des familiären Verlagsbuchhandels zu verstehen, was sich schon daran ablesen lässt, dass Ludwig Brill sein Geschäft nicht etwa in Lehrmittel- oder Modellhandlung umbenannte als er den

---

[32]Vgl. Nachlass Jacob Peter Schröders. Hessisches Wirtschaftsarchiv, Abt. 2005: Kleinere Bestände, Bd. 1, o. N. sowie die handschriftlichen Aufzeichnungen Schröders über sein Leben HStAD 28, F 2771/23.

[33]Trotz der langen und bis heute andauernden Geschichte des Familienunternehmens Krantz gibt es nur wenige, rar gesäte Referenzen zu dessen Geschichte. Einige Hinweise zur Entstehungsgeschichte liefern Schemm-Gregory und Henriques 2013, sowie Krantz 1984.

[34]Brill 1889, S. 75–76.

[35]Jäger 2001b.

Vertrieb von Modellen übernahm, sondern sich nun „Modell-Verlag" nannte.[36] Umso enttäuschter war Alexander dann aber als klar wurde, dass Ludwig sich aus dem Geschäft zurückziehen wollte. Zwar war bereits seit etwa 1890 klar, dass der Bruder sich vom Modellvertrieb lossagen wollte. Als dies dann aber 1899 tatsächlich geschah und Ludwig den Familienbetrieb an den Verleger Martin Schilling in Halle (später Leipzig) verkaufte, war er darüber sehr betrübt.[37]

Im Hause Schilling trat nun eine ganz ähnliche auf familiärem Zusammenhalt basierende Verlagsstruktur zu Tage wie bereits bei Schröders Arbeitsinstitut und bei den Brills. Martin Schilling war der Bruder des Mathematikers Friedrich Schilling, der zu der Zeit der Verlagsübernahme gerade die Professur für darstellende Geometrie an der Universität Göttingen angenommen hatte und dort fortan die Abteilung B: *Graphische Übungen und mathematische Instrumente der Göttinger Sammlung mathematischer Instrumente und Modelle* leitete. Diese Symbiose beider Brüder sollte sich als äußerst fruchtbringend erweisen. Friedrich hatte das Wissen über Modelle und verfügte über die notwendigen Kontakte zu Mathematikprofessoren, die am Kauf von Modellen für die Sammlungen interessiert waren. Martin nutzte sein verlegerisches Wissen und wandelte die 1897 gegründete Kunst- und Buchhandlung in einen Modellverlag um.[38] Diese Wandlung ist allein schon deshalb interessant, weil der Literatur- und Kunstverleger in dieser Zeit zumeist einem Typus entsprach, der mit seiner Unternehmung ein von persönlichen Interessen, literarischen Präferenzen und Reformbewegungen geprägtes Programm verfolgte.[39] Martin Schilling folgte nicht so sehr seinen eigenen Vorlieben, sondern ließ sich in der Ausrichtung seines Verlages auf Modelle von der Vorliebe seines Bruders leiten und unterstützte sie.[40] Er erhielt von Kollegen seines Bruders die Prototypen von Modellen oder die rechnerischen Vorlagen für solche. So wurde etwa für die Herstellung von Fadenmodellen, die denen Oliviers ähnlich waren, zunächst zur Probe ein Holzrahmen erstellt. Erwies dieser sich als passend, stellte ein Schlosser die passenden Metallrahmen her. Was dann

---

[36] Brill und Brill 1885, S. 20.

[37] Brill 1887–1935, Bd. 3B, 86.

[38] Vgl. Richter/Vogel 2008. Ich danke hierfür Karin Richter, Prof. für Mathematik an der Universität Halle, sehr herzlich, dass Sie mir dieses Gesprächsprotokoll zur Einsicht überließ.

[39] Jäger prägt in diesem Zusammenhang den Begriff des „Verlegers aus Leidenschaft" vgl. Jäger 2001a, S. 219.

[40] Er mag zudem erkannt haben, dass das Geschäft mit mathematischen Lehrmitteln sich als lukrativ erweisen könnte. Tatsächlich ist aber nichts über die persönlichen Motive Martin Schillings und die Gründe bekannt, die ihn zu diesem Schritt – einen Bücherverlag in einen Modellverlag zu verwandeln – bewogen haben mögen. Publikationen aus dem Hause Schilling von 1897 bis 1899 sind ebenfalls nicht überliefert.

folgte, lag zum großen Teil in den Händen der weiblichen Familienmitglieder der Schillings:

„Dann wurden diese Rahmen durch die Frauen der Familie (Mutter, Großmutter, Tanten) im häuslichen Wohnzimmer mit Seidenfäden bespannt."[41]

Die „Frauen der Familie" waren im Hause Schilling die unsichtbaren Hände.[42] Diese Stellung war keinesfalls marginal. Denn das Bespannen von Seidenfäden, das Einritzen von Linien in fertige Gipsmodelle oder das Ausschneiden von Karton-Scheiben – ebenfalls Arbeiten, die den Frauen erledigten – erforderte ein hohes Maß an Sorgfalt und Präzision. Arbeitsökonomisch gesehen sorgten Modellhersteller wie Schilling (und vor ihm bereits Schröder und höchstwahrscheinlich auch Brill) auf diese Weise dafür, dass möglichst viele Arbeitsschritte bei der Modellherstellung an einem Ort vereint blieben. Zudem war es im Verlagswesen des späten 19. und frühen 20. Jahrhunderts ganz üblich, dass die Frauen als Helferinnen und Beraterinnen des Mannes tätig waren.[43] Äußerungen der „Herren" zum Arbeitsanteil der Frauen findet man allerdings nicht – weder in den Tagebucheintragungen Brills, noch in denen Kleins. Im Gegenteil: Wenn Brill von „Modellproduktion" sprach, dann erwähnte er ausschließlich entweder seine männlichen Studenten oder andere Mathematikerkollegen, wie etwa Walther von Dyck, Karl Rohn oder seinen Onkel Christian Wiener. Schilling, der sein Wohnzimmer in eine Produktionsstätte für Modelle verwandelte, führte ein Familienunternehmen, das auf unbezahlte (weibliche) Vollzeitkräfte zurückgriff. Der ökonomische Erfolg, der seinem Verlag in den Jahren zwischen 1899 und etwa 1920 beschieden war, beruhte wohl zu einem gewichtigen Teil auf der beständigen und detailgenauen Arbeit der Frauen.[44]

---

[41] Richter/Vogel 2008, S. 1.

[42] Markus Krajewski zeigt auf, dass sogenannte „Projektemacher" um 1900 sich ähnlicher familiärer Konstellationen bedienten, wenn es um die Verwirklichung groß angelegter Unternehmungen ging – so wie etwa im Fall des Ingenieurs Franz Maria Feldhaus, der ein technikgeschichtliches Archiv anlegte und dafür sowohl seine Frau als auch seine Kinder einspannte. Vgl. Krajewski 2006 und Krajewski 2008.

[43] Jäger 2001a, S. 218.

[44] Die Enkelin Schillings erwähnt selbst die Erfolgsgeschichte des Verlags, ohne sich selbst damit in Verbindung zu bringen. So führt sie an, dass die Modelle auch in andere Länder wie etwa Japan exportiert wurden. Vgl. Richter/Vogel 2008, S. 1.

5.2   Modelle aus Pappe

Um 1880, etwa zehn Jahre nachdem Felix Klein sich die Modellsammlung des Musée des Arts et Métiers in Paris angesehen hatte, erhielt jenes eine Schenkung von vier beweglichen Kartonmodellen von Flächen zweiter Ordnung (vgl. **Abb. 5.2**). Der Urheber und zugleich Stifter der Modelle war der wohl berühmteste Schüler Kleins (und Brills) – Rudolf Diesel, der zwischen 1875 und 1880 an der Technischen Hochschule München Maschinenbau studierte und an den Modellierübungen teilnahm.[45] Diesel, seit 1880 Direktor einer Pariser Eisfabrik und später der Erfinder des gleichnamigen Motors, wohnte mittlerweile nur wenige Meter vom Conservatoire entfernt im Boulevard Voltaire. Seinen Modellen legte er ein Begleitschreiben bei, in dem es heißt:

> „Jedes dieser Modelle repräsentiert nicht eine einzige Fläche sondern kann durch leichten Druck, der das Modell in eine andere Richtung zu wenden vermag, in eine Vielzahl von verschiedenen Dimensionen verändert werden, bis das Modell schließlich völlig flach ist."[46]

Die vier Modelle umfassten erstens ein Ellipsoid, das zwei Formen von Kreisschnitten aufwies und das sich sowohl in ein längliches als auch in ein abgeflachtes Ellipsoid transformieren ließ. Zweitens ein einschaliges Hyperboloid, welches ebenfalls über zwei Arten von Kreisschnitten verfügte und sich beliebig verlängern und verkürzen ließ. Drittens ein hyperbolisches Paraboloid, das sich durch Druck in andere Positionen umwandeln ließ, und viertens ein weiteres hyperbolisches Paraboloid, das die doppelte geradlinige Erzeugende dieser Fläche aufzeigte.[47]

Die ersten Karton-Modelle dieser Art hatte Alexander Brill bereits 1874 selbst angefertigt. Hierbei handelte es sich ebenfalls um eine Serie von Flächen zweiter Ordnung, sie enthielt ein Ellipsoid, ein einschaliges sowie ein zweischaliges

---

[45]Die Modelle die von ihm in Brills Katalog verzeichnet sind, wurden allerdings in Gips gefertigt. Hierzu mehr in **Kapitel 5/Abschnitt 5.3**. Vgl. zur Biographie Diesels etwa „Rudolf Diesel", in: NDB 1971–2013, Bd. 3 (1957), S. 660–662 und Köhler 2012.

[46]„Chacun de ces modèles ne représente pas une seule surface mais peut être transformé par une légère pression opérée dans une direction facile à reconnaître en un nombre indéterminé de surfaces du même nom mais de différents dimensions jusqu'à ce qu'enfin le modèle soit entièrement aplati." Rudolf Diesel an den Kurator des Musée des Arts et Métiers, Paris, undatiert. Collections CNAM Paris (persönliche Leihgabe durch den Konservator Tony Basset).

[47]Rudolf Diesel, undatiert. Collections CNAM Paris.

Abb. 5.2 Kartonmodelle von Flächen zweiter Ordnung aus der Hand Rudolf Diesels. Sammlungen des Musée des Arts et Métiers, Dépot, Fotografie © Anja Sattelmacher

Hyperboloid, ein elliptisches und ein hyperbolisches Paraboloid sowie einen halbierten Kegel.[48] Brill wiederum war nach eigener Aussage auf die Idee für solche Modelle auf der 1873 in Göttingen stattfindenden Ausstellung mathematischer Modelle gekommen, die heute nicht mehr dokumentiert ist. Dort hatte der in England lehrende Mathematiker Olaus Henrici einige Modelle von Flächen zweiter Ordnung aus Karton ausgestellt. Diese Flächen waren so hergestellt, dass sie

> „deformirt werden können, d. h. ihre Gestalt kann wechseln durch Veränderung der Form oder der relativen Lage der Leit-Curven oder Graden, welche dazu dienen, die Bewegung der erzeugenden Graden zu leiten".[49]

Mit diesen Worten beschrieb sie jedenfalls der Katalogtext zur Internationalen Ausstellung Wissenschaftlicher Apparate im South Kensington Museum aus dem Jahr 1876, wo diese Modelle Henricis ausgestellt waren. Brill übernahm nicht allein die Idee der Erstellung von Modellen aus Karton, er erhob ebenso einen Anspruch der Systematisierung in deren Herstellung. Denn bei den bisherigen

---

[48]Hierbei handelte es sich zugleich um die erste Modellserie in Brills Katalog, die allerdings keine Nummerierung aufwies. Sie wird vor der Serie Nr. I (Gipsmodelle) angeführt. Vgl. Brill und Brill 1885, S. 1–2.

[49]Smith 1876, S. 57.

Kartonmodellen, wie etwa bei denen Henricis, habe es sich lediglich um Einzeldarstellungen gehandelt. Brill hingegen wollte eine Konstruktionsweise für Modelle entwickeln, die systematisch auf alle Flächen zweiter Ordnung angewendet werden konnte.[50] Die Karton-Modelle Diesels (nach der Idee Brills) bestanden aus vorgefertigten Schnittflächen, die senkrecht ineinander gesteckt wurden. Diese Schnitte wurden zunächst anhand einer mathematischen Gleichung ermittelt. Man stelle sich hierfür ein dreiachsiges, also räumliches Koordinatensystem vor, dessen Achsen mit x, y und z bezeichnet werden. Für die ebenen Schnitte einer Fläche zweiter Ordnung, die parallel zur x-y-Ebene liegen, gilt dann $z = c$ (Konstante). Zur Erzeugung einer Schnittkurve muss c nun mit einem Wert versehen werden. Für die Schnittfläche einer Kugel etwa ließ sich dies für eine Schnittfläche mit dem Radius 7 mit der Gleichung $x^2 + y^2 + z^2 = 7^2 = 49$ darstellen. In Normallage, also wenn $z = 0$, schnitt die x-y-Ebene die Kugel im Kreis $x^2 + y^2 = 49$. Wenn $z = 1$ oder $z = -1$, die Parallelen zur x-y-Ebene, also im Abstand 1 lagen, schnitten sie die Kugel im Kreis $x^2 + y^2 + 1 = 49$. Für die Werte 2, 3, etc. galt Entsprechendes.[51]

Die so entstandenen Schnittkurven wurden nun auf Karton vorgezeichnet. Um aus den zweidimensionalen Schnittvorlagen ein dreidimensionales Modell entstehen zu lassen, wurden immer zwei Schnittflächen an deren Drehachsen ineinander gesteckt. Um sicherzugehen, dass die richtigen Schnittflächen miteinander verbunden wurden, waren auf den Pappkreisen Markierungen vorgenommen worden. Entsprechende Einschnitte zweier Kreise waren dafür mit gleichen Zifferpaaren versehen worden – so z. B. 75 oder 57 – sie markierten die jeweiligen Stellen, an dem die Kreisschnitte 5 und 7 sich durchdrangen (vgl. **Abb. 5.3.1 & 5.3.2**).

Das Besondere an diesen Kartonmodellen war ihre Beweglichkeit. Das oben beschriebene Ellipsoid konnte flach zusammengelegt in einer Schachtel Platz finden oder – in aufgefächerter Form auf einem Holzsockel – in einer Sammlung platziert werden. Hierfür musste das Modell weder zerlegt noch zusammengefügt

---

[50]Brill 1878.

[51]Diese Ausführungen verdanke ich einer persönlichen Korrespondenz mit Gerhard Betsch, ehemaliger Akademischer Rat am mathematischen Institut der Universität Tübingen. Betsch's Vater Christian war einer der letzten Doktoranden Alexander Brills in Tübingen. Noch während seiner Studienzeit fertigte dieser im Wintersemester 1914/15 das Modell eines einschaligen Rotationshyperboloids mit geodätischen Linien. Vgl. Betsch 2014. Gerhard Betsch verfügt – wohl aufgrund seines persönlichen Interesses an der Beziehung zwischen Brill und seinem Vater – als einer der wenigen Mathematiker noch über konkretes Wissen zur Herstellung mathematischer Modelle. In einer Vielzahl an persönlichen Treffen, Telefonaten und e-mails gab Betsch mir sein Wissen bereitwillig preis, so etwa für die Herstellung Flächen zweiter Ordnung aus Karton, hier verzeichnet als Betsch/Sattelmacher 2013.

Abb. 5.3.1 & 5.3.2 Markierungen an Schnittflächen von Flächen zweiter Ordnung, einmal an einer Kugel (links) und einmal an einem Ellipsoid (rechts), Mathematisches Institut der Universität Göttingen. Die Nummern verweisen auf die jeweiligen Stellen, an denen die Flächen ineinander gesteckt werden sollten. Mathematisches Institut der Universität Göttingen, Modellsammlung, Fotografie © Anja Sattelmacher

werden. Die Cartonscheiben waren so ineinandergefügt, dass das Modell sich als Ganzes entlang einer Drehachse bewegen ließ.

5.2.1   Pappe als pädagogisches Material

Karton oder Pappe wurde schon länger als Material für den Modellbau verwendet. Bereits um 1800 wurde in *Krünitz' Oeconomischer Encyclopädie* unter dem Stichwort „Papparbeit" betont, dass jene nicht allgemein als „bloßer Zeitvertreib" zu sehen sei, sondern als eine „nützliche Beschäfftigung", welche der Jugend zur „Verfertigung einer Menge zierlicher und schätzbarer Geräte" diene, die „in der Haushaltung eine bedeutende Lücke ausfüllen könnte".[52] Hierfür sei es wichtig, sich der Werkzeuge des Lineals, des Winkelhakens, des Maßstabs, der Schere, des Messers sowie des Zirkels richtig bedienen zu können. Zu der einfachsten Sorte an Gegenständen zählten dabei zylindrische Gegenstände ohne Falz, wie etwa Schachteln, Dosen oder Büchsen, da man sie „entweder aus freyer Hand, d. h. bloß mit Hülfe der im vorhergehenden beschriebenen Instrumente, oder auch

---

[52] „Papparbeit", in: Krünitz 1773–1858, Bd. 17 (1779), S. 238.

über Walzen (Formen) verfertigen" könne.[53] Nicht nur für den Haushaltsgebrauch
sei demnach die Arbeit mit Pappe von Nutzen, sondern auch für Anwendungen
in der Technik und der Wissenschaft. Auf diese Weise könnten sogar elektrische
Apparate, eine elektrische Batterie, oder gar Teile aus der Experimentalphysik aus
Pappobjekten gefertigt werden, so etwa Teile optischer Instrumente, Röhren zu
Mikroskopen und andere Futterale und Gehäuse. Überhaupt versinnliche die Papparbeit „geometrische Wahrheiten durch Aufstellung der geometrischen Körper,
und anderer Figuren".[54]

Zur Wende zum 19. Jahrhundert wurden die Herstellungstechniken der Papier-
verarbeitung, wie etwa der Vorgang der Blattbildung, nach und nach mechani-
siert.[55] Angefangen mit dem Buchbindegewerbe in den 1820er Jahren begann
in den 1840er Jahren in Deutschland die Massenproduktion von Kartonnagen,
Geschäftsbüchern, Briefumschlägen und anderen Produkten aus Papier. In den
späten 1850er Jahren schließlich entstand eine Papierwarenindustrie, aus der
sowohl die Tüten- und Beutel-Fabrikation hervorging, als auch Briefumschläge,
Kartonnagen, Lehrmittel sowie Buntpapier, Spielwaren und Luxuspapier.[56] Karton entstammte – wie die Papiermanufaktur – dem Buchdruckergewerbe, es wurde
daneben bereits zu Beginn des 19. Jahrhundert in der Baukunst verwendet, wo
man unter dem Stichwort „Carton" einen „nach einem gewissen Umriss ausge-
schnittene[n] Pappdeckel (starkes Papier oder ausgeschnittenes Blech)" verstand,
der als Modell für Gebälkprofile und für Baurisse diente.[57] In Anleitungsbüchern
für den Hausgebrauch oder in Lehrbüchern, die für den Unterricht in Geometrie
bestimmt waren, tauchte die (zunächst selbst erzeugte) Pappe als Material zur
Herstellung von Modellen bereits im frühen 19. Jahrhundert auf.[58] So erschienen
bereits ab etwa 1802 die ersten Anleitungen zur Arbeit mit Pappe im Unterricht,
wie etwa Rockstrohs *Anweisung zum Modellieren aus Papier*.[59] Der promovierte
Mathematiker, Lehrer, Techniker und Jugendschriftsteller Heinrich Rockstroh,

---

[53] „Papparbeit", in: Krünitz 1773–1858, Bd. 17 (1779), S. 246.

[54] „Papparbeit", in: Krünitz 1773–1858, Bd. 17 (1779), S. 302–303.

[55] Müller 2012, S. 194–195 weist darauf hin, dass diese Mechanisierung nicht ohne den
Widerstand der Arbeiter angenommen wurde, den Produzenten jedoch „ununterbrochene
Produktionsbewegungen" in Aussicht stellte.

[56] Speziell die Kartonnagefabrikation etablierte sich in den 1830er und 1840er Jahren. Vgl.
Schmidt-Bachem 2011, S. 5.

[57] „Carton", in: Krünitz 1773–1858, Bd. 7 (1776), S. 680.

[58] Vgl. zur Geschichte des Kartonmodellbaus und dessen Darstellung in Enzyklopädien
und Anleitungsbüchern Badisches Landesmuseum Karlsruhe und Siefert 2009 und darin
insbesondere Siefert 2009a und Siefert 2009b.

[59] Rockstroh 1802.

der sich mit allerlei technischen Neuheiten sowie mit den Methoden des natur-
kundlichen Unterrichts befasste, verfasste zahlreiche populärwissenschaftliche
Fach- und Anleitungsbücher, wie etwa die *Anweisung zum Modellieren aus
Papier oder aus demselben allerley Gegenstände im Kleinen nachzuahmen* (1802),
die *Anweisungen, wie Schmetterlinge gefangen, ausgebreitet, benennet, geordnet
und vor Schaden bewahret werden müssen* (1825), oder *Mechanemata oder der
Tausendkünstler. Eine reichhaltige Sammlung leicht ausführbarer physikalischer
Experimente und mathematischer, physikalischer, technischer und anderer Belus-
tigungen* (1831). Auch der Mathematiklehrer und Physiker Moritz von Poppe
befasste sich bereits in der ersten Hälfte des 19. Jahrhunderts eingehend mit der
Herstellung sowie der Bearbeitung von Papier und entwarf zahlreiche Vorlagen für
die unterschiedlichsten Modelle für den Alltagsgebrauch, für den Naturkundeun-
terricht („einen Fisch von Pappe zu machen"), sowie für geometrische Modelle,
Hebel, Flaschenzüge, etc.[60]

Typisch für diese Art von populärer Anleitungsliteratur zur Erstellung von
Kartonmodellen war, dass sich in den Büchern zahlreiche vorgezeichnete Netze
befanden, die als Vorlage zur Verfertigung von Objekten aller Art dienten – darunter beispielsweise geometrische Körper.[61] Dies ist auch in **Abb. 3.8** zu erkennen.
Mit „Netz" war in diesem Fall die zweidimensionale Auffaltung eines dreidimensionalen Körpers gemeint. Körper, die häufig in Modeallbaubögen für Kinder
vorkamen, waren die Platonischen Körper aber auch Quader und Kegel.[62] Waren
die Netze auf einem Modellbaubogen abgedruckt, so musste hierfür ausreichend
dicke Pappe verwendet werden, damit sie direkt von der Vorlage durch dünnes
Papier abgepaust und dann als Schnitt- und Faltvorlage benutzt werden konnten.
Waren die Körperumrisse nicht abgedruckt, wurden Anweisungen gegeben, wie
solche Netze selbst zu erstellen sind. Zu den wichtigsten Erfordernissen gehörte
es dabei, den entsprechenden Gegenstand auf Karton vorzuzeichnen:

> „Nur durch dieses Vorzeichnen oder Vorherzeichnen erhält man den Vortheil, daß sich
> das Papier nicht nur genau, sondern auch leicht schneiden und biegen läßt [...] es kann
> und darf aus dieser Ursache nur mit Zirkel, Linial und Linialdreyeck verrichtet werden,

---

[60]Poppe 1840.

[61]Die Publikationen, die entsprechende Schnittbögen für Modelle aus Karton enthielten,
wurden bereits damals von mehreren renommierten Verlagen vertrieben. Ein bekanntes Beispiel war der Schreiber Verlag aus Esslingen am Neckar, der 1831 von Jakob Ferdinand
Schreiber gegründet worden war. Vgl. Dettmar et al. 2003. Einige Zeit später führte auch
der Teubner Verlag ein umfangreiches Programm zu Kartonmodellbaubögen („Teubners
Künstler-Modellierbogen") ein.

[62]Siefert 2009b, S. 53.

weil dies Verfahren nicht nur an sich schon weit zuverlässiger als das aus freyer Hand,
sondern sich auch zugleich dadurch empfiehlt, daß es sehr leicht ist."[63]

Hierbei kam es auf Genauigkeit an. Wurde eine Linie etwa zu breit gezogen, so
stellte ein solcher Strich streng genommen keine mathematische Linie mehr dar,
sondern etwas,

> „was bey einer Länge zugleich auch eine Breite hat, und welchen man eben daher eine
> Fläche nennt. Das ist aber wider die Genauigkeit."[64]

Das direkte Auftragen von Faltlinien auf einen Modellkarton diente also zugleich
der Übung des genauen Zeichnens. Rockstroh stellte klar, dass mit „Linie" hier
immer eine gerade und niemals eine gekrümmte gemeint sei. Nur ein genaues Vorzeichnen ermögliche es, dass sich das Modell hinterher umso leichter schneiden
und biegen ließ.

Eine etwas gesonderte Stellung nahmen Modelle aus Pappmaché ein. Diese
Verarbeitungsform von Papier war bereits seit dem 18. Jahrhundert Teil des
industriellen und wirtschaftlichen Kreislaufs in Europa.[65] Insbesondere für anatomische Modelle trat es neben Wachs als bevorzugtes Material auf den Plan.
Pappmaché hatte gegenüber Wachs den Vorteil, dass es weniger temperaturan-
fällig und robuster war.[66] Bekannt geworden sind vor allem die Modelle des
französischen Anatoms Louis Auzoux, der seine Modelle aus Pappmaché ab den
1820er Jahren in Fabriken in großer Anzahl produzieren ließ.[67]

5.2.2 Schneiden, stecken, klappen

Die Techniken zur Herstellung didaktischer Modelle aus Pappe für den Werk-
und Sachunterricht, wie Rockstroh sie beschreibt, überschnitten sich mit denen

---

[63]Rockstroh 1802, S. 2.

[64]Rockstroh 1802, S. 23.

[65]Anders als etwa die Kartonnagemanufakturen, die noch bis ins 19. Jahrhundert hinein
arbeitsteilig und zunftfrei organisiert waren. Vgl. Schmidt-Bachem 2011, 574, 662.

[66]Nick Hopwood hat in seiner dokumentarisch angelegten Studie zu den Wachsmodellen aus
dem Ziegler Studio gezeigt, dass sich die Praxis des Modellierens in Wachs insbesondere in
der Embryologie bis ins 20. Jahrhundert hinein erhalten hat. Vgl. Hopwood 2002.

[67]Auf die Herstellungsweisen und Tradition von Pappmaché Modellen weiter einzugehen
würde an dieser Stelle zu weit führen. Ein Hinweis darauf, dass es hier an Einzelstudien fehlt,
muss vorerst genügen. Zu Auzoux und seinen Modellen vgl. Grob 2000.

des Mathematikunterrichts der unteren Klassen an höheren Schulen um 1800.
Hier war immer die genaue Berechnung der Schnittflächen sowie genau arbeiten-
des Schneidewerkzeug nötig, – ganz gleich, ob es um das Erstellen von Netzen
für Häuser- und Eisenbahnmodelle oder um solche von geometrischen Grundfigu-
ren ging. Denn auch die Netze, die Rockstroh entwarf, und deren Herstellung er
beschrieb, erforderten Grundkenntnisse in der darstellenden Geometrie. So verwies er in seinen Texten zunächst auf das genaue Vorzeichnen mit Zirkel und
Lineal und ging auf die Schneidewerkzeuge „Scheere und Federmesser" näher ein.
Insbesondere der Gebrauch der Schere sei leicht, „zumal da man der dabei erforderlichen Genauigkeit durch vorgezeichnete Linie, oder durch den Vorriß fast immer
zu Hülfe kommt".[68] Die Verwandlung eines flachen Bogens in ein räumliches
Modell hänge dann vom richtigen Falzen, Biegen und Befestigen ab.

> „Wird gefalzt, so kommt viel darauf an, daß das Papier nicht verbogen wird, und der
> Falz an sich selbst, d. h. die neue Kante, welche er veranlaßt, recht glatt und nicht
> ungleich in die Augen fällt."[69]

Wenngleich die Werke Rockstrohs kaum über die zweite Hälfte des 19. Jahrhunderts hinaus rezipiert wurden, waren doch die Techniken, die er zum Thema
Kartonmodellbau beschrieben hatte, immer noch dieselben und das Wissen darüber kanonisch geworden. Über hundert Jahre nach Rockstroh beschrieb der
Göttinger Mathematiklehrer Walther Lietzmann in seiner *Methodik des mathematischen Unterrichts* 1916 die Notwendigkeit, bereits frühzeitig an höheren Schulen
neben dem Umgang mit Zirkel und Lineal auch den mit der Schere zu beherrschen. Im Kapitel *Das Darstellen geometrischer Gebilde* schrieb er: „Sehr häufig
wird es sich empfehlen, gezeichnete Figuren auszuschneiden, sie zur Deckung zu
bringen, sie zu falten u. dgl. mehr." Gerade durch die Tätigkeit des Faltens würde
das Verständnis für Symmetrie besonders gefördert.[70] Wichtig sei dabei nicht das
Kopieren, sondern die Schüler sollten anhand von Flächenmodellen zeigen, dass
„sie den Zusammenhang der Flächen und Kanten beherrschten."[71] Henricis, Brills
und Diesels Modelle von Flächen zweiter Ordnung beruhten auf einem etwas
anderen Konstruktionsprinzip als solche Modelle, die zuvor auf Netze aufgezeichnet wurden. Die Schnittflächen wurden hier zunächst auf Karton gezeichnet und

---

[68] Rockstroh 2008 [1810], S. 13.
[69] Rockstroh 2008 [1810], S. 15.
[70] Lietzmann 1916, S. 93.
[71] Lietzmann 1916, S. 92.

ausgeschnitten, dann aber nicht gefalzt und geklebt, sondern diagonal ineinander gesteckt. Diese Arbeit wurde ohne Leim oder Klebstoff verrichtet. Es kam vielmehr darauf an, die Einritzungen an den Schnittflächen so präzise vorzunehmen, dass die einzelnen Pappteile sich nahtlos ineinanderfügten (vgl. **Abb. 5.3.1 & 5.3.2**). Linien, an denen entlang man die Schnittflächen für Ellipsoide und andere Körper ausschnitt, wurden zuvor mit dem Schneidezirkel bearbeitet. Jede Ungenauigkeit hatte nicht nur Einbußen in der präzisen Darstellung der mathematischen Kurve zur Folge, sondern konnte auch die Instabilität des gesamten Modells nach sich ziehen. Insofern erinnern die Modelle Brills vor allem an das Prinzip sogenannter Aufklapp-Modelle. Diese Art von Karton-Modellen wurde insbesondere durch den Münchener Zeichner und Kinderbuchautor Lothar Meggendorfer bekannt. Sie erschienen zumeist in Buchform als „bewegliche Bilderbücher" oder „Verwandlungsbücher" in Aufstell-, Aufzieh- oder Leporelloform und waren häufig mit komplizierten Zug- und Drehmechanismen ausgestattet.[72]

Im Fall der brillschen Kartonmodelle lieferte man die Serien in einer zugehörigen Schachtel, in der sie zusammengefaltet transportiert werden konnten (vgl. **Abb. 5.4.1 & 5.4.2**). Dort, wo sie in Sammlungen zu finden waren und sind, wurden sie zumeist auf einem Holzsockel montiert und in aufgefächerter Form präsentiert. Die zur Herstellung dieser Karton-Modelle erforderlichen Techniken waren für die Genese mathematischen Modellbauwissens entscheidend. Das direkte Auftragen der Linien auf die Schnittvorlagen, nach denen man später die einzelnen Kartonflächen erstellte, ließ das Material in direkten Zusammenhang mit der abstrakten Formel treten, die sich hier materialisierte.[73]

Eine der wichtigsten Funktionen von mathematischen Modellen aus Pappe war deren Beweglichkeit, aber sie brachte gleichzeitig die größten Schwierigkeiten mit sich. Brill lobte diese Eigenschaft, die er bereits bei den Modellen Henricis als vorteilhaft erkannt hatte. Anhand ihrer Beweglichkeit könne man nämlich nicht nur ein einzelnes Ellipsoid, Hyperboloid u. s. w. darstellen, sondern eine Schar von Flächen.

> „Wenn man nämlich den Neigungswinkel der Kreisschnitte durch einen auf das Modell in leicht erkennbarer Richtung ausgeübten Druck oder Zug sich ändern lässt, so erhält man ein einfach unendliches System, dessen Individuen durch körperliche Formen von allmählich sich ändernden Verhältnissen hindurch aus einer (unendlich) platten Form in eine andere ebensolche (mit anderem Axenverhältniss) übergehen."[74]

---

[72]Zu Meggendorfer vgl. Sendak 1975 sowie „Meggendorfer, Lothar", in: NDB 1971–2013, Bd. 16 (1990), S. 111–112.

[73]Einige Abbildungen der Pappmodelle sowie der gezeichneten Netze, die zu ihrer Entstehung beitrugen finden sich in Seidl et al. 2018.

[74]Brill 1878, S. 118 [handschriftliche Paginierung].

Abb. 5.4.1 Kartonmodelle Alexander Brills – auf einem Sockel in aufgeklappter Form und zusammengeklappt im dazugehörigen Kästchen, Modellsammlung Mathematisches Institut der Universität Halle. Mathematisches Institut der Universität Halle, Modellsammlung, Fotografie © Anja Sattelmacher

Abb. 5.4.2 Kasten zur Aufbewahrung der Kartonmodelle, Modellsammlung Mathematisches Institut der Universität Halle. Mathematisches Institut der Universität Halle, Modellsammlung, Fotografie © Anja Sattelmacher

Dieses Argument, das Brill hier anführte, lautet ähnlich wie es seinerzeit Olivier formuliert hatte. Die Möglichkeit, die Modelle falten und klappen zu können – etwa aus einem Kreis eine Kugel entstehen zu lassen – gestattete es theoretisch, an ein- und demselben Modell verschiedene Klassen von Kurven aufzuzeigen. In der Praxis dürfte sich dies allerdings als weitaus schwieriger erwiesen haben. Der Karton, aus dem die Modelle bestanden, war dünn. Je mehr Schnitte für ein Modell benötigt wurden, desto instabiler war es. Die Schnittflächen aus Karton fanden als pädagogische Objekte ihren Weg in die Verkaufskataloge, allerdings dürfte schnell klar geworden sein, dass Pappe als Material schlecht geeignet war, um Modelle in größerer Zahl an andere Sammlungen zu verbreiten. Sowohl in Brills als auch in Schillings Verkaufskatalog wird nur eine Serie von Kartonmodellen angeboten. Wie sich zeigen wird, diente aber die Technik zur Herstellung von Kartonmodellen als wichtige Erkenntnis dafür, wie Modelle aus Gips herzustellen seien, einem Material, das weitaus weniger fragil und leichter zu reproduzieren war.

Über die Vervielfältigung der noch heute existierenden Kartonmodelle, die größtenteils aus Alexander Brills Entwürfen stammen, ist immerhin bekannt, dass noch im Jahr 1924 hundert Serien („aber nicht mehr"!), jede zu sieben Modellen auf insgesamt 1400 Kartonblättern von der Abteilung für Karten des Stuttgarter statistischen Landesamtes reproduziert wurden.[75] In den heutigen Sammlungen finden sich nur noch wenige solcher Kartonmodelle. Modelle aus Pappe waren eigentlich gut dafür geeignet, im Unterricht erstellt zu werden, da der Weg zwischen mathematischer Berechnung und materieller Ausführung ein kurzer ist – es benötigte lediglich Bleistift, Zirkel, Schere und Karton. Zudem waren die Modelle billig. Die von Brill herausgegebene Reihe von 7 Modellen kostete insgesamt im Jahr 1903 nur 16 Mark, die zugehörigen Stative zum Aufstecken zwischen einer und zwei Mark.[76] Der Vertrieb solcher Modelle als Lehrmittel hingegen war umso schwieriger. Selbst wenn Kartonagen und Papier im 19. Jahrhundert zu Massenwaren zählten und für die einzelnen Schnittflächen der Modelle Schablonen gefertigt werden konnten, so brauchte es für das Ausschneiden und sorgfältige Zusammensetzen jedes einzelnen Modells zahlreiche Arbeitsstunden.

---

[75] Brill 1887–1935, Bd. 4 [Chronik IV], S. 379.
[76] Schilling 1903, S. 1–2.

5.3   Modelle aus Gips

Zwei Jahre vor Beendigung seines Studiums und seinem Umzug nach Paris präsentierte Rudolf Diesel der Öffentlichkeit 1878 eine Serie von Gipsmodellen, die
denen aus Pappe im Musée des Arts et Métiers sehr stark ähnelten. Es handelte
sich hierbei ebenfalls um Flächen zweiter Ordnung, also Ellipsoide, einschalige-
und zweischalige Hyperboloide, Kegel und hyperbolische Paraboloide. Die in
die insgesamt dritte Serie in Brills Katalog mit insgesamt 18 zusammengefügten
Modellen war am mathematischen Kabinett unter der Leitung Brills entstanden
und sie richtete sich

> „an den grossen Kreis derjenigen Mathematiker, die im Verlauf ihrer Lehrtätigkeit
> oder gelegentlich ihrer Untersuchungen das Bedürfniss [sic] einer anschaulichen
> Darstellung der verschiedenen Typen der Flächen zweiter Ordnung empfunden
> haben."[77]

Ganz ähnlich wie bei den Modellen aus Pappe galt hier ebenso der Anspruch,
eine systematische Darstellung sämtlicher Flächen zweiter Ordnung zu liefern.
Die Serie enthielt die Modelle teilweise in mehrfacher Ausführung, jeweils in
unterschiedlichen Schnitten. Sie führte etwa das elliptische Paraboloid einmal mit
dessen Hauptschnitten, einmal mit den Schnitten parallel zur Grundellipse und
einmal mit dessen Krümmungslinien auf.[78] Die von Diesel konstruierten Modelle
sind die einzigen, die jemals im Katalog mathematischer Modelle mit dem Begriff
„modellieren" in Verbindung gebracht wurden. Andere Modelle, etwa solche aus
Karton des Studenten C. Tesch aus Karlsruhe, wurden „entworfen", wieder andere
wurden „angefertigt", „gestaltet" oder „konstruiert".[79]

Brill benutzte den Begriff „modellieren" ebenfalls nur sehr selten, lediglich an einer Stelle ist die Rede von „Modellier-Übungen".[80] Diese sparsame
Verwendung hing damit zusammen, dass „eine Curve modelliren" mitunter
gleichbedeutend mit dem Vorgang der zeichnerischen Konstruktion einer Kurve
verstanden wurde.[81] Der Begriff war – mathematisch gesehen – also missver-
ständlich und mehrdeutig, er hatte zudem keine Tradition in der Ausbildung von

---

[77]Brill und Brill 1885, S. 8.

[78]Brill und Brill 1885, S. 7.

[79]Vgl. etwa Schilling 1903, S. 102.

[80]Brill 1887–1888, S. 76, sowie in einem Brief an Rudolf Sturm vom 24.11.1875, in dem er
schreibt, er habe „Übungen im Modellieren angezeigt" vgl. Brill 1887–1935, Bd. 2, S. 41b.

[81]Vgl. etwa Lange 1880.

Mathematikern.[82] Dass der Begriff „modellieren" dann ausgerechnet in Bezug auf Modelle verwendet wurde, die aus Gips gefertigt waren, hing mit der Verwendung des Begriffs im handwerklich-pädagogischen Kontext des 19. Jahrhunderts zusammen. Der Begriff des Modellierens hat sich seit der Entstehung erster pädagogischer Anleitungsbücher im 18. Jahrhundert mehrmals in seiner Bedeutung verändert.[83] In Zedlers Universallexikon wurde „modelliren" zunächst als eine „Fertigkeit" aufgefasst, die

> „alle vorgegebene Körper sowohl nach ihren äussern und innern Theilen und deren Beschaffenheit nicht allein in Geometrischen Figuren entwerfen zu können, sondern auch solche in nöthiger Ordnung an einander und zusammen zu setzen."[84]

Im 19. Jahrhundert wurden dem Begriff „Modellieren" weitere Termini zur Seite gestellt, wie die „Papparbeit" oder das „Kinderspiel", die das Arbeiten mit Pappe abhandelten, während unter „modellieren" nun die Tätigkeit aufgefasst wurde, „ein Modell aus Thon, aus Wachs [zu] verfertigen".[85] Dem Modellieren ging nach dieser Auffassung eine formbare Masse voraus, die sich leicht unter der Hand des Künstlers „nach gefaßten Gedanken bilden lässet und wovon er ohne Schaden abnehmen und hinzusetzen kann".[86] Für die Verfertigung eines Modells wurde demnach zunächst eine Skizze aus Ton angefertigt, diese nach und nach ausgebessert, um sie anschließend entweder als Abgussvorlage zu verwenden, oder als Leitfaden für das Meißeln der endgültigen Figur in Stein. Anders als bei der Papparbeit konnte am Modell (oder dessen Vorform aus Ton) andauernd ergänzt, verbessert, abgenommen und hinzugefügt werden.[87] Wenn der Begriff „modellieren" nun ausgerechnet für die Modelle Diesels verwendet wurde, so kann davon ausgegangen werden, dass dieser die verschiedenen Stadien selbst durchlaufen hatte, die zur Entstehung eines Modells aus Gips erforderlich waren, nämlich der

---

[82] So findet sich zwar im Wörterbuch der angewandten Mathematik ein Eintrag zu „Modell", nicht aber zu „modellieren" (siehe die begriffsgeschichtlichen Ausführungen zum Modellbegriff in **Kapitel 1/Abschnitt 1.2**).

[83] Siefert 2009a geht auf diese Begriffsunterscheidungen in den verschiedenen Universal–Enzyklopädien zwar ein, unterscheidet aber nicht sehr genau zwischen den unterschiedlichen Verwendungen des Begriffs hinsichtlich des Materials. Vielmehr fasst sie das Arbeiten mit Pappe für das 18. und 19. Jahrhundert unter dem Begriff „modellieren" zusammen.

[84] „Modelliren", in: Zedler 1731–1754, Bd. 21 (1739), Sp. 714.

[85] „Modelliren", in: Krünitz 1773–1858, Bd. 92 (1803), S. 554.

[86] „Modelliren", in: Krünitz 1773–1858, Bd. 92 (1803), S. 555.

[87] „Modelliren", in: Krünitz 1773–1858, Bd. 92 (1803), S. 557.

Konstruktion eines Gerüsts, dem Erstellen der Form sowie der Anfertigung eines Abgusses aus Gips.

5.3.1 Die Form vor der Form

Die Herstellung von Modellen aus Gips erforderte neben mathematischem Wissen ausreichende handwerkliche Fähigkeiten, für die Alexander Brill sowie seine Studenten sowohl auf das Erfahrungswissen aus dem Bereich des Handwerks zurückgreifen mussten als auch auf Modellbauerwerkstätten, die außerhalb der technischen Hochschule lagen. Denn in einem ersten Schritt mussten die jeweiligen Formen – also etwa Ellipsoid, einschaliges Hyperboloid, hyperbolisches Paraboloid usw. – zunächst aus einer Modelliermasse gefertigt werden, um dann später zum Zweck der Vervielfältigung in Gips gegossen zu werden. Hierbei kamen verschiedene Praktiken zur Anwendung.

Rotationsflächen wie etwa ein Hyperboloid wurden zunächst aus Holz gedreht. Dies geschah in einer Holzwerkstatt mithilfe eines Drehers, der als Vorgabe die Umrisslinie des entsprechenden Körpers erhielt – im Fall des Hyperboloids war das die Hyperbel – die er dann in Holz drechselte. Solcherlei Drechselarbeiten konnten auch Mitarbeiter einer technisch-mechanischen Werkstätte verrichten, wie sie etwa in München vorhanden war.[88] Bautischler waren gleichermaßen für diese Arbeit geeignet, denn sie mussten über Grundkenntnisse in der Geometrie zu verfügen.[89] Der gedrehte Prototyp wurde nun in einer Modelliermasse abgeformt, die, sobald sie getrocknet war, direkt vom Holzmodell abgenommen werden konnte.[90]

Anders als die Holzarbeiten, die an der Technischen Hochschule München ausgeführt werden konnten, stammten alle Bestandteile zum Abformen entweder aus dem Bereich des Kunst- und Baugewerbes oder waren alltagsgebräuchliche

---

[88]Betsch/Sattelmacher 2013 und Brill 1889, S. 77. Es ist nicht ganz klar, ob die Technische Hochschule München zu diesem Zeitpunkt über eine Holzwerkstatt verfügte oder ob auf eine externe Werkstatt zurückgegriffen wurde. Zu Holzdrechselarbeiten im späten 19. Jahrhundert vgl. z. B. Hofmann 1896. Dort ist jedoch lediglich eine kurze Notiz über das Verfahren des Abformens von Holzfiguren angeführt. In Pedrottis Schrift über Gips wird an einer Stelle erwähnt, dass Holzfiguren, wenn sie zuvor mit Schellack oder einem anderen schnell trocknenden Leim überzogen wurden, als Form für den Abguss verwendet werden konnten, vgl. Pedrotti 1901, S. 175.

[89]So finden sich etwa in Hertels Moderner Modelltischlerei aus dem Jahr 1853 zahlreiche Übungen für geometrische Linienkonstruktionen, vgl. Hertel 1853.

[90]Allerdings konnte von einem hölzernen Prototypen nicht beliebig oft ein Abguss genommen werden, Vgl. Hofmann 1896, S. 167.

Materialien. Ein häufig im 19. Jahrhundert verwendetes Material war das Modellierwachs Plastilina, welches seit den 1880er Jahren sowohl Amateure als auch Bildhauer für kleinere Modellierarbeiten verwendeten.[91] Mathematische Modelle wurden aber vermutlich selten in Plastilina und häufiger aus Thoncerat/Toncerat hergestellt, einer Wachs-Ton-Mischung, die im Gegensatz zu Plastilina geruchsärmer und noch leichter zu bearbeiten war.[92] Bestand das Gerüst des Modells zudem nicht aus Holz sondern aus einem leichteren Material, hatten Toncerat und Plastilina gegenüber schwereren Modelliermassen wie etwa Modelliererde den Vorteil, dass sie es nicht mit ihrem Gewicht erdrückten.

Neben der Methode, Modelle in Holz zu drehen, gab es noch eine weitere Vorgehensweise, bei der zunächst die ebenen Schnitte einer Fläche aus Zinkblech ausgeschnitten und zu einem Gerüst zusammen gelötet wurden, das dann wiederum mit Toncerat ausgefüllt und zu einem ersten rohen Modell überarbeitet wurde. Nach mehreren weiteren Bearbeitungsschritten wurde es in Gips gegossen, dann erst vervielfältigt.[93] Um den Prototyp eines Modells – etwa eines Ellipsoids oder eines hyperbolischen Paraboloids – anzufertigen, wurden zunächst die einzelnen Schnittflächen für den Körper berechnet und anschließend in Zinkblech ausgeschnitten. Dieser Vorgang war identisch mit der Anfertigung beweglicher Kartonmodelle, nur bestanden die ineinandergesteckten Schnittflächen diesmal aus Zinkblech.[94] Einmal als Modell zusammengesteckt, musste das Gerüst mittels Pappe, Holzstückchen, Knetmasse oder Blechabfällen so zusammengehalten werden, dass die Form – etwa eine Kugel – erhalten blieb und sich nicht mehr bewegte. Anschließend wurde es mit der Ton- oder Modelliermasse ausgefüllt.[95]

Das anhand von Modellierton abgeformte Negativ der Fläche war innen hohl und konnte nun mit Gips ausgefüllt werden, wobei anzunehmen ist, dass die Modelle als Hohlgüsse hergestellt wurden.[96] Das bedeutet, dass eine etwa drei Zentimeter dicke Schicht aus Gips in den Körper hineingegossen wurde. Der Hohlkörper wurde dann so lange geschwenkt, bis sich der Gips überall verteilt

---

[91] Vgl. „Modellierwachs", in: Ullmann 1914–1922, Bd. 8 (1920), S. 179.

[92] Vgl. „Modellierwachs", in: Ullmann 1914–1922, Bd. 8 (1920), S. 179; zur Verwendung von Toncerat vgl. auch Meyer 1890, S. 81–82.

[93] Brill 1889, S. 77.

[94] Zinkblech war im 19. Jahrhundert ein gängiges Material zur Erstellung von Modellgerüsten und wurde auch für Modellbaubögen verwendet, vgl. Rockstroh 1832.

[95] Betsch/Sattelmacher 2013.

[96] Für wichtige Hinweise und Ausführungen zu den unterschiedlichen Herstellungsverfahren, Methoden und dem Umgang mit Gips danke ich vor allem den Gipsrestauratoren des Bayerischen Nationalmuseums München, Franziska Kolba und Daniel Jöst, sowie Ingeborg Kader vom Museum für Abgüsse in München.

hatte. In den allermeisten Fällen musste der Abguss aus mehreren Teilen zusammengesetzt werden. Einen Rotationskörper wie das einschalige Hyperboloid etwa formten die Modellbauer in mindestens zwei Teilen ab, die danach vom Holzkörper abgenommen werden konnten, um in einem Schraubstock oder anhand von Stricken zusammengehalten und zum Schluss mit Gips ausgegossen zu werden. Eine andere Möglichkeit war, jede der Formhälften einzeln auszugießen. Dies geschah, indem der Hersteller des Modells beide Teile nebeneinander auslegte und dann die erste Schicht Gips mit dem Pinsel und der Hand im Inneren der Form auftrug. Daraufhin fügte er beide Formteile wieder aneinander und band sie zusammen. Ein Problem bei dieser Methode war, dass die Form jedes Mal zerstört und für das nächste Mal wieder neu hergestellt werden musste.

Wollte man mehrere Reproduktionen ein- und desselben Prototyps vornehmen – wie bei mathematischen Modellen der Fall – musste die sogenannte Leim- oder Keilform angewandt werden.[97] Für die Leimform überzogen Brill und seine Studenten das abzuformende Modell, welches zuvor angefertigt wurde, zunächst mit einer dünnen Schellacklösung. War der Lack getrocknet, trugen sie eine Schicht dünnes Papier oder leichten Stoff auf das Modell auf, auf dem sie dann kleine Platten (die vornehmlich aus Erde bestanden) anlegten, die nicht zu fest angedrückt werden durften. Auf diese Erdschicht wurde wiederum ein Gipsmantel aufgetragen, der an den Stellen, wo er später wieder abgenommen werden sollte, durch kleine Blechstreifen unterbrochen wurde. War der Gips getrocknet, wurde er von der Form abgenommen und die Erdplatten wurden entfernt. Den so entstandenen Hohlraum füllten die Modellbauer mit kölnischem Leim aus, der sich in getrocknetem Zustand leicht von der Form abnehmen und mehrmals mit Gips ausgießen ließ.[98] Dieses Abformen in Leim empfahl sich für „einfachere, unterbrochene Gegenstände", denn die getrocknete Leimmasse war wie Gummi und ließ sich leicht vom Modell abnehmen.[99] Ein Rezept für eine solche Leimmasse ist aus den Unterlagen der Technischen Hochschule München überliefert. Diese Modelliermasse bestand aus einer Mischung aus Fließpapier (auch als Löschpapier bekannt), Schlämmkreide, Kölnischem Leim (Heißleim aus Haut, Leder oder Knochen), Doppelfirniss (ein Verdünner für Ölfarben) sowie unterschiedlichen Ölen. Unter ständigem Rühren wurden die verschiedenen Bestandteile miteinander vermengt, bis eine formbare Masse entstand. Nachdem die getrocknete

---

[97]Die hier folgende Beschreibung ist aus Maison 1910, S. 64–70 entnommen und es ist anzunehmen, dass die Münchener Modelle auf ähnliche Weise hergestellt wurden.

[98]Maison lieferte eine recht komplizierte Beschreibung des Verfahrens, das an dieser Stelle ein wenig vereinfacht dargestellt wurde, vgl. Maison 1910, S. 64–70.

[99]So wird es etwa in Freyer 1894, S. 259 beschrieben.

Leimhülle (auch Dauer- oder Mutterform genannt) vom geformten Tonmodell abgenommen worden war, konnte sie im Anschluss mit Gips ausgegossen werden.[100] War der fertige Gipsabguss gründlich ausgehärtet, entfernte man die äußere Hülle vom Gipskörper.[101] Eventuell sichtbare Nähte konnten nun mittels Glaspapier, einem Meißel oder sogenannten Repariereisen glattgeschliffen, Löcher oder Blasen wiederum mit Gips aufgefüllt werden.

Zwar wurde diese aufwendige Prozedur zur Herstellung eines Gipsmodells in zahlreichen populären Handbüchern für den Haus- und Schulgebrauch beschrieben, dennoch konnte diese Arbeit kaum allein von Laien ausgeführt werden.[102] Georg Stiehler etwa wies in seiner Schrift *Formen in Ton und Plastilina* von 1912 selbst darauf hin, dass

> „schwierigere Gußformen, Teilen des Negativs durch gelegte Fäden vor dem Erhärten oder Abstechen der Modellform, Ausschwenken der Gipsmasse im Negativ, Zusammenschweißen zweier getrennt gegossener Formen und dergleichen [...] im allgemeinen die Aufgaben des schulmäßigen Formens [überschreiten]".[103]

Das Modell aus Gips bildete den Endpunkt einer Kette aus berechnen, zeichnen, zuschneiden, modellieren und schließlich abgießen. Insbesondere für die Erstellung der Gussform und des Abgusses aus Gips konnten Brill und seine Studenten in München auf den Gipsformator des Königlichen Nationalmuseums (heute Bayerisches Nationalmuseum), Joseph Kreittmayr, zurückgreifen.[104] Dieser belieferte unter anderem seit den 1880er Jahren das Bayerische Nationalmuseum in München mit zahlreichen Gipsabgüssen, darunter befanden sich

---

[100]Das Rezept für diese Modelliermasse wurde in Fischer 1986a, S. VIII transkribiert und abgedruckt. Quelle und Urheber bleiben leider ungenannt. Ähnliche Zusammensetzungen für Leimmassen finden sich in Anleitungsbüchern um 1900, vgl. Maison 1910, S. 49–50, sowie Stiehler 1912, S. 12.

[101]Normalerweise geschah die Gipserhärtung durch einen chemischen Prozess, für die Trocknung reichte zumeist Zimmertemperatur aus. Mitunter wurde zudem empfohlen, die fertige Gipsform zunächst in eine gesättigte Alaunlösung zu legen und anschließend zu brennen, um eine bessere Härte zu erzeugen. Vgl. Uhlenhuth 1886, S. 53–54.

[102]Vgl. etwa der bereits oben genannte Freyer 1894, der ein Kapitel seines Buches dem Gipsgießen und Modellieren widmete.

[103]Stiehler 1912, S. 12.

[104]Kreittmayr stellte seine Abgüsse dem mathematischen Institut als Schenkung zur Verfügung, vgl. Anonym 1878, S. 31. Zur Verbindung Brills zu Kreittmayrs vgl. auch Rowe 2013.

Siegelabgüsse und Reliefs, über hundert Exemplare aus den königlichen paläontologischen Sammlungen Münchens, Tübingens und Stuttgarts sowie zahlreiche anatomische Abgüsse.[105]

5.3.2 Gießen, ritzen, schleifen

Gips eignete sich – zumindest für den Amateurgebrauch – nicht als Modelliermasse, da er zu schnell härtet und sich daher nur schwer modifizieren ließ.[106] Nur ausgewiesene Experten verfügten um 1880 über die Fähigkeit, ein Modell in Gips etwa zu drechseln. Darüber hinaus war es schwierig, einen Abguss aus Gips von einem Gipsmodell herzustellen, denn an einmal geformtem Gips ließen sich nicht so leicht Änderungen vornehmen wie an einer Form aus Modelliermasse oder Ton. Zudem war eine in Gips modellierte Form instabiler als eine zuvor modellierte.[107] Dafür war Gips aber ein Material, das sich gut dazu eignete, Gegenstände auf sehr präzise Art und Weise abzuformen. Der Gips stellte bei der Herstellung mathematischer Modelle also nicht Ausgangs- sondern Endmaterial dar. Erst nachdem eine Form in einem Modelliermaterial fertiggestellt worden war, wurde sie in einem letzten Schritt in Gips gegossen – eine Vorgehensweise, die von der Handhabung an Kunstakademien oder in Bildhauerateliers im 19. Jahrhundert abwich. Dort war Gips zumeist ein Arbeitsmaterial, das noch weiter bearbeitet wurde. Für den Werkprozess klassizistischer Bildhauerateliers war der Modellgips eine Zwischenstufe für spätere Formen, die dann zumeist aus Marmor bestanden.[108]

Während die Arbeit des Gipsformators in der Erstellung der Modellform aus Ton sowie deren Abformung bestand, war für die Mathematiker-Modelleure das entscheidende Merkmal eines Gipsmodells die Ausführung der Linien auf dem Objekt. Für die von Rudolf Diesel konstruierten Gipsmodelle von Flächen zweiter Ordnung lässt sich dies recht genau nachvollziehen. Der erste Schritt bestand in der Erstellung entsprechender Gleichungen, die bei der Berechnung der benötigten Kurven (in diesem Fall Krümmungslinien) benötigt wurden.

„Die entwickelten Gleichungen geben nun Mittel an die Hand, die Krümmungslinien auf ausgeführte Modelle der Flächen zweiter Ordnung aufzutragen [...]. Mit den Mitteln

---

[105] Kreittmayr 1886.

[106] Freyer 1894, S. 261–262.

[107] Vgl. Maison 1910, S. 62.

[108] Vgl. Uppenkamp 2002, S. 150.

der darstellenden Geometrie können wir diese Schnittcurven zeichnen und auf das Modell auftragen."[109]

So übertrug Diesel diese Linien auf ein aus Gips geformtes Modell eines dreiachsigen Ellipsoids, indem er zunächst die Kreispunkte einer Ellipse bestimmte.[110] Diese Kreispunkte dienten dazu, die Krümmungslinien auf das Modell aufzutragen. Diesel befestigte hierfür in zwei nebeneinander liegenden Kreispunkten die Enden eines Fadens.

> „Spannt man nun mit einer Bleistiftspitze diesen Faden in irgend einer Stellung, so bilden die 2 von der Bleistiftspitze ausgehenden Fadenstücke geodätische Linien des Ellipsoids, deren Schnittpunkt eben die Bleistiftspitze ist; letztere bezeichnet dann einen Punkt der Krümmungslinie, welche der gewählten Fadenlänge entspricht."[111]

Beide Arten von Linien, die man durch dieses von Diesel „mechanisch" genannte Verfahren erhielt, nämlich Krümmungslinie und geodätische Linie, waren auf dem Ellipsoid orthogonal zueinander ausgerichtet.[112] Der Körper war nun mit einem Liniennetz überzogen, an welchem das Verhalten von Krümmungslinien studiert werden konnte (vgl. **Abb. 5.5.1**).

Anders als die Beschreibung vermuten lässt, war dieses Vorgehen, Linien in ein Gipsmodell einzuritzen, nicht ganz leicht und erforderte einiges an Übung und Erfahrung. Rutschte man etwa bei der Ausführung einer Linie ab, ließ sich dieser Fehler nur korrigieren, indem die Oberfläche abgeschliffen wurde.[113] Dadurch konnten Ungenauigkeiten entstehen. An den Modellen selbst ist zu erkennen, dass diese Einritzungen sehr sorgfältig vorgenommen worden waren. Die Linien wurden sehr sauber und fehlerfrei in die Oberfläche eingeritzt. Diesel führte seine Berechnungen und Ausführungen auch für weitere Flächen zweiter Ordnung durch, so etwa für das einschalige Hyperboloid und das hyperbolische Paraboloid, die er ebenfalls aus Gips formte. Diese Flächenkonstruktion sowie auch die

---

[109]Diesel 1878, S. 123 [handschriftliche Paginierung].

[110]Als Kreispunkte (oder Nabelpunkte) bezeichnet man die Punkte, in denen alle Normalschnitte der entsprechenden Fläche zweiter Ordnung dieselbe Krümmung haben.

[111]Diesel 1878, S. 124 [handschriftliche Paginierung].

[112]Brill beschreibt, dass die Linien per Bleistift auf ein Modell zunächst aufgezeichnet und dann eingeritzt wurden, vgl. Brill 1889, S. 77.

[113]Für diesen Hinweis danke ich der Gipsrestauratorin der Göttinger Antikensammlung Jorun R. Ruppel, in deren Werkstatt ich an einem Probegipsstück selbst solche Einritzungen vornehmen durfte.

Abb. 5.5.1 Modell eines dreiachsigen Ellipsoids, konstruiert von Rudolf Diesel 1878, Sammlung mathematischer Modelle Universität Heidelberg. Fischer 1986a, Foto Nr. 65

Kurven, die sich an ihnen demonstrieren ließen, hingen eng mit den Konstruktionen zusammen, die an einem Ellipsoid gemacht werden konnten. Um etwa die Krümmungslinien eines einmanteligen Hyperboloids zu bestimmen, konstruierte Diesel zunächst die Projektionsellipse dieser Fläche und übertrug diese auf eine zweidimensionale Risszeichnung. Im Anschluss bestimmte er an einer geradlinigen Erzeugenden dieses Hyperboloids die „wahre Länge der Strecke dieser Geraden" und trug sie wieder auf das Modell der Fläche auf (vgl. **Abb. 5.5.2 & 5.5.3**).[114] Das Hantieren mit dem Gipsmodell bedeutete einen ständigen Wechsel zwischen Papier und Modell und das hierfür benötigte praktische Wissen mussten Mathematiker-Modelleure sich selbst aneignen.

---

[114]Diesel 1878, S. 125 [handschriftliche Paginierung].

Abb. 5.5.2 Modell eines einschaligen Hyperboloids, konstruiert von Rudolf Diesel 1878, Sammlung mathematischer Modelle Universität Heidelberg. Fischer 1986a, Foto Nr. 69

5.3.3 Gips überall

Ein großer Vorteil von Gips lag in der Einfachheit seiner Beschaffung und in dem geringen Aufwand, mit dem er bearbeitet werden konnte. So schrieb Carl Freyer in seinem Anleitungsbuch *Der Junge Handwerker und Künstler* (1894), dass für das Arbeiten mit Gips lediglich

> „einige nicht zu große, gebrauchte Töpfe und Schüsseln, mehrere Blechlöffel, zwei bis drei verschieden große, weiche Haarpinsel [...], und endlich etliche eigenartig geformte Holzstäbchen, Modellierhölzer genannt, die man sich selbst schnitzen kann"

benötigt würden.[115] Gips eignete sich als Material zur Vervielfältigung von Formen, weil man mit ihm Details sehr genau darstellen konnte. Das Volumen der Gipsmasse nahm im Prozess des Ausformens gerade so viel zu, dass der Gips

---

[115]Freyer 1894, S. 255.

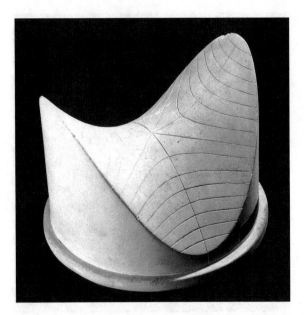

Abb. 5.5.3 Modell eines hyperbolischen Paraboloids konstruiert von Rudolf Diesel 1878, Sammlung mathematischer Modelle Universität Heidelberg. Fischer 1986a, Foto Nr. 7

in jeden kleinen Winkel der Form vordrang.[116] So war er auch für komplizierte mathematische Formen gut geeignet, anders als etwa Pappe, deren Einsatzmöglichkeit über die Darstellung von Flächen zweiter Ordnung hinaus sehr begrenzt war. Besaß man die Ur- oder Mutterform eines Modells konnten davon immer wieder Abgüsse hergestellt werden. Die gute Reproduktionsmöglichkeit von Gips erklärt, warum ein Großteil mathematischer Modelle aus der Zeit von 1880 bis 1900 aus diesem Material hergestellt wurde. Die heute noch aus dieser Zeit überlieferten Modelle aus Gips bilden in beinahe jeder Modellsammlung die Mehrzahl. Außerdem war Gips – ebenso wie Karton – ein vergleichsweise günstiges Material. Die weiter oben von Diesel angeführte Serie von 18 Gipsmodellen kostete im Jahr 1903 insgesamt 100 Mark, pro Modell wurde zwischen 1,40 und 16,40 Mark veranschlagt. Die Preise variierten bei den einzelnen Modellen je nach Größe und nach Anzahl der auf ihm dargestellten Linien. So war ein einfacher Ellipsoid mit Hauptschnitten nur halb so teuer (1,40 Mark) wie dasselbe mit Krümmungslinien (2,80 Mark). Das teuerste Modell in dieser Serie war das

---

[116]Vgl. Uppenkamp 2002, S. 137 und „Gips", in: Wagner et al. 2002, S. 106–113.

zweischalige Hyperboloid mit Krümmungslinien. Hier musste nicht nur der Preis für den Gips und die Arbeit des Formators mitberechnet werden, sondern auch der für Holz und Holzdreharbeit. Im Vergleich zu den Kartonmodellen waren die Gipsmodelle teurer. Aber immer noch günstig im Vergleich zu einer Serie von Modellen aus Faden mit Holz- oder Messinggestell aus Brills Katalog, die mit ebenfalls 7 Modellen bei 300 Mark lag.[117]

Auch wenn die Technik des Abformens in Gips bereits aus der Antike bekannt war, ließ ein sich verändernder Kunstmarkt sowie auch ein erhöhtes Interesse an den Formen der Antike im 18. und 19. Jahrhundert die „serielle Skulptur" entstehen, die sich recht einfach herstellen, vervielfältigen und transportieren ließ.[118] In Deutschland etablierte sich der Gipsabguss seit der Mitte des 18. Jahrhunderts als eine gängige Form, die ästhetischen Ideale der antiken Welt möglichst originalgetreu abzubilden und dabei deren erzieherisches und geschmacksbildendes Vorbild für das rationalistische Weltbild einer aufgeklärten Gesellschaft hervorzuheben. Wilhelm von Humboldt und Johann Wolfgang von Goethe etwa sahen im Gipsmodell das ideale Darstellungsmedium der Archäologie, welches das Erbe der Antike (und auch der Neuzeit) dem wachsenden Bildungsbürgertum nahebringen sollte. So schrieb Goethe in seinen undatierten Briefen:

> „Was für ein unschätzbares Mittel der Gips ist, daß man durch ihn das plastisch Beste gewissermaßen identisch in die Ferne senden und … einen zweyten Besitz … verschaffen kann".[119]

Nicht nur im Rahmen privater Sammlungen stieg das Interesse an Abgüssen, sondern auch staatliche Akademien begannen vermehrt, Gipsmodelle gezielt als Lehrmittel anzukaufen.[120] Wer im 19. Jahrhundert Architektur, Malerei oder Skulptur studierte, musste eine Gipsklasse absolvieren. In München, wo Brill, Klein, Diesel und andere ihre ersten Gipsmodelle formten, hatte das Bayerische Nationalmuseum unter Joseph Kreittmayr seit Beginn der 1860er Jahre damit

---

[117]Diese Serie stammte von Karl Rohn und umfasste Fadenmodelle abwickelbarer Flächen von Raumkurven 4. Ordnung. Vgl. Schilling 1903, S. 49. Es ist kaum möglich, diese Preise zu verallgemeinern und auf andere Bereiche, wie etwa die künstlerische Skulptur, Rückschlüsse zu ziehen, da hierzu kaum Daten vorliegen.

[118]Dieser Begriff, der im Original „serial sculpture" heißt, geht auf Jacques de Caso zurück: vgl. Caso 1975.

[119]„Gips", in: GWB 1978–2012, Bd. 4 (1989), Sp. 230.

[120]Zur Geschichte von Gipsabguss-Sammlungen im 18. und 19. Jahrhundert vgl. etwa Bauer und Geominy 2000 oder auch Maaz und Stemmer 1993 sowie Berchtold 1987.

begonnen, Gipsabgüsse systematisch als Lehrmittel verfügbar zu machen. Hier waren es zunächst Abgüsse von Tieren- oder Tierteilen, deren Abgüsse

„mit der bestmöglichsten Genauigkeit und Schärfe geformt und mit der grössten Wahrheit gemalt [waren], so dass sie die Originale entbehrlich machen können."[121]

Die Tiere stammten aus den königlich paläontologischen Museen München und Stuttgart sowie dem königlichen Universitäts-Kabinett in Tübingen. Später kamen zahlreiche Abgüsse von Kunstwerken aus dem Bayrischen Nationalmuseum hinzu.[122] Ähnliches geschah an der Berliner Nationalgalerie. Um eine systematische Sammlung anzulegen, übernahm man ab etwa 1886 Modelle zu Standbildern, Büsten, figürlichen Arbeiten, Reliefs und Medaillons aus Nachlässen von Bildhauern oder kaufte sie von Formatoren.[123] Gips eignete sich dazu, Originale aus der Antike verfügbar zu machen, damit Haltung und Ausdruck bestimmter Epochen daran studiert werden konnten. Als Material trat er dabei weitgehend in den Hintergrund, das heißt, die Gipsabgüsse wurden in der Aufstellung innerhalb des Museums von den Originalen – also etwa Holz-, Bronze- Marmor- oder Keramikfiguren – getrennt. Sie bildeten eine eigene Abteilung und standen so zum Studium und zum Vergleich mit den bereits vorhandenen Werken zur Verfügung.[124]

Neben den Akademien begannen im Verlauf des beginnenden 19. Jahrhunderts vermehrt Universitäten, technische Hochschulen und Gewerbeschulen Gipssammlungen zu erwerben, die vornehmlich zwar der Lehre galten, mitunter aber der Öffentlichkeit ebenfalls zugänglich waren.[125] Wieder einmal reicht die Tradition – zumindest was die Mathematik betrifft – nach Frankreich um 1800 zurück: An der École Royale de Génie de Méziers – langjährige Wirkungsstätte von Gaspard Monge – wurde Gips dafür verwendet, die Technik des Steinschnittes zu demonstrieren. Der Steinschnitt, auch Stereotomie genannt, ist eine Technik, deren Aufgabe vor allem die Bestimmung der Schnittwinkel von Gewölbesteinen war. Unter Berücksichtigung der Gesetze der Statik wurden Form und Größe von Steinen bestimmt, aus denen sich dann ein ganzes Bauwerk, etwa ein Brückenbogen bildete. Seit dem 18. Jahrhundert wurden die einzelnen Teile eines Gewölbes

---

[121]Kreittmayr 1862

[122]Vgl. Kreittmayr 1886.

[123]Maaz 1993, S. 33.

[124]Vgl. Berchtold 1987, S. 100.

[125]Göttingen gehörte zu den ersten Universitäten, die sich bereits 1761, kurz nach ihrer Gründung, eine Gipssammlung zulegte. Vgl. Boehringer 1981.

dabei geometrisch anhand von Projektionsverfahren ermittelt, ein Verfahren, das im Wesentlichen auf den Ingenieur Amédée François Frézier zurückging und das die Stereotomie vom reinen Steinmetzhandwerk abzugrenzen begann.[126] Um diese Schnitte sowohl konstruieren als auch modellieren zu können, brauchte man handhabbare Modelle, für deren Herstellung in erster Linie Gips verwendet wurde, da die Herstellung einfacher und die Handhabung leichter war als solche Schnitte, die direkt in Stein ausgeführt wurden. An der École de Mézières war das Modellieren von Steinschnittformen in Gips daher neben dem Zeichnen eine übliche Aufgabe.[127] Ein typischer Stundenplan für einen Ingenieurstudenten sah neben theoretischem Unterricht die Lehre in praktischem Arbeiten vor, die zur Hälfte in der Werkstatt und zur anderen Hälfte draußen in der Natur stattfinden sollte. Der Unterricht begann mit den Ingenieurszeichnungen – zunächst Strichzeichnungen, die dann mit Tusche ausgefüllt wurden – und endete mit dem Steinschnitt, der aus Holz oder Gips ausgeführt wurde, sowie dem Modellbau.[128]

Das Modellieren von Steinschnitten in Gips (sowie Holz und Ton) gehörte, genau wie das Zeichnen, in Deutschland ebenfalls bereits seit Beginn des 19. Jahrhunderts zum Curriculum an Gewerbe-, Baugewerbe- und polytechnischen Schulen.[129] An der Karlsruher Gewerbeschule des Großherzogtums Baden etwa war das Modellieren in Ton, Gips und Holz seit Gründung der Anstalt 1834 fester Bestandteil des Lehrplans. Das ‚körperliche Sehen‘, also das ‚völlige Erkennen des Gegenstandes aus der Zeichnung‘, sollte durch die Arbeit an plastischen Modellen, deren erster Schritt die Erstellung einer Zeichnung war, ergänzt werden.[130] Das Karlsruher Polytechnikum schaffte zu diesem Zweck schon 1828 etwa 20 Gipsmodelle für den Unterricht in der darstellenden Geometrie an. Darunter befanden sich ein hyperbolisches Paraboloid, ein einschaliges und ein zweischaliges Hyperboloid und einige Modelle für die Lehre des Steinschnitts. Sie stammten von dem unter Monge ausgebildeten Konservator der École

---

[126]Sellenriek 1987, S. 161.

[127]Belhoste 1990.

[128]Belhoste 1990, S. 5.

[129]Wie am Beispiel der Poyltechnischen Modellensammlung München gezeigt wurde, kamen die Werkstattübungen an Gewerbeschulen den technischen Kabinetten zugute, die regelmäßig Gipsmodelle (und vermutlich auch andere) aus den Werkstattübungen der Münchener Baugewerbeschule erhielten. (Vgl. **Kapitel 4/Abschnitt 4.1.2.**) In München war das Modellieren von Steinschnitten in Gips bereits ab etwa 1823 Teil des Curriculums.

[130]Die beiden indirekten Zitate entstammen dem Direktor der Karlsruher Gewerbeschule, J. T. Cathiau aus einem Bericht des Schuljahres 1897/89. Zitiert nach Rothe 2011, S. 122.

Polytechnique, L. Brocchi, und bildeten die Grundlage für eine später weiter anwachsende Sammlung mathematischer Modelle.[131]

Gips war im 19. Jahrhundert allgegenwärtig wenn es darum ging, ein Repertoire an Formen an eine Schülerschaft – oder ein interessiertes Laienpublikum – zu vermitteln. Für Brill war die Entscheidung für Gips zunächst eine rein praktische: Gipsobjekte ließen sich gut vervielfältigen, was seinem Wunsch, mehr Modelle an die „Öffentlichkeit" zu übergeben, gut entsprach.[132] Und er befand sich in einem Umfeld, in dem praktisches Wissen über die Verarbeitung des Materials vorhanden war. Nur durch seine Verbindung zu einem Gipsformator war es möglich, Formen und Güsse von den am Institut entstandenen Vorformen zu machen. Zudem standen bei der Verarbeitung und der Verwendung von Gipsmodellen ästhetisch-künstlerische sowie technisch-handwerkliche Einflüsse in direktem Bezug zueinander, was sich darin zeigt, dass Brill sein „Modellierkabinett" vorsorglich mit „Statuen" einrichtete, um das Arbeiten an Modellen anzuregen.[133] Diese stammten sicherlich aus der Sammlung von Gipsmodellen für den Unterricht im Freihandzeichnen, die aus zahlreichen Abgüssen von Werken der königlichen Glyptothek München und aus Schenkungen der königlichen Gewerbeakademie zu München an die Technische Hochschule München in den 1870er Jahren hervorging.[134] Vor allem mag das mit Gips verbundene enzyklopädische Sammlungsideal für Brill überzeugend gewirkt haben. Mehrfach hat sich gezeigt, dass Brill der Idee einer „Klassifizierung" mathematischer Modelle in Sammlungen zugeneigt war. Gips schien genau diesem Ideal nachzukommen, um die Produktion von – in diesem Fall mathematischen – Formen enzyklopädisch zu erfassen und systematisch darzustellen. Nur wenige Jahre nachdem Brill München verließ, sollte sich dieses Bild vollständig ändern.

5.4   Modelle aus Draht

Ganz im Gegensatz zu seinem Cousin Alexander Brill griff Hermann Wiener für keines der von ihm produzierten Modelle auf das Material Gips zurück. Wiener hatte für kurze Zeit bei Klein und Brill in München und dann bei Klein in Leipzig

---

[131] Verzeichnis für die Direktion des großherzoglichen Instituts 1828. KIT.Archiv Bestand 10001, Sign. 946 (ohne Paginierung).

[132] So formuliert er es jedenfalls in Brill und Brill 1885, S. 4.

[133] Dies schreibt Brill rückblickend in seinen autobiographischen Aufzeichnungen 1926, Vgl. Brill 1887–1935, Bd. 2, S. 26–27. Um welche Statuen es sich genau handelte, wird nicht näher ausgeführt.

[134] Anonym 1872, S. 29–30. Bei der Schenkung handelte es sich um insgesamt 86 Objekte.

studiert, bevor er 1881 nach Karlsruhe ging, um seinem Vater Christian Wiener zu assistieren. Dort konzipierte er um 1882 eine erste Serie mit vier Fadenmodellen von Raumkurven vierter Ordnung, die er in Brills Katalog 1885 veröffentlichte.[135] Diese Modelle bestanden aus Seidenfäden, Metall und aus gebogenem Drahtgestänge, meist aus Messing oder Kupfer. Keines der Modelle, die Wiener zu diesem oder einem späteren Zeitpunkt konstruierte, war in Gips gefertigt und tatsächlich zeigt ein Blick in Modellkataloge, dass die Produktion von Modellen aus Gips etwa 1888 schlagartig zum Erliegen kam.[136] Dieser Bruch geschah beinahe gleichzeitig mit einer zunehmenden Ablehnung der Technik des Gipsabgusses unter Künstlern. Gips war als gestalterisches Material bereits im Laufe des 19. Jahrhunderts unter bildenden Künstlern in Verruf geraten. Es galt oftmals als charakterlos, unecht, billig, aber auch als verstaubt, blutleer und tot.[137] Aus technischen Gesichtspunkten galt nun gerade die materielle Anspruchslosigkeit und das abstrakte Weiß – Dinge, für die man das Material nur wenige Jahre zuvor geschätzt hatte – als überholt und unzulänglich. Vor allem wurde kritisiert, dass der Gips eine zu große Abweichung zur Natur der Dinge darstellte, zu abstrakt sei dieses Material und zu weit weg von der ursprünglichen Beschaffenheit des „Originals".[138] Genau diese Art von Kritik übte auch Wiener an Gipsmodellen. Sie gäben die „Natur" einer Fläche oder eines Körpers nur allzu unvollständig wieder:

> „Die für das Verständnis der Raumformen so wichtigen Stellen, an denen der Umriß einer Fläche von sichtbaren auf unsichtbare Teile übergehen, wie sie z. B. an der Kreisringfläche auftreten, sind zwar ein beliebter Gegenstand der Konstruktion auf dem Reißbrett, aber keiner, der die Flächenformen nur aus den Darstellungen durch Gipskörper kennt, hat sie je in Natur gesehen."[139]

Für Wiener selbst war das Material Gips ungeeignet, um das volle Potential eines mathematischen Körpers auszuschöpfen. Modelle müssten möglichst *einfach* und *übersichtlich* sein und beide Eigenschaften könnten durch die Wahl des Materials begünstigt werden. Wiener ersetzte opake Flächen, auf denen Linien eingeritzt

---

[135]Brill und Brill 1885, S. 24–25 sowie in Schilling 1903, S. 24–26.

[136]Eine Ausnahme bilden lediglich die Gipsmodelle verschiedener Art der Serie Nr. XVII im Katalog Schillings, deren letztes Modell – eine konforme Abbildung auf einem Ellipsoid – 1898 veröffentlicht wurde. Vgl. Schilling 1903, S. 40–42.

[137]„Gips", in: Wagner et al. 2002, S. 110. Vgl. als Quelle Pedrotti 1901.

[138]Uppenkamp 2002, S. 147.

[139]Wiener 1907a, S. 5.

waren, durch Modelle aus Draht oder Faden, bei denen „die geometrischen Formen selbst" zu erkennen seien.[140]

5.4.1 Modellwissen tradieren

Wiener entstammte wiederum einer ganz anderen Tradition des Umgangs mit Modellen als sein Lehrer Felix Klein und sein Cousin Alexander Brill. Genau wie Brill studierte er sowohl an einer technischen Hochschule, als auch an der Universität und legte ein Lehramtsexamen an der Technischen Hochschule Karlsruhe ab, allerdings etwa 20 Jahre nach Brill.[141] Während Brill (und auch Klein) erst während oder kurz nach dem Studium mit Modellen in Berührung kamen, war Wiener mit ihnen aufgewachsen. Sein Vater Christian Wiener lehrte seit 1852 an der Technischen Hochschule Karlsruhe, wo wiederum die Lehre mit Modellen im Unterricht der darstellenden Geometrie seit Jahrzehnten fest verankert war. Zu dessen ersten Amtshandlung als Professor für darstellende Geometrie gehörte, dass er sowohl die wichtigsten Werke Theodore Oliviers für das mathematische Institut bestellte, als auch zahlreiche mathematische Instrumente und Modelle.[142] Hermann Wiener wiederum hatte sich bereits als junger Student mit der Berechnung und Bauweise mathematischer Modelle beschäftigt.

> „Es mag erwähnt werden, daß von meinen früher herausgegebenen Modellen, die über die Singularitäten der Raumkurven (X. Reihe der Teubnerschen Sammlung) und über die Raumkurven 3. Ordnung (XI. Reihe) es sind, zu denen ich als Schüler meines Vaters die erste Anregung erhalten habe."[143]

Wie unterschiedlich im Vergleich zu Brill Wiener die Arbeit an Modellen und deren Verkauf auffasste, zeigt sich schon daran, wie er seine Modelle anpries und darbot. Nach dem Vertriebsprinzip von Brill und Schilling, das in weiten Teilen deckungsgleich war, erhielt jede einzelne Serie das Gepräge ihres Herstellers.

---

[140]Wiener 1907a, S. 4.

[141]Wiener war 15 Jahre jünger als sein Cousin Alexander Brill. Es handelte sich also nicht nur um unterschiedliche Traditionen, sondern zwischen den beiden lag gar eine ganze Generation.

[142]Darunter mindestens ein nicht weiter benanntes Modell von Olivier. Christian Wiener an die Direction der großherzoglichen Schule, 22.5.1863, KIT.Archiv Bestand 10001, Sign. 946 (o. N.).

[143]Wiener 1913, S. 297. Wiener irrt allerdings in der Reihenbezeichnung, denn tatsächlich erschienen die beiden von ihm genannten Reihen 1912 bei Teubner unter den Nummern VIII und IX.

Einige Serien waren einfach mit „unter der Leitung von A. Brill und F. Klein" betitelt, wobei dann hinter dem jeweiligen einzeln aufgeführten Modell notiert war, von wem es stammte. Andere Serien wiederum erhielten den Zusatz „ausgeführt von R. Diesel" oder „Dr. Carl Rodenberg". In diesem Fall war die gesamte Modellserie von ein- und derselben Person ausgeführt worden. Die von Brill und Schilling vertriebenen Modellserien bestanden aus unterschiedlichen Materialien und hatten recht stark voneinander abweichende Maßangaben.[144] Deutlich wird dies bei der Betrachtung der Anordnung der Modelle im zweiten Teil des Katalogs von Schilling. Unter „I. Flächen zweiter Ordnung, b) Hyperboloide" waren sowohl Modelle aus Carton, aus Gips als auch aus Faden und Metallgestänge aufgeführt. Allein die beiden Modelle aus Gips – von zwei unterschiedlichen Personen berechnet und ausgeführt – hatten einen Größenunterschied von 10 cm. Ganz anders verfuhr Wiener. Ab 1903 verkaufte er seine Modelle nicht mehr über den schillingschen Verlag, sondern er gründete seine eigene Reihe im Teubner Verlag unter dem Namen *H. Wieners Sammlung Mathematischer Modelle*.[145] Wiener überwachte die Einheitlichkeit seiner Modelle genauestens und achtete darauf, dass die Modelle nicht nur in ihrem äußeren Erscheinungsbild zueinander passten, sondern dass sie ausschließlich unter seinem Namen verkauft wurden. Wenngleich der Teubner Verlag, der für Lehrbücher bis heute bekannt ist, bereits in der Einleitung zu Wieners Modell-Verzeichnis seine Bereitschaft kundtat, „in später folgenden Ausgaben auch die Modelle anderer Urheber der Sammlung einzuverleiben", oblag doch Wiener die letzte Kontrolle. Er prüfte die Anträge für eine eventuelle Aufnahme in die Sammlung und verfolgte Anregungen für Neuanfertigungen oder Überarbeitungen.[146] Falls es je zu solchen Anträgen oder Vorschlägen gekommen sein sollte, so ließ Wiener dem Urheber eines entsprechenden Modells keine Möglichkeit, sich namentlich kenntlich zu machen.[147] Wieners Modelle trugen somit alle dieselbe Handschrift. Wenngleich einzelne

---

[144]Eine Serie bestand zumeist aus ein- und demselben Material, aber die Größen konnten innerhalb der Serie stark variieren.

[145]An dieser Stelle sind die vorhandenen Informationen etwas widersprüchlich. Denn in der 1903 erschienenen „Ankündigung" wird als Vertriebspartner der „Sammlung" „Herr A.W. Gay, Darmstadt, Wendelstadtstraße 34" genannt. Dieser Name taucht aber im zwei Jahre darauf erschienenen Verzeichnis nicht mehr auf, stattdessen wird nur noch der Teubner-Verlag als Bezugsquelle genannt. Die Gründe für diesen Wechsel sind leider nicht bekannt.

[146]Wiener 1905a, S. 3.

[147]Eine einzige Ausnahme bilden hier die Modelle Peter Treutleins, die Wiener zwar in ein 1912 erschienenes Verzeichnis integrierte, diese aber explizit als eigenständige Sammlung auswies und die auch in der Publikation als getrennter Abschnitt mit einer eigenen Einleitung erscheinen. Vgl. Wiener und Treutlein 1912.

Bauteile zwar von Werkstätten vorgefertigt wurden, war das Erscheinungsbild der Modelle in sich doch einheitlich. Herstellung, Verkauf und Beschreibung seiner Sammlung liefen ausschließlich unter seinem Namen.

Die familiäre Herkunft spielte zwar eine Rolle für Wieners Werdegang, nicht so sehr aber für die Produktion von Modellen, die nun von professionellen Betrieben und mittels speziellen Werkzeugs ausgeführt wurden. Dass Wiener seine Modelle als Marke verkaufte und somit alle Schritte der Produktion – vom ersten Entwurf eines Modells bis zum Verkaufseintrag im Modellkatalog – unter seinem Namen vereinte, ermöglichte erst, dass seine Arbeit auch nach seinem Tod weitergeführt werden konnte. Ohne dass man von einer Kontinuität sprechen kann, lässt sich doch behaupten, dass das Wissen um die Herstellung von Drahtmodellen, über das Wiener einst verfügte, bis heute fortbesteht. Diese Fortführung von Wieners Modellbautechniken ist vor allem Friedhelm Kürpig zu verdanken, der sich in Aachen/Kornellimünster eine gut ausgestattete Feinmechanikerwerkstatt eingerichtet hat, in der er Wieners Modelle von neuem konstruiert. Wer ihm dabei zusieht, wie er die Modelle Wieners rekonstruiert und nachbaut, wird sich einmal mehr darüber bewusst, dass die Geschichte des mathematischen Modellbaus vor allem die Geschichte ihrer Akteure ist. Und sie ist als eine Gemengelage aus vielen Mikroereignissen zu verstehen, an deren Entstehung sowohl Dinge als auch Menschen, also Objekte, Prozesse, Ingenieure und Mathematiker, gleichermaßen teilhatten.[148]

Das Atelier, das der Modellbauer Kürpig im Erdgeschoss seiner Privatwohnung in einem Aachener Vorort einrichtete, und das zunächst durch seine Aufgeräumtheit und Sauberkeit auffällt, ist bis in die letzten Winkel auf die Herstellungsprozesse geometrischer Modelle aus Messing, Draht, Seide und Stahl abgestimmt. Zahlreiche Fräsmaschinen, Stanzgeräte, Biegemaschinen, sowie alle Arten von Zangen und andere kleinere Werkzeuge stehen parat und erinnern an die Ausstattung moderner Feinmechanikerwerkstätten (vgl. **Abb. 5.6.1 & 5.6.2**). Viele günstige Umstände spielten dem nunmehr emeritierten Architekturprofessor Kürpig in die Hände, sodass er über hundert Jahre nach der Entstehung von Hermann Wieners Modellen heute der einzige ist, der noch über Wissen über die Herstellungsweisen sowie über teilweise historisches Werkzeug für deren Herstellung verfügt. Am Anfang stand eine zufällige Begegnung im Jahr 1973 mit dem Darmstädter Mathematikdozenten Helmut Emde, der zu diesem Zeitpunkt Assistent bei einem der Nachfolger auf Wieners Lehrstuhl, Prof. Heinrich Graf, an der Technischen Hochschule Darmstadt war. Emde hatte nach dem Ende des Krieges

---

[148] Auf diesen Punkt machen v. a. Bijker et al. 1889, S. 10, aufmerksam.

1952 die Herstellung und den Vertrieb von Wieners Modellen wieder aufgenommen und ab 1958 unter dem Namen *Mathematische Modelle Darmstadt* durch die Lehrmittelfirma Karl Kolb verkauft.[149]

Abb. 5.6.1 Ansicht der Werkstatt des Modellbauers Friedhelm Kürpig, Aachen. Fotografie © Anja Sattelmacher

Zum Zeitpunkt der Begegnung mit Emde war Kürpig noch wissenschaftlicher Assistent am Lehrstuhl für darstellende Geometrie an der Technischen Hochschule in Aachen. Er übernahm von Emde die Originalzeichnungen, Prototypen, Hilfswerkzeuge sowie diverse Vorrichtungen, die zur Herstellung der Modelle vonnöten waren. Wiener hatte diese Vorrichtungen gemeinsam mit der Darmstädter Feinmechanikerfirma Heinrich Sulzmann konstruiert, die wohl noch bis 1938 die Fertigung der Modelle ausführte.[150] Da er die erforderlichen Handgriffe und Techniken nicht genauer dokumentiert hatte, musste Kürpig sich diese größtenteils

[149]Die Überlieferung ist hier an einigen Stellen lückenhaft und nur schwer aus archivarischen oder mündlichen Quellen belegbar. Sicher ist, dass die Modellproduktion während des Zweiten Weltkrieges ganz zum Erliegen kam und dann erst in den 1950er Jahren wieder aufgenommen wurde. Die hier gegebenen Informationen entstammen zum Teil den persönlichen Gesprächen, die ich mit Kürpig während eines zweitägigen Aufenthaltes im Juli 2012 in dessen Werkstatt führte sowie aus einem Gedächtnisprotokoll von Leonhard Keller aus dem Jahr 1991, das mir Kürpig freundlicherweise überließ, und das im Folgenden als Keller/Kürpig 1991 zitiert wird.

[150]Keller/Kürpig 1991.

Abb. 5.6.2 Fräsmaschine in der Werkstatt Kürpig. Fotografie © Anja Sattelmacher

selbst aneignen, was mitunter anhand von Gesprächen mit dem Feinmechaniker
Keller und dem Mathematiker Emde geschah. Bald erfolgten die ersten Anfra-
gen von diversen deutschen Universitäten nach neuen Prospekten und aktuellen
Preislisten der *Mathematischen Modelle Darmstadt*.[151] Auf diese Weise wurden
bis etwa 1990 Schulen und Universitäten immer weiter mit „Wieners Modellen"
beliefert, die – nach Originalzeichnungen und Berechnungen – ziemlich genau
jenen Modellen entsprachen, die Wiener um die Jahrhundertwende angefertigt
hatte.

Aufgrund der bisher unter dem Schlagwort „experimentelle Wissenschafts-
geschichte" firmierenden Arbeiten von Wissenschaftshistorikern wie Hans Otto
Sibum, Peter Heering, Friedrich Steinle oder auch Olaf Breidbach ist bereits deutlich geworden, dass eine historische 1:1-Rekonstruktion von Experimenten und
Versuchsanordnungen nie möglich ist. Im Laufe der Zeit haben sich Maschinen,
Material und Werkzeuge verändert, und es ist im Nachhinein kaum noch nachvoll-
ziehbar, an welchen Stellen die tradierten Techniken und das damit verbundene
Wissen modifiziert worden sind. Für eine Historikerin birgt das Nachvollziehen der Arbeit eines Modellbauers wie Kürpig dennoch die Möglichkeit, sich
bestimmter Herstellungstechniken zu vergewissern, die in historischen Quellen
nur schlecht belegt sind.[152] Die im Folgenden unternommenen Beschreibungen

---

[151] Kolb 1958.
[152] Vgl. etwa Breidbach et al. 2010, Heering und Wittje 2011, Sibum 2000 oder Steinle 2003.

der Modelle sowie die Versuche, deren Herstellung zu rekonstruieren, fußen damit zum größten Teil auf den neuerdings hergestellten Modellen Kürpigs und öffnen gleichzeitig ein Fenster in die Modellproduktion um 1900.[153]

5.4.2 Bewegliche Modelle

Bis auf zwei Ausnahmen bestanden alle Modelle, die Wiener unter seiner Regie herausbrachte, aus blankem Messingdraht, wobei man unter „Draht" zu jener Zeit „ein jedes in Fadenform gebrachtes Metall" verstand.[154] Eine Reihe (Nr. I) umfasste sieben Drahtmodelle von ebenen Gebilden (darunter Quadrat, regelmäßiges Fünfeck, Sechseck, etc.), eine enthielt platonische Körper (Nr. II), eine die Hauptschnitte von Flächen zweiter Ordnung (Nr. IV), eine Stabmodelle (Nr. Vb) und eine die Flächen zweiter Ordnung in Kreisschnitten (Nr. VI). Die Preise für Drahtmodelle variierten sehr stark, lagen aber deutlich über denen aus Karton und Gips. So hatten lediglich die Modelle der ebenen Gebilde einstellige Beträge, die Hauptschnitte kosteten zwischen 10 und 30 Mark und die beweglichen Modelle lagen bei 35 bis 100 Mark pro Modell, je nach dessen Größe und Eigenschaften. Wenngleich deutlich teurer in der Verarbeitung als Gips oder gar Pappe war Draht einerseits ein stabiler Werkstoff. Anderseits war er biegsam und damit für sehr unterschiedliche Formen einsetzbar. Er wurde ebenso für industrielle Produkte verwendet, wie für die Herstellung von Objekten in Haushalt und Schule – vom Beißkorb für den Hund über den Zettelhalter bis hin zu geometrischen Körpern.[155] So befasste sich etwa der Pädagoge und Mathematiker Johannes Kühnel eingehend mit der Verwendung von Metall in Form von Draht und Stabmetall im Werkunterricht. Kühnel wies dort auf die Vorteile von Metall (gegenüber Pappe, Holz oder Glas) hin.

„[A]lles was man mit den anderen Stoffen vornehmen kann, das läßt sich mit dem Metall in meist viel weiter gehendem Maße tun. Dazu kommt eine Festigkeit, welche die der anderen Stoffe weit übertrifft."[156]

---

[153]Die im Folgenden ausgeführten Beschreibungen beruhen zu einem Großteil auf den Gesprächen, die ich mit Kürpig im Juli 2012 in seiner Werkstatt führte. Das anschließend erstellte Protokoll, das weiter unten noch zitiert werden wird, ist hier als Kürpig/Sattelmacher 2012 verzeichnet.

[154]„Draht", in: Spamer 1878, Bd. 1, S. 262.

[155]„Draht" in: Spamer 1878, Bd. 1, S. 262.

[156]Kühnel 1912, S. 109.

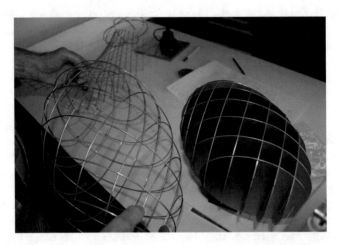

Abb. 5.7.1 Modell eines Ellipsoids – einmal in der Ausführung aus Stahlpatten (rechts), die genau wie die Kartonmodelle Brills konstruiert wurden – und einmal aus gebogenem Draht (links) in der Ausführung nach Hermann Wiener. Modelle Friedhelm Kürpig, Fotografie © Anja Sattelmacher

Kühnel betonte, dass die besondere Eigenschaft von Draht darin liege, dass er eine „mannigfaltigere Gestaltung, Verbindung und Verwendung" zulasse als etwa das Arbeiten in Holz.[157] Die vielseitigen Verwendungsmöglichkeiten von Draht und seine Biegsamkeit bei gleichzeitiger Festigkeit waren entscheidend für Modelle, die in sich beweglich sein sollten, wie etwa die Kreisschnittmodelle der Flächen zweiter Ordnung. Solche Modelle kannte Wiener im Prinzip bereits von Alexander Brill, der sie aus Pappe gefertigt hatte. Brills Kartonmodelle waren, wie Wiener in einem seiner Verzeichnisse ausführte, mit zwei Kreisscharen versehen, die

> „in prismatischer Führung gegeneinander beweglich gemacht sind, indem die aus Pappe gefertigten Kreisscheiben in ihren parallelen Schnittgeraden durcheinander gesteckt sind."[158]

Wiener kam nun auf die Idee, diese Karton-Modelle seines Cousins in etwas veränderter Form neu zu konstruieren. Für die Konstruktion eines Ellipsoids verwendete er nicht geschlossene Kreisschnitte aus Karton, wie Brill es getan hatte,

---

[157]Kühnel 1912, S. 109.

[158]Wiener 1905a, S. 16.

Abb. 5.7.2 Der Modelldraht wird mithilfe einer Biegemaschine auf Länge gebracht. Modell Friedhelm Kürpig, Fotografie © Anja Sattelmacher

sondern dünne Metallringe. Die Überlegung dabei war die Folgende: Schnitt man in eine solche einzelne Kartonscheibe ein Loch und vergrößerte dieses soweit es ging, blieb am Ende nur noch ein dünner Ring übrig, der im Fall von Wieners Modellen aus biegbarem Metall bestand (vgl. **Abb. 5.7.1**).[159] Für die Herstellung einer solchen aus Metallringen bestehenden beweglichen Fläche zweiter Ordnung

---

[159]Vgl. im Katalog Wieners von 1905 (und 1912) die Modelle Nr. 425–429 der VI. Reihe. Wiener weist an mehreren Stellen darauf hin, dass nach rein mathematischer Berechnung der

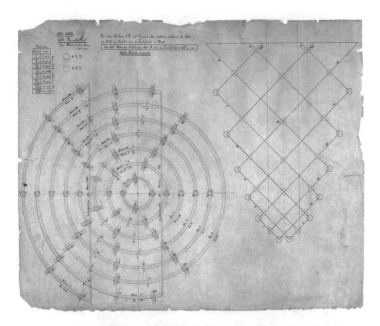

Abb. 5.7.3 Entwurfszeichnung von Hermann Wiener – in diesem Fall für ein elliptisches Paraboloid. Wiener zeichnete die Drahtgrößen im Verhältnis 1:1 zum Modell, sodass die entsprechenden Stellen, an denen Draht beschnitten und gelötet (bzw. durch Scharniere verbunden) werden sollte, direkt von der Zeichnung auf das Modell übertragen werden konnten (die roten und blauen Markierungen definieren die unterschiedliche Breite der gefrästen Stelle). Dementsprechend abgenutzt und mit Gebrauchsspuren versehen ist auch die Zeichnung. Privatbesitz Friedhelm Kürpig, undatiert

ließ Wiener zunächst etwa 2 mm dünne Drähte anhand einer Biegemaschine zu Kreisen bzw. Ellipsen biegen (**vgl. Abb. 5.7.2**). Diese wurden dann an den Stellen auf die Länge gebracht (abgetrennt), die Wiener vorher in einer Zeichnung genau markiert hatte. An den jeweils geschnittenen Stellen wurden die Ringe später miteinander verlötet und dann mittels Gelenken miteinander verbunden. Diese Reinzeichnungen wurden direkt als Stanzvorlagen benutzt und dienten der Vorlage für die Montage. Auf ihr wurden Strecken, Winkel und Radien direkt mit dem Stechzirkel abgetragen oder mit einer Reißnadel direkt auf ein Stück Draht

---

Draht hierfür unendlich dünn sein müsste, was in der praktischen Ausführung natürlich nicht möglich ist. Wiener 1905a, S. 14; 16.

Abb. 5.7.4 Modell eines Ellipsoids wie in Abb. 5.7.1, nur in zusammengefalteter Form. Modelle Friedhelm Kürpig, Fotografie © Anja Sattelmacher

übertragen. So erklären sich die Spuren von Abrieb, Markierungen und Punktierungen an den Stellen, wo die Drahtstäbe direkt auf dem Zeichenpapier auflagen. Diese Vorgehensweise war für das Arbeiten mit Draht üblich. Auch Kühnel empfahl, „die verkleinerte Skizze überhaupt zu vermeiden und alles genau in der gewünschten Größe und Stärke zu zeichnen".[160] Die Zeichnung ermöglichte das direkte Kopieren von Kurven, Winkeln und Abständen der Papiervorlage auf das Material (vgl. **Abb. 5.7.3**). Diese Vorgehensweise stellte sicher, dass das Modell immer auf dieselbe Weise gefertigt wurde. Die Zeichnung war – indem sie als direkte Vorlage verwendet wurde – ein Garant für die exakte Einhaltung der von Wiener entwickelten Idee. Denn um ein Modell mit eingebauten Gelenken zu bauen, bedurfte es der Millimeterarbeit. Die Stellen, an denen zwei Metallstäbe miteinander verbunden wurden, mussten exakt übereinander liegen. Die so gebogenen, geschnittenen und im Anschluss verlöteten Metallringe verfügten zwar weiterhin über eine Achse, doch ließ sich nun kein zweiter Ring, wie es bei etwa Karton geschah, hineinschieben, da die Fläche ja nicht mehr aus opakem Material bestand (vgl. **Abb. 5.7.4**). Also entwickelte Wiener ein spezielles

---

[160]Kühnel 1912, S. 109.

Gelenk, um die Ringe, die nun aus Draht bestanden, miteinander zu verbinden. Dieses *geschränkte Verbindungsgelenk* trat an die Stelle der vormals aus Karton bestehenden parallelen Drehachsen, das heißt, es übernahm die Drehung der Stäbe zueinander. Dieses scharnierartige Gelenk bestand hauptsächlich aus zwei kleinen rechteckigen Hülsen, die wie kleine Plättchen aussahen. Sie wurden mit einem mechanischen Niethammer so miteinander vernietet, dass sie im 90-Grad-Winkel zueinander standen. Deren Enden wurden über einem Block umgebogen, sodass je zwei Hülsen zwei senkrecht zueinander stehende Drahtringe umschließen konnten (vgl. **Abb. 5.8.1, 5.8.2, 5.8.3 & 5.8.4**). An der Stelle, wo die Gelenke den Draht umschlossen, musste dieser zuvor auf etwas weniger als etwa 1,4 mm heruntergefräst werden. Auch dies geschah mithilfe eines speziellen umgekehrten Rundfräsers (vgl. **Abb. 5.9**), den Wiener gemeinsam mit der Firma Sulzmann entwickelt hatte.[161] Die Stellen, an denen die Scharniere angebracht werden mussten, waren wiederum auf der Zeichnung markiert worden (vgl. **Abb. 5.7.3**).[162]

Dieses Gelenk kam noch bei einer weiteren Unterkategorie beweglicher Drahtmodelle zum Einsatz: den beweglichen Stabmodellen aus der Reihe Nr. V von Wieners Modellen. Dazu zählten das sogenannte „bewegliche einschalige Hyperboloid", „dasselbe, halb, zum Umstülpen mit Ständer", das „bewegliche einschalige Dreh-Hyperboloid" sowie das „bewegliche hyperbolische Paraboloid", ebenfalls mit Ständer.[163] Ähnlich wie die Modelle von Kreisschnitten waren diese Modelle von Rotationshyperboloiden in sich falt- und klappbar (vgl. **Abb. 5.10.1**). Für die Herstellung der Stabmodelle fertigte Wiener wieder zunächst eine Zeichnung an, bei der er einen Kehlkreis bzw. eine Kehlellipse als Grundlage der Konstruktion nahm. Diesen teilte er in 16 gleiche Teile ein und konstruierte darüber ebenso viele gleichschenklige Dreiecke. Diese zerlegte er in derselben Zeichnung in gleichlange Strecken und konnte auf diese Weise wieder markieren, an welcher Stelle die Verbindungsgelenke angebracht werden sollten (vgl. **Abb. 5.10.2**). Wiener selbst schrieb zu den beweglichen Stabmodellen:

---

[161] Kürpig/Sattelmacher 2012. Ein ähnliches Gerät konnte in einschlägigen zeitgenössischen Handbüchern nicht gefunden werden. Ein Band des Darmstädter Ingenieurs Ludwig Beck führt zwar einen „Rundfräser" an, dieser scheint aber eine andere Funktion gehabt zu haben. Vgl. Beck 1900, S. 314. Die genaue Bezeichnung des von Wiener bzw. Kürpig verwendeten Fräsers lässt sich nicht mehr rekonstruieren.

[162] Vgl. Wieners eigene Beschreibung zur Herstellung des Gelenks Wiener 1907c. Kürpig nahm die Herstellung dieses Gelenks aber teilweise anhand neuerer Technologien vor. Die kleinen Silberplättchen wurden nicht nur gestanzt, sondern auch gelasert. Die Vernietung zweier Metallplättchen geschah nun mit einem 1952 konstruierten und 2007 modifizierten elektromagnetischen Niethammer. Kürpig/Sattelmacher 2012.

[163] Vgl. Wiener 1905a, S. 13.

Abb. 5.8.1 Mit einem Niethammer werden die Gelenkhülsen miteinander vernietet. Werkstatt Friedhelm Kürpig, Fotografie © Anja Sattelmacher

„Die Modelle bestehen aus dünnen versilberten Metallstäben, die durch eigenartige Scharniere miteinander verbunden sind. Sie können in jeder beliebigen Lage auf dem Ständer festgehalten werden."[164]

Entfernte man die Modelle von ihrem Ständer, ließen sie sich flach zusammenklappen. Im Falle des Hyperboloids ergab sich daraus dieselbe ebene Figur, aus

---

[164]Wiener 1905a, S. 14. Die Nachbauten von Kürpig weisen allerdings keinen Ständer auf.

Abb. 5.8.2 Die Gelenkhülsen werden umgebogen, sodass sie später den Modelldraht umschließen können. Werkstatt Friedhelm Kürpig, Fotografie © Anja Sattelmacher

Abb. 5.8.3 Die Hülse wurde zuvor mit dem Hammer bearbeitet und wird nun mit einer weiteren Zange vollständig umgebogen. Werkstatt Friedhelm Kürpig, Fotografie © Anja Sattelmacher

der heraus Wiener das dreidimensionale Modell zeichnerisch konstruiert hatte. (**vgl. Abb. 5.10.3**) Dieses „Umstülpen", wie Wiener es nannte, wurde ebenfalls durch das geschränkte Verbindungsgelenk ermöglicht. Wie Wiener anmerkte,

Abb. 5.8.4 Das gebogene Gelenk kann nun den Draht an der Stelle umschließen, wo er zuvor abgefräst wurde. Werkstatt Friedhelm Kürpig, Fotografie © Anja Sattelmacher

Abb. 5.9 Mit dieser Art von umgekehrten Rundfräser wurde der normalerweise 2mm dicke Modelldraht auf ca. 1,4mm gefräst, um an der Stelle das geschränkte Verbindungsgelenk anzubringen. Werkstatt Friedhelm Kürpig, Fotografie © Anja Sattelmacher

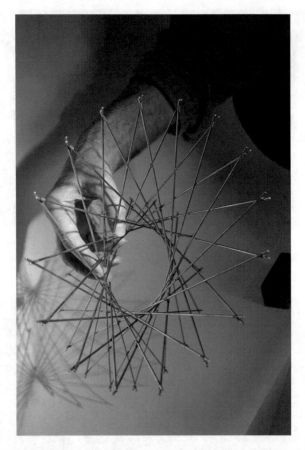

Abb. 5.10.1 Modell eines elliptischen Hyperboloids. An den oberen Enden lassen sich die Gelenke erkennen. Modell Friedhelm Kürpig, Fotografie © Anja Sattelmacher

musste man das Modell zuerst völlig in die Ebene des Tisches legen und darauf achten, „daß an der Kehlellipse die Stabenden mit ihren Scharnieren richtig übereinander liegen".[165] Stülpte man das Modell langsam um, so konnte man an

---

[165]Wiener 1905a, S. 14. Genau genommen entwickelte Wiener eigens dafür das „halbe" Hyperboloid „zum Umstülpen" – auf die Details zur Begründung wird an dieser Stelle aber nicht genauer eingegangen, vgl. auch Wiener 1907c, S. 91.

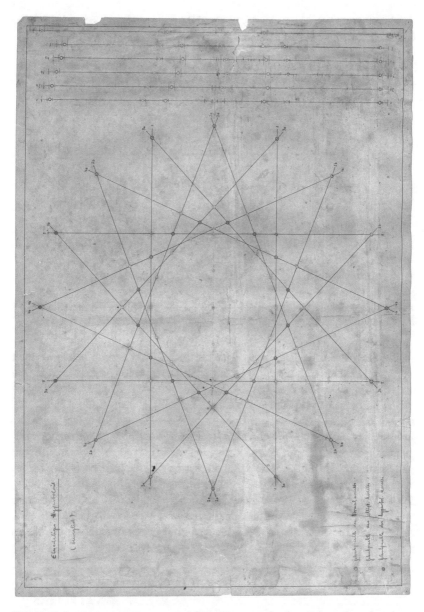

Abb. 5.10.2 Zeichnung Wieners eines elliptischen Paraboloids, ca. 1905. Die Punkte markieren die Stellen, an denen die geschränkten Verbindungsgelenke angebracht werden mussten. Privatbesitz Friedhelm Kürpig, ca. 1905

den jeweiligen Drehachsen den fließenden Übergang von einer Hyperbel in eine Ellipse (oder umgekehrt) studieren.[166]

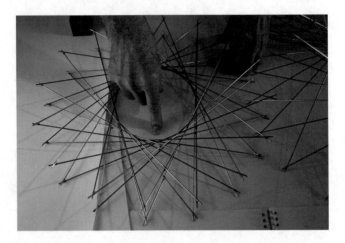

Abb. 5.10.3 Dasselbe Modell wie auf Abb. 5.10.1 noch einmal, diesmal umgestülpt. Modell Friedhelm Kürpig, Fotografie © Anja Sattelmacher

Ein ähnliches Modell hatte der Mathematiker Olaus Henrici bereits im Jahr 1873 aus kleinen Holzstäben konstruiert.[167] Zu seiner eigenen Überraschung war es ihm gelungen, dass das Modell in sich beweglich blieb, obwohl sich die Stäbe an mehreren Stellen kreuzten. Henrici, der sich in den 1860er Jahren mit der Skelettbauweise von Brücken befasst hatte und der später durch die Entwicklung des harmonischen Analysators bekannt werden sollte, attestierte seinen aus Holz konstruierten Stabmodellen eine außerordentliche Deformierbarkeit und führte ihre Stabilität auf die Wahl einer speziellen Holzsorte aus den Tropen zurück: sogenanntes „Lancewood", das in England vielfach benutzt wurde, etwa für die Herstellung von Messstäben.[168] Henrici präsentierte sein Modell erstmals auf einer Ausstellung mathematischer und mathematisch-physikalischer Modelle, Apparate und Instrumente 1893 in München. In dem zur Ausstellung erschienen Katalog beschrieb er, welche Bedeutung die materielle Eigenschaft des Modells

---

[166]Vgl. Wiener 1907c.

[167]Von ihm hatte auch Alexander Brill seine Anregungen für ein faltbares Karton-Modell erhalten. Vgl. den **Abschnitt 5.2** in diesem **Kapitel.**

[168]Dyck 1892, S. 262.

für Erkenntnisse über Festigkeit und Beweglichkeit habe. Bei dem Versuch, aus dünnen Stäben ein einschaliges Hyperboloid herzustellen, bei dem die Stäbe mit Faden miteinander verbunden wurden, stellte sich heraus, dass das Modell beweglich blieb.[169] Aus dieser Feststellung ließe sich, so Henrici, die Regel ableiten, dass immer dann, wenn die Erzeugenden eines einschaligen Hyperboloids als starre, miteinander verbundene Geraden betrachtet würden, sie dennoch frei beweglich blieben. Dass Wiener mit dieser Art von Modellen experimentierte, zeigte sich bereits auf der eingangs besprochenen Familienszene von ca. 1907. In etwa so muss das Modell Henricis ausgesehen haben. (Vgl. **Abb. 1.**1) Bei Wieners Modellen aus Draht übernahm das „geschränkte Verbindungsgelenk" die Aufgabe dieser Verbindungsfäden. Denn die Holz-Bindfaden-Konstruktion Henricis barg technische Probleme. Die durch Bindfaden erzeugte Nietverbindung des Holzmodells war nur so lange sicher, als man es nicht zu sehr krümmte. Tat man dies, platzten die Verbindungen leicht, da sich die Stäbe bei einer möglichen Verdrehung mitveränderten. Aus diesen Überlegungen ergaben sich für Wiener die nötigen Anforderungen des von ihm zu erstellenden Scharniers:

> „Erstens müssen zwei Stäbe an der Kreuzungsstelle eine Veränderung ihres Winkels gestatten, also [...] beweglich sein, und zweitens muß dem Berührpunkt beider Stäbe ein Herumwandern um jeden Stab – ohne Änderung seines Abstandes von den Stabenden – ermöglicht werden."[170]

Jeder Stab musste an seiner Kreuzungsstelle gegen einen anderen zwar drehbar, durfte aber nicht verschiebbar sein. Das Gelenk erfüllte genau diesen Zweck, weil es aus einer zylindrischen Hülse bestand, in der die Stäbe gegeneinander verliefen. Um ein solches Scharnier zu entwickeln, musste Wiener sich zuvor mit den geläufigen wissenschaftlichen Abhandlungen zu Gelenken und Scharnieren befasst haben. Die bereits in den 1860er-Jahren erschienenen einschlägigen Werke des Berliner Professors für Maschinenbauwesen Franz Reuleaux dienten ihm dafür als Quelle.[171] Dessen Werk *Construktionslehre für den Maschinenbau* (1862) gab detaillierten Aufschluss über „Festigkeit der Materialien", darunter die „Drehungsfestigkeit stabförmiger Körper", „Niethen und

---

[169]Dyck 1892, S. 261. In seiner Abhandlung über bewegliche Stabmodelle verweist Wiener explizit auf die Modelle Henricis. Vgl. Wiener 1907c, S. 88.

[170]Wiener 1907c, S. 90

[171]Wiener kannte die Publikationen Reuleaux', da er diese in seinem Verzeichnis Mathematischer Modelle von 1912 erwähnte. Jedoch gibt er keine genauen Literaturhinweise, sodass unklar bleibt, auf welche Werke genau er sich bezieht.

Niethverbindungen", „Zapfen", „Räderwerke", oder „Ventile", also genau solcher Konstruktionsformen, mit denen Wiener sich befasste.

Gelenksysteme – also Mechanismen, die ein Paar von Stäben umschlossen, ohne die Beweglichkeit der einzelnen Elemente zu beeinträchtigen – kamen um 1900 in vielen Bereichen zur Anwendung. So etwa in der Kinematik, die sich unter dem Einfluss von Reuleaux als Unterrichtsfach an technischen Hochschulen in den 1870er Jahren etablierte.[172] In der Bewegungsphysiologie erhielten Gelenkmechanismen und deren Funktionsweisen um 1900 ebenfalls vermehrte Aufmerksamkeit. So befasste sich etwa der Leipziger Physiologe und Mathematiker Otto Fischer, der 1895 bei Felix Klein in Leipzig promoviert hatte, mit Bewegungsgleichungen räumlicher Gelenksysteme. Durch das Studium von „Bewegungsgleichungen eines beliebigen zusammenhängenden Systems von starren Körpern", die in bestimmter Weise durch Gelenke miteinander verbunden waren, hoffte er, Rückschlüsse auf bestimmte Bewegungen des menschlichen Körpers und die Beteiligung der Muskeln zu erhalten.[173]

Anders als Ingenieuren wie Reuleaux oder Physiologen wie Fischer ging es Wiener allerdings gar nicht um die tatsächliche Beschaffenheit von Baukonstruktionen oder um die tatsächliche Anwendbarkeit von Gelenken, Scharnieren, Zapfen oder Hülsen. Die Überlegungen, die Wiener zu seinem geschränkten Verbindungsgelenk anstellte, waren vielmehr mathematischer Natur. Wenngleich das Drahtgestänge eines Modells eines Ellipsoid oder eines Hyperboloids natürlich immer über eine tatsächliche physikalische Dicke verfügen musste, interessierte Wiener die Frage, wie man das Problem beheben konnte, dass ein materielles Objekt nie ganz vollständig die rein mathematischen Eigenschaften eines Körpers wiedergeben konnte. Also musste die Wahl des Materials so ausfallen, dass diese Abweichung zwischen physikalischer Eigenschaft (Dicke) und mathematischer Präzision (unendliche Dünne) zu vernachlässigen war. Das Argument Wieners lautete hier, dass Draht dieser Bedingung am nächsten kam.

> „Es läßt sich beweisen, daß bei Annahme unendlich dünnen Drahtes [...] für jede Stelle und in allen Lagen die Drehung um jene parallelen Achsen durch das Gelenk geleistet wird; und bei der gewählten geringen Dicke der Drähte weicht die tatsächliche Bewegungsfähigkeit des Modells von der mathematisch geforderten nur unbedeutend ab."[174]

---

[172]Vgl. hierzu etwa Berz 2001, S. 98; sowie Kurrer 2002, S. 252.

[173]Fischer 1905.

[174]Wiener 1905a, S. 16.

Da Messingdraht in etwa 24 verschiedenen Stärkegraden von 0,3 mm bis 7,0 mm im Handel erhältlich war, blieb Wiener genügend Spielraum, mit verschiedenen Durchmessern zu experimentieren und den für ein Gleichgewicht von Stabilität und Beweglichkeit richtigen Draht auszuwählen.[175] War der Draht zu dünn, federte das Modell bei entsprechender Größe zu stark, war er zu dick, war die Beweglichkeit der einzelnen Teile und damit auch die mathematische Präzision eingeschränkt. Es galt mit den Worten Kühnels, nach dem „Grundsatz der Ökonomie" zu handeln, nachdem so viel Material wie nötig, aber so wenig wie nötig zu verwenden sei.[176]

Wieners Modelle wurden nicht, wie solche aus Holz oder Gips, im eigentlichen Sinne modelliert, sondern sie wurden mittels Vorrichtungsbau und standardisierten Feinmechanikertechniken konstruiert. Wenngleich die Fertigung aufwendiger und das Material teurer war, so bot biegsames Metall doch die Möglichkeit, für ein Modell Vorrichtungen zu konstruieren, um im Anschluss eine Vielzahl des jeweiligen Modells herzustellen. Auf diese Weise konnte man für die Herstellung mathematischer Modelle ein Maß an Normierung erlangen, wie es mit Gips oder Pappe nicht möglich war. Metall als Ausgangsmaterial für Modelle zu verwenden beinhaltete die Möglichkeit, Modelle arbeitsteilig herzustellen. Einzelne Teile – wie etwa die Drahtringe – konnten von einem Feinmechaniker oder Goldschmied anhand maßgenauer Zeichnungen vorgefertigt und anschließend zu einem Modell verbaut werden. Im Fall der Modelle Wieners hieß dies allerdings, dass eine solche Werkstatt über spezielles Werkzeug verfügen musste, das mit Wieners Bedürfnissen genau abgestimmt war, wie etwa der Rundfräser, der zum Abfräsen rund gebogenen Drahtes diente oder spezieller Zangen, die zum Biegen von sehr kleinen Hülsen und Plättchen benötigt wurden.

5.4.3 Erfinderrhetorik

Die Vereinheitlichung von Herstellungsprozessen wurde nicht allein durch die Wahl des Materials erreicht, auch Muster und Patente spielten eine wichtige Rolle. Wiener ließ für das *geschränkte Verbindungsgelenk* im Oktober 1903 unter der Nummer 208 811 eine Eintragung beim Reichspatentamt in der Kategorie „Deutsches Reichsgebrauchsmuster" vornehmen. Der entsprechende Begleittext im Patentblatt lautete:

---

[175]Vgl. Spamer 1878, S. 263.
[176]Kühnel 1912, S. 111.

„Aus zwei seitlich mittels Zapfens verbundenen Hülsen bestehendes, geschränktes
Verbindungsgelenk für dreh- und schiebbare Stäbe."[177]

Seit 1877 konnte im Deutschen Reich ein einheitlicher Patentschutz erlangt wer-
den, der es ermöglichte, Unkosten, die im Rahmen einer Erfindung gemacht
worden waren, ausgleichen zu können. Durch ein (zeitlich immer begrenztes)
Patent entstand ein gesetzlich gesichertes Monopol, das den technischen Fort-
schritt im deutschen Reich vorantreiben sollte.[178] 1891 wurde zusätzlich ein
Gebrauchsmusterschutz in Deutschland eingeführt. Er diente dem Schutz von
Gebrauchs- oder Nützlichkeitsmustern von Erzeugnissen, die dem „Arbeits- und
Gebrauchszwecke" dienen sollten und die „den Geschmack oder das ästhetische
Gefühl (Formen- und Farbensinn)" befriedigten.[179] Zu solchen „plastischen Mus-
tern", die als Vorbilder für industrielle Erzeugnisse dienten, zählten vor allem
Modelle – etwa von Arbeitsgeräten oder Gebrauchsgegenständen, „sofern sie dem
Arbeits- oder Gebrauchszwecke durch eine neue Gestaltung, Anordnung oder Vorrichtung dienen sollen".[180] Hierin lag ein Unterschied zum Patentschutz, welcher
– unter strengeren Auflagen – für neue Erfindungen vergeben wurde, die einen
direkten gewerblichen Nutzen versprachen. Patente oder auch Gebrauchsmuster
machten eine Erfindung als solche überhaupt erst sichtbar. Und sie sorgten dafür,
dass sich das Wissen von einer Person ablöste und verallgemeinerbar wurde.[181]
Wiener entsprach genau diesen an Patente verknüpften Erwartungen indem er,
ganz anders als Brill, eine immaterielle Idee (die Berechnung eines Modells)
und deren materielle Umsetzung (aus gebogenem Draht mit Gelenken versehene
Gestänge) vollständig voneinander trennte. Wiener konnte nun auf die Eintragung
im Patentamt verweisen, wenn er über seine Modelle bzw. das zugehörige Gelenk-
system sprach. Stammten die Modelle aus Brills und Kleins Schule einer Welt
des Handwerks und der Tradition familiärer Zusammenarbeit, so bestand Wieners
Modellwelt aus einer Reihe voneinander lösbarer standardisierter Arbeitsschritte.
Ganz anders als Modelle aus Pappe und Gips, denen immer auch ein individu-
eller Zug anhaftete, waren Wieners Modelle industrielle Kopien, die sich exakt

---

[177] Anonym 1903b.

[178] Vgl. Seckelmann 2006, S. 1–4.

[179] Vgl. auch die Zitate zuvor: „Musterschutz", in: Meyer 1902–1908, Bd. 14 (1906), Sp. 327.

[180] Thomescheit 1909, S. 10.

[181] Albert Kümmel-Schnur nennt diesen Aspekt „Agent Patent", vgl. Kümmel-Schnur 2012,
S. 27. Zur Ablösung des Wissens über ein Objekt von seinem Hersteller („disembodied
knowledge") vgl. auch: Pottage und Sherman 2010, S. 22–25.

glichen und die jederzeit mit dem entsprechenden Werkzeug reproduziert werden konnten.[182]

Neben dem „geschränkten Verbindungsgelenk" ließ Wiener im selben Jahr für ein Modell aus der Reihe V. *Bewegliche Modelle der Regelflächen 2. Ordnung* ein deutsches Reichsgebrauchsmuster beim Kaiserlichen Patentamt eintragen. Das Patentblatt des 7. Oktobers 1903 gibt Auskunft darüber, dass in der Kategorie „Gebrauchsmuster" unter der Nummer 207 707 ein „Bewegliches Fadenmodell eines hyperbolischen Paraboloids mit gleichbleibenden Fadenlängen" unter „Dr. Hermann Wiener, Darmstadt, Grüner Weg 28" verzeichnet war.[183] Dieselbe Fläche hatte Wiener wenige Jahre zuvor über den Verlag Schilling verkauft, aber viel kleiner und günstiger. Das Paraboloid war damals entweder in einer Ausführung von 13 cm x 12 cm oder 7,5 cm x 15 cm zu einem Preis von 2 Mark zu haben.[184] In der neuen Ausführung war es wesentlich größer und um ein Vielfaches teurer: Es maß jetzt 40 cm und kostete 35 Mark. Dieses Fadenmodell ähnelte in Material und Ausführung sehr den von Théodore Olivier bereits in den 1830er Jahren hergestellten Modellen derselben Flächen, die, genau wie Wieners Modell, aus Messing und aus verschiedenfarbigen Seidenfäden bestanden und mit beweglichen Scharnieren versehen waren (Vgl. **Abb. 3.7.1, 3.7.2 & 3.7.3**). Wieners Ausführung des Modells ermöglichte nun eine Handhabung

> „durch vier Scharniere mit parallel (vertikal) gestellten Achsen [...]; die Grenzlagen sind zwei Parabeln, in einer mittleren Lage bilden die 4 Stäbe, zwischen denen die Fäden gezogen sind, Kanten eines regelmäßigen Tetraeders".[185]

Neu war bei Wieners Ausführung, dass sich das Modell nicht nur entlang einer Achse auf- und zuklappen ließ, sondern an zwei. Wiener montierte an allen vier Ecken des windschiefen Vierecks Scharniere, sodass durch Zusammen- und Auseinanderschieben der Schenkel einmal eine nach oben und einmal eine nach unten geöffnete Parabel entstehen konnte (vgl. **Abb. 5.11.1 & 5.11.2**). Trotz der eindeutigen Ähnlichkeit mit den Modellen Oliviers aus Paris bestritt Wiener, diese zuvor gesehen zu haben. „Ein solches Fadenmodell befindet sich (wie mir nachträglich Herr Felix Müller in Berlin mitteilte), aus einer Pariser Sammlung herrührend, seit 1871 in Berlin." Jedoch dürfte „das Vorhandensein jener Fadenmodelle [gemeint

---

[182]Vgl. Kümmel-Schnur 2012, S. 29.

[183]Anonym 1903a 1903.

[184]Schilling 1903, S. 53–54.

[185]Wiener 1905a, S. 13.

sind die Pariser, A.S.] in weiteren Kreisen unbekannt geblieben sein".[186] Dies entsprach natürlich nicht der Wahrheit und Wiener wusste das. Zum einen war nicht nur Felix Klein 1871 in Paris gewesen und hatte dort die olivierschen Modelle besichtigt. Wieners Vater war seinerzeit ebenfalls dort gewesen und kannte sowohl die Arbeiten Monges als auch die Oliviers. Und zum anderen waren die Pariser Fadenmodelle bereits seit den 1890er Jahren auf sämtlichen Modellausstellungen sowie in allen einschlägigen Ausstellungs- und Sammlungskatalogen mit zugehörigen Beschreibungen vertreten. Aus einem Brief Wieners an Felix Klein aus dem Jahr 1882 geht hervor, dass er diese Modelle, die damals von Brill nachgebaut wurden, kannte.[187]

Wieners Verschweigen der französischen Vorgängermodelle in seinen Katalogtexten muss vielmehr im Zusammenhang mit zeitgenössischen Patentverfahren gesehen werden, deren Verwirklichung nur dann möglich war, wenn es sich tatsächlich um eine Neuheit handelte. Modelle (oder Muster) galten aber nur dann als neu, wenn sie zur Zeit der Anmeldung nicht schon in öffentlichen Druckschriften beschrieben oder aber im Inland benutzt worden waren. Formal traf dies auf das Modell von Wiener nicht zu, hatte doch Olivier die ersten Modelle dieser Art konstruiert.[188] Durch die Eintragung eines Musterschutzes konnte Wiener ein Monopol für sich beanspruchen, das in dieser Form neu und ungewöhnlich war für die Konstruktion und die Handhabung mathematischer Modelle als didaktische Lehrmittel.

Die „Erfindung" des geschränkten Verbindungsgelenks und der beweglichen Modelle traf also nicht nur den Kern eines neuen Typs von Modellen – in sich bewegliche, faltbare, stabile Modelle, die durch einen Vorrichtungsbau gefertigt

---

[186]Wiener 1907b, S. 87.

[187]Hermann Wiener an Felix Klein, 1882 (ohne Datum). SUB.Gött HSD Cod.Ms.F.Klein.12.325.

[188]Olivier hatte einige seiner Konstruktionen zwar im *Bulletin de la société de l'encouragement* veröffentlicht – einem Organ, das auch der Bekanntmachung von neuen Patenten diente. Allerdings taucht dort keines seiner Modelle auf. Im *Polytechnischem Journal*, das seit 1820 von Heinrich Dingler herausgegeben wurde und viele französische Artikel ins Deutsche übertrug, finden die Modelle Oliviers keine Erwähnung. Hingegen wird auf alle möglichen sogenannten „Erfindungen" Oliviers aufmerksam gemacht, wie etwa die „Beschreibung der tragbaren Eisenbahnen" aus den *Annales de l'Industrie francaise et étrangère* von 1830 (Polytechnisches Journal 1830, Band 37, Nr. 25, S. 86–91) oder auch der „Sammlung und Abbildungen der verschiedenen Arten von Knoten" (Polytechnisches Journal 1832, Band 43, Nr. 79/Miszelle 22, S. 317). Auch Brill hatte einige Modelle Oliviers nachgebaut, dies aber in seinen Katalogen nicht weiter thematisiert. Der Name Oliviers fällt an keiner Stelle, Brill lässt den Namen des Urhebers einfach weg, anstatt ihn durch einen anderen zu ersetzen. Vgl. Brill und Brill 1885, 9–10; 28–29 Vgl. auch Abb. 3.7.1, 3.7.2 & 3.7.3.

Abb. 5.11.1 Modell eines hyperbolischen Paraboloids von Hermann Wiener. Modell Friedhelm Kürpig, Fotografie © Anja Sattelmacher

wurden. Sie trat ebenso zu einem Zeitpunkt auf, als sich die wissenschaftliche und gesellschaftliche Bedeutung des Konzepts „Erfindung" zu wandeln begann. Eine Erfindung wurde um 1900 als ein komplexes Zusammenspiel aus sozialen und wirtschaftlichen Faktoren verstanden, das plan- und erwartbar ist und nicht zufällig eintritt. Damit sollte vor allem der Geniekult des 18. Jahrhunderts gegen den

Abb. 5.11.2 Dasselbe Modell wie in Abbildung 5.11.1, an seinen Grenzlangen zueinander verschoben. Werkstatt Friedhelm Kürpig, Fotografie © Anja Sattelmacher

Aufbau einer systematischen Infrastruktur technischer Neuerungen, die einen Nutzen für die deutsche Industrie und Wirtschaft erbrachten, eingetauscht werden.[189] Dieses Ansinnen liest sich aus den späteren bildungspolitischen Reden Felix Kleins heraus, in denen er seine Bestrebungen, die Technik und die Wissenschaft enger miteinander zu vereinen, immer wieder betonte:

> „Wir kennen keine Methode, um ein Genie zu schaffen [...] Aber für die Verbreitung geeigneter mathematisch-naturwissenschaftlicher Kenntnisse und Fertigkeiten vermögen wir [...] viel zu tun."[190]

Und auf diesem Gebiet gab es viel zu tun. Deutsche technische Erzeugnisse galten bereits in den 1870er-Jahren auf dem internationalen Markt als überholt und

---

[189] Seckelmann 2006, S. 5; sowie Kümmel-Schnur 2012. Zum Begriff des Erfinders und dessen soziale Dimension vgl. die Werke von Thomas P. Hughes. Hughes beschreibt etwa die Figur des sogenannten „Erfinder-Unternehmers" („inventor-entrepreneur"), der zunächst außerhalb von Universität oder Forschungslabor agiert und sich dann sukzessive die Strukturen, die er für seine eigene Erfindung benötigt, ebenfalls erschafft, als eine typische Figur des späten 19. und frühen 20. Jahrhunderts. Vgl. Hughes 1889, S. 64–65.

[190] Klein 1908, S. 6.

verbesserungswürdig. Diesen Eindruck vermittelt jedenfalls Franz Reuleaux, der neben seiner Tätigkeit als Professor an der Technischen Hochschule in Berlin auch die des Kommissars des Patentschutzvereins ausübte, in seinen Berichten über die Weltausstellung in Philadelphia 1876, die er ironisch „Industrie-Schauspiele" nannte. Die Quintessenz seiner Beobachtungen war hier, dass die deutschen Industrieerzeugnisse „billig und schlecht" seien.[191] Reuleaux attestierte seinen Landsleuten insgesamt einen „Mangel an Geschmack im Kunstgewerblichen und einen Mangel an Fortschritt im rein Technischen."[192] Diese Kritik sorgte in der Heimat, wie Reuleaux selbst in der Einleitung und auch in darauffolgenden Briefen schreibt, für anhaltende Diskussionen. Aber sie schien zu wirken: Nur ein Jahr nach der Ausstellung 1877 wurde das neue Patentgesetz eingeführt, das die Anmeldung von Erfindungen erleichtern und die Kosten für Patentprozesse verringern sollte, sodass ab diesem Zeitpunkt vermehrt Patente und Gebrauchsmuster im Deutschen Reich angemeldet wurden.[193]

5.4.4 Formwille und Stilbetrachtung

Ein wenig ausgenommen von der scharfen Kritik Reuleaux an der deutschen Industrie waren die aus Metall und Eisen gefertigten Produkte. „Überall herrscht Vorzüglichkeit der Qualität".[194] Den Eindruck, dass Eisen- und Metallerzeugnisse für den Fortschritt in der Industrie im 19. Jahrhundert entscheidend waren, bestätigte Walter Benjamin in seinem *Passagenwerk*: „Die beiden großen Errungenschaften der Technik: G<l>as und Gußeisen gehen zusammen."[195] Für Waren- und Ausstellungshäuser, wie dem berühmten, zur ersten Weltausstellung 1851 in London errichteten „Kristallpalast", bot diese Kombination aus Glas und Eisen die Möglichkeit, Waren und Ausstellungsgüter auch durch Tageslicht zu beleuchten, anstatt ausschließlich mit künstlichem Licht.

Auch Draht, also langes, gleichmäßig dünnes und biegsam geformtes Metall, galt in dieser Hinsicht als ein modernes Material, das im Zuge einer sich immer mehr professionalisierenden Draht- und Metallindustrie vermehrt nachgefragt

---

[191] Reuleaux 1877, 1, 5.

[192] Reuleaux 1877, S. 6,

[193] Vgl. Seckelmann 2006, S. 11. Die Autorin betont, dass durch dieses Patentgesetz eine „notwendige Erwartungssicherheit" hergestellt wurde, die die Industrie für die großen finanziellen Investitionen auch brauchten, um etwa Forschungslaboratorien aufzubauen.

[194] Reuleaux 1877, S. 19.

[195] Benjamin 1991, S. 212.

wurde. Da die deutsche Drahtindustrie sich aufgrund ihrer über Jahrhunderte erworbene Spezialkenntnisse auf dem Weltmarkt durchaus behaupten konnte, wurde Draht als ein wichtiges Material für die Förderung des Absatzmarkts deutscher Produkte erachtet.[196]

Vor allem im Umfeld gestaltend tätiger Architekten und Künstler kam eine Tendenz auf, sich vermehrt mit flexiblen, ephemeren Materialien auseinanderzusetzen als mit dauerhaft-beständigen.[197] Bronze und Messing (ganz im Gegensatz zu Gips etwa) galten Ende des 19. Jahrhunderts als Material des Kalküls, der Ausführung, des Triumphs.[198] Der Architekt und Professor an der Technischen Hochschule Charlottenburg Alfred Gotthold Meyer sah 1907 eine „Stilkunst im Werden, die mit den historischen Kunstformen kaum noch anders schaltet als mit solchen, die sie frei ‚erfindet'."[199] Eisen habe als unentbehrlich gewordener Baustoff dabei die Gegenwart so sehr geprägt, dass die damit aufkommenden Fragen des Stils und des „Formenwillens" oder der „Formengewöhnung" neu verhandelt werden müssten. „Das heißt dann freilich an den Beginn einer Stilbetrachtung ein Material stellen."[200] Diese Idee, die Frage nach Material und Baukonstruktion mit der „Stilfrage" und der daraus resultierenden „Formenlehre" in Verbindung zu bringen, hatte Reuleaux selbst in den 1850er Jahren ins Spiel gebracht. Er befand es für nötig, in der Lehre des Maschinenbaus neben den „Gesetzen der Richtigkeit und Zweckmässigkeit" auch diejenigen „der Schönheit" zu beachten. Denn „das Streben nach einem gefälligen Aeusseren" sei so unzertrennbar mit dem „constructiven Schaffen verknüpft, dass ein Versuch zu grundsätzlicher Regelung der darin thätigen Bestrebungen mehr als blosse Berechtigung hat".[201]

Wiener, der die Verwendung seiner beweglichen Draht- und Fadenmodelle sowohl für höhere Gewerbeschulen als auch für technische Schulen vorsah, erachtete Materialität und Konstruktion von Modellen bewusst als eine Frage des Stils. Ein Modell solle sich schließlich dem Auge möglichst nicht aufdrängen und zugleich das „Schönheitsgefühl" befriedigen.[202] Unter „Stil" lässt sich im

---

[196]Vgl. zur Geschichte des Drahtes: Düttmann 2001, sowie im selben Band Sensen 2001. Dieser Katalog des deutschen Drahtmuseums zeigt insgesamt sehr schön, wie das Material Draht insbesondere im 19. und 20. Jahrhundert in seiner Verwendung zwischen Kunst und Wissenschaft changiert hat.

[197]Rübel 2012, S. 12.

[198]Vgl. ausführlicher dazu „Bronze", in: Wagner et al. 2002, S. 49–56.

[199]Meyer und Tettau 1907, Vorwort.

[200]Meyer und Tettau 1907, S. 1.

[201]Moll und Reuleaux 1862, S. 913

[202]Wiener 1907a, S. 4.

Hinblick auf Wieners Drahtmodelle das Zusammenspiel von den lokalen Gegebenheiten und der Zurhandenheit von Materialien und Werkzeugen verstehen,
sowie die Möglichkeiten auf technische Infrastrukturen zurückgreifen zu können. So war seine Entscheidung, anstatt auf die Materialien Gips und Karton auf
Draht und Faden zurückzugreifen, geprägt von neuen technischen Möglichkeiten
und Erkenntnissen zur Verwendbarkeit dieser Stoffe, die erst um 1900 aufkamen.[203] Sie war von einem neuen Denken beeinflusst, das das Verhältnis von
Original und Kopie betraf. Gipsmodelle wurden aus einer Originalform gegossen, aber sie waren insofern zugleich handgefertigte Einzelstücke, als Linien und
Markierungen im Nachhinein in jedes individuelle Modell geritzt wurden. Mechanisch fertigbare Objekte – und dazu gehörten auch Wieners Modelle – lösten sich
von dieser Unterscheidung. Wichtiger wurde das Verhältnis von Schablone und
mechanisch ausgeführter Reproduktion.[204] Das Modell aus Draht entstand durch
präzises Vorzeichnen durch Zeicheninstrumente auf Karton und der Rückübertra-
gung auf das Material selbst. Die dann ausgeführten Schritte des Fräsens, Biegens,
Lötens und Kappens geschahen aufgrund der Anweisungen im gezeichneten Muster.[205] Jede Kopie musste seiner Vorlage exakt gleichen, um überhaupt ausführbar
zu sein.[206]

---

[203] Zum Begriff des „Technological Style" vgl. Hughes 1889, S. 68–70.

[204] Diese Unterscheidung traf auch Erwin Panofsky in einem Aufsatz von 1930 und entspann
damit eine ganze Debatte um Original und Faksimile. Vgl. Panofsky 1986 [1930], sowie
kommentierend dazu Diers 1986.

[205] Im Grunde entsprachen auch Kartonmodelle dieser Vorgehensweise. Ihre Schnittflächen
wurden zunächst auf eine Schablone per Hand vorgezeichnet und dann ausgeschnitten. Allerdings ließ sich das Ausschneiden nicht mechanisieren. Jede Scheibe wurde einzeln gezeichnet
und geschnitten, was den Arbeitsaufwand gegenüber der Verarbeitung von Draht erhöhte.

[206] Hinzu kam, dass überhaupt erst um 1900 eine durchgehend wissenschaftliche Betriebs-
führung entstand, die – ausgehend von den USA – Arbeitsvorgänge optimierte, um Kosten
zu senken. In Großbetrieben entstand ein arbeitsteiliges Organisationssystem bestehend aus
Arbeitern, Technikern und Planern. Vgl. Giedion 1994, S. 120–126.

Modelle Abbilden

Mathematische Modelle, so zeigte sich in den Jahren zwischen 1875 und 1905, veränderten ihre äußere Erscheinung, wurden beweglich, durchsichtig, leichter und größer. Das lässt sich unter anderem an den Modellen Hermann Wieners ablesen, die sich in Form und Funktion deutlich von Gips- und Pappmodellen seines Cousins Brill unterschieden. Um 1900 wiesen mathematische Modellsammlungen nicht mehr allein Vitrinenschränke mit Modellen auf, sondern sie verfügten immer öfter Räume und Apparate zur Projektion von Bildern und Modellen. Der Umgang mit Modellen wurde – teilweise an Universitäten und noch mehr an technischen Hochschulen – auf die Bedürfnisse steigender Hörerzahlen und den Gewohnheiten der gängigen Unterrichtspraxis ausgerichtet. Dies soll in diesem Kapitel unter anderem am Beispiel der Göttinger Diasammlung gezeigt werden. Diese Sammlung mathematischer Dias und Stereoskope wurde 1903 von dem Mathematiker Friedrich Schilling (der Bruder des Lehrmittelverlegers Martin Schilling) angelegt; sie befindet sich heute in den verschließbaren Schränken unterhalb der Glasvitrinen. Ebenso gut lässt sich ein Wechselspiel von Bild und Modell an dem kinodiaphragmatischen Projektionsapparat demonstrieren, der von Erwin Papperitz 1909 konstruiert und sogleich patentiert wurde.[1]

Die Benutzung von Modellen wurde zunehmend mit einer visuellen Kultur begründet, die sich für subjektive und zugleich simultane Sehpraktiken interessierte.[2] Das gleichzeitige Betrachten von Abbildungen oder projizierten

---

[1] Vgl. hierzu den **Abschnitt 6.3** in diesem Kapitel.

[2] Crary 2002, S. 22 spricht hier von einer „visuellen Massenkultur". Dieser Begriff lässt sich jedoch für mathematische Modelle und deren Betrachtungsweisen nicht ohne weiteres übernehmen, da Modelle zu keinem Zeitpunkt vollständig in die Alltagskultur einwanderten. Sowohl die Medien- als auch die Wissenschaftsgeschichte haben sich in den letzten Jahren für die Untersuchung von Sehpraktiken interessiert. Als einschlägig gelten hier zum einen die

© Der/die Autor(en), exklusiv lizenziert durch Springer Fachmedien Wiesbaden GmbH, ein Teil von Springer Nature 2021
A. Sattelmacher, *Anschauen, Anfassen, Auffassen.*, Mathematik im Kontext, https://doi.org/10.1007/978-3-658-32528-2_6

Gegenständen, wie es etwa bei Diavorträgen, stereoskopischen Projektionen oder Filmvorführungen der Fall war, entsprach der immer gängiger werdenden Praxis, ein größeres Publikum vor einer optischen Apparatur zu versammeln. Um 1910 war die öffentliche Vorführung dafür ein genauso geeigneter Ort wie der Hörsaal. Das gemeinsame Betrachten einer Dia- oder Filmvorführung evozierte ein gänzlich anderes Erlebnis als der Blick eines Einzelnen auf ein Modell, eine Fotografie oder durch ein Stereoskop.[3] Im Zuge neuerlich eingeführter Projektionstechniken schien die Betrachtung eines Modells allein sowie dessen manuelle Handhabe nicht die einzige Möglichkeit, sich einen Zugang zu der dahinter steckenden Mathematik zu verschaffen. Optische Apparaturen konnten das Modellerlebnis durchaus ergänzen. Dies zeigt sich schon in recht früh angelegten Modellsammlungen wie in Karlsruhe, wo Christian Wiener bereits 1869 Untersuchungen zur Betrachtung einer Abbildung mathematischer Modelle durch ein Stereoskop anstellte. Hauptanliegen Wieners war es damals gewesen, die von ihm konstruierten Modelle zu verbreiten.[4] Kleine Fotografien ließen sich leicht verschicken und dementsprechend benutzen, vorausgesetzt der Empfänger verfügte über ein entsprechendes Stereoskop. Wieners Sammlung mathematischer Modelle enthält mehrere Handstereoskope und verschiedene Aufnahmen mathematischer Modelle, die sich damit (räumlich) betrachten ließen (vgl. **Abb. 6.1**).

Ein bedeutender Anstieg der Hörerzahlen um 1900 und ein verstärktes Interesse an unterschiedlichen Arten von Projektionsapparaten bewirkten, dass sich der Umgang mit Modellen – oder zumindest die Art und Weise, wie über Modelle gesprochen wurde, veränderten. Hatte Alexander Brill noch die Notwendigkeit betont, Modelle selbst (bei deren Herstellung) in die Hand nehmen zu können und sie einem kleinen Kreis von Studierenden vorzuführen, war die Situation an technischen Hochschulen und Universitäten um 1900 eine andere. Mathematiker wie Hermann Wiener sahen sich mit einer viel größeren Zahl von Studierenden konfrontiert, sodass weder die Möglichkeit gegeben schien, einzelne Modelle im Rahmen kleinerer Spezialstudien herzustellen (wie in München der Fall), noch

Arbeiten von Ruchatz 2003 oder auch Hick 1999, zum anderen die Vielzahl an Publikationen von Filmwissenschaftlern wie Tom Gunning oder Thomas Elsaesser, die sich insbesondere mit dem frühen Kino und dessen Wahrnehmungsgeschichte befassen. Vgl. etwa Gunning 1994, sowie die zwei in Neuauflage erschienenen Sammelbände von Strauven 2006, sowie Elsaesser und Barker 2008.

[3]Baudry 1994 hat hierfür den Begriff des „Dispositivs" geprägt, das ein Ensemble von Apparaturen, Räumlichkeiten und Betrachter bezeichnet und das subjektive „Erleben" des Kinos beschreibbar machen soll.

[4]Wiener 1869b.

Abb. 6.1   Handstereoskop mit stereoskopischer Abbildung aus der Sammlung Christian Wieners, ca. 1869. KIT. Archiv, Bestandsnr. 28508, Sign. 56. Sammlung Mathematischer Modelle der Technischen Hochschule Karlsruhe, Fotografie © Anja Sattelmacher

diese Modelle einzeln vorzuzeigen oder gar herumzureichen. Die im Folgenden ausgeführten Beispiele verdeutlichen die mediale Aufmerksamkeit gegenüber Abbildungs- und Projektionsverfahren. Sowohl die mathematischen Dias Friedrich Schillings, als auch die durchsichtigen Modelle Hermann Wieners und der kinodiaphragmatische Projektionsapparat Erwin Papperitz' widmeten sich Verfahren der Abbildungen mathematischer Modelle, die nicht den einzelnen Betrachter, sondern ein größeres Publikum vor Augen hatten.

6.1   Licht und Schatten

6.1.1   Bilder einer Ausstellung

Heidelberg im August 1904. An der Universität der Neckarstadt fand der dritte Internationale Mathematiker Kongress statt, der von einer großen Ausstellung mathematischer Fachliteratur, mathematischer Modelle und Apparate begleitet wurde. Zahlreiche in jener Zeit tätige Modellhersteller waren hier vertreten: Die französische Firma Chateau Frères zeigte Präzisionsinstrumente, Grimme, Natalis und Co zeigten ihre Rechenmaschine „Brunsviga" und der Verlag Martin Schilling präsentierte unter anderem Modelle Alexander Brills, Christian Wieners sowie die seines Bruders, Friedrich Schilling.[5] Carl Runge aus Göttingen brachte das Original einer Rechenmaschine von Leibniz mit und die Firma Carl Zeiß stellte ein Epidiaskop zur Verfügung. Die Technische Hochschule Karlsruhe hatte zu diesem Anlass das Modell der Fläche dritter Ordnung mit 27 reellen Geraden aus der Sammlung Christian Wieners geschickt (vgl. hierzu **Abb. 2.1**).[6]

Den größten Teil der Ausstellung nahmen allerdings die Modelle Hermann Wieners ein. Die über 200 Exemplare beanspruchten allein sechs der insgesamt 20 für die Modellausstellung vorgesehenen Tische, die im Saal des „Museumsbaus" – dem Hauptgebäude der Universität – aufgestellt waren.[7] Dieses Gebäude hatte die Universität im selben Jahr vom Staat Baden erworben, es wurde nun als Hörsaal- und Institutsgebäude verwendet. Der Saal sollte fortan sowohl für große Vorlesungen als auch für Feierlichkeiten der Universität dienen.[8]

Im Zentrum des Ausstellungssaals befand sich ein Epidiaskop der Firma Carl Zeiß, welches, blickt man auf die Raumaufteilung, ein Drittel des Saals beanspruchte. Es war auf eine Projektionsleinwand gerichtet, die sich an der gegenüberliegenden Seite des Einganges befand. Zwischen den vordersten Ausstellungstischen und der Projektionsleinwand war genügend Platz für Stühle, die in der Aufnahme beinahe alle in die Richtung Projektionsapparat und nicht in Richtung der Modelltische gedreht sind (vgl. **Abb. 6.2**).

Ein Epidiaskop konnte sowohl für die Projektion von Dias mit durchscheinendem Licht, als auch von undurchsichtigen Bildern, etwa Fotos, sowie von opaken dreidimensionalen Objekten anhand von auffallendem Licht verwendet werden.[9] Im

---

[5] Adressverzeichnis der Modellhersteller 1904, UAF Akten der DMV, Sign. E4/82, Bl. 7.

[6] Disteli 1905, S. 724. Laut diesem Bericht wurde in der Ausstellung auch ein „Projektionsapparat System Schuckert" aufgestellt. Aus den Dokumenten zur Ausstellung geht allerdings nicht hervor, wann, wie und ob der Apparat auch zur Vorführung verwendet wurde und um was für ein Gerät es sich handelte.

[7] Brief an Martin Distelis an Adolf Krazer vom 28.5.1904, UAF Akten der DMV, Sign. E4/85 [ohne Paginierung].

[8] Anonym 1906, S. 70.

[9] Laut Jens Ruchatz fanden bereits 1841/42 erste Versuche zur episkopischen Projektion statt, als der englische Optiker John Benjamin Dancer Daguerreotypien projizierte. Vgl. Ruchatz 2003, S. 72–73. Zur Funktionsweise der „opaque lantern" aus zeitgenössischer Perspektive vgl. etwa Gage und Gage 1914. Im deutschen Sprachgebrauch wird der Apparat zur Projektion undurchsichtiger Gegenstände auch „Wundercamera" oder „Megaskop" genannt. Es sollte u. a. im naturwissenschaftlichen Unterricht zum Einsatz kommen, um „überhaupt alles Greifbare in die geschilderte Camera bringen, um dem Leben vollkommen entsprechende Bild in ungemeiner Vergrösserung auf die weisse Wand zu werfen". Vgl. Stein 1887, S. 53. Vgl. zur technischen Beschreibung des Apparates Zander 1913.

Abb. 6.2 Ausstellung mathematischer Modelle und Literatur im sogenannten „Museums-bau" der Universität Heidelberg anlässlich des III. Internationalen Mathematiker Kongresses 1904. Mit freundlicher Genehmigung UAF, Akten der DMV, Signatur E4/661

Rahmen des Heidelberger Kongresses diente es dazu, die auf der Ausstellung gezeigten Modelle für ein größeres Publikum darstellbar zu machen. So berichtet etwa das Heidelberger Tageblatt vom 13.8.1904 über die Vorführung auf dem Kongress:

> „Es ist nicht mehr die alte Laterna-magica des 17. Jahrhunderts, die nur Bilder, sondern eine Wunderlaterne von riesigen Dimensionen, die, durch eine Bogenlampe von 25 Amp. gespeist, alle erdenklichen Gegenstände projiziert. Für den Unterricht in der Mathematik und deren verwandten Fächern ist es ein ungeheurer Fortschritt, wenn man eine Skizze, eine Abbildung oder eine Tabelle, eine Buchseite, ein Modell, ja selbst bewegliche Modelle in einem großen Auditorium an der Wand zehnfach vergrößert demonstrieren kann."[10]

---

[10] Anonym 1904a, S. 2–3. Dass hingegen ein Epidiaskop tatsächlich im Mathematikunterricht zum Einsatz kam, ist lediglich vom mathematischen Institut der Universität Jena überliefert, vgl. Haussner 1911.

Das Epidiaskop sollte zeigen, wie gut sich mathematische Modelle im Unterricht präsentieren lassen, vor allem dann, wenn man sie mithilfe von Projektionsapparaten einem größeren Publikum verfügbar machte. Martin Disteli, Verantwortlicher für die Organisation der Modellausstellung, betonte in seiner Eröffnungsrede die Bedeutung der Präsentation projizierter Abbildungen mathematischer Objekte oder Zeichnungen, die im mathematischen Unterricht als „Träger und Vermittler von Anschauungen, Vorstellungen und Erfahrungen" dienen könnten und die es vermochten, bei dem „stetig wachsenden Umfang der mathematischen Disziplinen das Gute erfolgreich zu verbreiten und das Interesse für Neues dauernd und belebend anzuregen", ohne dass dabei „die flüchtige Folge fertiger Lichtbilder" die Gedankenarbeit oder das Konstruieren im Zeichensaal ersetze.[11] Neben dem im Raum zentral platzierten Epidiaskop sind auf der linken vorderen Seite des Raumes weitere optische Geräte der Firma Zeiss zu sehen, die zum Teil für die Betrachtung stereoskopischer Abbildungen von Modellen verwendet werden konnten.

Dies war nicht die erste größere Ausstellung ihrer Art. Bereits im Londoner South Kensington Museum 1876, auf der Weltausstellung in Chicago 1893 und beinahe zeitgleich dazu, im Rahmen der vierten Jahrestagung der Deutschen Mathematiker-Vereinigung in München, hatten große Ausstellungen wissenschaftlicher Apparate und mathematischer Modelle stattgefunden.[12] Die Münchener Ausstellung war von Walther von Dyck in den Räumen der Technischen Hochschule organisiert worden. Hier sollten die „Hülfsmittel der Lehre und der Forschung in reiner und angewandter Mathematik ein zutreffendes Bild" der Gegenwart liefern.[13] Dementsprechend umfasste die Ausstellung vier große Themenkomplexe, Analysis, Geometrie, Mechanik und Mathematische Physik, denen je ein eigener Raum zur Verfügung stand.[14] Die vier Säle waren nach Leibniz, Descartes, Galilei und Newton benannt und zeigten deren Büsten.[15] Die Ausstellungsgegenstände stammten aus mathematischen,

---

[11]Disteli 1905, S. 728.

[12]Kongress und Ausstellung hatten eigentlich bereits ein Jahr zuvor in Nürnberg stattfinden sollen. Aufgrund des Ausbruchs der Cholera mussten beide Veranstaltungen allerdings abgesagt werden. Vgl. Hashagen 2003, S. 424–425. Christian Vogel zeigt in seiner bisher nicht veröffentlichten Dissertation das Verhältnis von Wissenschaftskongress und Ausstellung im frühen 20. Jahrhundert auf. Am Beispiel der vor dem Ersten Weltkrieg stattfindenden Röntgenausstellungen weist er nach, dass der Vorführung neuartiger Apparate ein hoher Erkenntniswert beigemessen wurde, vgl. Vogel 2015.

[13]Dyck 1894, S. 41.

[14]Zur Münchener Ausstellung vgl. bisher einzig Hashagen 2003, S. 431–436. Hashagen geht jedoch nicht auf die genaue Anordnung der Modelle in der Ausstellung ein, sondern eher auf organisatorische Rahmenbedingungen.

[15]Dyck 1894, S. 40.

physikalischen, mechanisch-technischen und geodätischen Instituten aus dem In-
und Ausland, zudem waren zahlreiche in München unter Brill und Klein hergestellte
Modelle zu sehen. Die bekanntesten mechanischen Werkstätten und Verlagshäuser
hatten auf der Ausstellung einen Stand, aber auch Museen und private Sammlungen
schickten ihre Modelle. Aus Paris, Göttingen und Zürich kamen zahlreiche Modelle
und Christian Wieners Privatsammlung war ebenfalls dort zu sehen. Die Modelle
waren auf Tischen aufgebaut oder in Vitrinen angeordnet. Die Räume waren zudem
üppig mit den jeweiligen Büsten ihrer Namensgeber, Podesten, Wappen und Pflanzen
geschmückt (vgl. **Abb. 6.3.1 & 6.3.2**).

Abb. 6.3.1 Mathematische Ausstellung TH München 1893, Saal Geometrie 1. Mit freundlicher Genehmigung TUM.Archiv.FotoB.Ereignisse

Ganz anders verfuhr man in Heidelberg. Der Museumssaal enthielt nichts,
was nicht zur Grundausstattung gehörte. Keine Büsten, keine Zierpflanzen, und
keine Staatswappen. Diesmal hatte man nicht vier Räume sondern nur einen

Abb. 6.3.2 Mathematische Ausstellung TH München 1893, Saal Geometrie 2. Mit freundlicher Genehmigung TUM.Archiv.FotoB.Ereignisse

zur Verfügung und die Ausstellung deckte nicht annähernd die Breite mathematischer Themen ab wie in München.[16] Die beschränkte Auswahl an Modellen erklärte der Leiter der Ausstellungskommission, Martin Disteli, damit, dass man lediglich die Modelle, die in den vergangenen zehn Jahren neu erschienen waren, zeigen wolle und könne.[17] Der Schwerpunkt der Ausstellung lag nun auf durchsichtigen Modellen, die sich zur Projektion auf eine Leinwand eigneten, Projektionsapparaten (wie dem Epidiaskop) und weiteren Geräten zur Betrachtung von Modellabbildungen (Stereoskope). Obwohl zwischen der Münchener und der Heidelberger Ausstellung nur elf Jahre lagen, lässt sich an der Art wie die Modelle jeweils ausgestellt wurden erkennen, dass sich in der Zwischenzeit der Schwerpunkt von der Darstellung dreidimensionaler opaker Modelle in Glasvitrinen hin zu der Verwendung projizierbarer Modelle und Modellbildern

---

[16]Der Ausstellungsraum maß lediglich 15 × 25 m, wie der Brief Martin Distelis an das Ausstellungskommittee vom 10.3.1904 belegt. UAF Akten der DMV, Sign. E4/80 [ohne Blattnummerierung].

[17]Disteli 1905, S. 724.

verlagert hatte. In Heidelberg ging es um die Präsentation einer neuen Unterrichtsmethode. Modelle und Bilder von Modellen wurden auf der Ausstellung ganz selbstverständlich nebeneinander präsentiert, sodass der Eindruck entstehen konnte, optische Apparaturen ließen sich für den Mathematikunterricht ebenso selbstverständlich einsetzen wie Lehrbücher oder Modelle.[18]

6.1.2   Mathematische Dias

Die Verwendung eines Epidiaskops im Unterricht oder in Vorlesungen der Mathematik dürfte um 1904 jedoch eher die Ausnahme gewesen sein. Kaum ein mathematisches Institut einer Universität oder technischen Hochschule verfügte zu der Zeit über die entsprechenden Räumlichkeiten, die das Aufstellen eines Epidiaskops ermöglicht hätten. Denn die Apparatur ließ sich nur dort einbauen wo die entsprechenden technischen Möglichkeiten gegeben waren. Schließlich mussten die Hörsäle mit den neusten elektrischen Auf- und Abrollmechanismen ausgestattet werden und über ausreichende Stromversorgung verfügen. An dem 1908 gegründeten mathematischen Institut der Universität Jena war dies möglich. Hier hatte man die Hörsäle mit dem neusten Standard an Verdunkelungs- und Wandtafelvorrichtungen ausgestattet (vgl. **Abb. 4.5.2**).[19] Die Carl-Zeiss-Werke schenkten dem Institut ein solches Epidiaskop zu dessen Gründung, allerdings mussten einige technische Schwierigkeiten überwunden werden, um den Einsatz des Apparates zu ermöglichen. So erforderte dessen Lampe (im Text als „Scheinwerfer" bezeichnet) eigens die Bedienung einer Vorrichtung zur Vernichtung überschüssiger Netzspannung im Hörsaal. Der Lichtbogen des Scheinwerfers konnte nämlich nur mit einer Spannung von 65 Volt arbeiten,

---

[18]Im Fall der Unterrichtsausstellung auf der Chicagoer Weltausstellung von 1893 wurde diese Absicht, eine Unterrichtsmethode auszustellen, sogar im Ausstellungsbericht notiert. Hierzu heißt es näher: „Wer eine ‚Universitätsausstellung' besehen will, muß sich darauf gefaßt machen, dabei auch zu denken, sich gedanklich belehren und aufklären zu lassen. […] Gerade so wie der Besucher der Kunstgalerie Augen benutzen muß, um zu sehen, wie die Musik mit den Ohren verstanden wird, so kann das Verständniß für wissenschaftliche Institute und deren Arbeit ohne nachdenkenden Verstand nicht erfaßt werden. Es sind nicht nur bauliche Einrichtungen und Instrumente, mit denen die Universitäten zwecks einer Ausstellung auf den Plan treten. Die Methode des Unterrichts und der Forschung und ihre Ziele, die Resultate geistiger Arbeit, endlich die Entstehung der vorhandenen Einrichtungen verlangen geschriebene und gesprochene Worte, um verständlich zu werden. Kann die Eigenart des deutschen Universitätswesens sonach nicht ohne weiteres durch Gegenstände veranschaulicht werden, so können doch Bilder und Erinnerungsstücke ins Gedächtniß rufen, was die deutsche Nation und die Welt bedeutenden Männern verdankt." Anonym 1894, S. 980. Siehe dazu auch den entsprechenden Abschnitt in der **Kapitel 1/Abschnitt 1.4**.

[19]Haussner 1911, S. 51. Die Einrichtung stammte von der Firma Max Kohl aus Chemnitz.

während die vom städtischen Elektrizitätswerk gelieferte Netzspannung 220 Volt betrug.[20] Der Einsatz des Epidiaskops sollte wiederum nur dort erfolgen, wo die Herstellung von Zeichnungen an der Tafel unmöglich war oder zumindest zu viel Zeit erfordern würde.[21] Zudem kam es nur selten vor, dass lange Reihen von Figuren hintereinander zu zeigen waren. Viel häufiger würde der Apparat nur für kurze Zeit benutzt, weshalb eine Möglichkeit der schnellen, mühelosen Verdunklung gegeben sein musste, die zudem ohne fremde Hilfe stattfinden sollte. Ob alle Dozierende mit diesen komplizierten technischen Verfahren vertraut waren und ob sie diese aufwendigen Vorrichtungen überhaupt benutzten, wo sie doch nur für kurze Sequenzen der Vorlesungsphase vorgesehen waren, bleibt ungewiss.

Im Rahmen der Heidelberger Ausstellung wurden neben dem Epidiaskop noch weitere Projektionsmethoden vorgeführt, die sich für die mathematische Unterrichtspraxis eigneten. So hielt Friedrich Schilling, bis 1903 Professor für darstellende Geometrie am mathematischen Institut der Universität Göttingen und nun an der technischen Hochschule Danzig, einen Vortrag mit dem Titel *Welche Vorteile gewährt die Benutzung des Projektionsapparates im mathematischen Unterricht?*[22] In diesem Referat stellte er die zeitgenössischen Methoden der Projektionstechnik vor und besprach den didaktischen Nutzen ihrer Verwendung. In Göttingen fand Schilling die notwendige Einrichtung zur Präsentation von Lichtbildern vor. Bereits 1901 wurde dort am mathematischen Institut ein Projektionsapparat für einen Preis von 240 Mark angeschafft, der im Hörsaal Nr. 18 aufgestellt wurde.[23] Um einen reibungslosen Ablauf der Projektion zu gewährleisten wurden ebenfalls extra Zugvorrichtungen zur raschen Verdunklung angebracht. Noch kurz vor Beginn des Heidelberger Kongresses hatte der Mathematische Verband an der Universität Göttingen einen Projektionsapparat der Firma Franz-Schmidt & Haensch geschenkt bekommen.[24] Dieser konnte sowohl zur Projektion von Diapositiven, als auch zur Projektion von „vertikal-stehenden durchsichtigen Gegenständen" dienen.[25] Während seiner Zeit als Professor für darstellende Geometrie in Göttingen legte Schilling eine umfangreiche Sammlung mathematischer Dias an. Sie umfasste über 900 Glasdiaplatten, die

---

[20]Haussner 1911, S. 51.

[21]Haussner 1911, S. 51.

[22]Veröffentlicht unter demselben Titel in Schilling 1905.

[23]Vgl. den Briefwechsel zwischen Felix Klein und dem Königlichen Kurator der Georg-August-Universität Göttingen SUB.Gött HSD Cod.Ms.F.Klein2C. Der Verbleib des Apparates ist nicht geklärt. Jedenfalls passt die im Artikel angegebene Größe von Diapositiven (8,5 × 10 cm) nicht zur Größe von Schillings Negativen (9 × 12 cm).

[24]Schulz 1904.

[25]Schulz 1904.

teils von professionellen Fotografen angekauft, teils von wissenschaftlichen Assistenten selbst angefertigt worden waren. Die Motive – hauptsächlich Diapositive und -negative des Formats 9×12 cm – wurden in dafür vorgesehenen Holzkästen thematisch geordnet (**vgl. Abb. 6.4**). Die Motive reichten von Abbildungen von Brückenkonstruktionen, archäologischen Ausgrabungen, Zeicheninstrumenten, historischen Fotoapparaten, geometrischen Risszeichnungen über Aufnahmen der Pariser Weltausstellung 1900 bis hin zu stereoskopischen Aufnahmen, die mit speziellen Brillen betrachtet werden konnten, sowie fotografierten Abbildungen von Rechenmaschinen und mathematischen Modellen aus der Göttinger Sammlung (vgl. **Abb. 6.5.1, 6.5.2, 6.5.3, 6.5.4, 6.5.5, 6.5.6 & 6.5.7**).[26] Die Sammlung fungierte damit als Lehrgegenstand für diverse Unterrichtsfächer und war zugleich als Dokumentation des Sammlungsbestands materieller Modelle und Maschinen des mathematischen Instituts angelegt.[27]

Für die Herstellung dieser Dias montierte man entweder Fotografien von Zeichnungen zwischen zwei Glasplatten oder aber man überzog die Glasschichten mit einer Gelatineschicht, Negativlack oder verdünntem Gummi arabicum, um so direkt auf ihnen zu zeichnen.[28] Zuweilen wurden auch einfachere Methoden für die Erstellung von Diapositiven verwendet, etwa, indem man direkt auf ein günstig zu erwerbendes Gelatineblättchen zeichnete und dieses dann zum Projizieren in einen Rahmen aus zwei Glasscheiben und einer dünnen Metallumrahmung montierte (vgl. **Abb. 6.5.4**). Diese Methode eignete sich besonders dann, wenn man die Zeichnungen auf Reisen mitnehmen wollte, da die Gelatineblättchen unzerbrechlich und somit für den Transport geeignet waren. Schilling erachtete die Verwendung des Projektionsapparates gegenüber dem Gebrauch einzelner Modelle im Unterricht als Vorteil, denn auf diese Weise konnte eine Vielzahl von Modellen und Zeichnungen während der Vorlesung gezeigt werden:

---

[26]Nicht für alle Diapositive aus der Sammlung lässt sich das Herstellungsverfahren exakt rekonstruieren. Einige der Abbildungen stammen aus dem *Institut für Wissenschaftliche Photographie Dr. Max Stoedtner* in Berlin. Auf einigen der Dias ist der Aufdruck „Robert Bein, Göttingen, Kunst-Anstalt. Spezialität: Diapositive" zu lesen. Bein besaß anscheinend um die Jahrhundertwende ein Fotoatelier, welches auch Dias für das Göttinger Mathematische Institut herstellte.

[27]Der gesamte Bestand der Göttinger Diasammlung wurde von mir im Sommer 2011 mithilfe des ehemaligen Kustos der Modellsammlung, Samuel J. Patterson, digitalisiert. Die Digitalisate befinden sich im Besitz der Georg-August-Universität Göttingen und sind auf der Seite der Göttinger Modellsammlung zu finden. Vgl. https://modellsammlung.uni-goettingen.de/index.php?lang=de&r=13 (zuletzt geprüft am 12.10.2020), hinzu kommt ein von der Autorin dieses Bandes verfasster Text mit Abbildungen https://modellsammlung.uni-goettingen.de/data/html/dias.html (zuletzt geprüft am 12.10.2020).

[28]Schilling 1905, S. 752.

Abb. 6.4 Diasammlung des mathematischen Instituts der Universität Göttingen. Die Sammlungskästen befinden sich direkt unterhalb der Modellvitrinen in einem abschließbaren Schrank. Mathematisches Institut der Universität Göttingen, Diasammlung, Fotografie © Anja Sattelmacher

„Die Benutzung des Apparates verschafft dem Vortragenden selbst eine nicht unwesentliche Erleichterung der Ausdrucksweise, wenn er seinen Vortrag an ein Projektionsbild anlehnen kann, und Hand in Hand damit eine größere Möglichkeit, sich den Schülern leicht verständlich zu machen. Sie gestattet die Erwähnung und Besprechung von Dingen, die sonst nur unvollkommen oder überhaupt nicht vorgetragen werden können; sie ermöglicht nicht unbedeutende Zeitersparnis, was besonders bei gelegentlichen Vorträgen durch Projektionen von Formeln und Figuren wünschenswert ist.“[29]

---

[29]Schilling 1905, S. 752–753. Es muss allerdings betont werden, dass aus zeitgenössischen Berichten hervorgeht, dass Projektionsapparate, wenn überhaupt, viel häufiger an Technischen Hochschulen zum Einsatz kamen und nur in Ausnahmefällen, wie in Göttingen, an einer Universität. Die Gründe hierfür lagen in den Bestrebungen Kleins, in Göttingen einen praktischen Laborunterricht nach amerikanischem Vorbild einzuführen. Vgl. Manegold 1970, sowie **Kapitel 4** dieser Arbeit, insbesondere die Abschnitte **4.2** und **4.3**.

Abb. 6.5.1 Diapositiv einer Durchdringung von Prisma und Pyramide. Auf dem Dia ist eine zugehörige Unterrichtsaufgabe vermerkt, die es anhand der Zeichnung zu lösen galt. Die Nummer im oberen rechten Bildrand verweist auf die Inventar-Nummer des Dias in der Sammlung. Die Nummerierungen wurden allerdings nicht nach einer bestimmten thematischen Ordnung, sondern vermutlich nach Erwerb oder Herstellung des jeweiligen Dias vorgenommen. Mathematisches Institut der Universität Göttingen, Diasammlung, Nr. 1217 © Anja Sattelmacher

Abb. 6.5.2 Diapositiv einer Brückenkonstruktion mit zugehöriger Zeichnung. Mathematisches Institut der Universität Göttingen, Diasammlung, Nr. 1477 © Anja Sattelmacher

Die Projektion von Dias war vor allem ein Weg, der wachsenden Anzahl von Studierenden gerecht zu werden. Modelle erfüllten zwar mithin einen ganz ähnlichen Zweck wie Projektionsbilder, aber bei einem größeren Zuhörerkreis erwiesen sich erstere oft als zu klein.[30] Dabei sollte nach Schillings Vorstellung keinesfalls

---

[30]Schilling 1905, S. 754.

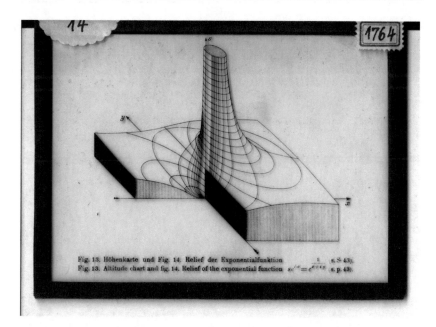

Abb. 6.5.3 Zeichnung eines Reliefs einer Funktion mit zugehöriger Formel. Mathematisches Institut der Universität Göttingen, Diasammlung, Nr. 1764 © Anja Sattelmacher)

ganz auf den Gebrauch der Modellsammlung verzichtet werden. Es sei jedem Einzelnen überlassen, die auf den Dias abgebildeten Modelle im Nachgang zur Vorlesung selbst zu studieren und sich dabei einiger Details gewahr zu werden, die eben durch die Abbildung nicht übermittelt werden können.[31] Modell und Abbildung waren als Ergänzung zueinander gedacht.

6.1.3 Durchsichtige Modelle

Auch Hermann Wiener referierte in Heidelberg über die Verwendung der Projektionsmethode im mathematischen Unterricht. Bei seinem Vortrag *Entwicklung geometrischer Formen unter Vorführung von Modellen in Schattenbildern* kam eine Auswahl seiner überwiegend beweglichen Drahtmodelle aus seiner Darmstädter Sammlung zum Einsatz, darunter ebene Gebilde, Raumkurven, Flächen zweiter Ordnung sowie Dreh- und Schraubenflächen, die er vor die Lichtquelle hielt,

---

[31]Vgl. Schilling 1905, S. 754.

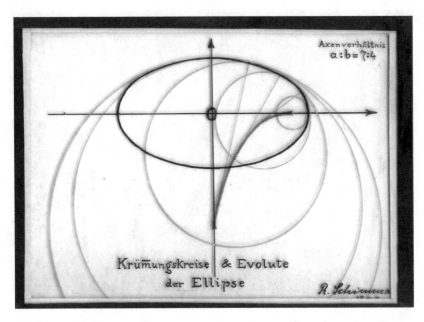

Abb. 6.5.4 Gezeichnete Kurven auf einer Ellipse. Rudolph Schimmack, der Urheber dieses Dias, war der studentische Assistent der Sammlung. Mathematisches Institut der Universität Göttingen, Diasammlung, Nr. 1158 © Anja Sattelmacher

sodass deren Silhouette in vergrößerter Form sichtbar wurde.[32] Für ihn waren der Einsatz des Modells und dessen projiziertes Schattenbild untrennbar miteinander verbunden. Wiener zeigte daher keine Modellphotographien oder Zeichnungen sondern nutzte die Modelle aus seiner Sammlung, um Schattenbilder entstehen zu lassen.

   Um für die Projektion verwendet werden zu können, mussten Wieners Modelle durchsichtig sein. Opakes Material wie Gips oder Pappe war ungeeignet, den Umriss eines Modells als Schattenbild zu erzeugen.[33] Viel besser eigneten sich Modelle aus Draht, denn an ihnen können die Stellen sichtbar gemacht werden, an denen der Umriss einer Fläche von sichtbaren zu den unsichtbaren Teilen übergeht – ein Merkmal, das für das Verständnis von Raumformen entscheidend war. Bei Gips- oder Holzmodellen war dies nach Wieners Auffassung nur schwer darzustellen.

---

[32] Wiener 1905b, S. 740.

[33] Wiener 1905b, S. 740.

Abb. 6.5.5 Diapositiv Karton-Modell eines Ellipsoids – vermutlich aus der Sammlung Alexander Brills, ca. 1880. Mathematisches Institut der Universität Göttingen, Diasammlung, Nr. 1002 © Anja Sattelmacher

„Bei den durchsichtigen Drahtmodellen solcher Flächen werden auch die verdeckten Umrisse sichtbar und jene Übergangsstellen treten an der Projektion sehr deutlich als Spitzen hervor.“[34]

---

[34] Wiener 1907a, S. 5.

Abb. 6.5.6 Dianegativ eines hyperbolischen Paraboloids – vermutlich aus der Sammlung
Alexander Brills, ca. 1880. Mathematisches Institut der Universität Göttingen, Diasammlung,
Nr. 1003 © Anja Sattelmacher

Wiener konzipierte hierfür eine Reihe von sechs Modellen von Flächen zweiter
Ordnung, die aus blankem Messingdraht bestanden, und die durch ihre Hauptschnitte dargestellt wurden (Reihe Nr. IV in Wieners Sammlung). Durch das
Weglassen überflüssigen Gestänges waren diese Hauptschnitte besonders gut
zur Projektion geeignet, denn sie zeigten, je nachdem in welchem Winkel sie

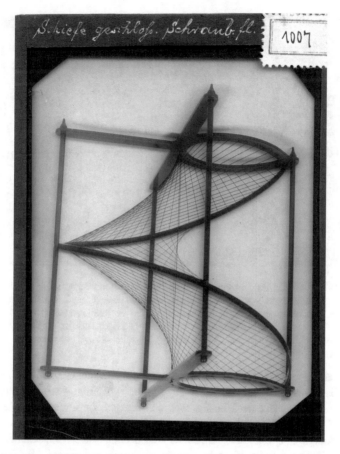

Abb. 6.5.7 Diapositiv eines Fadenmodells. Mathematisches Institut der Universität Göttingen, Diasammlung, Nr. 1007 © Anja Sattelmacher

zur Lichtquelle gehalten wurden, die Schnitte und Kurven einer Fläche (vgl. **Abb. 6.6.1, 6.6.2 & 6.6.3**).

Als Professor an einer technischen Hochschule sah Wiener sich mit wachsenden Studierendenzahlen konfrontiert. Bereits im Wintersemester 1895/1896,

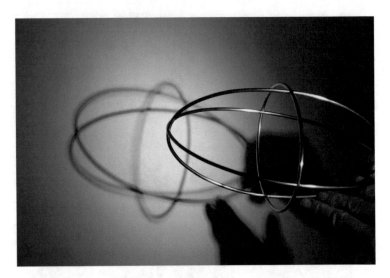

Abb. 6.6.1 Modell eines Ellipsoids, dargestellt durch dessen Hauptschnitte aus der Sammlung Hermann Wieners vor eine Lichtquelle gehalten. Bei dieser Darstellung sowie den folgenden handelt es sich um die Nachstellung eines Projektionsaufbaus wie Wiener ihn sich vorstellte anhand eines Nachbaus von Wieners Modellen aus der Werkstatt Friedhelm Kürpigs in Aachen. Modell: Friedhelm Kürpig, Fotografie © Anja Sattelmacher

als er seine Professur antrat, war die Anzahl der Studierenden im Fach darstellende Geometrie von 512 auf 884 angewachsen.[35] Allerdings wuchs damit nicht automatisch die Größe der Hörsäle. Vielmehr mussten die Vorlesungen der ersten beiden Jahrgänge doppelt gehalten werden.[36] Dementsprechend musste Wiener seine Modelle in Größe und Form dieser wachsenden Studierendenzahl anpassen. Die von Wiener auf der Heidelberger Ausstellung präsentierten Modelle waren ausdrücklich „für den Gebrauch in Vorlesungen bestimmt" und auch zugleich „für einen größeren Hörsaal bemessen".[37] Mit „Gebrauch" war hier vor allem das Projizieren von Modellen gemeint. Anders als ein einzelnes Modell, das durch den

---

[35]Zum Vergleich: An der Technischen Hochschule München waren noch zehn Jahre zuvor, als Brill gerade nach Tübingen gegangen war, in der „Allgemeinen Abteilung" 191 Hörer eingeschrieben. Die Zahl der insgesamt an der Technischen Hochschule München eingeschriebenen Studierenden betrug 698, also deutlich weniger als es allein in Darmstadt Hörer in der darstellenden Geometrie gab. Vgl. Anonym 1886, S. 6–7.

[36]Schlink 1936, S. 185.

[37]Wiener 1905b, S. 746.

Abb. 6.6.2 Dasselbe Ellipsoid erscheint hier, aufgrund des Winkels, fast wie ein Kreis. Zudem tritt das Modellgestänge unterschiedlich scharf hervor, was nach der Vorstellung Wieners die negativen und positiven Kurvenverläufe besonders gut veranschaulichte. Modell: Friedhelm Kürpig, Fotografie © Anja Sattelmacher

Lehrenden vorgezeigt wurde, ermöglichte die Projektion von Drahtmodellen, dass ein größeres Publikum im Hörsaal die Modelle gleichzeitig betrachten konnte.

> „Während das vorgezeigte Modell für jeden andern [sic!] Standpunkt eine andre [sic!] Ansicht bietet, zeigt der Schatten allen Beschauern ein und dasselbe Bild, so wie es dem Auge erscheint, das an die Stelle der Lichtquelle gesetzt wird. Hierin lag für ihn ein großer Vorteil gegenüber dem bloßen Vorzeigen eines Modells, bei dem jedem Betrachter eine andere Perspektive auf das entsprechende Modell bekäme."[38]

Eine mittels Schattenkonstruktion erwirkte Gleichschaltung unterschiedlicher Blickrichtungen auf ein- und dasselbe Objekt sollte zum besseren Verständnis von Flächen und Kurven verhelfen. Wiener beabsichtigte damit, vor den Zuschauern mittels apparativer Technik – dem Schattenwurf – ein „gemeinsamen Bild"

---

[38]Wiener 1907a, S. 6.

Abb. 6.6.3 In dieser Abbildung sieht das Ellipsoid aus wie ein Kreis, weil es genau senkrecht zur Lichtquelle gehalten wurde. Modell: Friedhelm Kürpig, Fotografie © Anja Sattelmacher

entstehen zu lassen, welches unabhängig von der Position des jeweiligen Betrachters sichtbar war.[39] Egal, an welcher Stelle der Betrachter sich im Raum befand, immer sollte er genau dasselbe Bild sehen können, wie an jedem beliebigen anderen Standort. Im Gegensatz dazu gewähre ein opakes Modell jedem einzelnen

---

[39]Wiener 1905b, S. 740. Ähnlich wie in der bereits zitierten Abhandlung Wieners (1907b) widmete dieser sich im Rahmen seines Vortrages auf dem III. internationalen Mathematikerkongresses ganz dem Thema der Schattenprojektion von Modellen.

Betrachter ein anderes Bild. Wiener löste mit seiner Methode der Schattenprojektion das Modell aus seinem Kontext der individuellen Betrachtung und setzte es mit dem Wahrnehmungsdispositiv der kinematographischen Betrachtung gleich. In dieser Simultanität lag für Wiener der besondere heuristische Wert von Modellen. Denn auf diese Weise wurden Details von Flächen sichtbar, die man an Gips- oder Kartonmodellen nicht erkennen konnte. Der Verlauf einer Linie auf der Rückseite des Körpers etwa konnte sich nur mithilfe der Schattenprojektion zeigen. Die Schattenlinien hoben sich unterschiedlich scharf oder unscharf von der Leinwand ab und so konnte der Verlauf einer Kurve auf beiden Seiten des Modells studiert werden (vgl. **Abb. 6.6.2**). Für Wiener war die Darstellung von Modellen in Bildern die Grundlage für „das sinnliche Erfassen von Kurven" und nicht etwa umgekehrt: Über die Nutzung des Modell-Schattenbildes versprach er sich, Rückschlüsse auf den Verlauf einer Kurve oder die Entstehung einer Fläche ziehen zu können.[40]

6.1.4   Modelle zeigen, aber nicht berühren

Sowohl Schilling als auch Wiener betonten immer wieder, dass es keiner aufwendigen Projektionsapparate bedurfte, um Dias oder Drahtmodelle zu zeigen. Insbesondere die durchsichtigen Drahtmodelle Wieners warfen schon vor einer einfachen Lichtquelle einen ausreichenden Schatten. Im Idealfall verwende man einen durchscheinenden Schirm und als Lichtquelle

> „eine mit Scheinwerfer versehene elektrische Bogenlampe, die hinter dem Schirme so aufgestellt ist, daß das überflüssige Licht ausgeblendet wird. Bei guter Verdunkelung des Hörsaals erzielt man so Schattenbilder, die im ganzen Saale deutlich sichtbar sind"[41]

Aber auch einfachere Anwendungen waren ausreichend. So könne man dort, wo keine Projektionslampe vorhanden sei auch eine übliche Lampe verwenden, die man mit einer Papphülle umhüllt, so dass nur durch eine kleine Öffnung Licht

---

[40]Wiener 1905b, S. 741. Man muss hier, wenn es um die Bezeichnung der heuristischen Funktion eines Modells oder eines Projektionsvorgangs mithilfe von Modellen geht, sehr vorsichtig sein. Denn es ist gut möglich, dass etwa Wiener sich an dem Vokabular von Felix Klein orientierte, der die beiden Begriffe „anschaulich" und „heuristisch" oftmals gleichsetzte (vgl. etwa Klein 1968 [1933], S. 224.) In Wirklichkeit ist nichts über die tatsächliche Wahrnehmung dieser Projektionssituationen durch Studierende bekannt.

[41]Wiener 1907a, S. 6.

hindurchtrete. Und selbst dann, wenn es keine Möglichkeit gab den Hörsaal zu verdunkeln, könne man sich des von außen eintretenden Sonnenlichts bedienen, so dass das Modell sich – je nach seiner Beschaffenheit – an der dunklen Tafel oder auch der hellen Wand abhebe. Im Zweifel war diese letztere Situation sogar von größtem Vorteil: Sie gestattete einen Ablauf der Vorlesung, der möglichst frei von Unterbrechungen war. Je weniger Maßnahmen erforderlich waren, um im Hörsaal oder Unterrichtsraum eine Projektion durchführen zu können umso praktikabler war es für die Dozierenden. Dies war vor allem für Schulen wichtig, die nicht über die Mittel verfügten, Räume umzubauen, Verdunklungsvorrichtungen einzubauen oder speziell für die Projektion benötigte Lampen zu kaufen.

Der wohl größte Vorteil der Verwendung von Drahtmodellen in Kombination mit einer Lichtquelle gegenüber anderer Projektionsaufbauten lag aber wohl in der Tatsache, dass Wiener die Projektion lenken und gleichzeitig sein Publikum dabei im Auge behalten konnte. Er konnte die Lichtquelle einschalten und dann vorne an der Leinwand oder der Wandtafel stehen, die Schattenprojektion erzeugen und dabei notwendige Erklärungen durch Fingerzeig selbst liefern. Auf diese Weise konnte er sicherstellen, dass die Schattenprojektion nicht als Ablenkung der Studierenden diente und er konnte die Unterbrechungen und Störungen, die unter Umständen aufgrund des Versagens der Apparatur entstanden, auf ein Minimum reduzieren.[42]

Für Wiener lag es in der Natur der Sache, den Projektionsapparat zur Demonstration geometrischer Formen zu verwenden. Denn das Prinzip der Projektion räumlicher Dinge (etwa auf ein Blatt Papier) kam ja überhaupt aus der darstellenden Geometrie. Es imitierte den optischen Vorgang, der sich vollzog, wenn sich der Sehstrahlkegel mit einer ebenen Fläche (etwa einer Wandtafel) schnitt.[43] Die Laterna Magica, die bereits im 18. Jahrhundert von Leonhard Euler zu wissenschaftlichen Projektionen benutzt worden sein soll, imitierte genau den Vorgang der Zentralprojektion, der auch mittels Bleistift und Papier vorgenommen werden konnte.[44] Mithilfe von Licht, das durch einen engen Schlitz gebündelt wurde, konnte ein zuvor dreidimensionales Objekt Punkt für Punkt und Linie für Linie auf eine Leinwand in flächiger Darstellung übertragen werden. Der Begriff „Projektion" wurde dabei erst seit der Mitte des 19. Jahrhunderts auch für die Laterna Magica verwendet, als diese vermehrt als Bildungs- und Unterrichtsmittel eingesetzt wurde. In Enzyklopädie-Artikeln wie etwa in Meyers

---

[42] Auf diesen Gesichtspunkt macht vor allem Schmidgen 2012 aufmerksam.

[43] Wiener 1913, S. 295.

[44] Vgl. etwa Ruchatz 2003, S. 89–90.

großem *Konversationslexikon* wurde dabei zwischen „Projektion" und „Projektionskunst" unterschieden, wobei erstere die geometrische Methode und letztere die Verbindung von Unterhaltung und Belehrung bezeichnete.[45]

Dennoch hält die Verwendung von Projektionsapparaten in der Mathematik vergleichsweise spät Einzug. Zum Zeitpunkt der Heidelberger Ausstellung (1904) waren bereits zahlreiche Demonstrationsgeräte auf dem Markt, die für den Einsatz im Unterricht – vor allem zunächst an Universitäten – eingesetzt wurden. So hatten die Arbeiten Étienne-Jules Mareys bereits zu Beginn des 19. Jahrhunderts eine ganze Reihe von Physiologen veranlasst, mit neuartigen Untersuchungsapparaten Experimente direkt im Unterricht vorzuführen.[46] Wissenschaftler wie Jan Evangelista Purkyně, Begründer des ersten physiologischen Instituts in Deutschland, waren dabei ganz dem Ideal des Anschauungsunterrichts verpflichtet, bei dem der Schüler durch aktive Beteiligung zur Selbsttätigkeit erzogen werden sollten. Die Untersuchung der physiologischen Bedingungen des Sehens war dabei eines der zentralen Themen.[47]

Der Wissenschaftshistoriker Henning Schmidgen hat zeigen können, dass der vermehrte Einsatz von Projektionsmitteln in Vorlesungen der Physiologie ab den 1879er Jahren in Deutschland die Genese experimentellen Wissens beeinflusste und mitunter sogar erst ermöglichte. Johann Nepomuk Czermak, Wilhelm Wundt und Emil Du Bois-Reymond bedienten sich unterschiedlichster Licht- und Schattenprojektionstechniken, bei denen die Durchführung eines Experiments vor größerem Publikum im Vordergrund stand. Zentraler Bestandteil bei Czermaks Vorlesungen etwa war das bekannte „Spectatorium", ein speziell nach dessen Wünschen eingerichteter Vorlesungssaal an der Universität Leipzig, in dem Studierende und interessierte Laien sich anhand von Projektionsbildern experimentelles (physiologisches) Wissen aneignen konnten.[48]

---

[45]Ruchatz schildert in diesem Zusammenhang vor allem die bereits um 1852 getätigten Bemühungen des Abbé Francois Moigno, Projektionsmethoden vermehrt im wissenschaftlichen Unterricht einzusetzen. Moigno war Mathematiklehrer, weshalb die neuerliche Verbindung der zwei Bedeutungen des Begriffs „Projektion" naheliegt. Ruchatz 2003, S. 89–90, 221–225, sowie „Projektion", in: Meyer 1902–1908, Bd. 16 (1907), Sp. 370–374.

[46]Nach wie vor gilt Braun 1992 als einschlägige Studie zu dem Leben und Werk Mareys.

[47]Vgl. Coleman 1988.

[48]Vgl. etwa Schmidgen 2004, S. 479, sowie in überarbeiteter Form und mit Bildern versehen Schmidgen 2012. Ein wichtiger Punkt, den Schmidgen in seinem Aufsatz von 2012 deutlich macht, ist, dass es insbesondere den Physiologen nach Czermak nicht mehr um das romantische Ideal der Anschauung ging, sondern dass ab etwa 1900 die Verwendung des Projektionsapparates vor allem eine Zeitsparnis im Unterricht bei steigenden Studierendenzahlen bedeutete.

Auch außerhalb der Universität wurde die Projektion als erzieherisches Mittel für den Anschauungsunterricht unterschiedlicher Fächer eingesetzt. Insbesondere in der Lehre der Perspektive, der Maschinenkonstruktion oder des Bauwesens wurde das Projektionsverfahren als Erleichterung im Unterricht aufgefasst. Nicht zuletzt blickte man auch in der Physik auf eine lange Tradition der Projektionsvorführung zurück. Im viktorianischen England der 1830er Jahren hatten Michael Faraday, Henry Fox Talbot und Charles Wheatstone in öffentlichen Vorlesungen ihre Experimente zur Entstehung und Funktionsweise optischen Nachbildeffekt durchgeführt – und damit physiologische und physikalische Bedingungen des Sehens miteinander zu verbinden versucht.[49] Zum Ende des 19. Jahrhunderts fand die Projektionstechnik Eingang in fast alle universitären Disziplinen. Ob Archäologie, Biologie oder Kunstgeschichte: Der Projektionsapparat galt als hilfreiches Lehrmittel, um bei häufiger Anwendung und möglichst geringem Aufwand ein möglichst großes Publikum zu erreichen.[50] „Das Lichtbild", so formulierte es Ludwig Segmiller, Professor für Kunstgeschichte an der Gewerbeschule Pforzheim 1912, „bietet den wesentlichen Vorteil der natürlichen Vergrößerung, der absoluten Naturwahrheit und photographischer Klarheit."[51] Der Lichtbildvortrag, der ab den 1880er Jahren vermehrt in kunsthistorischen Universitätsvorlesungen eingesetzt wurde, verstand sich als Teil einer Tradition, bei der im Rahmen einer vorgetragenen Rede allein durch die Auswahl der gezeigten Bilder ein Erkenntnisprozess beim Betrachter hervorgerufen wird und damit eine Schulung des Blicks am Projektionsbild stattfindet.[52] Hermann Grimm, einer der bekanntesten Kunsthistoriker des ausgehenden 19. Jahrhunderts, brachte, zumindest wenn man seinen eigenen Berichten Glauben schenkt, das Skioptikon regelmäßig in seinen Vorlesungen der Kunstgeschichte zum Einsatz.[53] Den Vorteil der Projektionstechnik im (universitären) Unterricht sah er in der Tatsache, dass „von jedem

---

[49]Vgl. ausführlich hierzu etwa Ramalingam 2015. Ich danke Martin Jähnert für diesen Hinweis.

[50]Vgl. Brenni 2012.

[51]Vgl. Segmiller 1912, S. 36.

[52]Silke Wenk nennt als einen entscheidenden Grund hierfür die zunehmende Verwendung elektrischen Bogenlichts anstatt der wenig praktikablen und zu wenig Licht spendenden Kalkflamme, vgl. Wenk 1999, S. 295. Bogenlicht wird von Wolfgang Schivelbusch als das „modernste Beleuchtungsmittel seiner Zeit" bezeichnet, vgl. Schivelbusch 2004, S. 59. Zur Geschichte des Lichtbildvortrags in der Kunstgeschichte allgemein vgl. Peters 2007 sowie auch Dilly 1975 und als überarbeitete und um neuere Erkenntnisse ergänzte Fassung Dilly 2009.

[53]Dass dies so letztendlich gar nicht zutraf und dass die Lichtbildprojektion eher einem kleinen, bürgerlichen Publikum vorbehalten war, macht Dilly 2009, S. 93 deutlich.

Platze aus, die zu nahe gelegenen beiden ersten Sitzreihen vielleicht ausgenommen, alle Bilder gleichmäßig gut sichtbar sind."[54] So konnte sich beim Zuschauer ein optisch zuvor nicht dagewesener Effekt einstellen, nämlich der einer mehrfachen Vergrößerung eines in Wirklichkeit recht kleinen Objektes oder Bildes. Ging es nach Grimm, so war eine solche künstliche Vergrößerung für den Betrachter eine deutliche Erleichterung, um die in der Aufnahme gezeigten Dinge im Gedächtnis zu behalten.

> „Es wird eine Anschauung und damit eine Erklärung der Objekte möglich, die bei dem früheren Vorzeigen verkleinerter Abbildungen unmöglich war."[55]

Mit „Anschauung" meinte Grimm die Erkenntnis des im Bild Gezeigten. Dieses Interesse an der Fotografie für die wissenschaftliche Praxis in der Kunstgeschichte manifestierte sich in den seit Mitte des 19. Jahrhunderts entstehenden Sammlungen fotografischer Reproduktionen an kunsthistorischen Instituten.[56]

Die Vorteile, die den Gebrauch eines Projektionsapparates in der Vorlesung betrafen, wurden von Kunsthistorikern wie von Mathematikern in einigen Punkten verblüffend ähnlich eingeschätzt.[57] So scheint Friedrich Schilling ganz ähnlich wie sein Kollege Hermann Grimm in der Kunstgeschichte vorgegangen zu sein, wenn er Wert auf die systematische Sammlung von Diapositiven legte und in dem vergleichenden Zeigen von Lichtbildern ähnlicher Körper eine Möglichkeit sah, den behandelten Stoff „überhaupt verständlich machen zu können".[58] Wie in der Kunstgeschichte hing die Entstehung einer Diasammlung an einem mathematischen Institut einer Universität eng mit den neuesten Entwicklungen technischer Reproduktionen zusammen. Die Benutzung eines Projektionsapparates, so Schilling, „gestattet die Erwähnung und Besprechung von Dingen, die sonst nur unvollkommen oder überhaupt nicht vorgetragen werden können".[59]

---

[54]Grimm 1980 [1892], S. 201.

[55]Grimm 1980 [1802], S. 202.

[56]Dilly 2009, S. 98; Wenk 1999 sowie die einschlägige Studie von Matyssek 2008.

[57]Ein in den Unterrichtsblättern für Mathematik und Naturwissenschaften erschienener Bericht aus dem Jahr 1921 nahm direkt zum Verhältnis von mathematischem Unterricht und Kunsterziehung Stellung. Der Autor, Georg Wolff, schrieb darin: „Der eigentliche kunstgeschichtliche Unterricht kann als angewandte Mathematik gelehrt werden [...] Die durch den Linienstiel [sic] verarbeiteten Grundbegriffe der Stilkunde führen ohne weiteres zur Plastik und Architektur einerseits, zum Barock und zum Altertum andererseits. Diese Übergänge werden durch die Methode des Bildvergleichs mit dem Lichtbild klargelegt." Wolff 1921.

[58]Schilling 1905, S. 753.

[59]Schilling 1905, S. 754–755.

Handle es sich gar um große technische Anwendungen, „an die man im Unterricht zur Belebung der theoretischen Ausführungen erinnern möchte", sei ein Projektionsapparat unentbehrlich.[60] Eine Diasammlung machte eine Vielzahl von Abbildungen unmittelbar verfügbar, für die sonst auf die Objekte aus Sammlungen unterschiedlicher Fachbereiche zurückgegriffen werden musste. Damit holte Schilling die verschiedenen Objekte unterschiedlicher Sammlungen an einen Ort, machte sie gewissermaßen mobil.[61]

Auch wenn Hermann Wiener nicht wie Schilling oder Grimm mit Lichtbildern sondern mit projiziertem Drahtgestänge arbeitete, sind die beiden Wahrnehmungsdispositive Dia- und Schattenprojektion dennoch miteinander vergleichbar. Da war zunächst die simultane Betrachtung, die für beide Seiten gleichermaßen wichtig erschien: Was für Hermann Grimm die „konzentrierte Belehrung" war, die eine „Vereinigung von Aufnahme eines Eindrucks durch Auge und Ohr zu gleicher Zeit"[62] ermöglichte, war für Hermann Wiener die Wahrnehmung eines „gemeinsamen Bildes". Die Möglichkeit, Bilder bzw. Schattenwürfe von Modellen *in ihrer Entstehung* darzustellen, sowie mehrere, aufeinanderfolgende Abbildungen miteinander zu vergleichen, wie es sowohl Wiener als auch Schilling mehrmals betonten, war ebenso für den Kunsthistoriker Grimm unabdingbar.[63]

Wenngleich die Methoden und Zielsetzungen von kunstgeschichtlichem und mathematischem Anschauungsunterricht im Einzelnen sehr unterschiedlich waren, bedienten sie sich doch zum Teil einer recht ähnlichen Rhetorik: Die Projektion von Abbildungen, ganz gleich ob es sich hier nun um Linien, Modelle oder Kunstwerke handelte, wurde hier wie dort als geeignetes Mittel aufgefasst, die Wahrnehmung zumindest im Rahmen des universitären Unterrichts zu schulen, die Sinne zu schärfen sowie das Formempfinden auszubilden.[64] Eine

---

[60]Schilling 1905, S. 754.

[61]Auf diesen Aspekt geht auch Wenk 1999 näher ein.

[62]Grimm 1980, S. 203.

[63]Grimm 1980, S. 202; Schilling 1905, S. 754. Es wäre an dieser Stelle interessant, die Hörerzahlen aus Kunstgeschichte und Physiologie heranzuziehen, um eine Aussage darüber treffen zu können, ob diese für Grimm oder Czermak ausschlaggebend für die Verwendung eines Projektionsapparates war. Hierüber gibt die rezipierte Sekundärliteratur jedoch, vor allem was die Kunstgeschichte betrifft, nur wenig Auskunft. Lediglich Dilly 2009, S. 113 erwähnt steigende Hörerzahlen in der Kunstgeschichte in den 1880er Jahren, ohne Ort und genaue Ziffern anzugeben.

[64]Das Konzept einer „Schule des Sehens" ist sowohl für die Kunstgeschichte als auch für die Wissenschaftsgeschichte anhand zahlreicher Fallstudien erläutert worden. Insbesondere die Texte Heinrich Wölfflins sind dabei eingehend rezipiert worden, vgl. etwa Bader et al. 2010 sowie Wimbröck 2009. Auch in der Wissenschaftsgeschichte wurde dieses Thema ausführlich behandelt, so etwa von Daston und Galison 2007 oder auch Anderson und Dietrich 2012 (siehe

kritische Auseinandersetzung mit den Vorzügen und Nachteilen der Fotografie im Allgemeinen und der Diaprojektion im Besonderen, wie sie um 1900 von Kunsthistorikern geführt wurde, fand hingegen weder bei Wiener noch bei Schilling statt.[65]

6.2   Bewegung verstehen

6.2.1   Was ist eine Funktion?

Dass diese neuen projektiven Medien zum Einsatz im Mathematikunterricht ausgerechnet auf dem Heidelberger Kongress präsentiert und verhandelt wurden, war kein Zufall. Erstmalig auf einer internationalen Mathematiker Versammlung war hier eine pädagogische Sektion eingerichtet worden, die sich mit Fragen hinsichtlich des mathematischen Unterrichts an Universitäten, technischen Hochschulen aber auch an höheren Schulen befasste. Unter anderem wurde dabei die Frage verhandelt, ob nicht das Fach darstellende Geometrie für alle Schüler der Mathematik eingeführt werden solle, sowohl an Realschulen als auch an Gymnasien. Damit verbunden war die Voraussetzung, dass alle angehenden Lehrkräfte in den Universitäten mit dieser Disziplin vertraut gemacht würden. Bereits in der Ausbildung der Oberlehrer müsse darauf geachtet werden, dass zum Zwecke der „Ausbildung der Raumanschauung" das perspektivische Zeichnen gründlich eingeübt werde.[66] August Gutzmer, einer der Berichterstatter der pädagogischen Sektion, betonte dabei, dass es gar nicht erst zu einer „Überschätzung des Graphischen" kommen könne, denn schließlich ginge es darum, dass Mathematiker und Ingenieure sich in

---

den Artikel von Henning Schmidgen weiter oben). Unter dem Schlagwort der „Blickführung" wurde das Einüben bestimmter Sehweisen in der anschaulichen Geometrie um 1900 von Sattelmacher 2013 behandelt.

[65] So schrieb etwa der Professor für Kunstgeschichte an der Technischen Hochschule Karlsruhe, Bruno Meyer, 1901 von der präzisesten „Auffassung aller Formen und Verhältnisse in der Kunst", die erst durch die Fotografie möglich wurde. Meyer sah in dieser neuen Methode die Möglichkeit, alle störende Subjektivität in der Kunstbetrachtung zu eliminieren und stattdessen eine wissenschaftliche Betrachtung zu etablieren, die sich von einem etwaigen „Zeitgeist" und „Stilgefühl" nicht beeinflussen lasse und damit das Auge auf zuvor nicht dagewesene Weise schärfe. Meyer 1980 [1901], S. 206–208. Vgl. außerdem zu Bruno Meyer: Dilly 1975. Auch der Kunsthistoriker Ludwig Segmiller setzte sich intensiv mit den Problemen der Projektion im Unterricht (an Kunstgewerbeschulen) auseinander und diskutierte verschiedene technische Fragen wie Raumanordnungen, Position des Lichtbildapparates, Einsatz der Beleuchtung sowie der Verbleibdauer des Dias im Projektor. Vgl. Segmiller 1912.

[66] Gutzmer 1905.

ihren Lebenswelten nicht zu sehr voneinander entfremdeten. Würden angehende
Lehrer nur in reiner Mathematik ausgebildet, kämen sie den Ansprüchen praktisch ausgerichteter Schulzweige, wie etwa den technischen Mittelschulen, nicht
mehr nach.

> „Der Mathematiker wird die Sprache des Technikers nicht verstehen, und damit ist
> der Gegensatz und die gegenseitige Geringschätzung mit ihren unerfreulichen Folgen
> geschaffen."[67]

Diese Äußerungen sind im Kontext einer mathematischen Unterrichtsreform zu
verstehen, die von Felix Klein und anderen Mathematikern bereits seit einigen Jahren gefordert wurde.[68] Um diese Reformbestrebungen zu stärken, wurde
eigens eine staatlich geförderte Zusammenarbeit zwischen Wissenschaft, Wirtschaft, Hochschule und Industrie initiiert, an der auch Klein sich beteiligte.[69]
Seit der Jahrhundertwende hatten sich vor allem unter seiner Führung mehrere
Ausschüsse und Komitees gebildet, die sich mit Fragen des mathematisch-
naturwissenschaftlichen Unterrichts befassten. Die Gründung der *Göttinger Vereinigung zur Förderung der angewandten Mathematik und Mechanik* (kurz:
Förderverein) 1898 und der IMUK 1908 sind nur einige von ihnen. Die Reform
sah eine allumfassende Erneuerung des mathematischen Unterrichts vor, und
richtete sich sowohl an die Höheren Schulen, also an die Gymnasien, Oberrealschulen und Realgymnasien, als auch an die Volksschulen. Im September
1904, nur einen Monat nach der Heidelberger Konferenz, tagte die Sektion für
den mathematischen und naturwissenschaftlichen Unterricht im Rahmen der 76.
Versammlung Deutscher Naturforscher und Ärzte in Breslau (auch Breslauer
Unterrichtskommission genannt), wo die bis dahin gesammelten Ergebnisse zur
Reform umfassend vorgestellt wurden. Ein im Nachhinein als „Meraner Vorschläge" betitelter Bericht über diese Ergebnisse wurde wiederum auf der Meraner
Naturforscherversammlung 1905 vorgelegt.

Die zentrale Forderung der Meraner Vorschläge waren die „Stärkung des
Anschauungsvermögens und die Erziehung zur Gewohnheit des funktionalen

---

[67]Gutzmer 1905, S. 591.

[68]Eine aufschlussreiche Quelle ist hier der Band von Klein und Schimmack 1911. Die
Pläne der Reform wurden in der Zeit zudem ausführlich von Weinreich 1915 rezipiert. Als
Sekundärliteratur erweist sich hier Schubring 1978 als hilfreich.

[69]Klein reiste 1893 zur Weltausstellung nach Chicago (wo ebenfalls eine Modellausstellung
gezeigt wurde). Hier hielt er über einen Zeitraum von zwei Wochen eine Lehrveranstaltung
ab, die unter dem Namen „Evanston Colloquium" bekannt geworden ist, und in der er unter
anderem für die geplante Unterrichtsreform warb. Vgl. Klein 1893.

Denkens".[70] Man betonte damit „eben die Seiten der mathematischen Geiste-
stätigkeit, die im modernen Leben die wichtigste Rolle spielen".[71] Mit „funk-
tionalem Denken" war dabei zunächst vor allem das Denken in Abhängigkeiten
gemeint und es bezog sich vor allem das Studium von Kurvendiagrammen –
also der Verlauf von y als einer Funktion von x in einem Koordinatensystem
– im Unterricht. Das Erfassen von Veränderlichkeit geometrischer Gebilde, bildete für Klein „den Geist der neueren Geometrie".[72] Ein beliebtes und immer
wieder gerne zitiertes Beispiel hierfür war das Studium der Kegelschnitte, welches sich nach Kleins Verständnis besonders gut dazu eigne, die Raumanschauung
zu fördern.[73] Der Begriff des „funktionalen Denkens" subsumierte dabei eine
ganze Reihe an Desideraten deutscher Bildungspolitik aber auch Visionen über
einen zeitgemäßen Stil in der angewandten Mathematik, der das Dynamische, das
Kinematische oder allgemein das Bewegte mit einbezog.[74]

Die wissenschaftliche Erfassung, sowie die Darstellung von Bewegung kann
als ein eine Grundmotiv der Wissenschaften im 19. Jahrhundert bezeichnet werden, denn beinahe jede Disziplin begann von da an, ihre Ergebnisse in Form
von kontinuierlichen Kurvenverläufen zu präsentieren.[75] Ob es sich um die
Untersuchung des Flugverhalten eines Geschosses in der Luft und im Was-
ser wie bei Marey handelte, die Steigerung von Effizienz von Arbeit wie bei
dem amerikanischen Betriebsingenieur Frank B. Gilbreth oder um die Mes-
sung von Muskelkontraktionen eines Frosches wie beim Myographen Hermann

---

[70]Klein 1907a, S. 6.

[71]Klein 1907a, S. 6.

[72]Klein 1907a, S. 124.

[73]Klein 1907a, S. 124. Unter Kegelschnitten versteht man eine Kurve, die entsteht, wenn man
die Oberfläche eines Doppelkegels mit einer Ebene schneidet.

[74]Zur Idee des „funktionalen Denkens" vgl. etwa Schubring 2007. Eine umfassende Studie
zum Prinzip des funktionalen Denkens wurde zuletzt von Krüger 2000 vorgelegt, in der sie sich
auch mit der zunehmenden „Mechanisierung" von Arbeitsprozessen, sowie der wissenschaftlichen Zergliederung von Bewegung auseinandersetzt, wie sie etwa durch Étienne-Jules Marey
anhand der Chronophotographie vorgenommen wurde. Mehrtens 2003 zeigt eine interessante
Verbindung von Bewegungsstudien, Rationalisierung und Taylorismus um 1900 auf. Zum
Mathematikunterricht und dessen gesellschaftlicher Dimension allgemein vgl. etwa Kollosche
2015.

[75]Felix Klein muss mit den zeitgenössischen Arbeiten der Bewegungsphysiologie vertraut
gewesen sein. Zumindest stellte er in Leipzig den Kontakt zwischen Otto Fischer, einem seiner
Doktoranden, und dem Anatomen Christian Wilhelm Braune her. Beide sollten nur wenige
Jahre später mit ihren Studien zur menschlichen Bewegungsmechanik bekannt werden. Vgl.
zu deren Arbeiten etwa Curtis 2015.

von Helmholtz' – immer ging es um die räumliche Darstellung eines zeitlichen Ablaufs.[76]

War die Funktion bereits mit im Verlauf des 18. Jahrhunderts durch Leonhard Euler zum zentralen Gegenstand der Analysis geworden, hielt der Begriff „Funktion" außerhalb der Mathematik erst zum Ende des 19. Jahrhunderts ebenfalls in die Enzyklopädien Einzug.[77] Bei Goethe etwa meint „Funktion" unter anderem eine „Leistung, spezifische Tätigkeit innerhalb eines Organismus oder eines architektonischen Zusammenhangs." Die Funktion sei „das Dasein in Thätigkeit gedacht".[78] Brockhaus' Konversationslexikon hingegen greift neben einer allgemeinen zugleich die mathematische Bedeutung des Begriffs auf: Eine „Funktion" sei „das, was eine Sache leistet oder zu leisten vermag [...] In der mathematischen Analysis heißt seit dem 18. Jahrhundert F. einer Variablen eine von der Variablen abhängige Größe, die aus einem gegebenen Wert der Variablen berechnet werden kann, und die sich ändert, wenn die Variable sich ändert."[79] Meyers Großes Konversationslexikon verallgemeinert die mathematische Bedeutung der Funktion: „Funktion bezeichnet in der Mathematik, aber auch sonst die Abhängigkeit einer Größe von einer oder von mehreren andern."[80]

An prominenter Stelle stehen die Überlegungen des ursprünglich als Mathematiker ausgebildeten Philosophen Henry Bergson.[81] In seinem Werk *Schöpferische*

---

[76]Frank B. Gilbreth errichtete für seine Versuche ein eigenes „Bewegungslaboratorium" und setzte die Kinematographie als Aufzeichnungsinstrument ein. Vgl. ausführlich hierzu die zuletzt erschienene umfangreiche Studie zu Gilbreth von Hoof 2015. Zu den weniger bekannten Methoden der graphischen Aufzeichnung Mareys vgl. etwa Didi-Huberman und Mannoni 2004 oder auch Mainberger 2010, die die sich bewegende Linie sowohl in künstlerischen als auch technischen Milieus verortet. Zu Hermann von Helmholtz' Aufzeichnungsmethoden vgl. Schmidgen 2009. Selbst menschliche Emotionen wurden um 1900 Gegenstand graphischer Aufzeichnungssysteme, vgl. etwa Dror 2011. Zu den Formen visueller Darstellungsformen wissenschaftlicher Objekte ist in den letzten Jahren eine große Zahl an Publikationen erschienen. Als federführend dürfte hier nach wie vor Crary 1996 gelten, der zu Beginn der 90er Jahre grundlegende Überlegungen zur Geschichte des Sehens anstellte. Daraus leitete er die Frage ab, wie wir Gegenstände wahrnehmen und wie sich unser Wissen aufgrund dieser Wahrnehmung strukturiert. In den Folgejahren kamen zahlreiche Veröffentlichungen im deutschsprachigen Raum hinzu. So etwa, Heintz und Huber 2001; Bruhn und Hemken 2008 sowie Scholz 2010. Hentschel 2014 hat wiederum zuletzt versucht, diese verschiedenen Strömungen und Ausprägungen des wissenschaftlichen Sehens unter dem Schlagwort der „visual cultures" in der Wissenschaftsgeschichte zusammenzufassen.

[77]Zur Begriffsgeschichte der „Funktion" vgl. **Kapitel 3/Abschnitt 3.1.3.**

[78]„Funktion", in: GWB 1978–2012, Bd. 3 (1998), Sp. 1025.

[79]„Funktion", in: Brockhaus 1891–1895, Bd. 7 (1894), S. 422.

[80]„Funktion", in: Meyer 1902–1908, Bd. 6 (1908), Sp. 212–213.

[81]Vgl. Leonard und Moulard Leonard 2016, sowie Hörl 2005.

Entwicklung brachte er den Begriff der Bewegung, den er in der Mathematik verortet sah, mit dem Konzept des Lebens und der Lebendigkeit in Verbindung.[82] Bergson verstand unter *Bewegung* eine Metapher für die geometrische Konstruktion von (aufeinanderfolgenden) Figuren. Unter dem Eindruck der sich just etablierenden Kinematographie, sowie der wissenschaftlichen Bilderreihen von Experimentalwissenschaftlern wie etwa denen Etienne-Jules Mareys, führte er den Ablauf der *Zeit* als entscheidendes Element für das Wesen der modernen Wissenschaft im allgemeinen und der modernen Geometrie im Besonderen an.[83] Eine moderne Geometrie orientiere sich nicht an starren, von vornherein definierten Figuren, sondern sie erhebe die Bewegung und die damit verbundene Entstehung von Figuren zum Grundprinzip.

„Die Kurve wäre also dann definiert, wenn man die Beziehung ausdrücken kann, die den auf der beweglichen Geraden durchmessenen Raum mit der dafür benötigten Zeit verbindet, das heißt, wenn man in der Lage ist, die Position des bewegten Punktes auf der von ihm durchlaufenen Geraden in einem beliebigen Moment seiner Bahn zu bestimmen.“[84]

Insbesondere für den Unterricht an höheren Schulen, wo das Einüben des Denkens in Funktionen besonders erwünscht war, entstanden in diesem Zuge neue Lehrbücher mit Aufgabensammlungen zum Thema „Funktion". In Heinrich Dresslers 1908 erschienen *Die Lehre von der Funktion* wurde unter anderem die graphische Darstellung eines Eisenbahnfahrplanes zum Thema für diverse Aufgabenstellungen für Schüler gemacht. Wurden auf der Abszisse die Entfernungen der Stationen und auf der Ordinate die Zeiten bis zur Ankunft eingetragen, konnte genau nachvollzogen werden, wann ein Zug an welchem Ort eintrifft.

„Miß und lies ab, wann die in Schandau endenden Züge dort ankommen [...]. Zeichne die Punkte aus ihren Koordinaten und verbinde je zwei aufeinanderfolgende Punkte durch eine Strecke. Die gebrochene Gerade gibt den Verlauf der Funktion an".[85]

Dressler hatte sich mit seiner Publikation vorgenommen, direkt auf die Forderung der Unterrichtsreform einzugehen: die Gewohnheit des funktionalen Denkens einzuüben. Seine Schrift versteht sich daher als eine „methodische Einführung des

---

[82]Vgl. die gänzlich neu übersetzte und überarbeitete Ausgabe Bergson 2013.

[83]Vgl. Bergson 2013, S. 347–348.

[84]Bergson 2013, S. 234.

[85]Dressler 1908a, S. 49.

Funktionsbegriffes in den mathematischen Unterricht an Mittelschulen".[86] Allerdings verzichtete er weitgehend auf Bilder oder Diagramme, obwohl es doch
zumindest laut der Schilderungen Felix Kleins genau an jenen fehlte. Scheinbar hatten die vielen Versuche Schillings oder Wieners, die Funktionalität der
Geometrie anhand von Dias oder beweglichen Schattenprojektionen sichtbar zu
machen wenig mit dem gemein, was sich im außerhalb der Universität oder technischen Hochschule im Unterricht der Geometrie an höheren Schulen tatsächlich
abspielte.[87]

6.2.2 Vom Starren zum Bewegten

Die Idee, funktionales Denken „einüben" zu können und es gar „zur Gewohnheit" werden zu lassen, wie Klein es formulierte, impliziert mehr als die reine
Umgestaltung mathematischer Lehrpläne. Es ging gleichzeitig um die Verhand-
lung eines Bildungsideals, bei dem die Mathematik an mittleren und höheren
Schulen näher an die Praxis rücken sollte. Neu war gegenüber den früheren
Bemühungen, dass nun vor allem die Wahrnehmung von Bewegung gestärkt
werden sollte. Die Anforderungen an die angehenden Ingenieure hatten sich
verändert. Klein kannte die unter Ingenieuren verbreiteten Überlegungen, die
sich immer wieder um die „Zweckmäßigkeit" architektonischer Bauten oder der
Funktionalität technischer Konstruktionen drehten.[88] Funktionalität im Sinne von
Zweckdienlichkeit vermischte sich dabei oft mit dem Bestreben, eine mathematische Funktion berechnen und verstehen zu können. Ein Techniker um 1900
musste Graphen lesen können, und diese Fähigkeit wiederum galt es frühzeitig durch die Benutzung des entsprechenden Vokabulars und des auf die
unterschiedlichen Schulformen zugeschnittenen Stoffes einzuüben. Zeitgenössische pädagogische Konjunkturen konnten dabei behilflich sein, die Bemühungen

---

[86]Dressler 1908a, S. 3. Bemerkenswert ist, dass Dresslers Mathematiklehrbuch trotz seiner
Affinität gegenüber einer anschaulichen Mathematik relativ abbildungsarm blieb. Es bliebe
einer separaten Studie überlassen, den Umgang mit Abbildungen in Mathematikbüchern in
jener Zeit systematisch zu überprüfen und danach zu fragen, ob die Tendenz, Modelle und
Modellbilder im Unterricht zu verwenden, sich auf die Publikationspraxis der Zeit auswirkte.
[87]Eine umfassende Studie, die sich systematisch alle Lehrbücher der Mathematik (insbesondere der funktionalen Analysis) in dieser Zeit anschaut und hinsichtlich ihrer Abbil-
dungspolitik auswertet, steht noch aus und wäre eine interessante Ergänzung zu den hier
vorgenommenen Überlegungen.
[88]So etwa der Bericht von Wagner 1902 über die Stellung des Maschinenbaus zur Kunst auf
einer Sitzung des Pommerschen Bezirksvereins des VDI.

rund um die Meraner Reform und ihre Ideen zu legitimieren. Insbesondere das „genetische Prinzip", das unter dem Leitbegriff der evolutionstheoretisch verstandenen „Entwicklung" firmierte, diente Mathematikern wie Felix Klein dazu, die „Erziehung zur Gewohnheit des funktionalen Denkens" mit einem pädagogisch-theoretischen Fundament auszustatten. Eine „genetische" Pädagogik, wie sie etwa von Friedrich August Wilhelm Diesterweg oder Karl Mager vertreten wurde, ging davon aus, dass zur Förderung der Entwicklung eines Kindes immer die einzelnen Teile eines Ganzen betrachtet werden müssten.[89] „Genetische Methode" heißt es in einem Eintrag in der Pädagogischen Real-Encyclopädie von 1843,

> „ist diejenige Lehrform, welche auf die Entstehung eines Gegenstandes zurückgeht, denselben gleichsam noch einmal vor den Augen des Schülers entstehen läßt."[90]

Übertragen auf den Mathematikunterricht an mittleren und höheren Schulen bedeutete dies, dass etwa geometrische Sätze aufeinander folgen sollten und dass jeder dieser Sätze sich aus dem Vorangegangenen streng logisch ableiten lassen sollte. Die Inhalte sollten im Lehrbuch so nebeneinander angeordnet werden, dass ihre verwandtschaftliche Beziehung zueinander deutlich werde. Diese Forderungen stammten aus einem Beitrag in Diesterwegs *Wegweiser zur Bildung Deutscher Lehrer*. Darin bezeichnet der Autor eines Artikels über den Elementarunterricht in der Geometrie die genetische Methode als eine pädagogische Vorgehensweise, die den Stoff nach seiner inneren Verwandtschaft zusammenstellt.

> „Sie sucht ihn in einem organischen Zusammenhange zu entwickeln, so daß das Vorhergehende das Nachfolgende schon im Keime enthält, jede vorausgegangene Untersuchung auf die folgende so viel als möglich naturgemäß von selbst hinleitet und an jeder Stelle eines einzelnen Abschnitts ein deutliches Bewußtsein erlangt wird".[91]

Auch der Mathematiker und Pädagoge Friedrich Reidt führte 1886 in seiner *Anleitung zum mathematischen Unterricht an höheren Schulen* aus, dass der geometrische Unterricht sich weniger auf das bloße Einstudieren von einzelnen Sätzen oder Aufgaben mit deren zugehörigen Beweisen konzentrieren solle, sondern

---

[89]Vgl. ausführlich zum genetischen Prinzip als didaktische Methode Schubring 1978 und Oelkers 2005, S. 130–149.

[90]„Genetische (historisch-genetische) Methode", in: Hergang 1843, Bd. 1, S. 759. In dieser organischen Auffassung mathematischer Zusammenhänge ist eine Verbindung zur Auffassung von „Funktionalismus" zu erkennen, wie sie etwa in der Architekturtheorie seit der Mitte des 19. Jahrhunderts vertreten wurde. Vgl. Poerschke 2005.

[91]Sondhauss 1877, S. 281.

„daß die einzelnen Teile des Systems auch unter einander, nach ihrem sachlichen Inhalt thunlichst in Zusammenhang gebracht, daß das Verwandte neben einander gestellt werde".[92]

Geometrische Körper sollten in der Konsequenz nicht als fertige Gebilde betrachtet werden, sondern als „werdende, veränderliche, in einander übergehende".[93] Diese Idee blieb über viele Jahre hinweg bestehen, ohne eine bedeutende Veränderung zu erfahren. So wünschte sich 1912 der Direktor des Darmstädter Realgymnasiums Ludwig Münch noch, dass „funktional zusammenhängende Größen" bereits im Elementarunterricht „eingeführt und entwickelt würden", sodass die Bewegung nicht mehr als etwas „Wesensfremdes" aus dem Geometrieunterricht ausgeschlossen würde.[94]

Modelle, und insbesondere solche, die in sich beweglich waren, konnten hier Abhilfe schaffen. So fasste es jedenfalls Peter Treutlein auf, der sich in seinen Publikationen eingehend mit dem Prinzip der Bewegung und dessen Bedeutung für das funktionale Denken befasste. Er betonte, dass der „neuzeitliche" Geometrieunterricht „gewissermaßen als fließend, in stetem Übergang von einer Gestaltung zur anderen" aufgefasst werde. Wichtig sei dabei das „Bewegen der ganzen Figur", sowohl in der Ebene, als auch im Raum. Wenn Schüler den neuesten Stand der mathematischen Forschung begreifen sollten, müssten sie nach Treutleins Vorstellung

„beizeiten daran gewöhnt werden, die Figuren als [sic!] jeden Augenblick veränderlich zu denken [...]. Der Auffassung der Figuren als starrer Gebilde kann und muß in verschiedener Weise entgegen gearbeitet werden."[95]

Bereits die ersten Unterrichtsstunden einer sogenannten „wissenschaftlichen Geometrie" an höheren Schulen wie etwa Realgymnasien müssten dafür verwendet werden, die Entstehung der Linie aus der Bewegung des Punktes zu verstehen

---

[92]Reidt 1886, S. 40.

[93]Reidt 1886, S. 42. Wichtig in diesem Zusammenhang ist der Hinweis von Schubring, dass diese Abkehr von einem vermeintlich „starren" euklidischen System vor allem im Zusammenhang mit der Kanonisierung der nicht-euklidischen Geometrie auf der Ebene der universitären Mathematik zu sehen ist. Er macht aber deutlich, wie groß die Lücke war, die hier zwischen Schul- und wissenschaftlicher Mathematik klaffte. Vgl. Schubring 1978, S. B 108–118.

[94]Münch 1912, S. 173. Münch sah für die Umsetzung seines Vorhabens nicht nur Modelle als geeignet an, sondern auch den Einsatz von Trickfilmen. Im selben Jahr seines Aufsatzes erschienen eine Reihe von ihm selbst hergestellter Animationen mathematischer Kurven. In **Kapitel 7/Abschnitt 7.1** wird darauf noch ausführlicher eingegangen.

[95]Treutlein 1985 [1911], S. 202.

und die Genese einer Fläche aus der Bewegung der Linie abzuleiten.[96] Nicht das Verschieben einzelner Figurenteile gegeneinander verhelfe dabei den Schülern zu mehr Raumvorstellung, sondern das Drehen, Umwenden und das Verschieben im Raum. Als nützliches Hilfsmittel, um das Überführen einer Form in die nächste für den Unterricht darstellbar zu machen, boten sich für Treutlein bewegliche Modelle an, „möglichst solche mit Gelenken oder Scharnieren".[97] Auf diese Weise solle die Entstehung der Linie aus der Bewegung des Punktes und die der Fläche aus der Bewegung der Linie abgeleitet werden.

Auch wenn Treutlein selbst eine Sammlung mathematischer Modelle für den Unterricht an höheren Schulen herausgab, befanden sich doch darunter keine mit Gelenken oder Scharnieren. Diese Art von Modellen kannte er von Hermann Wiener, mit dem er gemeinsam 1912 eine erweiterte Auflage von Wieners *Verzeichnis mathematischer Modelle* herausgab. Wieners Modelle aus Draht waren auch für Treutleins Zwecke gut geeignet, um veränderliche Figuren im Unterricht vorzuführen. Sie waren teilweise sehr einfach konzipiert und handlich, sodass sie jederzeit in verschiedenen Unterrichtssituationen hervorgeholt werden konnten.[98]

Nicht nur im Geometrieunterricht, auch in anderen Fächern arbeitete man schon seit den 1890er Jahren mit veränderlichen und beweglichen Modellen. Im Unterricht der technischen Mechanik etwa dienten veränderliche Modelle dazu, „Bewegungsvorgänge und Formänderungserscheinungen" zu veranschaulichen, um so „das praktische Gefühl für die Mechanik zu wecken".[99] Schließlich handle die Mechanik, dies betont der Ingenieur Eugen Meyer in einer Rede vor dem Berliner Bezirksverein 1909, von den „Erscheinungen der Bewegung" und diese seien insbesondere anhand von Modellen gut darstellbar.[100] Ein überblickender Artikel aus den Unterrichtsblättern für Mathematik und Naturwissenschaft von 1908 verdeutlicht, dass ebenfalls andere Unterrichtsfächer sich beweglicher Modelle

---

[96]Treutlein 1985 [1911], S. 203.

[97]Beide Zitate Treutlein 1985 [1911], S. 202.

[98]Bisher konnten die Modelle Treutleins in keiner der einschlägigen Modellsammlungen nachgewiesen werden, was auch daran liegen mag, dass sie für die Schule gedacht waren und es weitaus weniger noch erhaltene systematisch angelegte Schulsammlungen gibt als Universitätssammlungen. Es existiert lediglich eine Abbildung im von H. Wiener und P. Treutlein gemeinsam herausgegebenen „Verzeichnis Mathematischer Modelle" (1912). Vgl. Wiener und Treutlein 1912, Tafel VI, sowie S. 60–61. Zudem ist unklar, wo und in welchem Zusammenhang Wiener und Treutlein sich begegneten, geschweige denn ob Treutlein tatsächlich Wieners Modelle für seinen Unterricht verwendete. Zum Leben und Werk Treutleins vgl. Schönbeck 1984, Schönbeck 1985, sowie zuletzt Weiss 2019.

[99]Meyer 1909, S. 2.

[100]Meyer 1909, S. 1–2.

bedienten, wie etwa die Biologie, wo man die Funktionsweisen des tierischen und menschlichen Körpers anhand von Modellen beweglicher Arm- und Kniegelenke darzustellen beabsichtigte.[101] Vor allem sollte an die Stelle der „Naturbeschreibung", bei der die Objekte nach Farbe, Form und Größe geordnet wurden, das Studium der „lebenden Naturgebilde" treten, bei dem die Pflanze oder das Tier in seinem natürlichen Umfeld betrachtet wird.[102]

Auch bewegliche mathematische Modelle fügten sich in dieses Schema, denn sie ließen sich, so Dressler, „genetisch" beobachten. Damit war die Möglichkeit gemeint, Verwandtschaftsbeziehungen verschiedener Kurven zu verstehen, indem am Modell beobachtet werden konnte, wie die eine Kurve aus der anderen entsteht.[103]

6.3   Räumliche Sehschule

6.3.1   Lichtglanzlinien, Durchblickkurven und Scheinflächen

Im Jahr 1909 stellte Erwin Papperitz im Rahmen eines Experimentalvortrags auf der 81. Versammlung Deutscher Naturforscher und Ärzte in Salzburg zum ersten Mal seinen Apparat zur Projektion beweglicher geometrischer Lichtbilder vor.[104] Papperitz, der seit 1892 Professor für höhere Mathematik und darstellende Geometrie an der Technischen Bergakademie Freiberg war, hatte seine Methode im selben Jahr unter dem Titel *Verfahren zur Darstellung geometrischer Figuren durch Projektion beweglicher Lichtspaltmodelle (kinodiaphragmatische Projektion)*

---

[101]Dressler 1908b, S. 8. Die Vertreter der mathematischen Unterrichtsreform beriefen sich dabei vor allem gern auf den bereits damals schon sehr bekannten Mediziner Émile Du Bois-Reymond der sich für den Gebrauch von Funktionen und Kurven im Unterricht aller naturwissenschaftlichen Fächer aussprach, um die Fähigkeit und das nötige Vorstellungsvermögen zu erlangen, die Beziehung von Größen als Kurve darzustellen. In einer bereits 1877 gehaltenen Rede brachte er diese Forderung nach der Einbeziehung der analytischen Geometrie in naturwissenschaftliche Fächer mit dem Ausspruch „Kegelschnitte, kein griechisches Skriptum mehr" auf den Punkt. Du Bois-Reymond 1878, S. 58.

[102]Dressler 1908b, S. 4.

[103]Vgl. hierzu auch den weiter oben zitierten Beitrag von Sondhauss 1877, S. 281.

[104]Weder Papperitz noch das hier vorgestellte Verfahren waren bisher Gegenstand historischer Untersuchungen. Dementsprechend liegt so gut wie keine Sekundärliteratur über Papperitz und seine Erfindung vor. Einige Aspekte dieses Verfahrens im Zusammenhang mit der wenig später aufkeimenden künstlerischen Avantgarde wurden bisher in Sattelmacher 2012 besprochen.

beim Kaiserlichen Patentamt in Berlin unter der Nummer D.R.P. 231009 angemeldet.[105] Die Apparatur setzte sich aus drei verschiedenen Komponenten zusammen, die – je nach Ausführung – in unterschiedlicher Zusammensetzung miteinander kombiniert wurden: einem Projektor, einem Bewegungs- und einem Drehapparat (vgl. **Abb. 6.7.1–6.7.7**).[106] Der Projektor – vermutlich handelte es sich bei der Lichtquelle um eine Bogenlampe – war in einem geschlossenen Gehäuse untergebracht und verfügte über einen stabilen Unterbau (vgl. **Abb. 6.7.1**). Vor den Projektionskasten mit der Lichtquelle war an einem Stativ das zweite Element, der Bewegungsapparat, befestigt, der sich horizontal verschieben, heben, senken und um das Stativ drehen ließ. Der Antrieb dieses Bewegungsapparates erfolgte über eine Handkurbel, welche die Bewegung mittels Zahnrädern und Schnurläufen übertrug (vgl. **Abb. 6.7.2a & 6.7.2b**). Dieser Mechanismus diente als Grundlage für die Bilderzeugung. In ihn wurden Bildplatten eingespannt, die über verschiedene Linienmuster verfügten (vgl. **Abb. 6.7.3a, 6.7.3b & 6.7.3c**).[107] Papperitz nannte diese Platten „Bilderzeuger", „Lichtspaltmodelle", „Lichtblendmodelle" oder „Diaphragmen".[108] Sie sollten laut Patentschrift auf eine Leinwand auffallendes Licht teilweise durchlassen und teilweise abblenden und damit das

---

[105]Papperitz 1911a.

[106]Die Auffindesituation dieser Papperitzschen Apparatur ist unübersichtlich. Während die dreidimensionalen Rotationsmodelle aus Draht und der Schwungapparat, sowie einige Lichtspaltplatten und andere Dias sich im Archiv der Technischen Bergakademie Freiberg befinden, galten Projektionsapparat und Bewegungsmechanismus, in den die Lichtspaltplatten eingesteckt wurden, bislang als verschollen. Erst der Zusatzvermerk „Königlich Sächsische Staatsmedaille. Deutsches Museum" auf der oben genannten Gebrauchsanleitung sowie eine Fußnote in einer späteren Auflage von Lietzmanns *Methodik* lieferten erste Spuren für Verbindungen zum Deutschen Museum, vgl. Lietzmann 1953, S. 122, FN 2. Laut der Überlieferung Lietzmanns muss der Apparat sich noch im Jahr 1953 in den Ausstellungsräumen des Deutschen Museums zu sehen gewesen sein, dies ließ sich jedoch aus dem überlieferten Schriftgut des Deutschen Museums nicht klar belegen, es gibt auch keine Ausstellungsfotos, die den Apparat zeigen. Aufgrund von eigenständigen Recherchen durch die Autorin, sowie durch intensive Recherchen und Korrespondenzen mit dem Deutschen Museum stellte sich im Sommer 2011 heraus, dass die Papperitzsche Apperatur hier tatsächlich lagerte, wenngleich unter der allgemeinen Bezeichnung „Projektionsapparat". In diesem Zusammenhang bedanke ich mich bei Frau Anja Thiele, Kuratorin für Mathematik und Informatik am Deutschen Museum. Offensichtlich hatte Papperitz mehrere Prototypen für seinen Apparat konzipiert, deren Vertrieb von der Firma Ernemann vorgesehen war. Bei dem im Deutschen Museum vorhandenen Modell muss es sich um eine leicht veränderte Version des patentierten Apparates handeln, deren Funktionsweise leider aufgrund ihres schlechten Zustands nicht überprüft werden konnte.

[107]Wie diese Platten hergestellt wurden, ist nicht ganz klar. Vermutlich durch eine Art Ätzverfahren, bei dem auf schwarzen Untergrund durchsichtige Linien geritzt wurden.

[108]Papperitz 1911a, Zeile 25–26.

Licht in wohl dosiertem Maße absorbieren oder reflektieren. Wie der Begriff „Bilderzeuger" suggeriert, stellte Papperitz sich vor, dass diese Platten das zu zeigende Bild erst im Verlauf der Projektion generierten. Dafür war der Bewegungsapparat zuständig (vgl. **Abb. 6.7.4a & 6.7.4b**): Indem er die alternierende Auf- und Ab Bewegung zweier Lichtspaltplatten verursachte, konnten Lichtkurven entstehen, die Papperitz wiederum als „Lichtspaltfiguren", oder auch „Lichtbildfiguren" bezeichnete.[109]

Abb. 6.7.1 Kinodiaphragmatischer Projektionsapparat, als komplette Apparatur wie sie in der Verkaufsschrift angeboten wurde. Hier lautet der zugehörige Titel: „Bewegungsapparat für zwei Lichtspaltplatten am Projektor mit Flächenmodell auf dem Schwungapparat". Auf der linken Bildseite ist die in einem Gehäuse verstaute Lichtquelle zu sehen. Papperitz 1912, S. 1

Als drittes Element gehörte zur Apparatur der sogenannte Drehapparat (vgl. **Abb. 6.7.5a & 6.7.5b**). Er befand sich auf einem Dreifuß mit verstellbarer Tischplatte und ermöglichte die gleichmäßige Bewegung symmetrischer Rotationsmodelle (Zylinder, Hyperboloide oder Kugeln), also Flächen zweiter Ordnung, aus weiß bemaltem Draht. Papperitz nannte diese Modelle „Glanzdrahtmodelle";

---

[109]Diese und die folgenden Detailinformationen stammen aus einer gedruckten undatierten und ohne Angabe von Ort und Autor erschienen Schrift mit dem Titel *Papperitz-Apparate. Anleitung zur Darstellung geometrischer Figuren in der Ebene und im Raume nach dem Projektionsverfahren* (FA Ernemann Dresden, S. 4). Höchstwahrscheinlich handelt es sich hierbei um einen Zusatz zur 1912 von der Firma Ernemann herausgegebenen Verkaufsschrift des Apparates (vgl. Papperitz 1912).

Abb. 6.7.2a Universal-Bewegungsapparat für die Bilderzeuger des kinodiaphragmatischen Apparates, hier in der Ausführung mit zwei Platten-Vorrichtung. Papperitz 1912, S. 10

Abb. 6.7.2b Handdrehapparat mit zugehöriger Lichtquelle. Hierbei handelt es sich um eine vermutlich erst sehr viel später entstandene Fassung der Apparatur, die sich am Deutschen Museum München befindet. Mit freundlicher Genehmigung Deutsches Museum München, Abt. Mathematik, Inv.-Nr. 54232

Abb. 6.7.3a Lichtspaltplatten für den Universal- bzw. den Handdrehapparat. Die Platten wurden auch in FA Ernemann Dresden publiziert, hier sind sie in der Fassung vom Deutschen Museum zu sehen. Die Platten Nr. b und c zeigen weitere Variationen. Mit freundlicher Genehmigung DM München, Abt. Mathematik, Inv.-Nr. 54235

Abb. 6.7.3b Lichtspaltplatten für den Universal- bzw. den Handdrehapparat. Mit freundlicher Genehmigung DM München, Abt. Mathematik, Inv.-Nr. 54235T1

Abb. 6.7.3c Lichtspaltplatten für den Universal- bzw. den Handdrehapparat. Mit freundlicher Genehmigung DM München, Abt. Mathematik, Inv.-Nr. 54235T2

Abb. 6.7.4a
Lichtbildprojektion von 6
Kurven 4. Ordnung. Um zu
erfahren, welche der oben
abgebildeten
Lichtspaltplatten für diese
Projektion verwendet wurde
bedürfte es einer
tatsächlichen Benutzung des
Apparats. Papperitz 1912,
S. 11

sie waren Teil seiner Modellsammlung und vermutlich hatte er sie auch selbst hergestellt (vgl. **Abb. 6.7.6**). Diese Modelle dienten dem Verfahren der räumlichen Projektion, bei der Linien aus Licht auf ein sich um die eigene Achse bewegendes Modell projiziert wurde. Für diese Variante des Verfahrens mussten die Modelle so in den Drehapparat eingespannt werden, dass sie direkt vom Lichtkegel getroffen wurden. Ein Objektiv, das vorgeschaltet wurde, sorgte dafür, dass das

Abb. 6.7.4b
Lichtprojektion von
„Kegelschnitten im
Raume." Papperitz 1912,
S. 7

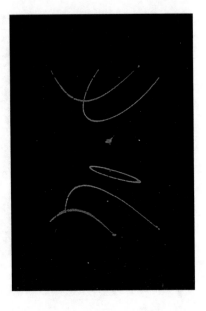

einfallende Licht gebündelt wurde, bevor es auf das Modell fiel, wobei der Hintergrund mit einem schwarzen Tuch möglichst abgedunkelt wurde. Durch bereits langsames Drehen konnte nun das entsprechende Modell in Umschwung versetzt werden und so wurden auf ihm Linien und Flächen sichtbar, die Papperitz als „räumliche Lichtglanzlinien", „Durchblickkurven" oder auch als „Scheinflächen" bezeichnete (vgl. Abb. **6.7.7a, 6.7.7b, 6.7.7c & 6.7.7d**).[110]

Grundlegendes Prinzip der kinodiaphragmatischen Projektion wurde somit die Beweglichkeit der projizierten Linien als auch der Projektionsfläche selbst: „Lichtspaltbilder", „Lichtglanzlinien" oder „Scheinflächen" wurden anhand einer Kombination von Körperlichkeit und Bewegung erzeugt, welche eine Fläche im Raum mit Hilfe von Licht vor dem Auge des Betrachters graphisch produzierte. Nur so war es nach Ansicht Papperitz' dem Betrachter möglich, am Entstehungsprozess der Figuren Anteil zu nehmen, anstatt lediglich auf ein fertiges Produkt geometrischer Visualisierung von Abstraktem blicken zu können. Erst indem die Lichtkurve langsam auf dem sich drehenden Modell entstand, konnte sie vom Rezipienten vollends nachvollzogen werden. Schulung der Anschauung

---

[110]FA Ernemann Dresden. Den Begriff der „Durchblickkurve" verwendete Papperitz für die Linien, die durch Projektion auf einem rotierenden Kreisringmodell entstehen. Vgl. Papperitz 1911a, S. 113.

Abb. 6.7.5a Drehapparat für dreidimensionale Rotationsmodelle. Kustodie der TU Bergakademie Freiberg, Fotografie © Anja Sattelmacher

hieß, unterschiedliche Projektionen (also diverse anhand von Licht gezeichnete Linien) in ihrer Genese auf dem Modell nachverfolgen und nachvollziehen zu können. Der Betrachter müsse nicht nur

> „die Gebilde [...] in ihrer wahren Gestalt und als ein Ganzes sehen, sondern auch ihre Entstehung und die stetige Verwandlung ihrer Formen beobachten [können]".[111]

Unmissverständlich greift Papperitz hierbei die zeitgenössischen Diskussionen in der Pädagogik des Mathematikunterrichts um eine „genetische Methode" und das Einüben „funktionalen Denkens" auf und ergänzt sie mit zusätzlichen rhetorisch wirkmächtigen Formulierungen, die oftmals die Metaphern von Leben und Lebendigkeit bemühten. So müsse man in die Methoden und Erzeugnisse der darstellenden Geometrie das „Prinzip der Kontinuität" hineindenken, „um ihnen Fluß und Leben zu verleihen".[112] Es wäre aber zu einfach, den kinodiaphragmatischen Projektionsapparat als eine Art eins zu eins Umsetzung der Ideen Felix Kleins zu verstehen. Denn als Professor einer technischen Bergakademie stand Papperitz

---

[111]Papperitz 1911b, S. 307.
[112]Papperitz 1911b, S. 307.

Abb. 6.7.5b Eine weitere
Version des Drehapparates,
die vermutlich um 1925 ins
Deutsche Museum gelangte.
© DM München, Abt.
Mathematik, Inv.-Nr. 54234

wie kaum ein anderer Mathematiker in kontinuierlichem Kontakt mit Technikern
und Ingenieuren und hatte Zugang zu diversen Fertigungsbetrieben und Werkstätten. Da in Freiberg vornehmlich Techniker ausgebildet wurden, musste auch
das Fach Mathematik „in ständiger Fühlung mit den Anschauungskreisen" gehalten werden.[113] So jedenfalls formuliert es Eugen Jahnke, der Autor der 1911
in der Reihe der IMUK-Schriften erschienenen Abhandlung *Die Mathematik an
Hochschulen für besondere Fachgebiete*, und spielt damit auf die Anpassungsvor-
gänge an, die das Fach an solchen technisch geprägten Einrichtungen durchlaufen
musste. Papperitz hatte sich bereits 1899 in seiner Schrift *Mathematik an den
Deutschen Technischen Hochschulen* der Frage gewidmet, wieviel Mathematik
dem angehenden Ingenieur an der technischen Hochschule im Verhältnis zu anderen Fächern zugemutet werden könne. Denn, so lautete gemeinhin die Forderung
der Techniker, im Rahmen des Ingenieurstudiums sei so viel zu lernen, dass
nicht allzu viel Zeit mit theoretischer Mathematik verbracht werden sollte. Um

---

[113]Jahnke 1911, S. 1. Diese Annäherung zwischen Technikern und Mathematikern fand
zumindest in den 90er Jahren des 19. Jahrhunderts nicht konfliktfrei statt und war unter Inge-
nieueren umstritten. Vgl. hierzu sowie zur Geschichte der Ingenieurausbildung in Deutschland
allgemein Hensel et al. 1989 sowie auch König 2014.

Abb. 6.7.6 Sammlung von Rotationskörpern aus der Sammlung Erwin Papperitz'. Mit freundlicher Genehmigung Kustodie der TU Bergakademie Freiberg

Abb. 6.7.7a
Schattenprojektion von
Kegelschnitten auf einem
Hyperboloid. Papperitz
nennt diese Erscheinungen
„Scheinflächen" weil sie
erst durch die Projektion auf
dem Körper entstehen.
Papperitz 1912, S. 6

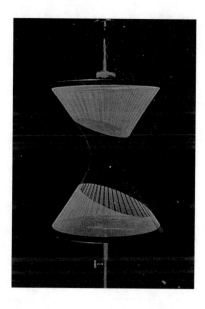

Abb. 6.7.7b Projektion
eines elliptischen
Zylinderschitts. Papperitz
nennt diese Art von Linie
„Lichtglanzlinie". Papperitz
1912, S. 6

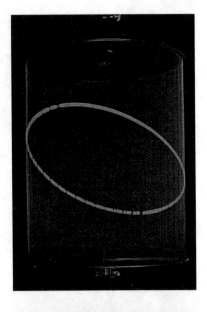

Abb. 6.7.7c
Durchdringungskurve auf
einer Kugel. Papperitz
1912, S. 6

Abb. 6.7.7d Parabel auf
einem Kegel. Papperitz
1912, S. 12

nun das Studium an einer technischen Hochschule so effizient wie möglich zu gestalten, forderte Papperitz „mit Lebhaftigkeit und Nachdruck" die Errichtung eines „intensiven Laboratoriumsunterricht[s]", in welchem die Studierenden zu selbstständiger Übung im Entwerfen und Konstruieren angehalten würden.[114]

Für andere Unterrichtsfächer wie etwa die Physik oder die Chemie war dieser Trend der Experimentalisierung des Unterrichts bereits so selbstverständlich, dass entsprechende Maßnahmen in der architektonischen Einrichtung der Schul- und Hochschulgebäude von vornherein berücksichtigt wurden.[115] Alles sollte der „zweckmäßigen Anlage des Laboratoriums" untergeordnet werden, denn diese bedeute für den Experimentierenden vor allem einen Gewinn an Zeit.[116] Zu den festen Bestandteilen eines Schülerlaboratoriums in den Fächern Physik und Chemie an technischen Hochschulen gehörten diverse Projektionsapparaturen. Eine

---

[114]Papperitz 1899, S. 14.

[115]Vorbild für eine Experimentalisierung des Mathematikunterrichts war dabei unter anderem der Berliner Professor für Maschinenbauingenieurwesen Alois Riedler, der die Tätigkeit der Studierenden in Laboratorien als eine Grundbedingung für die nationale Stärkung des Ingenieurberufs sah. Wissenschaftliche Laboratorien seien seiner Ansicht nach Lehrmittel erster Wahl. Vgl. vor allem Manegold 1970 sowie auch Hensel et al. 1989, S. 58.

[116]Anonym 1902, S. 29.

der Herstellerfirmen für derlei Unterrichtsgeräte war die Firma Leppin & Masche aus Berlin. Die von ihr produzierten Apparate standen zumeist auf einem für sie eigens angefertigten Tisch und verfügten genau wie Papperitz' Projektionsapparatur häufig über eine Schienenvorrichtung, auf der sich verschiedene Linsen und Blenden anklemmen ließen (vgl. **Abb. 6.8**).

Unterschiedliche Arten von Aufsätzen sorgten zusätzlich für eine Vielfalt an Möglichkeiten der darzustellenden Objekte, die mit wenigen Handgriffen ausgetauscht werden konnten. So konnte etwa ein Aufsatz für mikroskopische Präparate, ein Megaskop, ein Apparat für die Projektion horizontaler Gegenstände, ein Epidiaskop usw. an den Apparat montiert werden. Dies ließ die Apparatur zu einem „abgeschlossene[n] Ganze[n]" werden, „welches den jeweiligen Bedürfnissen und Mitteln entsprechend zusammengestellt und systematisch im Laufe der Zeit vervollständigt werden kann".[117]

Papperitz' Konzept für die Vermarktung seines Apparates folgte einer ganz ähnlichen Logik. Apparatur, Modelle und Platten sollten immer in Kombination miteinander in den an die Bedürfnisse der drei jeweiligen Schulgattungen angepassten Ausgaben vertrieben werden. So waren zunächst drei Standardausgaben vorgesehen: Ausgabe A (für Mittelschulen) enthielt den Drehapparat für eine Lichtspaltplatte, 4 verschiedene Lichtspaltplatten und 4 Lichtspaltplatten in einer Mappe, einen Drehapparat für Flächenmodelle sowie 3 zugehörige Flächenmodelle (Zylinder, Kegel, Kugel). Diese einfachste Ausführung kostete bereits 275 Reichsmark.[118] Ausgabe B (für höhere technische Lehranstalten) enthielt einen Bewegungsapparat für zwei Lichtspaltplatten, 10 photographische und 4 skiagraphische Platten in Mappen sowie einen Drehapparat und vier zugehörige Flächenmodelle (Zylinder, Kegel, Kugel, einschaliges Hyperboloid) und kostete 600 Mark. Schließlich sah Papperitz noch eine Ausgabe C für Hochschulen und Universitäten vor. Sie war die umfangreichste und enthielt zusätzlich zu den bereits in Ausgabe B angeführten Elementen acht Flächenmodelle (Zylinder, Kegel, Kugel, Ellipsoid, einschaliges Hyperboloid, zweischaliges Hyperboloid, Paraboloid, Kreisring) sowie sechs Modelle aus blankem Draht „zur Erzeugung der Lichtglanzlinien auf krummen Flächen."[119]

---

[117] Anonym 1904b, S. 15.

[118] Das entspricht heute dem Fünf- bis Sechsfachem, also ca. 1,500–2,000 Euro.

[119] Papperitz 1912, S. 13–14. Auch die oben genannte undatierte Broschüre mit Gebrauchsanleitung (FA Ernemann Dresden) lieferte eine detaillierte Übersicht über die verschiedenen erhältlichen Ausgaben, jedoch mit etwas anderer Zusammenstellung und differierenden Preisen. Sie mag um 1925 erschienen sein, als der Apparat vermutlich Eingang ins Deutsche Museum München fand.

Berichte über Apparate und Anlagen

ausgeführt von

LEPPIN & MASCHE

BERLIN S.O., Engelufer 17.

III. Jahrgang.	№ 4.	Oktober 1904.

Projektionseinrichtung
mit Erweiterung zur optischen Bank.

(Fortsetzung.)

Fig. 1

Ist die elektrische Starkstromleitung so ausgeführt, wie wir sie in „Jahrgang 1 No. 8 unserer Berichte" veröffentlicht haben, so kann die Projektionsanlage ohne weiteres angeschlossen werden, die Kurbel des Widerstandes wird

13

Abb. 6.8 Abbildung einer Projektionsvorrichtung mit Tisch für den physikalischen Unterricht von 1904. Aus dem beigefügten Text geht hervor, dass die Lampe des Apparates mit einer Stärke von 12 bis 25 Ampère arbeiten konnte. Anonym 1904b, S. 13

Weitere Komponenten waren auf Anfrage bestellbar. Der Vertrieb sollte ausschließlich über die Lehrmittelhandlung K.F. Koehler in Leipzig laufen, die kurz nach dem Ersten Weltkrieg mit dem Verlag F. Volckmar fusionierte und die heute unter dem Namen Koch, Neff & Volckmar firmiert. Die Herstellung der Apparaturen oblag der Firma Heinrich Ernemann in Dresden.[120] Ernemann produzierte in dieser Zeit zahlreiche kinematographische Projektionsapparate für Schulen, Vereine und Amateure. In einer undatierten Verkaufsschrift, die einige neue Projektoren vorstellt, heißt es:

> „Man wird den Saal verdunkeln, und vor den frischen und empfänglichen Kinderaugen werden sich Länder-, Völker- und Sittenbilder lebendig und greifbar abspielen und die Wunder der Tier- und Pflanzenwelt offenbaren! – Ein Genuß, so zu lernen! – Wer wird so tiefe Eindrücke je vergessen?"[121]

Tatsächlich produzierte Ernemann jedoch wohl lediglich einen Prototypen des Apparates. In der umfangreichen, bis heute erhaltenen Sammlung Ernemanns in Dresden findet sich kein Hinweis auf die Apparatur Papperitz'.

6.3.2   Sieht aus wie plastisch, ist aber flach

Papperitz' Verfahren einer diaphragmatischen Projektion griff neben Desideraten eines praktisch ausgerichteten „Laboratoriumsunterrichts", der mit einer Vielzahl an optischen Apparaten agierte, auch zeitgenössische Diskurse über die Sichtbarkeit von Plastizität und Dreidimensionalität auf. Schließlich war das Besondere seiner Konstruktion, dass diese mathematischen Flächen sowohl in der Ebene, als auch im Raum sichtbar machte, und diesen Unterschied zudem noch deutlich thematisierte. So betonte er in der Verkaufsschrift des Apparates, dass das von ihm entwickelte Verfahren „unzählige Arten und Formen ebener und räumlicher Gebilde als deutliche und scharfe Lichtbilder" entstehen lasse.

---

[120]Es gibt mehrere Erklärungen dafür, warum der Apparat offensichtlich letzten Endes weder produziert noch vertrieben wurde. 1914, nur zwei Jahre nachdem Papperitz die Vermarktung seines Apparates in die Wege geleitet hatte, brach der Erste Weltkrieg aus. Damit blieben an der Technischen Bergakademie nicht nur die Studenten fern, sondern auch die finanziellen Mittel. Verfügte die Bergakademie Freiberg 1913 noch über insgesamt 67103 Mark Einnahmen waren es 1914 nur noch 28565 und 1915 sogar nur noch 6125 bei beinahe gleichbleibenden Ausgaben. Vgl. Papperitz 1916, S. 95.

[121]Heinrich Ernemann A.G. Dresden. Eine umfassende Studie zur Geschichte des Lehrfilms in Deutschland steht bisher noch aus. Für die USA sieht die Situation etwas anders aus, vgl. hier etwa Acland und Wasson 2011, Gaycken 2015 oder Orgeron et al. 2012, um hier nur einige exemplarisch zu nennen.

„Diese Methode erleichtert also dem Lernenden das Studium der ohne direkte Anschauung nur schwer vorstellbaren räumlichen Gestalten auf eine ganz neue und sehr eindringliche Weise."[122]

Bereits um 1900 hatte die Firma Leppin & Masche eine „Schwungmaschine" zur Erzeugung von Rotationskörpern auf den Markt gebracht, die derjenigen Papperitz' sehr ähnelte und für den Unterricht in darstellender Geometrie vorgesehen war (vgl. **Abb. 6.9**).[123] Diese Art Rotationskörper wurden ebenfalls durch um einen Stab rotierende Drahtfiguren erzeugt, die in ihrer Konstruktion jedoch wesentlich einfacher waren als die von Papperitz konzipierten.[124]

Die Argumente, die Papperitz anführte, um sein Verfahren gegenüber einfacheren didaktischen Methoden zu verteidigen, war, dass die projizierten Flächen seines Apparates immer noch plastisch wirkten, obwohl sie anhand zweidimensionaler Linien produziert wurden. Eine beeinflussende Wirkung könnten auf ihn dabei bereits die Arbeiten Hermann Wieners gespielt haben, für den das entscheidende Merkmal einer Schattenprojektion deren dreidimensionale Wirkung war. Papperitz kannte dessen Arbeiten mit Sicherheit, schließlich enthielt seine von ihm eigens angelegte Sammlung eine ganze Reihe von Wieners Drahtmodellen. Außerdem war er ebenfalls nach Heidelberg gereist und hatte spätestens dort den Vortrag Wieners mit den entsprechenden Schattenbildern gesehen. Wiener hatte sich zum Thema plastisches Sehen folgendermaßen geäußert:

„Der Einwurf, daß das geschaute Modell körperlich, das projizierte flächenhaft erscheine, ist nicht stichhaltig; denn die dem Schirme näher gelegenen Stäbe oder

---

[122]Papperitz 1912, S. 2–3.

[123]Der Versuch, Bilder (oder zunächst nur Licht) auf einen sich rotierenden Stab zu projizieren, war bereits in den 80er Jahren des 19. Jahrhunderts angestellt worden. So berichtet es zumindest Richard Neuhauss in seinem Lehrbuch der Projektion: „Damit es auch in der Projektion an wunderbaren Erfindungen nicht mangele, schlug man in England vor, das Bild statt auf einem weissen Schirm auf einer sich sehr schnell drehenden, langen, weissen Latte aufzufangen. Infolge der Andauer des Gesichtseindruckes macht die kreisende Latte den Eindruck einer runden weissen Fläche. Vielleicht weiss man die hohen Vorzüge einer solchen Projektionswand in England besser zu würdigen, als bei uns." Neuhauss 1901, S. 78.

[124]Ähnliche Versuche finden sich sogar bereits bei Étienne-Jules Marey der um 1892 eine Serie von sechs Experimentalfotografien erstellte, bei denen er einen gespannten Faden um eine Achse rotieren ließ und auf diese Weise Zylinder, Hyperboloide, Kugeln und Kreisringe erzeugte. Vgl. Mannoni 2004, S. 16–17. Die Firma Leppin & Masche hatte in ihrem Vertriebsprogramm ebenfalls eine Apparatur zur Durchführung von Spektralversuchen, die zumindest rein äußerlich dem Kasten, der die Lichtquelle bei Papperitz' Apparatur enthielt, sehr ähnelte. Dennoch bleibt aufgrund fehlender Dokumente unklar, ob Papperitz im Austausch mit der Firma stand und die Apparate kannte.

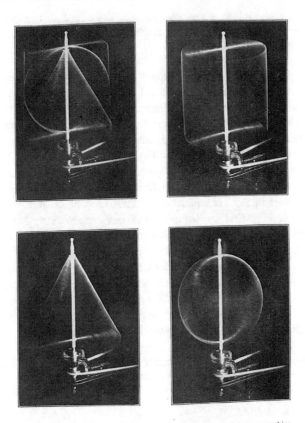

Die drei wichtigsten Rotationskörper, erzeugt mit der Schwungmaschine
durch Drahtfiguren.

Anordnung nach Leppin & Masche, Berlin.

Abb. 6.9 In einem Anleitungsbuch für Lehrer erschienen diese Rotationskörper, die ähnlich
wie bei der Vorrichtung Papperitz', eine geometrische Fläche durch einen Schwungapparat
erzeugt wird. Lietzmann 1916, Tafel II

Fäden des Modells erscheinen schärfer als die ferner gelegenen, und dadurch wird
das ganze Bild körperlich. Somit löst diese Methode auch die Aufgabe, es soll die
Projektion so eingerichtet werden, daß sie stereoskopisches Schauen gestattet."[125]

---

[125]Wiener 1907a, S. 6.

Ähnliche Überlegungen wurden unter Psychologen angestellt, die sich mit der Wirkung des Kinos auf die Wahrnehmung des Betrachters auseinandersetzten. Die bekannteste dieser Untersuchungen mag wohl die von dem Psychologen und Filmtheoretiker Hugo Münsterberg im Jahr 1916 verfasste Studie *Das Lichtspiel* sein, in der er feststellte, dass der Kinozuschauer ein Filmbild auf der Leinwand durchaus auch dann als plastisch wahrnehme, wenn er wisse, dass es in Wirklichkeit nicht dreidimensional sondern flach sei.[126] Papperitz machte bereits einige Jahre zuvor eine ganz ähnliche Feststellung wie Münsterberg, konnotierte diese allerdings begrifflich genau entgegengesetzt. Er konstatierte, dass seine räumlich wirkenden Bilder keinesfalls als „plastisch" bezeichnet werden könnten, da es sich um „durchscheinende Lichtbilder" ohne „festen Körper" handele.[127] Vielmehr seien diese Bilder als „graphisch" zu bezeichnen, da sie ähnlich wie eine Zeichnung oder Malerei „auf einer Bildfläche durch künstlich bewirkte Unterschiede der Helligkeit und Färbung" entstünden.

> „Zu betonen ist aber, dass wir hier nicht mehr mit Abbildungen auf ebener Fläche, sondern mit *dreidimensionalen Lichtbildern* zu tun haben, die man von allen Seiten betrachten kann.[128]

Mit dieser expliziten Betonung des Dreidimensionalen wirkte Papperitz einer unter Pädagogen gängigen Kritik jener Zeit entgegen, die Verwendung des (zweidimensionalen) Bildes im Unterricht würde die geistige Aktivität der Schüler behindern, da dieses an Komplexität einbüßte.[129] Eine solche Diskussion fand ebenfalls unter Mathematiklehrern statt. Während konservativere Stimmen in der Verwendung optischer Hilfsmittel im Mathematikunterricht die Gefahr einer „Denkfaulheit" sahen, betrachteten weniger kritische Stimmen eben die Projektion von Lichtbildern in der Mathematik als eine Chance, um „allmaehliche Änderungen einer Figur anschaulich zu machen".[130] Hierin liege nämlich die Schwäche von Modellen, an denen sich Bewegung und Veränderung schlechterdings nicht zeigen ließen. „Sodann ist jedes Modell nur für einen ganz bestimmten Zweck brauchbar", schrieb etwa der Mathematiker Hermann Detlefs,

---

[126]Münsterberg 1996 [1916], S. 42.

[127]Papperitz 1911b, S. 309.

[128]Papperitz 1911b, S. 309.

[129]Einer der Verfechter dieser Ansicht war der Schuldirektor August Vogel, der bereits 1875 das Pamphlet *Gegen den Bilderkultus* verfasste. Vgl. Ruchatz 2003, S. 236–243.

[130]Stockmeyer 1913, S. 451 sowie Detlefs 1913a, S. 122.

der selbst einige Versuche unternommen hatte mathematische Anschauung mit optisch-kinematographischen Mitteln zu generieren.[131]

Aus diesen mal mehr und mal weniger kritischen Stimmen zu optischen Projektionsmitteln im Mathematikunterricht lässt sich auch eine Reflexion über die Verwendung mathematischer Modelle herauslesen. Immer wieder wurde der Umstand, eine ganze Sammlung mathematischer Modelle für den Unterricht bemühen zu müssen gegen die im Vergleich einfache Handhabe mathematischer Projektionsbilder ausgespielt. So stellten optische Hilfsmittel für Hermann Detlefs einen „feineren Weg zur Veranschaulichung" dar als die oftmals groben und umständlichen geometrischen Modelle.[132] Papperitz bezeichnete sein Verfahren sogar als „Fortschritt" innerhalb der Projektionstechnik, die hier eine ganz neue Verbindung zur Kinematik und zur Photographie eingehe.[133] Er sah in seiner Methode gegenüber der bisherigen Verwendung mathematischer Modelle eine „weiterschreitende Vervollkommnung der geometrischen Darstellungsmittel", denn die von ihm geschaffenen Erscheinungsformen mathematischer Flächen kämen der abstrakten Vorstellung von Linien und Flächen näher als Modelle. Sein Projektionsverfahren erzeuge geometrische Gebilde, „die man zwar sehen, aber nicht befühlen" könne. Sie verfügten, genau wie die geometrische Zeichnung, über „Linien ohne Breite" und „krumme Flächen ohne Dicke".[134] Derartige „Scheinflächen" böten gegenüber anderen Darstellungsmitteln, wie etwa Modellen, den Vorteil,

> „daß sie sich als ein durchscheinendes, ruhig im Raume schwebendes Gebilde der abstrakten mathematischen Vorstellung einer Fläche erheblich mehr nähert".[135]

Mit diesen Äußerungen verteidigte Papperitz einerseits die Verwendung von Projektionsmedien gegen die eigenen Fachkollegen, denen das Urteil „aus der Anschauung des Auges" ein Dorn im Auge war.[136] Andererseits ist hier aber

---

[131] Detlefs bezeichnet das Verfahren zur kinodiaphragmatischen Projektion weiter unten im Text dann als „Energieverschwendung", da die Apparatur für die meisten Einrichtungen zu kostspielig sei. Diese Äußerung muss allerdings vor dem Hintergrund betrachtet werden, dass Detlefs in seinem Text sein eigenes Verfahren, die geometrischen Kinohefte, anzupreisen gesucht. Bei jenen handelt es sich um eine Art mathematisches Daumenkino. Leider sind diese Hefte nicht mehr erhalten. Vgl. Detlefs 1913a, S. 122.

[132] Detlefs 1913a, S. 122.

[133] Papperitz 1911b, S. 308.

[134] Papperitz 1911b, S. 308.

[135] Papperitz 1911b, S. 313.

[136] Stockmeyer 1913, S. 455.

eine Neubewertung mathematischer Modelle angesichts immer neuer Verwen-
dungsarten von Projektionsmethoden und Filmen im Unterricht überhaupt zu
erkennen. Bereits Friedrich Schilling und Hermann Wiener hatten auf die Grenzen mathematischer Modelle hingewiesen.[137] Insbesondere Wiener hatte immer
wieder betont, dass herkömmliche Gipsmodelle für den Unterricht ungeeignet
seien, da sie zu starr und zudem undurchsichtig seien. Papperitz sah hierin ebenfalls einen wesentlichen Nachteil. Die Oberfläche eines plastischen Modells sowie
die darauf liegenden Kurven seien „wegen der Undurchsichtigkeit des Bildstoffes
nicht als Ganzes" zu überblicken.[138]

Nur wenige Jahre später wurde die von Papperitz und seinen Kollegen zunächst
eher vage bleibende Kritik an Modellen vehementer formuliert. In einem Aufsatz
in der Zeitschrift *Film und Wissen* von 1920 war nun gar von einer „übermäßigen
Betonung des Körperhaften" die Rede, die bei der angestrebten Ausbildung des
Vorstellungsvermögens im Weg stünde. Daher sei dem beweglichen Bilde gegenüber beweglichen Modellen der Vorzug zu geben.[139] Anlass für diese Debatten
und den damit verbundenen veränderten Modell-Praktiken war ein Wechsel in
den Wahrnehmungsgewohnheiten, der bereits um die Jahrhundertwende einge-
läutet wurde.[140] Diese Zeit war geprägt von technischen und wissenschaftlichen
Neuerungen, die immer neue Eindrücke erzeugten, die es zu verarbeiten galt:
Insbesondere die zunehmende Technisierung des Lichts sorgte für eine nachhal-
tige Veränderung der Wahrnehmung von Innen- und Außenräumen.[141] Bereits
bei Hermann Wieners Schattenprojektionen und Friedrich Schillings Diasammlung konnte man hinsichtlich des Umgangs mit mathematischen Modellen eine
Schwerpunktverlagerung erkennen, die nun mit Papperitz' Methode offensichtlich wurde. Papperitz wollte Modelle nicht ersetzen, sondern deren wesentliche
Eigenschaft, nämlich die Plastizität, noch besser im Unterricht zum Einsatz bringen.[142] Dabei spielte auch sein persönlicher Hintergrund eine Rolle. Papperitz
war Sohn eines Landschaftsmalers und zugleich mit der Tochter des Dresdner
Bildhauers Johannes Schilling verheiratet, für dessen 1906 erschienenen Band

---

[137] Schilling hielt den Einsatz mathematischer Modelle lediglich dann für sinnvoll, wenn diese
auch im Unterricht selbst hergestellt würden. Vgl. Schilling 1904, S. 6. Genau dies geschah,
wie am Beispiel Hermman Wieners deutlich wurde, ja aber immer weniger. Hermann Wiener
bezog sich in seiner Kritik insbesondere auf Gipsmodelle, siehe **Kapitel 5/Abschnitt 5.4.**
[138] Papperitz 1911b, S. 307.
[139] Schwerdt 1920.
[140] Anne Hoormann und Jonathan Crary sprechen hier unabhängig voneinander sogar von
einer „Wahrnehmungskrise". Hoormann 2003, S. 33; Crary 2002, S. 18.
[141] Vgl. hierzu etwa Schivelbusch 2004.
[142] Zum Begriff der Plastizität vgl. etwa Rübel 2012.

Künstlerische Sehstudien er das Vorwort verfasste.[143] Als ein Künstler, der das
Stadtbild Dresdens mit seinen Standbildern nachhaltig prägte, wurde Schilling
zu einer lokalen Berühmtheit. Er hatte als Vorarbeiten für seine Werke eigens
Modelle, optische Apparate, Pantographen, Zeichen und Modellierapparate entwickelt, anhand derer er untersuchte, welche verschiedenen Formen das Sehen
annehmen könne. „Er will uns zeigen, wie man ‚sehen lernt'" schrieb Papperitz über Schillings Arbeitsweise.[144] Für sich und seine Arbeit erhob er einen
ganz ähnlichen Anspruch. So schrieb er in der Verkaufsschrift zu seinem eigenen Apparat, dessen Einsatz er nicht allein für technische Hochschulen sondern
auch für Kunstgewerbeschulen vorsah, dass sein Verfahren ganz allgemein dazu
dienen solle, „allen begabten Menschen die Augen zu öffnen und zu schärfen, damit sie Natur und Kunstgegenstände denkend sehen".[145] Dass Papperitz
von der Arbeitsweise seines Schwiegervaters beeindruckt war, selbst wenn sie
„ohne das Rüstzeug der exakten Wissenschaft" vollzogen wurde, zeigt sich in
einer sehr ähnlichen Ausdrucksweise hinsichtlich der Wahrnehmung plastischer
Dinge.[146] So erinnert Papperitz' Begriff der *scheinbaren Fläche*, welche mithilfe
„schnellbeweglicher Lichtspaltmodelle" erzeugt werde, an eine bereits zuvor von
Schilling verwendete Formulierung einer *scheinbaren Form*, die, ganz im Gegensatz zur *plastischen absoluten Form*, in der Malerei auf der Ebene durch Licht-
und Farbeinwirkung hervorgebracht werde.[147]

---

[143] Über Papperitz ist fast nichts überliefert. Es sei an dieser Stelle lediglich auf einen kurzen,
überblicksartigen Artikel über sein Leben verwiesen. Vgl. Wegert 2008. Zu Schilling vgl.
„Schilling, Johannes", in: NDB 1971–2013, Bd. 22 (2005), S. 769–770.

[144] Papperitz 1906, S. 1.

[145] Papperitz 1912, S. 3. Derlei Äußerungen erinnern an die Forderungen von Vertretern der
sogenannten „Arbeitsschulbewegung". Diese setzte sich für die Pflege des guten Geschmacks
im Unterricht an der Schule ein und begründete 1912 ihre eigene Zeitschrift, in der mehrere
Artikel zum richtigen Umgang mit Projektionsapparaten im Schulunterricht erschienen. So
etwa der Aufsatz von Hildebrand 1912.

[146] Papperitz 1906, S. 2.

[147] Schilling 1906, S. 4. Die Bezüge zur zeitgenössischen Kunst sind dabei noch viel weit-
reichender als es im Rahmen dieser Arbeit ausgeführt werden kann. Licht wurde seit der
Jahrhundertwende als ein gestalterisches Mittel in der Malerei eingesetzt und gewann vor
allem in der künstlerischen Avantgarde der 1920er Jahre an Bedeutung. Besonders eindrucks-
voll zeigen dies die Arbeiten der beiden am Weimarer und Dresdener Bauhaus tätigen Künstler
László Moholy-Nagy und Joost Schmidt. Vgl. hierzu ausführlich Hoormann 2003.

6.3.3 Rhetorikverstärker: Worte, Bilder, Anordnungen

Papperitz' Vokabular zeugt von einer auffällig ästhetischen Prägung. Begriffe wie „Scheinflächen", „Räumliche Lichtglanzlinien" und „Durchblickkurven" sollten nicht nur die Wirkungsweise des Apparates beschreiben, sondern auch die Wirksamkeit der produzierten Bilder unterstreichen, wenn nicht sogar erweitern.[148]

Die Erzeugung und Projektion deutlicher und scharfer Projektionsbilder, die zudem noch dreidimensional wirken sollten – wie von Papperitz gefordert – war jedoch angesichts der tatsächlichen technischen Gegebenheiten an Schulen und technischen Hochschulen in der Praxis deutlich schwieriger.[149] Projektionsapparate verursachten oft so viel Lärm, dass der Vortragende Mühe hatte, laut genug zu sprechen. Und auch die Räume an Universitäten oder an technischen Hochschulen waren nicht immer darauf ausgerichtet, schnell verdunkelt werden zu können. Und selbst wenn das Projektionsdispositiv einigermaßen problemlos gewährt werden konnte, weil es etwa nur einer einfachen Lampe oder gar des Sonnenlichts bedurfte, um Schattenfiguren an die Wand zu projizieren, ist weiterhin fraglich, ob die dreidimensionale Darstellung einer ebenen Figur für den nicht geschulten Laien auf den ersten Blick ersichtlich war. Folglich müssen die beschreibenden Texte, die Papperitz zur Erläuterung seines Apparates herausgab, und die Anordnung der Bilder in den Texten im Hinblick auf eine Rhetorik verstanden werden, die das Erlebnis des mathematischen Projektionsvortrags unterstützend begleitete, oder sogar ersetzte. In seinem Vortragsext von 1911 zeigt sich dies durch eine auffallende Häufung an kursiv gesetzten Wörtern. Zudem sind die hier abgedruckten Bilder alle in Nahaufnahme abgelichtet und von störendem Hintergrund freigestellt worden (vgl. **Abb. 6.10**). Nebeneinander angeordnet bieten sie der Leserin die Möglichkeit des Vergleichs, ein Vorteil, der sich dem Betrachter im Hörsaal nicht bot.

Papperitz wusste, dass es nicht einfach sein würde, seinen Apparat zu vermarkten. Schließlich war er teuer und aufwendig in der Handhabe. Was an einer Bergakademie, deren Unterricht sich durchaus auf den Einsatz technischer

---

[148]Erwin Papperitz ließ sich bei seiner Benennung von Objekten und Praktiken der Geometrie von Gaspard Monge und der „Géométrie desciptive" beeinflussen. Diese bezeichnete er in einem Enzyklopädieartikel als „Verständigungsmittel im Geistigen Verkehr" vgl. Papperitz 1909, S. 521.

[149]In einem in der Zeitschrift *Das Schulhaus* erschienenen zeitgenössischen Bericht wird die Handhabung ebenfalls als „sehr einfach" bezeichnet, allerdings geht der Autor nicht weiter auf den konkreten Ablauf des Projektionsverfahrens ein. Vgl. Stein 1912a.

Über das Zeichnen im Raume.   311

auch die *Erzeugung von Kurven und Flächen* durch geregelte Bewegung
von Punkten oder Linien in das sinnlich Wahrnehmbare übersetzen
und dabei der weiteren Forderung genügen,
daß man die Gebilde nicht nur in ihrer wahren
Gestalt und als ein Ganzes *sehen*, sondern
auch ihre *Entstehung* und die stetige *Ver-*
wandlung ihrer Formen *beobachten* kann. Dies
ist innerhalb weiter Grenzen möglich, und
meiner Überzeugung nach müssen solche Darstellungen, im Unterrichte angewandt, ver-
ständnisfördernd und belebend wirken.

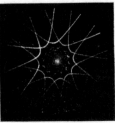

Sechs gleichseitige Hyperbeln,
sternförmig angeordnet.

Um einen *Lichtstrahlen- oder Schatten-*
kegel (bzw. Zylinder) von bestimmten geometrischen Eigenschaften zu erzeugen, kann
man sich eines Projektionsapparates oder des
direkten Sonnenlichtes bedienen. Man schaltet
in den Strahlengang einen einfach gestalteten
Apparat ein, den ich ein „Diaphragma" nenne.[1])
Er kann etwa aus einer Glasplatte bestehen,
welche die Leitkurve des zu erzeugenden
Kegels trägt, sei es als undurchsichtige Linear-
figur (Diapositiv) oder als durchsichtige Linie
auf undurchsichtigem Grunde (Dianegativ).
Letzteres wirkt besser. Durch passende Lage-

Zwei Kurven 4. Ordnung.

änderungen des Diaphragmas kann man bereits Formänderungen des Kegels und seines
Schnittes mit der Fläche eines Bildschirmes
erzielen. Aber die Anwendung dieser bekannten
Mittel genügt für unsere Zwecke nicht immer.

Schon die *Schattenprojektion* (Skiagraphie)
liefert interessantere Ergebnisse, wenn man sich
eines dreidimensionalen Modelles als Schatten-
gebers bedient. Beispielsweise sei das Modell
eines Kristalles oder einer einfachen architektonischen Form so gebildet, daß alle daran auf-

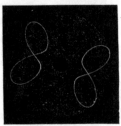

Zwei Kurven 4. Ordnung mit
Doppelpunkt.

tretenden Kanten durch Drähte dargestellt werden. Man stelle es zwischen
eine annähernd punktförmige Lichtquelle (kleines elektrisches Bogenlicht) und einen durchscheinenden Lichtschirm. Von der entgegenge-

    1) Das Wort διάφραγμα, welches ursprünglich „Scheidewand" oder „Gitter"
bedeutet, wird schon öfters in der Optik und in der physikalischen Chemie in
einem analogen Sinne gebraucht.

Abb. 6.10 Abbildung einer Textseite in der Bilder und Text so nebeneinander angeordnet
sind, dass ein direkter Vergleich zwischen Text und Bild, sowie zwischen den Bildern selbst
ermöglicht wurde. Papperitz 1911a, S. 311

Demonstrationsapparate stützte, noch möglich erschien, war an einem mathematischen Institut einer Universität eher die Ausnahme.[150] Hingegen waren Dozenten und Studierende um 1911 normalerweise mit dem Umgang mit Zeicheninstrumenten, Kreide und Tafel vertraut. Am mathematischen Institut der Universität Jena etwa befanden sich an der Wand des Hörsaals drei Paare von Zugtafeln, von denen jede eine Breite von 1,92 m und eine Höhe von 1,20 m hatte. Im Bericht über das Institut heißt es dementsprechend:

> „Diese reichliche Tafelfläche ist nicht nur völlig genügend, um das lästige und zeitraubende Abwischen während einer Vorlesung kaum nötig werden zu lassen, sondern ermöglicht es, auf einer oder zwei Tafeln Figuren oder Formeln bis zur nächsten Vorlesung stehen lassen zu können".[151]

Auf diese Weise lässt sich erklären, warum Papperitz in seinen Texten auf ein Vokabular zurückgreift, das aus der zeichnerischen Praxis kam. Er versuchte die Funktionsweise seiner Apparatur in die Nähe zur Praxis des Zeichnens zu stellen. Schließlich imitierte sein Verfahren den Prozess des geometrischen Zeichnens, da es beabsichtigte „durch Bewegung von geeigneten Modellen und durch Projektion räumliche (dreidimensionale) Lichtbilder zu erzeugen, also ‚im Raume zu zeichnen'".[152] Und an anderer Stelle betonte er:

> „In gewissem Sinne kann man das immer noch ein Zeichnen nennen: denn es handelt sich auch hier darum, geometrische Gebilde durch Zeichnen oder Charaktere darzustellen, die man zwar sehen, aber nicht befühlen kann".[153]

Anders aber als bei der Zeichnung an der Wandtafel gewähre das projizierte Lichtbild dem Betrachter nicht nur einen vollkommenen Überblick über den Gesamtverlauf einer Raumkurve, sondern ermögliche auch, dass der Standpunkt der Betrachtung frei gewählt werden könne.[154]

---

[150]Es liegen allerdings keinerlei Nachweise darüber vor, ob der Apparat an der technischen Bergakademie überhaupt zum Einsatz kam.

[151]Haussner 1911, S. 50.

[152]Papperitz 1912, S. 2.

[153]Papperitz 1911b, S. 308.

[154]Papperitz 1911b, S. 314. Leppin & Masche schlagen zu diesem Zweck sogar die Verwendung eines fahrbaren Tisches für den Projektionsapparat vor, der an jeder beliebigen Stelle des Raumes aufgestellt werden kann. So könne der Vortragende am Experimentiertisch und in der Nähe der Apparate stehen bleiben, während die Hörer von jedem Platz aus „sowohl die entworfenen Bilder als auch die am Apparat selbst vorgenommenen Hantierungen" beobachten könnten. Vgl. Anonym 1904b, S. 11. Hermann Wiener hatte auf diesen Punkt bereits mit

Nach allem was über ihn bekannt ist, stieß Papperitz mit seinem Apparat zwar in pädagogischen Fachkreisen auf positive Resonanz, jedoch verkaufte er sich am Ende so gut wie nicht. Allein die Abbildungen seiner Schatten- und Lichtprojektionen überdauerten seine Erfindung noch für kurze Zeit. Im Jahr 1913 wurden einige zusammen mit einem bereits in der Verkaufsschrift von 1912 erschienenen Text von Papperitz in der Zeitschrift *Film und Lichtbild* noch einmal abgedruckt.[155] Hierbei handelte es sich um eine der ersten kinematographischen Fachzeitschriften, deren Anliegen darin bestand, den Film als Medium für die Bildung zu fördern. Sie erschien in nur wenigen Ausgaben zwischen 1912 und 1914 und behandelte Themen wie etwa die Verwendung des Kinematographen im Schulunterricht, das Skizzieren nach Lichtbildern bei Tageslicht und künstlicher Beleuchtung und die Verwendung des Kinematographen im Dienste des Ausstellungswesens. Kurz nach Beginn des Ersten Weltkriegs kam ihr Erscheinen zum Erliegen und wurde nach 1918 in dieser Form nicht mehr aufgenommen. Eine letzte Spur des Apparats bzw. der mit diesem erzeugten Bilder findet sich im zweiten Band von Lietzmanns *Methodik* aus dem Jahr 1916.[156] Hier wurden auf einer separaten beschichteten Seite am Ende des Bandes vier Abbildungen seiner Licht- und Schattenprojektionen dargestellt. In dieser Darstellung (**Abb. 6.11**) zeigt das erste Bild oben links durch Schattenprojektion erzeugte Kegelschnitte auf einem einschaligen Paraboloid, das zweite eine ebenfalls mithilfe von Schatten erzeugte Durchdringungskurve auf einer Kugel. Die Abbildung unten links zeigt die „Lichtglanzlinie" einer Parabel auf einem Kegel und das untere rechte Bild wiederum Kegelschnitte, ebenfalls auf einem Kegel. Die Modelle wurden alle in der Nahaufnahme abgelichtet, sodass die projizierten Flächen und Linien gut zu erkennen sind. Im Hintergrund lassen sich nur wenige Details zum Aufbau der Apparatur ausmachen, lediglich die Stangen, in welche die Modelle zum Zweck der Rotation eingespannt wurden, sind zu sehen. Papperitz hatte versucht, durch möglichst starke Kontrastbildung den dreidimensionalen Effekt der Bilder zu unterstreichen. Der Vorteil der Betrachtung jener stilisierten Einzelaufnahmen gegenüber den ephemeren Licht- und Schattenprojektionen lag darin, dass sie vom

---

seiner Formulierung eines „gemeinsamen Bildes" aufmerksam gemacht. Vgl. den Abschnitt **6.1.4** in diesem **Kapitel**.

[155] Papperitz 1913. Es handelt sich hierbei genauer gesagt um eine gekürzte Fassung des 1912 erschienenen Verkaufstextes.

[156] Lietzmann 1916. Leider kann an dieser Stelle nicht näher auf die Editionsgeschichte der Bände eingegangen werden, was sicherlich lohnenswert wäre. Denn die verschiedenen Ausgaben wurden im Verlauf der nachfolgenden Ausgaben immer sparsamer bebildert und erfuhren ganz unterschiedliche Anordnungen der einzelnen Kapitel.

Betrachter ohne störende Hintergrundgeräusche und frei von mangelhaften Licht-
verhältnissen beliebig lange betrachtet werden konnten. Es war der Versuch, die
aufwendig gestalteten und fixierten Bilder der kinodiaphragmatischen Projektion
doch noch im Unterricht einbringen zu können, nämlich mithilfe des Epidiaskops,
das ja zumindest an technischen Hochschulen mithin seine Verbreitung fand.[157]

Papperitz versuchte, seinen Apparat ebenfalls in Museumssammlungen unter-
zubringen. In einem Brief vom Oktober 1911 an Walther von Dyck, den
damaligen Direktor des Deutschen Museums, kündigte er das Erscheinen seiner
Verkaufsschrift an und bot an, zusammen mit der Schrift ebenfalls dem Museum
seinen Apparat als Schenkung anzubieten.[158] Das Deutsche Museum nahm die
Broschüren gerne an, musste den Apparat allerdings aufgrund von Platzmangel
im (damals noch) provisorischen Museum ablehnen.[159]

Das Museum war bereits 1903 gegründet worden, erhielt aber erst 1925 ein
eigenes Gebäude, in dem alle bis dahin verstreuten Sammlungen Platz finden sollten.[160] Nur wenige Monate vor dessen Eröffnung, am 31.3.1925, schrieb Papperitz
erneut an seinen Kollegen Walther von Dyck:

> „In dem Wunsche zu den mathematischen Sammlungen des Deutschen Museums auch
> meinerseits ein Scherflein beizutragen, habe ich mich entschlossen, dem Museum
> eine vollständige Kollektion meiner Modelle und Apparate zur Darstellung geometri-
> scher Gebilde in der Ebene und im Raume durch kinodiaphragmatische Projektion als
> Geschenk anzubieten."[161]

Papperitz bat von Dyck, der Professor für Mathematik an der Technischen Hochschule München und gleichzeitig ein Gründungsmitglied des Deutschen Museums
war, dem Direktorium nahezulegen, zusätzlich einen einfachen Projektionsapparat
anzuschaffen. An diesem sollte die von ihm konzipierte Bewegungsvorrichtung

---

[157] Vgl. Lorey 1916, S. 327. Lorey betont, dass es an Technischen Hochschulen in Mathematik-
vorlesungen häufig zum Einsatz von Projektionsapparaten kam, während dies an Universitäten
nur selten geschah. Papperitz findet in diesem überblicksartigen Bericht Erwähnung, allerdings mit dem Vermerk, dass dieses und ähnliche Verfahren aufgrund der hohen Kosten und
der Umständlichkeit der Bedienung wohl auch zukünftig keine größere Bedeutung erlangen
werden.

[158] Erwin Papperitz an Walther von Dyck, 19.10.1911, DMM.Archiv, Sign. VA 1735/3.

[159] Oskar von Miller an Erwin Papperitz, 23.10.1911, DMM.Archiv, Sign. VA 1735/3.

[160] Die Gründung des Museums erfolgte einerseits unter dem Einfluss großer Deutscher
Industrie- und Gewerbeausstellungen und folgte andererseits dem Beispiel großer nationaler
Technikmuseen, wie etwa dem Pariser Conservatoire Nationale des Arts et Métiers oder dem
Londoner Science Museum. Vgl. etwa te Heesen 2012, S. 75; 97.

[161] Erwin Papperitz an Walther von Dyck, 31.3.1925, DMM.Archiv, Sign. VA 1741/4.

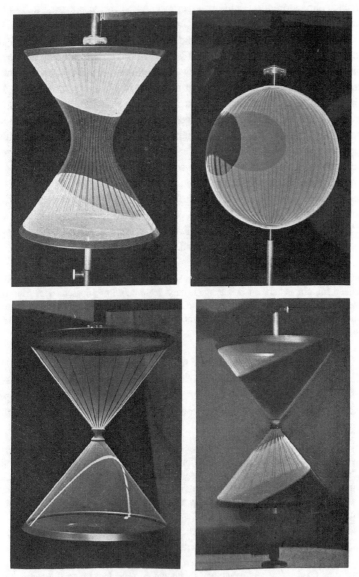

Kurven auf Rotationskörpern.
Dargestellt durch kinodiaphragmatische Projektion nach dem Verfahren von E. Papperitz, Freiberg i. Sa.

Abb. 6.11 Buchseite aus Lietzmanns Methodik mit vier Darstellungen des Papperitzschen Verfahrens. Lietzmann 1916, Tafel II

für die Lichtspaltplatten anmontiert werden. Schließlich wollte er, dass seine Apparatur nicht nur ausgestellt würde, sondern dass das von ihm konzipierte Verfahren praktisch im Museum demonstriert würde. Er hatte gute Gründe anzunehmen, dass man seinem Ansinnen nachkommen würde. Denn schließlich wurde das Deutsche Museum mit dem Anliegen gegründet, ein Bildungsinstitut zu sein, das „Anschauungen und Wissen vermittelt".[162]

Im Anschluss an Papperitz' Anfrage entspann sich ein Briefwechsel zwischen ihm und Franz Fuchs, dem Leiter der physikalischen und astronomischen Abteilung, in der es um Einzelheiten zur Beschaffung eines solchen Projektionsapparates ging. So einfach, wie Papperitz sich das vorgestellt hatte, war diese Angelegenheit jedoch nicht. Denn entweder waren die gezeichneten Linien auf den Lichtspaltplatten zu dünn, sodass kein Licht hindurchdrang, oder die am Museum vorhandenen Lichtverhältnisse ließen keine geeigneten Räumlichkeiten zu, bei denen das nötige Verhältnis von Lichtstärke und Dunkelheit des Raumes gegeben war. Schließlich, im November 1925, schienen alle technischen Schwierigkeiten beseitigt und der Aufstellung des Apparates in den Räumlichkeiten des Deutschen Museums stand nichts mehr im Wege.[163] Ob und für wie lange der Apparat tatsächlich in den Ausstellungsräumen stand und ob er den Besuchern vorgeführt wurde, lässt sich aus den Quellen am Deutschen Museum nicht mehr ermitteln. Bei der Umgestaltung der Räumlichkeiten 1949 war der Apparat jedenfalls nicht (mehr) Teil der ständigen Ausstellung.[164]

Papperitz' Apparat liefert trotz allem wichtige Aufschlüsse über die mediale Wende, der mathematische Modelle um 1910 unterlagen. Die wenigen Spuren, die die mangelnde Beachtung, die er durch sowohl Medien- als auch die Mathematikgeschichte erfuhr, sollten nicht darüber hinwegtäuschen, dass dieser Projektionsapparat ein Bindeglied zwischen der Welt der Modelle und der medialer Projektionstechniken bildete, die zur selben Zeit in der Wissenschaft sowie in der Pädagogik an Bedeutung gewannen. Während Papperitz' Projektionsmethode den Weltkrieg nicht überlebte, wurde die Idee, Bewegung im mathematischen Anschauungsunterricht darzustellen selbst nach 1918 mit einem dem papperitzschen Vokabular ähnlichen Wortschatz verteidigt. Im Jahr 1920 betonte der

---

[162]Kerschensteiner 1933, S. 37.

[163]Franz Fuchs an Erwin Papperitz, 13.11.1925, DMM.Archiv, Sign. VA 1741/4.

[164]An dieser Stelle widersprechen sich die im Archiv des Deutschen Museums überlieferten Photographien von der ständigen Ausstellung nach 1949 und die Aussagen Lietzmanns von 1953, nach denen Papperitz' Apparat sich in den Ausstellungsräumen des Museums befinde. Lietzmann selbst schreibt allerdings auch nicht, ob er den Projektionsapparat dort selbst gesehen hat und wann. Vgl. DMM. Archiv, Sign. BA-E 2664–2889 sowie Lietzmann 1953, S. 122, FN 2.

Mathematiklehrer, Filmkritiker und Kolumnist Hans Pander in der Zeitschrift *Der Lehrfilm*, der mathematische Film könne

„jedes mathematische Gebilde, perspektivisch gesehen, scheinbar frei im Raume schwebend dem Beschauer so vorführen, als wäre es durchsichtig wie Glas".[165]

Mathematische Modelle fügten sich in die Abbildungsverfahren ihrer jeweiligen Zeit ein, weil sie ihr Material, ihre Form und ihre Funktion verändern konnten. Zugleich fanden sich ganz ähnliche Ideen der Anschaulichkeit und Erziehung zum funktionalen Denken auch in anderen Medien wieder. Um dieselbe Zeit, in der Papperitz seinen Apparat entwickelte, entwickelte der Mathematiker Ludwig Münch eine Serie mathematischer Trickfilme, die für den Einsatz im Unterricht bestimmt waren. Von ihnen soll im abschließenden Kapitel noch die Rede sein.

---

[165]Pander 1920, S. 87.

Schluss

Hermann Wiener beendete 1912 den Vertrieb und die Herstellung seiner Modelle. Obwohl er erst 1927 emeritierte, brachte er keinen weiteren Katalog seiner Modelle heraus – und auch sonst erschien keine weitere Schrift, in der er sich zu Modellen geäußert hätte. Keines seiner sieben Kinder schlug eine Mathematikerkarriere ein oder nahm sich des Modellbaus an. Der Erste Weltkrieg gilt gemeinhin als eine Zäsur für die Herstellung und Verwendung mathematischer Modelle in Deutschland.[1] Keine Universität oder technische Hochschule schaffte in der Zwischenkriegszeit eine nennenswerte Anzahl mathematischer Modelle an und die Lehrmittelfirmen stellten rasch ihre Tätigkeit ein.[2] Zu einem Wiederaufleben von Modellen kam es erst nach dem Zweiten Weltkrieg, nachdem sowohl in West- als auch in Ostdeutschland neue Modellhersteller gegründet wurden, die Universitäten mit Objekten belieferten. Zudem erschienen zwischen 1912 und 1945 weniger Publikationen, die sich mit der Herstellung, dem Vertrieb oder der Verwendung mathematischer Modelle befassten. Walther Lietzmann's *Methodik des mathematischen Unterrichts* stellt hier eine Ausnahme dar. Sie ist eine der wenigen Schriften, die nach 1918 noch ausführlich auf Modelle eingehen – und das nur deshalb, weil die Veröffentlichung der Publikation bereits wesentlich früher geplant war.[3] Durch den Zweiten Weltkrieg verschlechterte sich die Situation

---

[1] So schildern es etwa Fischer 1986b oder auch Mehrtens 2004. Wieners Sohn Hermann, der auf der Familienfotografie am interessiertesten auf das Modell blickte, starb 1916, wahrscheinlich im Kriegseinsatz.

[2] Der letzte Katalog der Firma Schilling erschien bereits (in 7. Auflage) im Jahr 1911. Offiziell wurde das Unternehmen aber erst um 1960 aus dem Firmenregister gelöscht.

[3] Die drei Bände der Methodik von Lietzmann 1916; 1919; 1924 erschienen nicht in der Reihenfolge ihrer Bandnummer. Zuerst erschien 1916 der zweite Band, dann 1919 der erste und schließlich 1924 der dritte Band.

© Der/die Autor(en), exklusiv lizenziert durch Springer Fachmedien Wiesbaden GmbH, ein Teil von Springer Nature 2021
A. Sattelmacher, *Anschauen, Anfassen, Auffassen.*, Mathematik im Kontext, https://doi.org/10.1007/978-3-658-32528-2_7

noch, denn hier wurden zahlreiche Sammlungen und Bestände unwiederbringlich zerstört.

7.1   Vom Modell zurück zur Zeichnung

Mathematische Modelle verschwanden aber nicht einfach nach 1914, vielmehr änderte sich ihre Erscheinungsform. Zeigten sie sich zuvor in Sammlungsvitrinen, auf Katalogseiten oder Projektionsleinwänden, so konzentrierte man sich nun vermehrt auf Techniken der Sichtbarmachung, die mathematische Eigenschaften der Bewegung demonstrierten. Dies deutete sich mit der mathematischen Diasammlung in Göttingen und mit Erwin Papperitz' Projektionsapparat bereits in den 1910er Jahren an und wurde in den Folgejahren fortgeführt. So erstellte Ludwig Münch 1912 zahlreiche mathematische Zeichentrickfilme, in denen er mathematischen Lehrstoff veranschaulichte. Die Filme zeigen den Lehrsatz des Pythagoras, Kegelschnitte mit unterschiedlichen Tangenten, Zykloiden, Kreise, Winkelhalbierende und die Bewegung im Sonnensystem.[4] Linien, Flächen und Punkte wurden so auf einzelne Phasenbilder aufgezeichnet, dass bei dem Abspielen in der richtigen Geschwindigkeit deren Veränderung sichtbar wurde.[5] Zur Herstellung dieser nach dem Prinzip des Daumenkinos funktionierenden Filme fertigte Münch Phasenbilder von Linien an, die mit schwarzer Tinte auf weißes Papier gezeichnet wurden. Diese Zeichnungen wiederum fotografierte er mit einer speziellen Trickfilmkamera, um sie anschließend in einer Geschwindigkeit von 16 Bildern pro Sekunde zu projizieren. Hierdurch verschmolzen die zuvor einzeln gezeichneten Linien zu einer Folge von beweglichen Figuren. Die Filme waren für den Mathematikunterricht am Gymnasium gedacht und sollten – genau wie Modelle oder das Projektionsverfahren von Papperitz – der Erziehung zum funktionalen Denken Vorschub leisten. Denn die visuelle Abfolge geometrischer Einzelbilder, die aufgrund ihrer Geschwindigkeit einen Bewegungsablauf darstellten, sollte dem

---

[4]Münch hat in diesem Sinne keinen Nachlass hinterlassen. Dennoch befinden sich die Phasenbilder zu fast allen Filmen, seine Notizen sowie einiges Dokumentationsmaterial am Deutschen Filminstitut in Frankfurt am Main. Die Filme selbst lagern im Berliner Bundesarchiv-Filmarchiv, von ihnen sind jedoch nur wenige konservatorisch so gut erhalten, dass sie abspielbar sind. Eine ausgiebige Untersuchung dieses insgesamt recht umfangreichen Materials, sowie dessen wissenschaftshistorische Kontextualisierung steht noch aus. Für eine erste Annäherung aus mathematikdidaktischer Sicht, vgl. Kitz 2013.

[5]Diese frühen mathematischen Trickfilme wurden vor allem in zeitgenössischen pädagogischen Fachzeitschriften wie *Der Lehrfilm, Film und Lichtbild, Südwestdeutsche Schulblätter* oder auch in den *Unterrichtsblättern für Mathematik* und *Naturwissenschaften* rezipiert. Vgl. etwa Goetz 1914, Detlefs 1913a oder auch Stockmeyer 1913.

Schüler dabei behilflich sein, sich komplexe algebraische Sachverhalte besser einprägen zu können.

„Nicht tote Buchstaben, sondern lebendige Monaden sollen aus den Formeln zu dem Schüler sprechen. Nicht als trockenes, lebloses Lehrgebäude soll die Algebra dem Schüler vor Augen stehen, sondern als geistvolle Erfindung, die es jederzeit ermöglicht, das dem Gedächtnis Entschwundene auf judiziösem Wege wiederherzustellen."[6]

Die Argumente für die Verwendung des Films im Mathematikunterricht lauteten dabei ganz ähnlich wie bei Modellen. Sie veranschaulichten komplexe Sachverhalte, machten Lebloses lebendig und schulten das Gedächtnis. Die Reaktionen auf Münchs Filme von Seiten der Kollegen waren zunächst sehr verhalten.[7] Zwar wurden Arbeitsaufwand und Qualität der Filme zumeist anerkannt, dennoch war der allgemeine Tenor, dass der Kinematograph sich als Lehrmittel für die Mathematik angesichts des hohen Arbeits- und Kostenaufwandes und der geringen Anzahl an Situationen, in denen ein Film wirklich dem Verständnis der Sache diene, nicht lohne. Zudem wurde bezweifelt, dass ein Film zur Lösung eines mathematischen Problems oder zum Verständnis eines Beweises führe.[8]

Ein wenig anders sah die Situation ab den 1920er Jahren aus. Inzwischen hatten kommerzielle Firmen wie die Universum Film A.G. (UFA) und die Deutsche Lichtbildgesellschaft (DEULIG) zahlreiche Lehrfilme für unterschiedliche Fächer produziert.[9] Ab den 1930er Jahren übernahm die Reichsanstalt für Film und Bild in Wissenschaft und Unterricht (RWU) den Vertrieb wissenschaftlicher Lehrfilme, darunter auch einige mathematische Filme. In den entsprechenden Fachzeitschriften wurde der Trickfilm, der aus einer Reihe von Einzelzeichnungen bestand, nun zunehmend als vorteilhaft gegenüber dem Gebrauch mathematischer Modelle beurteilt, eben gerade weil er flächig war und keine räumlichen Eigenschaften besäße. So schrieb der Mathematiker Hans G. Schwerdt in einem Aufsatz *Das*

---

[6]Vgl. Münch 1912, S. 174. Münch war, wie bereits in **Kapitel 6/Abschnitt 6.2.2** erwähnt, Direktor des Darmstädter Realgymnasiums. Er selbst hat allerdings nichts publiziert. Dieser Text ist die Wiedergabe einer Rede, die er auf der 23. Hauptversammlung des Hessischen Oberlehrervereins hielt. Ob der Verfasser der Niederschrift sich an den Wortlaut der Rede hielt ist nicht weiter bekannt.

[7]Siehe die in **Kapitel 6/Abschnitt 6.3.2** (Fußnote 130) erwähnten Texte von Detlefs 1913b und Stockmeyer 1913.

[8]Der Meter Film kostete 1912 eine Mark. Für die Projektion von einer Minute Film wurden etwa 30 Meter Film benötigt. Kinematographische Vorführapparate kosteten zwischen 300 und 500 Mark. Filmmaterial war zu dieser Zeit zudem sehr leicht entzündlich und ließ sich nicht lange aufbewahren. Vgl. Stein 1912b.

[9]Einen ersten Überblick lieferte etwa Kalbus 1922.

Bewegungsbild als Unterrichtsprinzip, dass die Plastizität beweglicher Modelle zunehmend als störend betrachtet werde.

„Die Zeichnung vermag in dünnen Linien einen Präzisionsgrad zu erreichen, der dem körperlichen Modell stets unerreichbar bleibt, und ist damit imstande, in bestmöglicher Annäherung jene Exaktheit anzudeuten, die der mathematischen Beziehung innewohnt."[10]

War der gezeichnete Trickfilm also die Lösung für das bereits von Hermann Wiener konstatierte Problem, dass Modelldraht unendlich dünn sein müsse, um eine Kurve exakt darzustellen?[11] Felix Klein hätte diese Frage zumindest teilweise bejaht, denn auch er hatte in seinen letzten Lebensjahren geäußert, dass Kinematographie als ein möglicher Weg zur exakten Veranschaulichung stetiger Funktionen dienen könne. Während das Auge allein nicht in der Lage sei, ein Kontinuum wahrzunehmen, helfe der Film – als Form einer Reihe schnell nacheinander ablaufender gezeichneter Linien – dabei, ein solches zu erleben.[12]

Mathematische Trickfilme, so scheint es, rollten die Prozesse, Techniken und Diskussionen von neuem wieder auf, die für die Entstehung mathematischer Modelle ebenfalls entscheidend gewesen waren. Zeichentrickfilme mit mathematischen Themen griffen das Verfahren von Papperitz auf, lösten sich dabei allerdings von der Verwendung dreidimensionaler Modelle. Das zeigt sich an den Filmen des Karlsruher Mathematikers Richard Baldus. Sie entstanden 1931 am Lehrstuhl für Geometrie an der Technischen Hochschule Karlsruhe, also dort, wo ungefähr 60 Jahre zuvor unter Christian Wiener schon erste mathematische Modelle entstanden waren.[13] Bei den Filmen Baldus' handelte es sich genau genommen nur um einen Film mit dem Gesamttitel DREHKEGEL UND EINSCHALIGES HYPERBOLOID, der in drei Teile unterteilt war, nämlich I. DER DREHKEGEL, II. DAS EINSCHALIGE DREHHYPERBOLOID und III. GEGENÜBERSTELLUNG VON DREHKEGEL UND DREHHYPERBOLOID. Film I zeigt die Erzeugenden eines Kegels.[14] Zu sehen ist ein weißer, plastisch wirkender gezeichneter Kegel auf schwarzem Grund. Nach und nach werden unterschiedliche Linien durch den Kegel eingezeichnet, die von einem beschreibenden Begleittext erklärt und zugeordnet werden (vgl. **Abb. 7.1**). Der Kegel wird im Film einmal in nach vorn

---

[10]Schwerdt 1920, S. 4.

[11]Siehe **Kapitel 5/Abschnitt 5.4**.

[12]Klein 1968 [1928], S. 16.

[13]Baldus folgte nur ein Jahr später einem Ruf an die Technische Hochschule München, wo vormals Alexander Brill und Felix Klein gewirkt hatten. Vgl. Scharlau 1990, S. 178.

[14]Bei dem hier zitierten Film handelt es sich um Baldus 1931.

gekippter Lage und einmal im Aufriss gezeigt, um so all die Kurven darzustellen, die auf einem Kegel erzeugt werden können.[15]

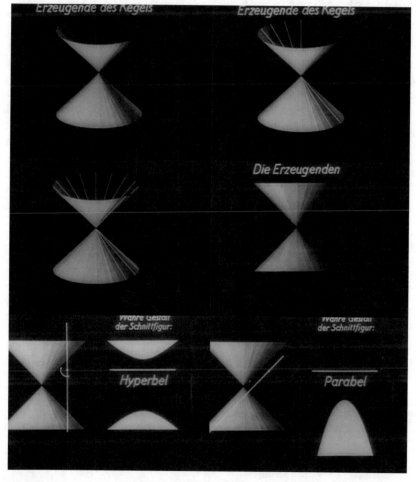

Abb. 7.1 Filmstills aus Richard Baldus' DER DREHKEGEL, RWU 1937. CC gemeinfrei, abrufbar unter https://av.tib.eu/media/17737?hl=Drehkegel

---

[15]Baldus 1937.

Baldus imitierte hier die grundlegenden Verfahren der darstellenden Geometrie und ging damit bis an die Anfänge der Disziplin zurück: Er zeigte die Entstehung eines Körpers – hier eines Kegels – anhand dessen Erzeugenden.[16] Anstatt diese Zeichnungen in ein plastisches Modell aus Pappe, Gips oder Draht zu übersetzen, fügte er die einzelnen Zeichnungen aneinander, sodass sich daraus eine Folge von Einzelbildern ergab. Mit diesem Verfahren veranschaulichte er die von Monge um 1800 eingeführte Methode der darstellenden Geometrie. Er zeigt die Entstehung eines rotationssymmetrischen Körpers durch die Umdrehung seiner Erzeugenden. Allerdings fand diese Visualisierung nun nicht auf einem Blatt Papier statt, sondern auf Zelluloidfilm, auf eine Leinwand projiziert. Baldus' Filme wirken dabei so plastisch, dass sie dem Betrachter suggerieren, er habe ein materielles Modell vor Augen. Das reine Betrachten räumlich wirkender Modelle hatte das Betasten von haptischen Objekten, dessen Bedeutung Alexander Brill noch hervorgehoben hatte, gänzlich verdrängt.[17]

7.2   Das Nachleben der Modelle

Mathematische Modelle unterlagen in ihrer Geschichte zahlreichen Konjunkturen. Dies lässt sich anhand von Big Data Analysen veranschaulichen, wie sie etwa der Google Ngram Viewer heutzutage liefert. Diese Software basiert auf allen von Google per OCR jemals eingespeisten Büchern und analysiert die Häufigkeit der abgefragten Stichworte im Verhältnis zu allen anderen Wörtern, die in diesen Büchern vorkommen.[18] Gibt man etwa den Begriff „Mathematische Modelle" ein und stellt den Zeitraum 1800 bis 2000 ein, so zeigt das Diagramm eine mal steil ansteigende und mal stark abfallende Häufigkeitskurve, mit der sich die in dieser Arbeit erzählte Geschichte mathematischer Modelle erstaunlich genau nachzeichnen lässt (vgl. **Abb. 7.2**). Der erste Anstieg der Kurve – und damit der Anzahl an Publikationen, in denen der Begriff „mathematische Modelle" vorkommt – liegt um 1875, also ziemlich genau zu dem Zeitpunkt, als Felix Klein und Alexander Brill ihre Professur in München antreten. Mit dem Beginn

---

[16]Siehe hierzu ausführlich **Kapitel 3**.

[17]Vgl. **Kapitel 5/Abschnitt 5.1.1**.

[18]Daniel Rosenberg und Anthony Crafton haben in ihren Studien über Zeitachsen und der Kartographierung von Zeit zeigen können, dass diese Methode, deren sich auch Google Ngram bedient, eine Geschichte hat und – bei richtiger Anwendung – durchaus Schlüsse über bestimmte historische Konjunkturen zulässt. Vgl. Rosenberg und Grafton 2010 sowie zuletzt Rosenberg 2014.

des mathematischen Modellierkabinetts in München wird der Begriff „mathematisches Modell" in die Publikationen aus dem deutschsprachigen Raum eingeführt. Die erste Spitze erreicht das Diagramm dann um 1883, um kurz darauf abzufallen. Felix Klein und Alexander Brill hatten zu diesem Zeitpunkt München verlassen und widmeten sich zunächst anderen Dingen als der Herstellung von Modellen. 1904, 1908 und 1915 spitzt sich die Kurve wieder zu, bevor sie ab 1916 bis etwa 1955 ganz auf null sinkt. In diesem Zeitraum führt Google Books keine einzige deutschsprachige Publikation unter dem Schlagwort „mathematische Modelle" an. Die Gründe hierfür sind vielfältig und der in Ngram verzeichnete Befund darf nicht überinterpretiert werden, basiert er doch letztendlich nur auf der Grundlage gescannter und mit optischer Texterkennung versehener Bücher. Aber es lässt sich doch erkennen, dass mit Ende der Karrieren Felix Kleins, Alexander Brills und Hermann Wieners das Modell als Anschauungsmittel in den Hintergrund rückt.[19]

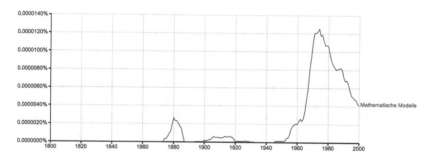

Abb. 7.2   Ausschnitt aus dem NGram-Viewer für das Suchwort „Mathematische Modelle" zwischen 1800 und 2000. Die Kurve verweist auf die Anzahl von Publikationen, die in dieser Zeit unter diesem Titel oder mit Nennung des Begriffs im deutschsprachigen Raum erscheinen. © Google Ngram-Viewer „Mathematische Modelle", 12.10.2020

Ab etwa 1960 steigt die Ngram-Kurve erneut, was zunächst allein darauf hinweist, dass die Zahl an Publikationen, in denen der Begriff „mathematisches Modell" vorkommt, wieder steigt. Diese Beobachtung allein sagt noch nichts darüber aus, welche Art von Modellen hier gemeint war und ob es einen Bezug zu den historischen materiellen Modellen Oliviers, Brills oder Wieners gibt, denn

---

[19]Dies hat natürlich auch mit der nunmehr vorherrschenden sogenannten „formalistischen Mathematik" zu tun, die anschauungsbezogene Lehrmittel immer mehr in den Hintergrund treten lässt. Siehe hierzu die Überlegungen in **Kapitel 2/Abschnitt 2.1**.

„Modell" war in den 1960er Jahren längst ein Begriff, der in der Grundlagen-
forschung verwendet wurde, was sich etwa in der „Modelltheorie" zeigt, die in
dieser Zeit entstand. Ein Rückblick in die Biographie mathematischer Modelle
selbst zeigt aber einen ganz ähnlichen zeitlichen Verlauf. Nachdem die Modellherstellung um 1912 abbrach, erfuhren Hermann Wieners Modelle ab den 1950er
Jahren ein zweites Leben – zunächst durch den Vertrieb der Firma Karl Kolb und
später in den 1970er Jahren dank der Eigeninitiative Friedhelm Kürpigs, der die
Modelle Wieners bis heute nachbaut und den bisherigen Bestand um neue Prototypen erweitert.[20] Insbesondere der Modellvertrieb durch die Firma Karl Kolb
fand weltweite Abnehmer und war dezidiert auf ein englischsprachiges Publikum
ausgerichtet.[21]

Eine Erklärung für dieses Wiederaufleben von Modellen kann ein Blick auf die
Geschichte computergesteuerter Visualisierungstechniken liefern, genauer gesagt
auf die Simulationstechniken, die ab etwa 1965 zunächst in den USA aufkamen.
Die anfänglichen Versuche der Computersimulation waren Mischverfahren aus
analogen und digitalen Prozessen und beruhten auf sowohl materieller als auch
rein numerischer Praxis. Wie der Medienwissenschaftler Jacob Gaboury zuletzt
gezeigt hat, war für die Pioniere der rechnergestützten Simulation ein eingehendes
Verständnis materieller Objekte entscheidend, um mit Hilfe des Computers neue
Visualisierungstechniken zu entwickeln.[22] Gaboury versteht das digitale Bild als
das Produkt materieller Praktiken, zu denen er ebenso das Modellieren plastischer Objekte zählte. Nach dieser Lesart hätten Modelle – ähnlich wie bereits das
Verfahren von Erwin Papperitz' um 1911 – einen entscheidenden Anteil an der
Produktion von Bildern.

In neuester Zeit kommt Modellen in der Wissenschaft zudem wieder ein verstärktes Interesse zu, weil mit 3D-Druckern sich neue Möglichkeiten bieten,
Sammlungsobjekte für die Lehre benutzbar zu machen. So hat das mathematische
Institut der Universität Göttingen bereits vor einigen Jahren begonnen, Modelle
aus seiner Sammlung mithilfe von 3D-Scanprogrammen und Druckern zu reproduzieren. Den Widerspruch, dem mathematische Modelle Zeit ihres Bestehens
oblagen, löst diese neue Erfindung indes nicht. Denn bereits zu Zeiten Oliviers

---

[20]Siehe hierzu **Kapitel 5/Abschnitt 5.4.**

[21]Zur Firmengeschichte Karl Kolbs ist kaum etwas bekannt, das Unternehmen kam allerdings
Mitte der Neunziger Jahre in Verruf, als es verdächtigt wurde, tödliche Gasanlagen in den
Irak geliefert zu haben.

[22]Vgl. Gaboury 2015. Der Text enthält die Abbildung eines der ersten per Computersimulation
generierten Motivs, das den Bildmotiven von Richard Baldus' Filmen verblüffend ähnelt. Es
handelt sich um einen Zylinder, der ein Dreieck durchdringt.

und Monges im Paris 1800–1830 war ein zentrales Argument für die Konstruktion mathematischer Modellen die Verwendbarkeit im Unterricht gewesen. Sie entstanden fast immer unter der Prämisse, der Mathematik eine anschauliche und zugleich haptische Seite zu verleihen – und waren doch in den meisten Fällen kaum dafür gemacht, tatsächlich im Studienbetrieb verwendet zu werden.[23] Fraglich bleibt, ob Trickfilme, wie sie um 1912 entstanden, das Problem der Veranschaulichung lösen konnten. Auch sie wurden unter hohem zeitlichem und finanziellem Aufwand angefertigt und verblieben zunächst im Kreis einiger eingeweihter und engagierter Mathematiker.

Diese Widersprüchlichkeit aus theoretischem Potential und tatsächlicher Benutzungspraxis lässt sich sicherlich nicht vollends auflösen, aber sie lässt sich zumindest ein wenig besser erklären, wenn man sich vor Augen führt, dass mathematische Modelle materielle Objekte sind, die nur im Zusammenhang mit Sammlungs-, Herstellungs-, und Vorzeigepraktiken ihrer Zeit zu verstehen sind.

---

[23]Vgl. hierzu den entsprechenden Abschnitt Modelle und deren Benutzbarkeit in **Kapitel 3/Abschnitt 3.3.2**.

Quellen und Literatur

Archive

Archiv des Instituts für Technologie Karlsruhe, KIT.Archiv Bestand 10001: Großherzogliche Badische Polytechnische Schule. Direction. Specialia. 1827–1886. Signatur 946.

Archiv des Instituts für Technologie Karlsruhe, KIT.Archiv Bestand 28002: Familie Hermann Gustav Wiener. Signatur 512.

Archiv der Technischen Universität München, TUM.Archiv, FotoB.Ereignisse: Mathematische Ausstellung TH München 1893.

Archiv der Technischen Universität München, TUM.Archiv (in Kopie): Brill, Alexander (1887–1935): Aus Meinem Leben. Unveröffentlichtes Tagebuch in drei Bänden, samt Chroniken und Briefen in vier Bänden.

Bibliothèque de l'École Centrale des Arts et Manufactures Paris, Bibliothèque ECAM Paris, Fonds Ancien O.A.: Anonym (ca. 1843): Handschriftliche Vorlesungsmitschrift „Géométrie Descriptive".

Deutsches Museum München, DMM.Archiv: Briefwechsel über den Erwerb von Objekten für das Deutsche Museums 1905–1915. Signatur VA 1731–1739.

Friedrich-Alexander Universität Erlangen, Mathematisches Institut, FAU MI Handschriftlicher Nachlass Felix Klein Kasten 22, 1 (Personalia). Offset-Reproduktion mit Schreibmaschinen Transkription. Hg. v. Konrad Jacobs (1977).

Goethe-Universität Frankfurt am Main Universitätsbibliothek, GOEUB.Archivzentrum FFM Nachlass Wilhelm Lorey 1900–1954. Signatur Na42.

Hessisches Staatsarchiv Darmstadt, HStAD, R 4 Schleiermacher, August Heinrich (online verfügbar unter https://www.lagis-hessen.de/pnd/117323462, zuletzt geprüft am 12.10.2020).

Hessisches Staatsarchiv Darmstadt, HStAD, G 28 Schröder, Jacob Peter. Signatur F 2771/23.

Hessisches Wirtschaftsarchiv, Abt. 2005: Kleinere Bestände 1791–1887: Nachlass Jacob Peter Schröder. Hessisches Wirtschaftsarchiv (online verfügbar unter https://www.hessischeswirtschaftsarchiv.de/bestaende/einzeln/2005.php, zuletzt geprüft am 12.10.2020).

Literaturarchiv und Bibliothek Monacensia München, Monacensia Nachlass Georg Kerschensteiner. Briefe von Alexander Brill (1892–1920). Signatur GK B 113.

Musée des Arts et Metiers Paris, Collections CNAM Paris o.A: Rudolf Diesel an den Kurator des Musée des Arts et Métiers, Paris, undatiert. *Collection de quatre surfaces du second ordre; système adapté le premier par Mr A. Brill à toutes les surfaces du ordre*(persönliche Leihgabe an die Autorin durch den Konservator Tony Basset).

Staats- und Universitätsbibliothek Göttingen–Handschriftenabteilung, SUB.Gött HSD Nachlass Felix Kleins. Signatur Cod.Ms.F.Klein.

Staats- und Universitätsbibliothek Göttingen–Handschriftenabteilung, SUB.Gött HSD Nachlass Walther Lietzmann. Signatur Cod.Ms.W.Lietzmann.

Staats- und Universitätsbibliothek Göttingen–Bibliothek des Mathematischen Instituts, SUB.Gött MI, Separata: Klein, Felix (1909–1910): Psychologische Grundlagen der Mathematik. Protokollbuch der Seminare Felix Kleins. Transkription von Chislenko, Schubring und Törner, S. 1–72 (online verfügbar unter https://www.uni-bielefeld.de/idm/institut/personen/klein29f_cst.pdf, zuletzt geprüft am 12.10.2020).

Universitätsarchiv Freiburg, UAF Akten der DMV 1889–1981. Signatur E4/80–89.

Universitätsarchiv Göttingen, UAG Sek.335.52 (Mappe 1).

Interviews/persönliche Gespräche

Betsch/Sattelmacher 2013: Frage zur Herstellung von Modellen von Komplexflächen. Tübingen, Berlin, 28.10.2013. Korrespondenz per e-mail.

Kürpig Keller 1991 Zu den "geometrischen und kinematischen" Modellen von Prof Wiener Schriftliche Aufzeichnung Leonhard Kellers zu Händen Friedhelm Kürpigs, Darmstadt und Aachen

Kürpig/Sattelmacher 2012: Werkstattbesuch bei Friedhelm Kürpig zum Nachvollzug der Herstellung Hermann Wieners mathematischer Modelle 2.7.–3.7.2012, Aachen/Kornellimünster.

Richter/Vogel 2008: Gespräch zwischen Karin Richter und Brigitte Vogel, geb. Siegel am 10.06.2008, Halle.

Filme

Baldus, Richard (1931): Der Drehkegel. Technische Hochschule Karlsruhe, Lehrstuhl für Geometrie. 16 mm, 1'57 Minuten.

Münch, Ludwig (1912): Mathematische Trickfilme. Cartharius Film Darmstadt. 16mm, 17'00 Minuten.

Websites

Diasammlung am Mathematischen Institut der Georg-August-Universität Göttingen: https://modellsammlung.uni-goettingen.de/data/html/dias.html (zuletzt geprüft am 12.10.2020).

European Academic Heritage Network (UNIVERSEUM): https://www.universeum-networ k.eu/ (zuletzt geprüft am 12.10.2020).

Modellsammlung am Mathematischen Institut der Georg-August-Universität Göttingen: https://modellsammlung.uni-goettingen.de/index.php?lang=de&r=13 (zuletzt geprüft am 12.10.2020).

Universitätssammlungen in Deutschland: https://www.universitaetssammlungen.de/ (zuletzt geprüft am 12.20.2020).

Primärquellen

Abbott, Edwin A. (1884): Flatland. A Romance of Many Dimensions. London: Seeley.

Adelung, Johann Christoph; Soltau, Dietrich Wilhelm; Schönberger, Franz Xaver (Hg.) (1811): Grammatisch-kritisches Wörterbuch der hochdeutschen Mundart. 4 Bände. Wien: Bauer.

Anonym (1807): Précis sur l'École Impériale Polytechnique. In: Correspondance sur l'École Impériale Polytechnique 1 (8), S. 327–332.

Anonym (1821): Vermischte Notizen. Schweigger's elektromagnetische Versuche. In: *Journal für Chemie und Physik* 32 (3), S. 321–324.

Anonym (1833a): Séance du 1 Décembre 1832. In: *Nouveau Bulletin des Sciences*, S. 181–192.

Anonym (1833b): Séance du 17 Novembre 1832. In: *Nouveau Bulletin des Sciences*, S. 163–179.

Anonym (1833c): Programm der Königlichen Polytechnischen Schule zu München. München.

Anonym (1836): Königlich Allerhöchste Verordnung vom 16. Februar 1833 die Gewerbe- und Polytechnischen Schulen betreffen. München: Georg Franz.

Anonym (1839): Extrait des procès-verbaux des séances du conseil, d'administration de la Société d'encouragement. In: Bulletin de la Société d'Encouragement 39 (438), S. 492–502.

Anonym (1868): Katalog über die Sammlungen der Königlich württembergischen Central-stelle für Gewerbe und Handel, V. Gypsmodelle. Stuttgart: Metzler.

Anonym (1870): Bericht über die Königlich Polytechnische Schule zu München. Für das Studienjahr 1869–1870. München: Akademische Buchdruckerei.

Anonym (1872): Bericht über die Königlich Polytechnische Schule zu München. Für das Studienjahr 1871–1872. München: Akademische Buchdruckerei.

Anonym (1875): Katalog über die Sammlungen der Königlich württembergischen Central-stelle für Gewerbe und Handel, III. Lehrmittel. Stuttgart: Metzler.

Anonym (1876): Bericht über die Königlich Polytechnische Schule zu München. Für das Studienjahr 1875–1876. München: Akademische Buchdruckerei.

Anonym (1877): Bericht über die Königlich Polytechnische Schule zu München. Für das Studienjahr 1876–1877. München: Akademische Buchdruckerei.

Anonym (1878): Bericht über die Königlich Polytechnische Schule zu München. Für das Studienjahr 1877–1878. München: Akademische Buchdruckerei.

Anonym (1879): Bericht über die Königlich Polytechnische Schule zu München. Für das Studienjahr 1878–1879. München: Akademische Buchdruckerei.

Anonym (1880): Bericht über die Königlich Polytechnische Schule zu München. Für das Studienjahr 1879–1880. München: Akademische Buchdruckerei.

Anonym (1882): Bericht über die Königlich Polytechnische Schule zu München. Für das Studienjahr 1881–1882. München: Akademische Buchdruckerei.

Anonym (1886): Bericht über die Königlich Polytechnische Schule zu München. Für das Studienjahr 1885–1886. München: Akademische Buchdruckerei.

Anonym (1894): Amtlicher Bericht über die Weltausstellung in Chicago 1893, Bd. 2. Erstattet vom Reichskommissar. Berlin: Reichsdruckerei.

Anonym (1914): Das Kind und die Schule. Ausdruck, Entwicklung, Bildung. Leipzig: Dürr.

Anonym (1896): Grundsätze für die Erteilung des Anschauungsunterrichtes. In: *Schulpraxis: Blätter für Methodik u. Magazin für Lehr- u. Lernmittel* 3 (24), S. 191.

Anonym (1902): Beiträge zur Laboratoriumseinrichtung. In: Berichte über Apparate und Anlagen ausgeführt von Leppin & Masche 1 (8), S. 29–39.

Anonym (1903a) Gebrauchsmuster 42n, Nr. 207 7071903. In: Kaiserliches Patentamt (Hg.): Patentblatt. Bekanntmachungen auf Grund des Patentgesetzes und des Gesetzes, betreffend den Schutz von Gebrauchsmustern, Bd. 27. Berlin, S. 1321.

Anonym (1903b) Gebrauchsmuster 47c, Nr. 208 8111903. In: Kaiserliches Patentamt (Hg.): Patentblatt. Bekanntmachungen auf Grund des Anonym (1906): Patentgesetzes und des Gesetzes, betreffend den Schutz von Gebrauchsmustern, Bd. 27. Berlin, S. 1323.

Anonym (1904a): III. Internationaler Mathematikerkongreß in Heidelberg vom 8. bis 13. August. In: *Heidelberger Tageblatt*, 13.08.1904 (188), S. 2–3.

Anonym (1904b): Projektionseinrichtung mit Erweiterung zur opitschen Bank. In: Berichte über Apparate und Anlagen ausgeführt von Leppin & Masche 3 (3–4), S. 9–16.

Anonym (1906): Chronik der Stadt Heidelberg für das Jahr 1904 (online verfügbar unter https://digi.ub.uni-heidelberg.de/diglit/chronikhd1904/0080/image?sid=98c1b5597 01d4ca11ea0d8aec95745e9, zuletzt geprüft am 12.10.2020).

Anonym (1987a) [1794]: Programmes de l'enseignement Polytechnique de l'École Centrale des Travaux Publics. Etablie en vertu des décrets de la Convention nationale, des 21 ventôse, en deuxième, & 7 vendémaire, an troisième de la République. In: Jānis Langins: La République avait besoin de savants. Les débuts de l'École polytechnique - l'École centrale des travaux publics et les cours révolutionnaires de l'an III, Annexe G. Paris: Belin, S. 126–198.

Anonym (1987b) [1794]: Développements sur l'Enseignement Adopté pour l'École Centrale des Travaux Publics, décrétée par la Convention Nationale, le 21 Ventôse, an 2e de la République. In: Jānis Langins: La République avait besoin de savants. Les débuts de l'École polytechnique – l'École centrale des travaux publics et les cours révolutionnaires de l'an III, Annexe I. Paris: Belin, S. 227–269.

Baldus, Richard (1937): Der Drehkegel. Hg. v. Reichsanstalt für Film und Bild in Wissenschaft und Unterricht (RWU-Schrift Nr. C97/1937).

Barth, Ernst; Niederley, W. (1873): Des deutschen Knaben Handwerksbuch. Praktische Anleitung und Anfertigung von Gegenständen auf den Gebieten der Papparbeiten, des Formens in Gyps, der Schnitzerei, der Tischlerei, Zimmermannsarbeiten, Drechslerei, Laubsägerei, zur Herstellung von Thierbehältern, Fahrzeugen, naturwissenschaftlichen Apparaten. Bielefeld: Velhagen & Klasing.

Basedow, Johann Bernhard (1785): Das Basedowische Elementarwerk. Ein Vorrath der besten Erkenntnisse zum Lernen, Lehren, Wiederholen und Nachdenken. Leipzig: Crusius. (Online abrufbar unter: https://reader.digitale-sammlungen.de/de/fs1/object/display/bsb 11301377_00005.html, zuletzt geprüft am 12.10.2020).

Beck, Theodor (1900): Beiträge zur Geschichte des Maschinenbaues. Berlin/Heidelberg: Springer

Beeg, Johann Kaspar (1855): Über Mustersammlungen. In: *Gewerbzeitung. Organ für die Interessen des bayrischen Gewerbestandes* 5 (9–11), S. 33; 38–39; 41–42.

Benjamin, Walter (1991): Aufzeichnungen und Materialien. In: Walter Benjamin: Das Passagen-Werk, Band V, 1. Hg. v. Rolf Tiedemann. Frankfurt a. M.: Suhrkamp, S. 79–654.

Bersch, Josef (1899): Lexikon der Metall-Technik. Handbuch für alle Gewerbetreibenden und Künstler auf metallurgischem Gebiete. Wien, Budapest, Leipzig: Hartleben.

Bergson, Henri (2013): Schöpferische Evolution. Unter Mitarbeit von Margarethe Drewsen. Hamburg: Felix Meiner.

Christian, Gérard Joseph (1818): Catalogue général des collections du Conservatoire Royal des Arts et Métiers. Paris: Huzard.

Boltzmann, Ludwig (1892): Über die Methoden der theoretischen Physik. In: Walther von Dyck (Hg.): Katalog mathematischer und mathematisch-physikalischer Modelle, Apparate und Instrumente. München: Wolf, S. 89–99.

Breton, André (1936): Crise de l'objet. In: *Cahiers d'art* 11 (1–2), S. 21–26.

Brill, Alexander; Brill Ludwig (Hg.) (1877–1899): Abhandlungen und Erläuterungen zu den mathematischen Modellen der Serien I–XII. Darmstadt: Ludwig Brill.

Brill, Alexander (1878): Carton-Modelle von Flächen zweiter Ordnung. In: Alexander Brill und Ludwig Brill (Hg.): Abhandlungen und Erläuterungen zu den mathematischen Modellen der Serien I–XII. Darmstadt: Ludwig Brill, S. 117–119 [handschriftliche Paginierung].

Brill, Alexander; Brill, Ludwig (1885): Catalog mathematischer Modelle für den höheren mathematischen Unterricht. Darmstadt: Ludwig Brill.

Brill, Alexander (1889): Über die Modellsammlung des mathematischen Seminars der Universität Tübingen. Einleitung zu einem Vortrag gehalten am 7. November 1886. In: *Mathematisch-naturwissenschaftliche Mitteilungen* 2 (2), S. 69–80.

Brill, Alexander; Sohnke, Leonhard (1897): Christian Wiener. In: *Jahresbericht der Deutschen Mathematikervereinigung* 6, S. 46–69.

Brockhaus, F. A. (Hg.) (1891–1895): Konversationslexikon. 17 Bände. Leipzig/Berlin/Wien: F.A. Brockhaus.

Cantor, Moritz (1898): Vorlesungen über Geschichte der Mathematik. Von 1668–1758. Leipzig: Teubner.

Cassirer, Ernst (1907): Kant und die moderne Mathematik. (Mit Bezug auf Bertrand Russells und Louis Couturats Werke über die Prinzipien der Mathematik). In: *Kant-Studien* 12 (1–3), S. 1–49.

Comberrousse, Charles de (1879): Histoire de l'École Centrale des Arts et Manufactures, depuis sa fondation jusqu'à ce jour. Paris: Gauthier-Villars.

Das Deutsche Wörterbuch [DWB] (1854–1971): 33 Bände. München: Deutscher Taschenbuch Verlag.

Detlefs, Hermann (1913a): Die Veranschaulichung von veränderlichen Figuren im Unterricht. Vortrag, gehalten auf der 38. Hauptversammlung des Philologenvereins für Hessen-Nassau und Waldeck am 13. Mai 1913. In: *Unterrichtsblätter für Mathematik und Naturwissenschaften* 14 (7), S. 121–124.

Detlefs, Hermann (1913b): Geometrische Kino-Hefte zur Veranschaulichung veränderlicher Figuren. Berlin: Otto Salle.

Diderot, Dénis; le Rond d'Alembert, Jean Baptiste (Hg.) (1751–1772): Encyclopédie ou Dictionnaire raisonné des Sciences, des Arts et des Métiers. 18 Bände. Paris: Briasson/David/Durand/Le Breton.

Diesel, Rudolf (1878): Die Krümmungslinien auf den Mittelpunktsflächen zweiter Ordnung. In: Alexander Brill und Ludwig Brill (Hg.): Abhandlungen und Erläuterungen zu den mathematischen Modellen der Serien I–XII. Darmstadt: Ludwig Brill, S. 121–127.

Disteli, Martin (1905): Bericht über die Ausstellung. In: A. Krazer (Hg.): Verhandlungen des 3. Internationalen Mathematiker-Kongresses in Heidelberg vom 8. bis 13. August 1904. Leipzig: Teubner, S. 717–728.

Dressler, Heinrich (1908a): Die Lehre von der Funktion. Theorie und Aufgabensammlung für alle höheren Lehranstalten (Mittelschulen). Leipzig: Dürr.

Dressler, Heinrich (1908b): Über bewegliche Modelle für den mathematischen und naturgeschichtlichen Unterricht. In: *Unterrichtsblätter für Mathematik und Naturwissenschaften* 14 (1), S. 3–10.

Dressler, Heinrich (1913): Mathematische Lehrmittelsammlungen, insbesondere für höhere Schulen. In: *Berichte und Mitteilungen veranlasst durch die Internationale Mathematische Unterrichtskommission* 9, S. 188–217.

Du Bois-Reymond, Emil (1878): Culturgeschichte und Naturwissenschaft. Vortrag gehalten am 24. März 1877 für wissenschaftliche Vorlesungen zu Köln. Leipzig: Veit.

Dyck, Walter (1894): Einleitender Bericht über die Mathematische Ausstellung in München. In: *Jahresbericht der Deutschen Mathematikervereinigung* 3, S. 39–56.

Dyck, Walther (Hg.) (1892): Katalog mathematischer und mathematisch-physikalischer Modelle, Apparate und Instrumente. Deutsche Mathematikervereinigung, Hauptband & Nachträge. München: Wolf.

Encyclopaedia Britannica (1875–1898): A Dictionary of Arts, Sciences and General Literature. 25 Bände. New York: Charles Sribner's Sons.

FA Ernemann Dresden (Hg.): Papperitz Apparate. Anleitung zur Darstellung geometrischer Figuren in der Ebene und im Raume nach dem Projektionsverfahren von Professor Dr. Papperitz. D.R.P. Nr. 231009 Königlich Sächsische Staatsmedaille Deutsches Museum.

Fabre de Lagrange (Hg.) (1872): A catalogue of a collection of models of ruled surfaces. With an Appendix, containing an account of the application of Analysis to their investigation and classification by. C.W. Merriefield, F.R.S. London: George E. Eyre and William Spottiswoode.

Finsterwalder, Sebastian (1917): Das mathematische Institut. In: Die K.B. Technische Hochschule zu München. Denkschrift zur Feier ihres 50 Jährigen Bestehens. München: F. Bruckmann, S. 123–124.

Fischbach, Friedrich (1883): Die Geschichte der Textilkunst. Nebst Text zu den 160 Tafeln des Werkes Ornamente der Gewebe. St. Gallen: Selbst-Verlag.

Fischer, Karl Tobias (1908): Haupt- und Tagesfragen des naturwissenschaftlichen Unterrichts. In: *Monatshefte für den naturwissenschaftlichen Unterricht* 1, S. 1–15; 97–104; 213–225.

Fischer, Otto (1905): Über die Bewegungsgleichungen räumlicher Gelenksysteme. Leipzig: Teubner.

Freyer, Carl (1894): Der junge Handwerker und Künstler. Anleitung zur Herstellung nützlicher Gegenstände aus Papier, Pappe, Holz, Gips, Metall. Leipzig: Spamer.

Fröbel, Friedrich (1962): Fröbels Theorie des Spiels II. Die Kugel und der Würfel als zweites Spielzeug des Kindes. Hg. v. Elisabeth Blochmann. Weinheim: Beltz.

Fröbel, Friedrich (1982): Ausgewählte Schriften, Bd. 4. Die Spielgaben. Stuttgart: Klett-Cotta.

Gage, Simon Henry; Gage, Henry Phelps (1914): Optic projection. Principles, installation and use of the magic lantern, projection microscope, reflecting lantern, moving picture machine, fully illustrated with plates and with over 400 text-figures. Ithaca, New York: Comstock Publishing Co.

Goethe Wörterbuch [GWB] (1978–): Hg. v. der Berlin-Brandenburgischen Akademie der Wissenschaften [bis Bd. 1, 6. Lfg.: Deutsche Akademie der Wissenschaften zu Berlin; bis Bd. 3, 4. Lfg.: Akademie der Wissenschaften der DDR], der Akademie der Wissenschaften in Göttingen und der Heidelberger Akademie der Wissenschaften. Stuttgart: Kohlhammer

Goldziher, Karl (1908): Über mathematische Laboratorien. In: *Unterrichtsblätter für Mathematik und Naturwissenschaften* 14 (3), S. 45–48.

Grimm, Hermann (1980) [1892]: Die Umgestaltung der Universitätsvorlesungen über Neuere Kunstgeschichte durch die Anwendung des Skioptikons. In: Wolfgang Kemp (Hg.): Theorie der Fotografie 1839–1912. München: Schirmer & Mosel, S. 200–205.

Gross, Paul; Hildebrand, Fritz (1912): Geschmacksbildende Werkstattübungen. Leipzig: Dürr.

Grüttner, Adalbert (1907): Mißverstandene Anschaulichkeit. In: *Lehrproben und Lehrgänge aus der Praxis der Gymnasien und Realschulen* (90–93), S. 68–71.

Gutzmer, August (1905) [1933]: Über die auf die Anwendungen gerichteten Bestrebungen im mathematischen Unterricht der deutschen Universitäten. In: A. Krazer (Hg.): Verhandlungen des 3. Internationalen Mathematiker-Kongresses in Heidelberg vom 8. bis 13. August 1904. Leipzig: Teubner, S. 586–593.

Gutzmer, August (1912): Über die durch die Internationale Mathematische Unterrichtskommission veranlaßten Abhandlungen über den mathematischen Unterricht in Deutschland. In: *Jahresbericht der Deutschen Mathematikervereinigung* 21, S. 353–357.

Hahn, Hans (1988) [1933]: Die Krise der Anschauung. In: Hans Hahn: Empirismus, Logik, Mathematik. Hg. v. Hans Hahn, Brian McGuinness und Karl Menger. Frankfurt a. M.: Suhrkamp, S. 86–114.

Hauck, Guido (1900): Correferat zu: Wirkung der neuen preußischen Prüfungsordnung für Lehramtscandidaten auf den Universitätsunterricht. In: *Jahresbericht der Deutschen Mathematikervereinigung* 8, S. 105–118.

Haussner, Robert (1911): Das mathematische Institut der Universität Jena. In: *Jahresbericht der Deutschen Mathematikervereinigung* 20, S. 47–56.

Heinrich Ernemann A.G. Dresden. Photo-Kino-Werk. Optische Anstalt (Hg.): Der erzieherische Wert der Kinematographie für Schule und Haus. Dresden: Ernemann.

Hergang, Karl Gottlob (Hg.) (1843): Pädagogische Real-Encyclopädie oder Encyclopädisches Wörterbuch des Erziehungs- und Unterrichtswesens und seiner Geschichte. 2 Bände. Grimma: Verlag-Comptoirs.

Hertel, A. W. (1853): Die moderne Bautischlerei: ein Handbuch für Tischler und Zimmerleute; enthaltend alle Arbeiten, welche bei dem innern Ausbau gewöhnlicher Wohnhäuser und in Prachtgebäuden vorkommen können; nebst Anweisung, die Zeichnungen dazu zu entwerfen. Weimar: Voigt.

Hilbert, David; Cohn-Vossen, Stefan (1996) [1932]: Anschauliche Geometrie. Berlin: Springer.

Hildebrand, Fritz P. (1912): Die Pflege des Geschmacks in der Schülerwerkstatt. In: *Die Arbeitsschule. Zeitschrift für Arbeitserziehung und Werkunterricht* 26 (8), S. 268–273.

Hofmann, Max (1896): Handbuch der praktischen Werkstatt-Mechanik. Metall- und Holz-dreherei. Die Werkzeuge, Arbeitsmethoden, materialien zur Herstellung physikalisch-mechanischer, elektrischer und optischer Apparate. Wien/Pest/Leipzig: A. Hartleben.

Höfler, Alois (1910): Didaktik des mathematischen Unterrichts. Leipzig: Teubner.

Hölder, Otto; Rohn, Karl (1909): Das Mathematische Institut. In: Festschrift zur Feier des 500jährigen Bestehens der Universität Leipzig. 1409–1909. Leipzig: von Hirzel, S. 1–7.

Holzmüller, Gustav (1896): Über die Beziehungen des mathematischen Unterrichts zum Ingenieur-Wesen und zur Ingenieur-Erziehung. In: *Zeitschrift für den mathematischen und naturwissenschaftlichen Unterricht* 17, S. 468–480; 535–547.

Jahn, Gustav Adolph (Hg.) (1846): Wörterbuch der angewandten Mathematik. Ein Handbuch zur Benutzung beim Studium und praktischen Betriebe derjenigen Wissenschaften, Künste und Gewerbe, welche Anwendungen der reinen Mathematik erfordern. 2 Bände. Leipzig: Reichenbach.

Jahnke, Eugen (1911): Die Mathematik an Hochschulen für besondere Fachgebiete. Leipzig: Teubner.

Kalbus, Oskar (1922): Der deutsche Lehrfilm in der Wissenschaft und im Unterricht. Berlin: Heymann.

Kant, Immanuel (2009): Kritik der reinen Vernunft 1. 12 Bände. Hg. v. Wilhelm Weischedel. Frankfurt a. M.: Suhrkamp.

Katz, David (1913): Psychologie und mathematischer Unterricht. Unter Mitarbeit von Felix Klein. Leipzig: Teubner.

Kerschensteiner, Georg (1912): Begriff der Arbeitsschule. Leipzig: Teubner.

Kerschensteiner, Georg (1933): Die Bildungsaufgabe des Deutschen Museums. In: Conrad Matschoss (Hg.): Das Deutsche Museum. Geschichte, Aufgaben, Ziele. Berlin: VDI-Verlag, S. 37–44.

Klein, Felix (1893): The Evanston Colloquium. Lectures on Mathematics delivered from Aug. 28 to Sept. 9, 1893 before members of the Congress of Mathematics held in connection with the World's Fair in Chicago at Northwestern University, Evanston, Ill. Unter Mitarbeit von Alexander Ziwet. New York: Macmillan and Co.

Klein, Felix (1896): Über Arithmetisierung der Mathematik. (Vortrag gehalten in der öffent-lichen Sitzung der K. Gesellschaft der Akademie der Wissenschaften zu Göttingen am 2. November 1895). In: *Zeitschrift für den mathematischen und naturwissenschaftlichen Unterricht* 27, S. 143–149.

Klein, Felix (1898a): Universität und Technische Hochschule. Vortrag gehalten in der 1. allge-meinen Sitzung der 70. Versammlung deutscher Naturforscher und Aerzte in Düsseldorf am 19. September 1898. Sonderabdruck. Gesellschaft Deutscher Naturforscher und Ärzte. Düsseldorf.

Klein, Felix (1898b): Über Aufgabe und Methode des mathematischen Unterrichts an den Universitäten. In: *Jahresbericht der Deutschen Mathematikervereinigung* 7 (1), S. 126–138.

Klein, Felix (1904): Über eine zeitgemäße Umgestaltung des mathematischen Unterrichts an höheren Schulen. Vorträge. In: Felix Klein und Eduard Riecke (Hg.): Neue Beiträge zur Frage des mathematischen und physikalischen Unterrichts an den höheren Schulen. Vorträge gehalten bei Gelegenheit des Ferienkurses für Oberlehrer der Mathematik und Physik Göttingen, Ostern 1904. Leipzig: Teubner, S. 1–32.

Klein, Felix (1907a): Vorträge über den mathematischen Unterricht an den höheren Schulen. Von der Organisation des mathematischen Unterrichts. Leipzig: Teubner.

Klein, Felix (1907b): Vorrede. In: Katalog des mathematischen Lesezimmers der Universität Göttingen. Leipzig: Teubner, S. III–V.

Klein, Felix (1908): Wissenschaft und Technik. Fest-Vortrag aus Anlaß der 5. Jahresversammlung gehalten im Wittelsbacher-Palais in München am 1. Oktober 1908. München: Bruckmann.

Klein, Felix (1914): Bericht über den heutigen Zustand des mathematischen Unterrichts an der Universität Göttingen. In: *Jahresbericht der Deutschen Mathematikervereinigung* 23, S. 419–428.

Klein, Felix (1921a): Gesammelte Mathematische Abhandlungen, Bd. 1. Liniengeometrie – Grundlegung der Geometrie zum Erlanger Programm. Hg. v. Robert Fricke und A. Ostrowski. Berlin: Springer.

Klein, Felix (1921b): Gesammelte mathematische Abhandlungen, Bd. 2. Anschauliche Geometrie. Hg. v. Robert Fricke und Hermann Vermeil. Berlin: Springer.

Klein, Felix (1923): Göttinger Professoren. Lebensbilder von eigener Hand. In:*Mitteilungen Universitätsbund Göttingen* 5, S. 11–36.

Klein, Felix (1927): Frankreich und die École Polytechnique in den ersten Jahrzehnten des neunzehnten Jahrhunderts. In: *Die Naturwissenschaften* (1/2), S. 5–11; 43–49.

Klein, Felix (1968) [1925]: Elementarmathematik vom höheren Standpunkte aus, Bd. 2. Geometrie. Berlin: Springer.

Klein, Felix (1968) [1928]: Elementarmathematik vom höheren Standpunkte aus, Bd. 1. Präzisions- und Approximationsmathematik. Berlin: Springer.

Klein, Felix (1968) [1933]: Elementarmathematik vom höheren Standpunkte aus, Bd. 1 Arithmetik, Algebra, Analysis. Berlin: Springer.

Klein, Felix (1979) [1926/1927]: Vorlesungen über die Entwicklung der Mathematik im 19. Jahrhundert. Ausgabe in einem Band. Berlin: Springer.

Klein, Felix (1973) [1922]: Über Flächen dritter Ordnung. In: Felix Klein: Anschauliche Geometrie. Substitutionsgruppen und Gleichungstheorie Zur Mathematischen Physik. Hg. v. R. Fricke und Hermann Vermeil. Berlin: Springer, S. 11–62.

Kolb, Karl (1958): Darmstadt Mathematical Models. Frankfurt a. M., S. 961–976.

Kreittmayr, Joseph (1862): Erstes Verzeichniss der Gypsabgüsse, welche von den ausgezeichnetsten urweltlichen Thierresten der kgl. paleontologischen Museen in München und Stuttgart und des kgl. Universitäts-Kabinetes in Tübingen angeformt wurden. München. Wolf & Sohn.

Kreittmayr, Joseph (1886): I., II. und III. Verzeichnis von Abgüssen der Kunstwerke des Bayerischen National-Museums in München. München: Bayerisches Nationalmuseum.

Krünitz, Johann Georg (Hg.) (1773–1858): Oekonomische Encyklopädie oder allgemeines System der Staats- Stadt- Haus- und Landwirthschaft. 242 Bände. Berlin: Joachim Pauli.

Kühnel, Johannes (1912): Technischer Vorkursus. Leipzig: Dürr.

Küster, Carl Daniel (Hg.) (1774): Sittliches Erziehungs-Lexicon, oder Erfahrungen und geprüfte Anweisungen: wie Kinder von hohen und mittlern Stande, zu guten Gesinnungen und zu wohlanständigen Sitten können angeführet werden. Ein Handbuch für edelempfindsame Eltern, Lehrer und Kinder-Freunde. Magdeburg: Scheidhauer.

Lange (1880): Die 4 Arten der Raumcurven 3. Ordnung. In: Alexander Brill und Ludwig Brill (Hg.): Abhandlungen und Erläuterungen zu den mathematischen Modellen der Serien I–XII. Darmstadt: Ludwig Brill, S. 77–80 [handschriftliche Paginierung].

Larousse, Pierre (Hg.) (1866–1888): Grand dictionnaire universel du XIXe siècle français, historique géographique, mythologique, bibliographique, littéraire, artistique, scientifique, etc. 17 Bände. Paris: Administration du Grand Dictionnaire Universel.

Le Rond d'Alembert, Jean Baptiste (1989) [1751]: Einleitung zur Enzyklopädie. Hg. v. Günther Mensching. Hamburg: Felix Meiner.

Ley, Hermann; Raemisch, Erich (1929): Technologie und Wirtschaft der Seide. Berlin: Springer.

Lietzmann, Walther (1916): Methodik des mathematischen Unterrichts, Bd. 2. Didaktik der einzelnen Unterrichtsgebiete. Unter Mitarbeit von Johann Norrenberg. Leipzig: Quelle & Meyer.

Lietzmann, Walther (1919): Methodik des mathematischen Unterrichts, Bd. 2. Organisation, Allgemeine Methode und Technik des Unterrichts. Unter Mitarbeit von Johann Norrenberg. Leipzig: Quelle & Meyer.

Lietzmann, Walther (1951): Methodik des mathematischen Unterrichts, Bd. 1. Der Lehrstoff. Heidelberg: Quelle & Meyer.

Lietzmann, Walther (1953): Methodik des mathematischen Unterrichts, Bd. 2. Der Unterricht. Heidelberg: Quelle & Meyer.

Lorey, Wilhelm (1916): Das Studium der Mathematik an den deutschen Universitäten seit Anfang des 19. Jahrhunderts. Leipzig: Teubner.

Loria, Gino (1921): Storia della geometria descrittiva, delle origine sino ai giorni nostri. Milano: U. Hoepli.

Mach, Ernst (1883): Die Mechanik in ihrer Entwickelung. Historisch-kritisch dargestellt. Leipzig: Brockhaus.

Maison, Rudolf (1910): Anleitung zur Bildhauerei für den kunstliebenden Laien. Leipzig: Weber.

Max Kohl A.G. Chemnitz (1909): Preisliste Nr. 50, Bd. 1. Einrichtungsgegenstände für physikalische und chemische Lehrräume. Experimentier-Schalttafeln. Produktverzeichnis – o. V.

Meumann, Ernst (1908): Ökonomie und Technik des Gedächtnisses. Experimentelle Untersuchungen über das Merken und Behalten. Leipzig: Klinkhardt.

Meumann, Ernst (1913): Vorlesungen zur Einführung in die experimentelle Pädagogik und ihre psychologischen Grundlagen, Bd. 2 Leipzig: Engelmann.

Ernst Meumann 1922 [1911]: Vorlesungen zur Einführung in die experimentelle Pädagogik und ihre psychologischen Grundlagen 1 Engelmann Leipzig

Ernst Meumann 1922 [1914]: Vorlesungen zur Einführung in die experimentelle Pädagogik und ihre psychologischen Grundlagen 3 Engelmann Leipzig

Meyer, Alfred Gotthold; Tettau, Wilhelm Freiherr von (1907): Eisenbauten. Ihre Geschichte und Aesthetik. Esslingen: Paul Neff (Max Schreiber).

Meyer, Bruno (1980 [1901]): Fotografie und Kunstwissenschaft. In: Wolfgang Kemp (Hg.): Theorie der Fotografie 1839–1912. München: Schirmer & Mosel, S. 206–211.

Meyer, Eugen (1909): Die Verwendung von Modellen zur Veranschaulichung wichtiger Sätze der technischen Mechanik im Hochschulunterricht für Maschineningenieure. (vorgetragen im Berliner Bezirksverein). In: *Zeitschrift des Vereins Deutscher Ingenieure (Sonderabdruck)*, S. 1–10.

Meyer, Franz Sales (1890): Handbuch der Liebhaberkünste zum Gebrauche für alle, die einen Vorteil davon zu haben glauben. Leipzig: Seemann.

Meyer, Joseph (Hg.) (1839–1842): Das große Conversations-Lexicon für die gebildeten Stände. In Verbindung mit Staatsmännern, Gelehrten, Künstlern und Technikern. 52 Bände. Hildburghausen/Amsterdam/Paris: Bibliographisches Institut.

Meyer, Joseph (Hg.) (1902–1908): Meyers Großes Konversations-Lexikon. Ein Nachschlagewerk des allgemeinen Wissens. 24 Bände. Leipzig: Bibliographisches Institut.

Meyer, Wilhelm Franz (1899): Zur Ökonomie des Denkens in der Elementarmathematik. In: Jahresbericht der Deutschen Mathematikervereinigung 7, S. 147–153.

Moll, Carl L.; Reuleaux, Franz (1862): Die Construction der Maschinentheile. 2 Bände. Braunschweig: Vieweg.

Monge, Gaspard (1794a): Avant Propos. In: *Journal de l'École Polytechnique* 1, S. iii–viiij.

Monge, Gaspard (1794b): Stéréotomie. In: *Journal de l'École Polytechnique* 1, S. 1–14.

Monge, Gaspard (1798): Géométrie Descriptive. Paris: Baudouin.

Monge, Gaspard (1809): Application de l'Analyse à la Géométrie. Paris: Bernard (4. Auflage).

Monge, Gaspard (1900): Darstellende Geometrie. Leipzig: Engelmann

Moore, Eliakim Hastings (1903): On the Foundations of Mathematics. In: *Science in Context* 17 (428), S. 401–416.

Morin, Arthur-Jules (1851): Conservatoire National des Arts et Métiers. Catalogue des collections. Paris: Augustin Mathias.

Münch, Ludwig (1912): Die Erziehung zum funktionalen Denken im mathematischen Unterricht. Die XXVII. Hauptversammlung des Hessischen Oberlehrervereins. In: *Südwestdeutsche Schulblätter* 19 (5).

Münsterberg, Hugo (1996) [1916]: Das Lichtspiel. Eine psychologische Studie. In: Hugo Münsterberg: Das Lichtspiel. Eine psychologische Studie und andere Schriften zum Kino. Hg. v. Jörg Schweinitz. Wien: SYNEMA, S. 29–103.

Neugebauer, Otto (1930): Das mathematische Institut der Universität Göttingen. In: *Die Naturwissenschaften* 18 (1), S. 1–4.

Neuhauss, Richard (1901): Lehrbuch der Projektion. Halle: Knapp.

Neveu (1794): Cours préliminaire relatif aux arts de dessin. In: *Journal de l'École Polytechnique* 1, S. 81–91.

Olivier, Théodore (1843): Cours de gèomètrie descriptive. Du point, de la droite et du plan. Paris: Carilian-Goeury & Dalmont.

Olivier, Théodore (1847): Additions au Cours de Géométrie Descriptive. Démonstration nouvelle des propriétés principales des sections coniques. Paris: Carilian-Gœury & Dalmont.

Olivier, Théodore (1849): Instruction pour l'enseignement de la Géométrie Descriptive dans les trois écoles d'arts et métiers de Châlons et d'Angers et d'Aix. In: *Bulletin de la Société d'Encouragement* 48 (546), S. 591–546.

Olivier, Théodore (1851): Mémoires de Géométrie Descriptive théorique et appliquée. Paris: Carilian-Goeury & Dalmont.

Olivier, Théodore (1852): Cours de Géométrie Descriptive. Du Point, de la Droite et du Plan. 2. Auflage. Paris: Carilian-Goeury & Dalmont.

Ortleb, Gustav; Ortleb, Alexander (1886): Kleine Baumodellirschule. Eine Anleitung wie Dilettanten und jugendliche Anfänger Modelle von Gebäuden jeder Stylart von Holz, Kork und Pappe selbst anfertigen können; mit genauer Angabe und Beschreibung aller hierbei nöthigen Werkzeuge, Materialien, Handgriffe, Vorkenntnisse und Kunstarbeiten. Leipzig: Th. Grieben.

Pancoucke, Charles Josephe (1782–1832): Encyclopédie méthodique ou par ordre de matières, 206 Bände. Paris: Pancoucke.

Pander, Hans (1920): Mathematische Lehrfilme. In: *Der Lehrfilm* 1 (7), S. 81–85.

Panofsky, Erwin (1986 [1930]): Original und Faksimilereproduktion. In: *IDEA. Jahrbuch der Hamburger Kunsthalle* V, S. 111–123.

Papperitz, Erwin (1899): Die Mathematik an den deutschen technischen Hochschulen. Beitrag zur Beurteilung einer schwebenden Frage des höheren Unterrichtswesens. Leipzig: von Veit.

Papperitz, Erwin (1906): Vorwort. In: Johannes Schilling: Künstlerische Sehstudien. Leipzig: Voigtländer, S. 1–3.

Papperitz, Erwin (1909): Darstellende Geometrie. In: Enzyklopädie der mathematischen Wissenschaften (1898–1935), Bd. 3.1.1. Leipzig: Teubner, S. 517–594.

Papperitz, Erwin (1911a): Verfahren zur Darstellung geometrischer Figuren durch Projektion beweglicher Lichtspaltmodelle. Angemeldet durch Kaiserliches Patentamt. Anmeldenr: 231009.

Papperitz, Erwin (1911b): Über das Zeichnen im Raume. In: *Jahresbericht der Deutschen Mathematikervereinigung* 20, S. 307–314.

Papperitz, Erwin (1912): Kinodiaphragmatische Projektionsapparate zur Darstellung geometrischer Figuren in der Ebene und im Raume. Verfahren D.R.P. Nr. 231009. Hg. v. Heinrich Ernemann A.G. Dresden. Photo-Kino-Werk. Optische Anstalt. Dresden: Ernemann.

Papperitz, Erwin (1913): Kinodiaphragmatische Projektionsapparate. In: *Film und Lichtbild* 2 (2), S. 22–25.

Papperitz, Erwin (1916): Gedenkschrift zum hundertfünfzigjährigen Jubiläum der Königlich Sächsischen Bergakademie zu Freiberg. Im Auftrage des bergakademischen Senates. Freiberg: Craz & Gerlach (Joh. Stettner).

Paquet, Alfons (1908): Das Ausstellungsproblem in der Volkswirtschaft. Jena: Fischer.

Paulsen, Friedrich (1885): Geschichte des gelehrten Unterrichts auf den deutschen Schulen und Universitäten vom Ausgang des Mittelalters bis zur Gegenwart. Mit besonderer Rücksicht auf den klassischen Unterricht. Leipzig: Veit.

Paulsen, Friedrich (1906): Das deutsche Bildungswesen in seiner geschichtlichen Entwicklung. Leipzig: Teubner.

Pedrotti, Marco (1901): Der Gips und seine Verwendung: Handbuch für Bau- und Maurermeister, Stuccateure, Modelleure, Bildhauer, Gipsgiesser u.s.w. Wien/Pest/Leipzig: Hartleben.

Péligot, M. E. (1853): Funérail de M. Théodore Olivier. In: *Bulletin de la Société d'Encouragement* 52, S. 502–505.

Pestalozzi, Johann Heinrich (1803): ABC der Anschauung, oder Anschauungslehre der Maßverhältnisse. Zürich/Bern: Geßner.

Pestalozzi, Johann Heinrich (1964) [1808]: Das ABC der mathematischen Anschauung für Mütter oder Anweisung, die Geistesthätigkeit der Kinder an Form, Größe und durch damit verbundene Zeichnungsübungen anzuregen und sie auf bildende Weise zu beschäftigen. In: Johann Heinrich Pestalozzi. Sämtliche Werke. Kritische Ausgabe, Bd. 21. Hg. von Anton Buchenau und Eduard Spranger. Zürich: Orell Füßli, S. 91–100.

Poincaré, Henri (1899): La logique et l'intuition dans la science mathematique et dans l'enseignement. In: L'Enseignement Mathématique 1, S. 157–162.

Poppe, Johann Heinrich Moritz von (1840): Der Papparbeiter, Papiermachéarbeiter und Papierkünstler. Oder die Kunst, aus Pappe, Papierteig und Papier allerlei nützliche und schöne Sachen zu verfertigen für die Jugend, ihre Freunde und Liebhaber der technischen Künste. Ulm: Ebner'sche Verlagsbuchhandlung.

Pothier, Francis (1887): Histoire de l'École Centrale des Arts et Manufactures. D'après des documents authentiques et en partie inédits. Paris: Delamotte fils.

De Quincy, Quatremère (1788–1825): Encyclopédie Méthodique. Architecture. 3 Bände. Paris: Pankcoucke.

Rathgen, Friedrich (1909): Luftdichte Museumsschränke. In: Museumskunde 5, S. 97–102.

Reidt, Friedrich (1886): Anleitung zum mathematischen Unterricht an höheren Schulen. Berlin: Grote.

Rein, Wilhelm (1903–1910): Encyclopädisches Handbuch der Pädagogik. 11 Bände. Langensalza: Beyer.

Reuleaux, Franz (1877): Erster Brief vom 2.6.1876. In: Franz Reuleaux: Briefe aus Philadelphia. Braunschweig: Vieweg, S. 1–6.

Reuter, D. (Hg.) (1811): Pädagogisches Real-Lexicon oder Repertorium für Erziehungs- und Unterrichtskunde und ihre Literatur. Ein tägliches Hülfsbuch für Eltern und Erzieher. Nürnberg: Campe.

Rockstroh, Heinrich (1802): Anweisung zum Modelliren aus Papier oder aus demselben allerley Gegenstände im Kleinen nachzuahmen: ein nützlicher Zeitvertreib für Kinder. Weimar.

Rockstroh, Heinrich (1832): Anweisung, wie die mannigfachsten Gegenstände für den gewöhnlichen Gebrauch sowohl als für die Technik und den Luxus aus Pappe und Papier, oder auch aus Blech, nach einem geregelten Verfahren ohne grosse Kosten gut gestaltet und dauerhaft angefertigt werden können. Durchgehends fasslich dargestellt, mit genauer Angabe der zu solchem Behufe erforderlichen geometrischen Vorrisse. ein Hülfsbuch für Liebhaber einer solchen Beschäftigung, so wie für Künstler und kunstverwandte Handarbeiter, die Beruf und Gewerbe in ihr finden. Berlin: Wilhelm Schüppel.

Rockstroh, Heinrich (2008) [1810]: Die Kunst, mancherlei Gegenstände aus Papier zu formen. Eine bereits anerkannte nützliche und angenehme Beschäftigung für junge Leute. Hg. v. Dieter Nievergelt. Möckmühl: Aue.

Roloff, Ernst M.; Willmann, Otto (Hg.) (1913–1917): Lexikon der Pädagogik. 5 Bände, 1. Freiburg im Breisgau: Herder.

Rousseau, Jean-Jacques (1998): Emil oder Über die Erziehung. Hg. v. Ludwig Schmidts. Paderborn: Schöningh.

Runge, Carl; Prandtl, Ludwig (1906): Das Institut für angewandte Mathematik und Mechanik. In: Die physikalischen Institute der Universität Göttingen. Festschrift im Anschlusse an die Einweihung der Neubauten am 9. Dezember 1905. Leipzig: Teubner, S. 95–111.

Scheerbart, Paul (1914): Glasarchitektur. Berlin: Der Sturm.

Schilling, Friedrich (1904): Über Anwendungen der darstellenden Geometrie, insbesondere über die Photogrammetrie. In: Felix Klein und Eduard Riecke (Hg.): Neue Beiträge zur Frage des mathematischen und physikalischen Unterrichts an den höheren Schulen. Vorträge gehalten bei Gelegenheit des Ferienkurses für Oberlehrer der Mathematik und Physik Göttingen, Ostern 1904. Göttingen: Teubner, S. 1–187.

Schilling, Friedrich (1905): Welche Vorteile gewährt die Benutzung des Projektionsapparates im mathematischen Unterricht? In: A. Krazer (Hg.): Verhandlungen des 3. Internationalen Mathematiker-Kongresses in Heidelberg vom 8. bis 13. August 1904. Mit einer Ansicht von Heidelberg in Heliogravüre. Leipzig: Teubner, S. 751–755.

Schilling, Johannes (1906): Künstlerische Sehstudien. Leipzig: Voigtländer.

Schilling, Martin (1903): Catalog Mathematischer Modelle für den höhreren mathematischen Unterricht. Halle: Martin Schilling

Schimmack, Rudolf; Klein, Felix (1911): Die Entwicklung der mathematischen Unterrichtsreform in Deutschland. Leipzig: Teubner.

Schlichtegroll, Antonin von (1844): Katalog der kön. polytechnischen Modellen-Sammlung in München. München: Dr. E. Wolf'sche Buchdruckerei.

Schlink, Wilhelm (1936): Die Technische Hochschule Darmstadt 1836 bis 1936. Ein Bild ihres Werdens und Wirkens. Darmstadt: Peschko.

Schmid, Karl Adolf (Hg.) (1859–1875): Encyklopädie des gesammten Erziehungs- und Unterrichtswesens. 10 Bände. Gotha: Rudolph Besser.

Schreiber, Guido (1828): Lehrbuch der Darstellenden Geometrie. Nach Monges Géométrie descriptive vollständig bearbeitet. Freiburg: Herdersche Kunst- und Buchhandlung.

Schulz, K. (1904): M.V. Göttingen. In: *Mathematisch-Naturwissenschaftliche Blätter* 1 (2), S. 40.

Schwartz, Hermann (Hg.) (1928–1931): Pädagogisches Lexikon. 4 Bände. Bielefeld: Velhagen & Klasing.

Schwerdt, Hans G. (1920): Das Bewegungsbild als Unterrichtsprinzip. In: *Film und Wissen* (3; 4/5), S. 4–6.

Segmiller, Ludwig (1912): Das Skizzieren nach Lichtbildern bei Tageslicht und künstlicher Beleuchtung. In: *Film und Lichtbild* 1 (4), S. 35–39.

Silbermann, Henri (1897): Die Seide. Ihre Geschichte, Gewinnung und Verarbeitung. Leipzig: Degener.

Smith, H. J. S. (1876): Geometrische Instrumente und Modelle. In: Rudolf Biedermann (Hg.): Handbuch, enthaltend Aufsätze über die exacten Wissenschaften und ihre Anwendungen. Internationale Ausstellung Wissenschaftlicher Apparate im South Kensington Museum. London: Chapman and Hall, S. 39–62.

Sombart, Werner (1908): Die Ausstellung. In: *Morgen. Wochenschrift für deutsche Kultur* 9, S. 249–256.

Sondhauss, Carl (1877): Der Elementarunterricht in der Geometrie. In: Adolph Diesterweg: Diesterweg's Wegweiser zur Bildung für Deutsche Lehrer, Bd. 3. Das Besondere. II. Abtheilung. Hg. v. Curatorium der Diesterwegstiftung. Essen: Bädeker, S. 255–332.

Spamer, Otto (1878) Illustriertes Handels-Lexikon. Praktisches Hülfs- und Nachschlagebuch über alle Gegenstände und Verhältnisse des Handels und Weltverkehrs. Auf Grund des Wissenswürdsten aus dem Gebiete der gesammten Handeswissenschaften und der Kontorpraxis. 2 Bände. Berlin: Springer.

Stein, O. Th. (1912a): Kinematographische Projektion. In: *Das Schulhaus* 14 (11), S. 504–508.

Stein, O. Th. (1912b): Kinematographische Einrichtungen für Schulen. In: *Das Schulhaus* 14 (10), S. 457–460.

Stein, Sigmund Theodor (1887): Die optische Projektionskunst im Dienste der exakten Wissenschaften: ein Lehr- und Hilfsbuch zur Unterstützung des naturwissenschaftlichen Unterrichts. Halle a. S: Knapp.

Steinbeis, Ferdinand von (1868): Vorrede. In: Katalog über die Sammlungen der Königlich württembergischen Centralstelle für Gewerbe und Handel, IV. Zeichnungsvorlagen. Stuttgart: Metzler, S. 3–6.

Steinbeis, Ferdinand von (1872): Vorrede zur ersten Auflage 1867. In: Katalog über die Sammlungen der Königlich württembergischen Centralstelle für Gewerbe und Handel, I. Musterlager von Industrie-Producten. Stuttgart: Metzler, S. III–VIII.

Stiehler, Georg (1912): Formen in Ton und Plastilina. Leipzig: Dürr.

Stockmeyer, Karl (1913): Gehört der Kinematograph in den Mathematikunterricht? In: *Südwestdeutsche Schulblätter* 30 (6/7), S. 450–456.

Stukenbrok, August (1912): Illustrierter Hauptkatalog. Einbek: Olms.

Terquem, Alfred (1855): Déscription d'un Appareil destiné à l'enseignement de la Géométrie Descriptive. In: *Nouvelles annales de mathématiques* 14, S. 47–40.

Thomescheit, Max (1909): Erfindungen und gesetzlicher Erfindungsschutz. Leitfaden für Erfinder und Patentsucher in gemeinverständlicher Darstellung. Berlin: Seydel.

Timerding, Heinrich Emil (1912): Die Erziehung der Anschauung. Leipzig: Teubner.

Treutlein, Peter (1911): Über mathematischen Anschauungsunterricht. In: Hermann Wiener (Hg.): Abhandlungen zur Sammlung Mathematischer Modelle, Bd. 2, Heft 2, Reihe 31–48 der Modellsammlung von P. Treutlein. Leipzig: Teubner, S. 3–7.

Treutlein, Peter (1985) [1911]: Der geometrische Anschauungsunterricht als Unterstufe eines Zweistufigen Geometrischen Unterrichts an höheren Schulen. Paderborn: Ferdinand Schöningh.

Uhlenhuth, Eduard (1886): Vollständige Anleitung zum Formen und Gießen oder genaue Beschreibung aller in den Künsten und Gewerben dafür angewandten Materialien, also: Gyps, Wachs, Schwefel, Leim, Harz, Guttapercha, Thon, Lehm, Sand und deren Behandlung. Wien/Pest/Leipzig: Hartleben.

Ullmann, Fritz (Hg.) (1914–1922): Enzyklopädie der Technischen Chemie. 12 Bände. Berlin: Urban & Schwarzenberg.

Virchow, Rudolph (1899): Die Eröffnung des Pathologischen Museums der Königlichen Friedrich-Wilhelms-Universität zu Berlin. Berlin: August Hirschwald.

Vorherr, Gustav von (1825): Die königliche Baugewerbeschule zu München im Winter 1824/25. In: *Monatsblatt für Bauwesen und Landesverschönerung* 5 (6), S. 29–31.

Wagner (1902): Die Stellung des Maschinenbaus zur Kunst. Gastvortrag referiert im Sitzungsbericht des Pommerschen Bezirksvereins vom 12.11. 1901. In: *Zeitschrift des Vereins Deutscher Ingenieure* 46, S. 691–692.

Walther, Johanna (1912): Kunsthandarbeiten in Schule und Haus. Leipzig: Dürr.

Weinreich, Hermann (1915): Die Fortschritte der mathematischen Unterrichtsreform in Deutschland seit 1910. Leipzig: Teubner.

Wenzel, Gottfried I. (Hg.) (1797): Pädagogische Encyclopädie, worinn (in alphabetischer Ordnung) das Nöthigste was Väter, Mütter, Erzieher, Hebammen, Ammen und Wärterinnen, sowohl in Ansetzung der körperlichen Erziehung als Rücksicht der moralischen

Bildung der Kinder, von der Geburtsstunde an bis zum erwachsenen Alter, wissen und beobachten sollen, kurz und deutlich erklärt wird. Wien: Rötzel.

Wiener, Christian (1869a): Die Grundzüge der Weltordnung. Leipzig: Winter.

Wiener, Christian (1869b): Stereoscopische Photographien des Modelles einer Fläche dritter Ordnung mit 27 reellen Geraden. Mit erläuterndem Texte. Leipzig: Teubner.

Wiener, Christian (1879): Die Begründung der Sittenlehre und ihre geschichtliche Entwicklung. Darmstadt: Ludwig Brill.

Wiener, Christian (1894): Die Freiheit des Willens. Darmstadt: Ludwig Brill.

Wiener, Hermann (1903): H. Wieners Sammlung mathematischer Modelle. Darmstadt: A.W. Gay.

Wiener, Hermann (1905a): Verzeichnis Mathematischer Modelle. H. Wiener's Sammlung mathematischer Modelle. Leipzig: Teubner.

Wiener, Hermann (1905b): Entwicklung geometrischer Formen. In: A. Krazer (Hg.): Verhandlungen des 3. Internationalen Mathematiker-Kongresses in Heidelberg vom 8. bis 13. August 1904. Leipzig: Teubner, S. 739–750.

Wiener, Hermann (Hg.) (1907): Abhandlungen zur Sammlung mathematischer Modelle, Bd. 1, Heft 1. Leipzig: Teubner.

Wiener, Hermann (1907a): Über mathematische Modelle und ihre Verwendung im Unterricht. In: Hermann Wiener (Hg.): Abhandlungen zur Sammlung mathematischer Modelle, Bd. 1, Heft 1. Leipzig: Teubner, S. 3–8.

Wiener, Hermann (1907b): Bewegliche Fadenmodelle der Regelflächen 2. Ordnung mit gleichbleibenden Fadenlängen. Zur V. Reihe der Modelle Nr. 411 und 412. In: Hermann Wiener (Hg.): Abhandlungen zur Sammlung mathematischer Modelle, Bd. 1, Heft 1. Leipzig: Teubner, S. 85–87.

Wiener, Hermann (1907c): Bewegliche Stabmodelle zur Überführung einer Fläche 2. Ordnung in konfokale Flächen. Zur V. Reihe der Modelle Nr. 421 bis 424. In: Hermann Wiener (Hg.): Abhandlungen zur Sammlung mathematischer Modelle, Bd. 1, Heft 1. Leipzig: Teubner, S. 88–91.

Wiener, Hermann; Treutlein, Peter (1912): Verzeichnis von H. Wieners und P. Treutleins Sammlungen Mathematischer Modelle. Für Hochschulen, Höhere Lehranstalten und technische Fachschulen. Leipzig: Teubner.

Wiener, Hermann (1913): Über den Wert der Anschauungsmittel für die mathematische Ausbildung. In: *Jahresberichte der Deutschen Mathematikervereinigung* 22, S. 294–297.

Wolff, Georg (1921): Mathematischer Unterricht und Kunsterziehung. Berichte über die auf der XXIV. Hauptversammlung in den Abteilungssitzungen gehaltenen Vorträge. 1. Mathematische Gruppe. In: *Unterrichtsblätter für Mathematik und Naturwissenschaften* 27 (5/6), S. 57.

Wörle, Johann Georg Christian (Hg.) (1835): Encyklopädisch-pädagogisches Lexikon. oder vollständiges, alphabetisch geordnetes Hand- und Hilfs-Buch der Pädagogik und Didaktik. Heilbronn: Drechsler.

Zander, August (1913): Das Zeiß'sche Epidiaskop. In: Bismarck-Gymnasium Berlin-Wilmersorf. Jahresbericht über das Schuljahr 1912/1913. Burg: A. Hopfer, S. 4–8.

Zedler, Johann Heinrich (Hg.) (1731–1754): Großes vollständiges Universal-Lexicon aller Wissenschafften und Künste. 64 Bände. Halle/Leipzig: Zedler.

Sekundärliteratur

Acland, Charles R.; Wasson, Haidee (2011): Useful cinema. Durham, North Carolina: Duke University Press.

Albisetti, James C.; Lundgreen, Peter (1991): Höhere Knabenschulen. Schulen, Hochschulen, Lehrer. In: Christa Berg (Hg.): Handbuch der deutschen Bildungsgeschichte, Band 4. 1870–1918. Von der Reichsgründung bis zum Ende des Ersten Weltkriegs. München: Beck, S. 228–278.

Alder, Ken (1999): French Engineers Become Professionals; or, How Meritocracy Made Knowledge Objective. In: William Clark, Jan Golinski und Simon Schaffer (Hg.): The sciences in enlightened Europe. Chicago, Illinois: University of Chicago Press, S. 94–125.

Alder, Ken (1997): Engineering the Revolution. Arms and Enlightenment in France, 1763–1815. Princeton, New Jersey: Princeton University Press.

Anderson, Nancy; Dietrich, Michael R. (Hg.) (2012): The educated eye. Visual culture and pedagogy in the life sciences. Hanover, New Hampshire: Dartmouth College Press.

Bader, Lena; Gaier, Martin; Wolf, Falk (Hg.) (2010): Vergleichendes Sehen. Paderborn: Fink.

Badisches Landesmuseum Karlsruhe; Siefert, Katharina (Hg.) (2009): Paläste, Panzer, Pop-up-Bücher. Papierwelten in 3D [Ausstellungskatalog]. Karlsruhe: Badisches Landesmuseum.

Barck, Karlheinz (Hg.) (2010): Ästhetische Grundbegriffe. Historisches Wörterbuch in sieben Bänden. Studienausgabe. 7 Bände. Stuttgart: Metzler.

Baudry, Jean-Louis (1994): Das Dispositiv. Metapsychologische Betrachtungen des Realitätseindrucks. In: *Psyche. Zeitschrift für Psychoanalyse und ihre Anwendungen* 48 (11), S. 1047–1074.

Bauer, Johannes; Geominy, Wilfred (Hg.) (2000): Gips nicht mehr. Abgüsse als letzte Zeugen antiker Kunst [Ausstellungskatalog]. Bonn: Köllen

Belhoste, Bruno (1990): Du Dessin d'Ingénieur à la Géométrie Descriptive. L'enseignement de Chastillon à l'École royale du génie de Mézières. In:*In Extenso* 13, S. 103–135.

Benner, Dietrich; Oelkers, Jürgen (Hg.) (2004): Historisches Wörterbuch der Pädagogik. Weinheim/Basel: Beltz.

Bennett, Tony (1998): Pedagogic Objects, Clean Eyes, and Popular Instruction. On Sensory Regimes and Museum Didactics. In:*Configurations* 6, S. 345–371.

Bensaude-Vincent, Bernadette; Blondel, Christine. (Hg.) (2008): Sciences and Spectacle in the European Enlightenment. Hampshire/Burlington: Ashgate.

Berchtold, Maike (1987): Gipsabguss und Original. Ein Beitrag zur Geschichte von Werturteilen, dargelegt am Beispiel des Bayerischen Nationalmuseums München und anderer Sammlungen des 19. Jahrhunderts. Stuttgart: Institut für Kunstgeschichte der Universität Stuttgart.

Beretta, Marco (Hg.) (2005): From Private to Public. Natural Collections and Museums. Sagamore Beach, Massachusetts: Science History Publications.

Berz, Peter (2001): 08/15. Ein Standard des 20. Jahrhunderts. München: Fink.

Betsch, Gerhard (2014): Geodätische auf einem 1-schaligen Rotationshyperboloid. Anmerkungen zu einem konkreten mathematischen Modell. In: David Ludwig, Cornelia Weber und Oliver Zauzig (Hg.): Das materielle Modell. Objektgeschichten aus der wissenschaftlichen Praxis. Paderborn: Fink, S. 227–234.

Beuermann, Gustav; Minnigerode, Gunther von (2001): Die Sammlung historischer physikalischer Apparate im I. Physikalischen Institut. In: Dietrich Hoffmann und Kathrin Maack-Rheinländer (Hg.): "Ganz für das Studium angelegt". Die Museen, Sammlungen und Gärten der Universität Göttingen. Göttingen: Wallstein, S. 182–188.

Bijker, Wiebe E.; Hughes, Thomas Parke; Pinch, Trevor J. (1989): Introduction. In: Wiebe E. Bijker, Thomas Parke Hughes und Trevor J. Pinch (Hg.): The social construction of technological systems. New directions in the sociology and history of technology. Cambridge, Massachusetts: MIT Press, S. 9–15.

Black, Max (1968): Models and metaphors. Studies in language and philosophy. Ithaca: Cornell Univ. Press.

Blanckaert, Claude; Porret, Michel; Brandli, Fabrice (Hg.) (2006): L'encyclopédie méthodique, 1782–1832. Des lumières au positivisme. Genève: Droz.

Blankertz, Herwig (1982): Die Geschichte der Pädagogik. Von der Aufklärung bis zur Gegenwart. Wetzlar: Büchse der Pandora.

Blom, Philipp (2004): Sammelwunder, Sammelwahn. Szenen aus der Geschichte einer Leidenschaft. Frankfurt a. M.: Eichborn.

Blum, Ann Shelby (1993): Picturing Nature. American Nineteenth-Century Zoological Illustration. Princeton, New Jersey: Princeton University Press.

Boehringer, Christof (1981): Lehrsammlungen von Gipsabgüssen im 18. Jahrhundert am Beispiel der Göttinger Universitätssammlung. In: Herbert Beck und Peter C. Bol (Hg.): Antikensammlungen im 18. Jahrhundert. Berlin: Mann, S. 273–289.

Brandstetter, Thomas (2011): Lebhafte Kristalle. In: Rheinsprung 11–Zeitschrift für Bildkritik 2, S. 112–129.

Braun, Marta (1992): Picturing time. The work of Etienne-Jules Marey (1830–1904). Chicago, Illinois: University of Chicago Press.

Bredekamp, Horst; Schneider, Birgit; Dünkel, Vera (Hg.) (2008): Das Technische Bild. Kompendium zu einer Stilgeschichte wissenschaftlicher Bilder. Berlin: Akademie.

Bredekam, Horst; Velminski, Wladimir (Hg.) (2010): Mathesis und Graphé. Leonhard Euler und die Entfaltung der Wissenssysteme. Berlin: Akademie.

Breidbach, Olaf Heering Peter; Müller, Matthias; Weber, Heiko (Hg.) (2010): Experimentelle Wissenschaftsgeschichte. München: Fink.

Brenna, Brita (2013): The Frames of Specimens. Glass Cases in Bergen Museum Around 1900. In: Liv Emma Thorsen, Karen A. Rader und Adam Dodd (Hg.): Animals on display. The creaturely in museums, zoos, and natural history. Pennsylvania: The Pennsylvania State University Press, S. 37–57.

Brenni, Paolo (2012): The Evolution of Teaching Instruments and their Use Between 1800 and 1930. In: Science and Education 21, S. 191–226.

Brown, Bill (2001): Thing Theory. In: Critical Inquiry 28 (1), S. 1–21.

Bruhn, Matthias; Hemken, Kai-Uwe (Hg.) (2008): Modernisierung des Sehens. Sehweisen zwischen Künsten und Medien. Bielefeld: transcript.

Brüning, Jochen (2008): Mathematik und Modell. In: Dirks, Ulrich; Knobloch, Eberhard (Hg.): Modelle: Frankfurt a. M.; Peter Lang, S. 235–259.

Brunner, Otto; Conze, Werner; Koselleck, Reinhart (Hg.) (1972–1997): Geschichtliche Grundbegriffe. Historisches Lexikon zur politisch-sozialen Sprache in Deutschland. 8 Bände. Stuttgart: Klett-Cotta.

Burmann, Hans-Wilhelm; Krämer, Stefan; Patterson, Samuel J. (2001): Die Sammlung Mathematischer Modelle und Instrumente des Mathematischen Instituts. In: Dietrich Hoffmann und Kathrin Maack-Rheinländer (Hg.): "Ganz für das Studium angelegt". Die Museen, Sammlungen und Gärten der Universität Göttingen. Göttingen: Wallstein, S. 175–181.

Busch, Werner (1986): Joseph Wright of Derby, das Experiment mit der Luftpumpe. Eine Heilige Allianz zwischen Wissenschaft und Religion. Frankfurt a. M.: Fischer Taschenbuch.

Caso, Jacques de (1975): Serial Sculpture in Nineteenth-Century France. In: Jeanne L. Wasserman (Hg.): Metamorphoses in Nineteenth-Century Sculpture. [Ausstellungskatalog]. Cambridge, Massachusetts: Harvard University Press, S. 1–28.

Chadarevian, Soraya de; Hopwood, Nick (Hg.) (2004): Models. The third dimension of science. Stanford: Stanford University Press.

Chakkalakal, Silvy (2014): Die Welt in Bildern. Erfahrung und Evidenz in Friedrich J. Bertuchs „Bilderbuch für Kinder" (1790–1830). Göttingen: Wallstein.

Chislenko, Eugene; Tschinkel, Yuri (2007): The Felix Klein Protocols. In: *Notices of the AMS* 54 (8), S. 960–970.

Cleve, Ingeborg (1996): Geschmack, Kunst und Konsum. Kulturpolitik als Wirtschaftspolitik in Frankreich und Württemberg (1805–1845). Göttingen: Vandenhoeck und Ruprecht.

Cohen, Yves; Manfrass, Klaus (Hg.) (1990): Frankreich und Deutschland. Forschung, Technologie und industrielle Entwicklung im 19. und 20. Jahrhundert. München: C.H. Beck.

Coleman, William (1988): Prussian Pedagogy. Purkyně at Breslau, 1823–1839. In: William Coleman und Frederic Lawrence Holmes (Hg.): The Investigative enterprise. Experimental physiology in nineteenth-century medicine. Berkeley, California: University of California Press, S. 15–64.

Collet, Dominik (2007): Die Welt in der Stube. Begegnungen mit Außereuropa in Kunstkammern der Frühen Neuzeit. Göttingen: Vandenhoeck & Ruprecht.

Comtesse, Dagmar; Epple, Moritz (2013): Auf dem Weg zu einer Revolution des Geistes? Jean d'Alembert als Testfall. In: Andreas Fahrmeir und Annette Imhausen (Hgg.): Die Vielfalt normativer Ordnungen. Konflikte und Dynamik in historischer und ethnologischer Perspektive. Frankfurt am Main: Campus, S. 21–47.

Crary, Jonathan (1996): Techniken des Betrachters : Sehen und Moderne im 19. Jahrhundert. Dresden: Verlag der Kunst.

Crary, Jonathan (2002): Aufmerksamkeit. Wahrnehmung und moderne Kultur. Frankfurt a. M.: Suhrkamp.

Curtis, Scott (2015): Shape of Spectatorship. Art, Science, and Early Cinema in Germany. New York: Columbia University Press.

Daston, Lorraine (1986): The Physicalist Tradition in Early Nineteenth Century French Geometry. In: *Studies In History and Philosophy of Science* 17 (3), S. 269–295.

Daston, Lorraine (Hg.) (2000): Biographies of Scientific Objects. Chicago: University of Chicago Press.

Daston, Lorraine (2003): Die wissenschaftliche Persona. Arbeit und Berufung. In: Theresa Wobbe (Hg.): Zwischen Vorderbühne und Hinterbühne. Beiträge zum Wandel der Geschlechterbeziehungen in der Wissenschaft vom 17. Jahrhundert bis zur Gegenwart. Bielefeld: transcript, S. 109–136.

Daston, Lorraine; Galison, Peter (2007): Objektivität. Frankfurt a. M.: Suhrkamp.

Daston, Lorraine; Sibum, H. Otto (2003): Introduction. Scientific Personae and Their Histories. In: *Science in Context* 16 (1), S. 1–8.

Daum, Andreas W. (2002): Wissenschaftspopularisierung im 19. Jahrhundert. Bürgerliche Kultur, naturwissenschaftliche Bildung und die deutsche Öffentlichkeit, 1848–1914. München: R. Oldenbourg.

Denney, Margaret (2008): Advertising Uses of Photography. In: John Hannavy (Hg.): Encyclopedia of nineteenth-century photography. New York, NY: Routledge, S. 9–12.

Dettmar, Ute; Ewers, Hans-Heino; Liebert Ute; Ries Hans (2003): Kinder- und Jugendbuchverlag. In: Georg Jäger, Monika Estermann und Pia Theil (Hg.): Das Kaiserreich 1871–1918: Band 1. Teilband 2. Berlin: de Gruyter, S. 103–163.

Dhombres, Nicole; Dhombres, Jean (1989): Naissance d'un pouvoir. Sciences et savants en France (1793–1824). Paris: Payot.

Didi-Huberman, Georges; Mannoni, Laurent (Hg.) (2004): Mouvements de l'air. Étienne-Jules Marey, photographe des Fluides. Paris: Gallimard.

Dierig, Sven (2006): Wissenschaft in der Maschinenstadt. Emil Du Bois-Reymond und seine Laboratorien in Berlin. Göttingen: Wallstein.

Diers, Michael (1986): Kunst und Reproduktion: Der Hamburger Faksimilestreit. In: *IDEA. Jahrbuch der Hamburger Kunsthalle* V, S. 125–137.

Dilly, Heinrich (1975): Lichtbildprojektion – Prothese der Kunstbetrachtung. In: Irene Below (Hg.): Kunstwissenschaft und Kunstvermittlung. Gießen: Anabas Verlag, S. 153–172.

Dilly, Heinrich (2009): Weder Grimm, noch Schmarsow, geschweige denn Wölfflin. Zur jüngsten Diskussion über die Diaprojektion um 1900. In: Constanza Caraffa (Hg.): Fotografie als Instrument und Medium der Kunstgeschichte. Berlin: Deutscher Kunstverlag, S. 91–116.

Dirks, Ulrich; Knobloch, Eberhard (Hg.) (2008): Modelle. Frankfurt a. M.; Peter Lang.

Dommann, Monika (2012): Wertspeicher: Epistemologien des Warenlagers. In: *Zeitschrift für Medien- und Kulturforschung* 3 (2), S. 32–50.

Dror, Otniel E. (2011): Seeing the Blush: feeling Emotions. In: Lorraine Daston und Elizabeth Lunbeck (Hg.): Histories of scientific observation. Chicago: University of Chicago Press, S. 326–348.

Düttmann, Martina (2001): Kein Fortschritt ohne Draht. In: Martina Düttmann und Stephan Sensen (Hg.): Draht. Vom Kettenhemd zum Supraleiter [Ausstellungskatalog]. Iserlohn: Mönnig, S. 269–301.

Elsaesser, Thomas; Barker, Adam (Hg.) (2008): Early cinema. Space, frame, narrative. London: BFI Publications.

Epple, Moritz (1999): Die Entstehung der Knotentheorie. Kontexte und Konstruktionen einer modernen mathematischen Theorie. Braunschweig/Wiesbaden: Vieweg.

Epple, Moritz (2002): Präzision versus Exaktheit: Konfligierende Ideale der angewandten mathematischen Forschung: Das Beispiel der Tragflügeltheorie. In: *Berichte zur Wissenschaftsgeschichte* 25, S. 171–193.

Epple, Moritz (2004): Knot Invariants in Vienna and Princeton during the 1920s: Epistemic Configurations of Mathematical Research. In: *Science in Context* 17 (1–2), S. 131–164.

Epple, Moritz (2009): Kulturen der Forschung. Mathematik und Modernität am Beginn des 20. Jahrhunderts. In: Johannes Fried und Michael Stolleis (Hg.): Wissenskulturen. Über die Erzeugung und Weitergabe von Wissen. Frankfurt a.M.: Campus, S. 125–158.

Epple, Moritz (2016): „Analogien", „Interpretationen", „Bilder", „Systeme" und „Modelle": Bemerkungen zur Geschichte abstrakter Repräsentationen in den Naturwissenschaften seit dem 19. Jahrhundert. In:*Forum Interdisziplinäre Begriffsgeschichte* 5 (1), S. 11–30.

Farge, Arlette (2011): Der Geschmack des Archivs. Göttingen: Wallstein.

Federico, Giovanni (2009): An economic history of the silk industry, 1830–1930. Cambridge/New York: Cambridge University Press.

Ferguson, Eugene S. (1993): Das innere Auge. Von der Kunst des Ingenieurs. Basel/Boston: Birkhäuser.

Ferriot, Dominique (1994): Le Musée des Arts et Métiers. In: Michel LeMoël und Raymond Saint-Paul (Hg.): Le Conservatoire National des Arts et Métiers au coeur de Paris. 1794–1994. Paris: Conservatoire National des Arts et Métiers, S. 146–154.

Ferriot, Dominique; Jacomy, Bruno; André, Louis (1998): Le musée des Arts et Métiers. Paris: Fondation Paribas.

Fischer, Gerd (1986a): Mathematische Modelle aus den Sammlungen von Universitäten und Museen. Bildband. Braunschweig: Vieweg.

Fischer, Gerd (1986b): Mathematische Modelle aus den Sammlungen von Universitäten und Museen. Kommentarband. Braunschweig: Vieweg.

Fortuné, Isabelle (1999): Man Ray et les objects mathématiques. In: *ètudes photographiques*, 6. (Online verfügbar unter https://etudesphotographiques.revues.org/190, zuletzt geprüft am 12.10.2020).

Fox, Robert (1990): The view over the Rhine. Perceptions of German science and technology in France, 1860–1914. In: Yves Cohen und Klaus Manfrass (Hg.): Frankreich und Deutschland. Forschung, Technologie und industrielle Entwicklung im 19. und 20. Jahrhundert. München: C.H. Beck, S. 14–24.

Fox, Robert (2012): The savant and the state. Science and cultural politics in Nineteenth-Century France. Baltimore: Johns Hopkins University Press.

Fox, Robert; Guagnini, Anna (1999): Laboratories, workshops, and sites. Concepts and practices of research in industrial Europe, 1800–1914. Berkeley: University of California Press.

Fraser, Craig (2003): Mathematics. In: Roy Porter (Hg.): The Cambridge History of Science, Bd. 4. Eighteenth-Century Science. Cambridge, Massachusetts: Cambridge University Press, S. 305–327.

Frewer, Magdalene (1979): Das mathematische Lesezimmer der Universität Göttingen unter der Leitung von Felix Klein (1886–1922). Hausarbeit zur Prüfung für den höheren Bibliotheksdienst. Köln: Bibliothekarisches Lehrinstitut.

Friedeburg, Ludwig von (1989): Bildungsreform in Deutschland. Geschichte und gesellschaftlicher Widerspruch. Frankfurt a. M.: Suhrkamp.

Friedman, Michael (2018): A History of Folding in Mathematics: Mathematizing the Margins. Berlin, Heidelberg: Springer.

Friedrich, Markus (2013): Die Geburt des Archivs. Eine Wissensgeschichte. Berlin/Boston: de Gruyter.

Frühwald, Wolfgang; Jauß, Hans Robert; Koselleck, Reinhart (1991): Geisteswissenschaften heute. Eine Denkschrift. Frankfurt a. M.: Suhrkamp.

Fuhrmann, Manfred (1999): Der europäische Bildungskanon des bürgerlichen Zeitalters. Frankfurt a. M.: Insel.

Gaboury, Jacob (2015): Hidden Surface Problems. On the Digital Image as Material Object. In: *Journal of Visual Culture* 14 (1), S. 40–60.

Galison, Peter; Thompson, Emily Ann (1999): The architecture of science. Cambridge, Massachusetts: MIT Press.

Gaycken, Oliver (2015): Devices of curiosity. Early Cinema and Popular Science. New York/Oxford: Oxford University Press.

Gethmann, Daniel; Hauser, Susanne (Hg.) (2009): Kulturtechnik Entwerfen. Praktiken, Konzepte und Medien in Architektur und Design Science. Bielefeld: transcript.

Giacardi Livia (2015): Models in mathematics teaching in Italy (1850–1950). In: Claude Bruter (Hg.): Proceedings of second ESMA conference, mathematics and art III. Cassini, Paris, S. 9–33.

Giedion, Siegfried (1994): Die Herrschaft der Mechanisierung. Ein Beitrag zur anonymen Geschichte. Frankfurt a. M.: Athenäum.

Glas, Eduard (1986): On The Dynamics of Mathematical Change in the Case of Monge and the French Revolution. In: Studies In *History and Philosophy of Science Part A* 17 (3), S. 249–268.

Goetz, Hans (1914): Mathematische Films. In: *Film und Lichtbild* 3 (3), S. 35–39.

Goldstein, Catherine; Schappacher, Norbert; Schwermer, Joachim (2007): The Shaping of Arithmetic after C. F. Gauss's Disquisitiones Arithmeticae. Berlin: Springer.

Gooding, David (1989): ‚Magnetic Curves' and the Magnetic Field. Experimentation and Represenation in the Hisotry of a Theory. In: David Gooding, Trevor Pinch und Simon Schaffer (Hg.): The Uses of experiment. Studies in the natural sciences. Cambridge/New York: Cambridge University Press, S. 183–224.

Gray, Jeremy J. (2004): Anxiety and Abstraction in Nineteenth-Century Mathematics. In: *Science in Context* 17 (1–2), S. 23–47.

Gray, Jeremy (2005): Felix Klein's Erlangen Program, 'comparative considerations of recent geometrical reseaches' (1872). In: I. Grattan-Guinness (Hg.): Landmark writings in Western mathematics. 1640–1940. London: Elsevier, S. 544–552.

Gray, Jeremy (2008): Plato's ghost. The modernist transformation of mathematics. Princeton, New Jersey: Princeton University Press.

Gray, Jeremy (2010): Worlds Out of Nothing. A Course in the History of Geometry in the 19th Century. London: Springer.

Grob, Bart (2000): The world of Auzoux. Models of man and beast in papier-maché. Leiden: Museum Boerhaave.

Großbölting, Thomas (2008): Im Reich der Arbeit. Die Repräsentation gesellschaftlicher Ordnung in den deutschen Industrie- und Gewerbeausstellungen 1790–1914. München: Oldenbourg.

Grote, Andreas (Hg.) (1994): Macrocosmos in Microcosmo. Die Welt in der Stube. Zur Geschichte des Sammelns 1450 bis 1800. Opladen: Leske & Budrich.

Gunning, Tom (1994): The World as Object Lesson. Cinema Audiences, Visual Culture and the St. Louis World's Fair, 1904. In: *Film History* 6 (4), S. 422–444.

Güttler, Nils (2013): Unsichtbare Hände. Die Koloristinnen des Perthes Verlages und die Verwissenschaftlichung der Kartographie im 19. Jahrhundert. In: *Archiv für die Geschichte des Buchwesens* 68, S. 133–153.

Güttler, Nils (2014): Das Kosmoskop. Karten und ihre Benutzer in der Pflanzengeographie des 19. Jahrhunderts. Göttingen: Wallstein.

Hager, Fritz-Peter; Tröhler, Daniel (Hg.) (1996): Pestalozzi - wirkungsgeschichtliche Aspekte. Bern: Haupt.

Hannavy, John (Hg.) (2008): Encyclopedia of nineteenth-century photography. New York: Routledge.

Hashagen, Ulf (2003): Walther von Dyck (1856–1934). Mathematik, Technik und Wissenschaftsorganisation an der TH München. Stuttgart: Steiner.

Heering, Peter; Wittje, Roland (Hg.) (2011): Learning by doing. Experiments and instruments in the History of Science Teaching. Stuttgart: Steiner.

te Heesen, Anke (1997): Der Weltkasten. Die Geschichte einer Bildenzyklopädie aus dem 18. Jahrhundert. Göttingen: Wallstein.

te Heesen, Anke (2001): Vom naturgeschichtlichen Investor zum Staatsdiener. Sammler und Sammlungen der Gesellschaft Naturforschender Freunde zu Berlin um 1800. In: Anke te Heesen und E. C. Spary (Hg.): Sammeln als Wissen. Das Sammeln und seine wissenschaftsgeschichtliche Bedeutung. Göttingen: Wallstein, S. 62–84.

te Heesen, Anke (2002): Die sinnliche Methode der Erziehungskunst und Naturgeschichte. In: Daniel Tröhler (Hg.): Der historische Kontext von Pestalozzis „Methode". Konzepte und Erwartungen im 18. Jahrhundert. Bern/Wien: Haupt, S. 181–194.

te Heesen, Anke (2003): Die doppelte Verzeichnung. Schriftliche und räumliche Aneignungsweisen von Natur im 18. Jahrhundert. In: Harald Tausch (Hg.): Gehäuse der Mnemosyne. Architektur als Schriftform der Erinnerung. Göttingen: Vandenhoeck & Ruprecht, S. 263–286.

te Heesen, Anke (2006): Der Zeitungsausschnitt. Ein Papierobjekt der Moderne. Frankfurt a.M.: Fischer-Taschenbuch.

te Heesen, Anke (2007a): Über Gegenstände der Wissenschaft und ihre Sichtbarmachung. In: Zeitschrift für Kulturwissenschaft 1, S. 95–102.

te Heesen, Anke (2007b): Vom Einräumen der Erkenntnis. In: Anke te Heesen und Anette Michels (Hg.): Auf\Zu. Der Schrank in den Wissenschaften. Berlin: Akademie, S. 90–97.

te Heesen, Anke (2010): Sammlung, gelehrte. In: Friedrich Jaeger (Hg.): Enzyklopädie der Neuzeit, Bd. 10. Stuttgart: Metzler, Sp. 580–589.

te Heesen, Anke (2012): Theorien des Museums. Hamburg: Junius.

te Heesen, Anke; Vöhringer, Margarethe (2014): Wissenschaft im Museum–Ausstellung im Labor. Berlin: Kadmos.

te Heesen, Anke (2020): Thomas S. Kuhn, Earwitness: Interviewing and the Making of a New History of Science. In: ISIS 111/1, S. 86–97. https://doi.org/https://doi.org/10.1086/708277.

Heiland, Helmut (1989): Die Pädagogik Friedrich Fröbels: Aufsätze zur Fröbelforschung 1969–1989. Hildesheim: Olms.

Heiland, Helmut (Hg.) (1998): Die Spielpädagogik Friedrich Fröbels. Hildesheim: Olms.

Heiland, Helmut; Gebel, Michael; Neumann, Karl (2006): Perspektiven der Fröbelforschung. Würzburg: Königshausen & Neumann.

Heintz, Bettina; Huber, Jörg (Hg.) (2001): Mit dem Auge denken. Strategien der Sichtbarmachung in wissenschaftlichen und virtuellen Welten. Wien: Springer.

Henderson, Linda Dalrymple (2013): The Fourth Dimension and Non-Euclidean Geometry in Modern Art. Cambridge, Massachusetts/London: MIT Press.

Hennig, Jochen (2011): Bildpraxis. Visuelle Strategien in der frühen Nanotechnologie. Bielefeld: transcript.

Henning, Friedrich Wilhelm (Hg.) (1996): Deutsche Wirtschafts- und Sozialgeschichte im 19. Jahrhundert, Bd. 2. Paderborn: Ferdinand Schöningh.

Hensel, Susann (1989): Die Auseinandersetzungen um die mathematische Ausbildung der Ingenieure an den Technischen Hochschulen in Deutschland Ende des 19. Jahrhunderts. In: Susann Hensel, Karl-Norbert Ihmig und Michael Otte (Hg.): Mathematik und Technik im 19. Jahrhundert in Deutschland. Soziale Auseinandersetzung und philosophische Problematik. Göttingen: Vandenhoeck & Ruprecht, S. 1–111.

Hensel, Susann; Ihmig, Karl-Norbert; Otte, Michael (Hg.) (1989): Mathematik und Technik im 19. Jahrhundert in Deutschland. Soziale Auseinandersetzung und philosophische Problematik. Göttingen: Vandenhoeck & Ruprecht.

Hentig, Harmut von (2010): Jean-Jacques Rousseau. (1712–1778). In: Heinz-Elmar Tenorth (Hg.): Klassiker der Pädagogik, Bd. 1. Von Erasmus bis Helene Lange. München: C.H. Beck, S. 71–92.

Hentschel, Klaus (2014): Visual cultures in science and technology. A comparative history. Oxford/New York: Oxford University Press.

Herrmann, Ulrich (1991): Pädagogisches Denken und Anfänge der Reformpädagogik. In: Christa Berg (Hg.): Handbuch der deutschen Bildungsgeschichte. Band IV. 1870–1918. Von der Reichsgründung bis zum Ende des Ersten Weltkriegs. München: C. H. Beck, S. 147–178.

Herrmann, Ulrich (2005): Pädagogisches Denken. In: Notker Hammerstein und Ulrich Herrmann (Hg.): Handbuch der deutschen Bildungsgeschichte. Band II. 18. Jahrhundert. Vom späten 17. Jahrhundert bis zur Neuordnung Deutschlands um 1800, S. 97–133.

Hervé, Jacques M. (2007): Théodore Olivier. In: Marco Ceccarelli (Hg.): Distinguished Figures in Mechanism and Machine Science. Their Contributions and Legacies. Dordrecht: Springer, S. 295–318.

Hick, Ulrike (1999): Geschichte der optischen Medien. München: Fink.

Hochadel, Oliver (2003): Öffentliche Wissenschaft. Göttingen: Wallstein.

Hoffmann, Bernd (2008): Die Baugeschichte der Aerodynamischen Versuchsanstalt und des Mathematischen Institutes in Göttingen (1915–1929). Diplomarbeit. Leibnitz Universität, Hannover. Fakultät für Architektur und Landschaft.

Holland, Julian (1999): Charles Wheatstone and the Representation of Waves. In: *Rittenhouse. Journal of the American Scientific Instrument Enterprise* 13 (2), S. 86–106.

Hoof, Florian (2015): Engel der Effizienz. Eine Mediengeschichte der Unternehmensberatung. Paderborn: Konstanz University Press.

Hoormann, Anne (2003): Lichtspiele. Zur Medienreflexion der Avantgarde in der Weimarer Republik. München: Fink.

Hopf, Caroline (2004): Die experimentelle Pädagogik. Empirische Erziehungswissenschaft in Deutschland am Anfang des 20. Jahrhunderts. Bad Heilbrunn/Obb: Klinkhardt.

Hopwood, Nick (2002): Embryos in wax. Models from the Ziegler studio. Cambridge: Whipple Museum of the History of Science, University of Cambridge Press.

Hörl, Erich (2005): Zahl oder Leben. Zur historischen Epistemologie des Intuitionismus. In: *Nach Feierabend. Zürcher Jahrbuch für Wissensgeschichte* 1, S. 57–81.

Hughes, Thomas Parke (1989): The Evolution of Large Technological Systems. In: Wiebe E. Bijker, Thomas Parke Hughes und Trevor J. Pinch (Hg.): The social construction of technological systems. New directions in the sociology and history of technology. Cambridge, Mass: MIT Press, S. 51–82.

Humboldt, Wilhelm von (2000) [1792]: Über öffentliche Staatserziehung. In: Dietrich Benner und Herwart Kemper (Hg.): Theorie und Geschichte der Reformpädagogik, Bd. 1. Die pädagogische Bewegung von der Aufklärung bis zum Neuhumanismus. Weinheim: Beltz, S. 427–431.

Hunger Parshall, Karen; Rowe, David E. (1994): The Emergence of the American Mathematical Research Community 1876–1900: J.J. Sylvester, Felix Klein and E.H. Moore. American Mathematical Society.

Jäger, Georg (2001a): Der Verleger und sein Unternehmen. In: Georg Jäger, Dieter Langewiesche und Wolfram Siemann (Hg.): Geschichte des deutschen Buchhandels im 19. und 20. Jahrhundert, Bd. 1, Teil 1. Das Kaiserreich 1871–1918. Berlin: de Gruyter, S. 216–244.

Jäger, Georg (2001b): Vom Familienunternehmen zur Aktiengesellschaft - Besitzverhältnisse und Gesellschaftsform im Verlagswesen. In: Georg Jäger, Dieter Langewiesche und Wolfram Siemann (Hg.): Geschichte des deutschen Buchhandels im 19. und 20. Jahrhundert, Bd. 1, Teil 1. Das Kaiserreich 1871–1918: Berlin: de Gruyter, S. 197–215.

Jäger, Georg; Langewiesche, Dieter; Siemann, Wolfram (Hg.) (2001): Geschichte des deutschen Buchhandels im 19. und 20. Jahrhundert, Bd. 1, Teil 1. Das Kaiserreich 1871–1918. Berlin: de Gruyter.

Jäger, Georg; Estermann, Monika; Theil, Pia (Hg.) (2003): Geschichte des deutschen Buchhandels im 19. und 20. Jahrhundert, Bd. 1, Teil 2. Das Kaiserreich 1871–1918. Berlin: de Gruyter.

Jahnke, Niels (1990): Mathematik und Bildung in der Humboldtschen Reform. Göttingen: Vandenhoeck und Ruprecht.

Jarausch, Konrad H. (1995): Die unfreien Professionen. Überlegungen zu den Wandlungsprozessen im deutschen Bildungsbürgertum 1900–1955. In: Jürgen Kocka (Hg.): Bürgertum im 19. Jahrhundert, Bd. 2. Wirtschaftsbürger und Bildungsbürger. Göttingen: Vandenhoeck & Ruprecht, S. 200–222.

Jeismann, Karl-Ernst (1987): Das höhere Knabenschulwesen. In: Karl-Ernst Jeismann und Peter Lundgren (Hg.): Handbuch der deutschen Bildungsgeschichte, Bd. 3. 1800–1870. Von der Neuordnung Deutschlands bis zur Gründung des Deutschen Reiches. München: C. H. Beck, S. 152–180.

Kaschuba, Wolfgang (1995): Deutsche Bürgerlichkeit nach 1800. Kultur als symbolische Praxis. In: Jürgen Kocka (Hg.): Bürgertum im 19. Jahrhundert. Bd. 2. Wirtschaftsbürger und Bildungsbürger. Göttingen: Vandenhoeck & Ruprecht, S. 92–127.

Kemp, Wolfgang (1979): "… einen wahrhaft bildenden Zeichenunterricht überall einzuführen". Zeichnen und Zeichenunterricht der Laien 1500–1870. Frankfurt a. M.: Syndikat.

Kemp, Wolfgang (Hg.) (1980): Theorie der Fotografie 1839–1912. München: Schirmer & Mosel.

Kidwell, Peggy Aldrich; Ackerberg-Hastings, Amy; Roberts, David Lindsay (2008): Tools of American mathematics teaching, 1800-2000. Washington, D.C.: Smithsonian Institution.

Kittler, Friedrich A. (2003): Aufschreibesysteme 1800–1900. München: Fink.

Kitz, Sebastian (2013): Dynamische Geometrie ohne Computer: Die mathematischen Trickfilme des Geheimen Schulrats Münch. In: *Mathematische Semesterberichte* 60 (2), S. 139–149.

Klein, Ursula (2012): Artisanal-scientific experts in eighteenth-century France and Germany. Introduction. In: *Annals of science* 69 (3), S. 303–306.

Klinger, Kerrin (2014): Zwischen Gelehrtenwissen und handwerklicher Praxis. Zum mathe-
   matischen Unterricht in Weimar um 1800. Paderborn: Fink.
Klinger, Kerrin (Hg.) (2009): Kunst und Handwerk in Weimar. Von der Fürstlichen Freyen
   Zeichenschule zum Bauhaus. Köln/Weimar/Wien: Böhlau.
Koch-Mertens, Wiebke (2000): Der Mensch und seine Kleider. 2 Bände. Düsseldorf/Zürich:
   Artemis & Winkler.
Köhler, Horst (2012): Rudolf Diesel. Erfinderleben zwischen Triumph und Tragik. Augsburg:
   Context.
Kollosche, David (2015): Gesellschaftliche Funktionen des Mathematikunterrichts. Ein
   soziologischer Beitrag zum kritischen Verständnis mathematischer Bildung. Wiesbaden:
   Springer Spektrum.
König, Gudrun M. (2009): Konsumkultur–inszenierte Warenwelt um 1900. Wien: Böhlau.
König, Wolfgang (2007): Wilhelm II. und die Moderne. Der Kaiser und die technisch-
   industrielle Welt. Paderborn: Ferdinand Schöningh.
König, Wolfgang (2014): Der Gelehrte und der Manager. Franz Reuleaux (1829–1905) und
   Alois Riedler (1850–1936) in Technik, Wissenschaft und Gesellschaft. Stuttgart: Franz
   Steiner.
Korte, Petra (2002): Selbstkraft oder Pestalozzis Methode. In: Daniel Tröhler (Hg.): Der histo-
   rische Kontext von Pestalozzis „Methode". Konzepte und Erwartungen im 18. Jahrhundert.
   Bern/Wien: Haupt, S. 31–46.
Krajewski, Markus (2008): Frauen am Rande der Datenverarbeitung. Zur Produktion einer
   Weltgeschichte der Technik. In: Bernhard J. Dotzler und Henning Schmidgen (Hg.): Para-
   siten und Sirenen. Zwischenräume als Orte der materiellen Wissensproduktion. Bielefeld:
   transcript, S. 63–79.
Krajewski, Markus (2006): Restlosigkeit. Weltprojekte um 1900. Frankfurt a. M.: Fischer
   Taschenbuch.
Krämer, Sybille; Bredekamp, Horst (Hg.) (2003): Bild, Schrift, Zahl. München: Fink.
Krantz, Renate (1984): 150 Jahre Firma Dr. Krantz. Die älteste deutsche Mineralien-
   Handlung. In: Der Präparator 30 (1), S. 221–226.
Kraul, Margret (1991): Höhere Mädchenschulen. In: Christa Berg (Hg.): Handbuch der deut-
   schen Bildungsgeschichte, Bd. 4. 1870–1918. Von der Reichsgründung bis zum Ende des
   Ersten Weltkriegs. München: Beck, S. 279–303.
Krauthausen, Karin (2010): Vom Nutzen des Notierens. Verfahren des Entwurfs. In: Karin
   Krauthausen und Omar Nasim (Hg.): Notieren, Skizzieren. Schreiben und Zeichnen als
   Verfahren des Entwurfs. Zürich: Diaphanes, S. 7–26.
Krüger, Katja (2000): Erziehung zum funktionalen Denken. Zur Begriffsgeschichte eines
   didaktischen Prinzips. Berlin: Logos.
Kuhlemann, Frank-Michael (1991): Niedere Schulen. Schulen, Hochschulen, Lehrer. I. Schul-
   system. In: Christa Berg (Hg.): Handbuch der deutschen Bildungsgeschichte, Bd. 4.
   1870–1918. Von der Reichsgründung bis zum Ende des Ersten Weltkriegs. München:
   C. H. Beck, S. 179–216.
Kümmel-Schnur, Albert (2012): Patente als Agenten von Mediengeschichte. In: Albert
   Kümmel-Schnur und Christian Kassung (Hg.): Bildtelegraphie. Eine Mediengeschichte
   in Patenten (1840–1930). Bielefeld: transcript, S. 15–38.
Küpper, Erika (1987): Die höheren Mädchenschulen. In: Karl-Ernst Jeismann und Peter Lund-
   gren (Hg.): Handbuch der deutschen Bildungsgeschichte, Bd. 3. 1800–1870. Von der

Neuordnung Deutschlands bis zur Gründung des Deutschen Reiches. München: C. H. Beck, S. 180–191.

Kurrer, Karl-Eugen (2002): Geschichte der Baustatik. Berlin: Ernst & Sohn.

Langins, Jānis (1987): La République avait besoin de savants. Les débuts de l'École polytechnique - l'École centrale des travaux publics et les cours révolutionnaires de l'an III. Paris: Belin.

LeMoël, Michel; Saint-Paul, Raymond (Hg.) (1994): Le Conservatoire National des Arts et Métiers au coeur de Paris. 1794–1994. Conservatoire National des Arts et Métiers (Paris). Paris: Conservatoire National des Arts et Métiers.

Lenhard, Johannes (2006): Kants Philosophie der Mathematik und die umstrittene Rolle der Anschauung. In: *Kant-Studien* 97 (3), S. 301–317.

Leonard, Lawlor; Moulard Leonard, Valentine (2016): Henri Bergson. In: Stanford Encyclopaedia of Philosophy. Hg. v. Edward N. Zalta. (Online verfügbar unter https://plato.sta nford.edu/entries/bergson/, zuletzt geprüft am 12.10.2020).

Lepenies, Wolf (1978): Das Ende der Naturgeschichte. Wandel kultureller Selbstverständlichkeiten in den Wissenschaften des 18. und 19. Jahrhunderts. Frankfurt a. M.: Suhrkamp.

Lesch, John E. (1990): Systematics and the Geometrical Spirit. In: Tore Frängsmyr, J. L. Heilbron und Robin E. Rider (Hg.): The Quantifying spirit in the 18th century. Berkeley: University of California Press, S. 73–111.

Lipsmeier, Antonius (1971): Technik und Schule. die Ausformung des Berufsschulcurriculums unter dem Einfluß der Technik als Geschichte des Unterrichts im technischen Zeichnen. Wiesbaden: Steiner.

Lüdtke, Alf; Prass, Reiner (Hg.) (2008): Gelehrtenleben: Wissenschaftspraxis in der Neuzeit. Köln/Weimar/Wien: Böhlau.

Ludwig, David; Weber, Cornelia; Zauzig, Oliver (Hg.) (2014): Das materielle Modell. Objektgeschichten aus der wissenschaftlichen Praxis. Paderborn: Fink.

Lundgreen, Peter (1990): Ausbildung und Forschung in den Natur- und Technikwissenschaften an den deutschen Hochschulen, 1870–1930. In: Yves Cohen und Klaus Manfrass (Hg.): Frankreich und Deutschland. Forschung, Technologie und industrielle Entwicklung im 19. und 20. Jahrhundert. München: C. H. Beck, S. 53–65.

Maaz, Bernhard (1993): Zwischen Künstlermuseen und staatlicher Kunstpolitik. Gipssammlungen des 19. Jahrhunderts. In: Bernhard Maaz und Klaus Stemmer (Hg.): Berliner Gypse des 19. Jahrhunderts. Abgusssammlung Antiker Plastik, Berlin. Alfter: VDG, S. 29–41.

Maaz, Bernhard; Stemmer, Klaus (Hg.) (1993): Berliner Gypse des 19. Jahrhunderts. Abgusssammlung Antiker Plastik, Berlin. Alfter: VDG.

Macho, Thomas (2004): Die Rätsel der vierten Dimension. In: Thomas Macho und Annette Wunschel (Hg.): Science & Fiction. Über Gedankenexperimente in Wissenschaft, Philosophie und Literatur. Frankfurt a. M.: Fischer, S. 62–80.

Mahr, Bernd (2003): Modellieren. Beobachtungen und Gedanken zur Geschichte des Modellbegriffs. In: Sybille Krämer und Horst Bredekamp (Hg.): Bild, Schrift, Zahl. München: Fink, S. 59–86.

Mahr, Bernd (2008a): Ein Modell des Modellseins. Ein Beitrag zur Aufklärung des Modellbegriffs. In: Dirks, Ulrich; Knobloch, Eberhard (Hg.): Modelle: Frankfurt a. M.: Peter Lang, S. 187–218.

Mahr, Bernd (2008b): Cargo. Zum Verhältnis von Bild und Modell. In: Ingeborg Reichle (Hg.): Visuelle Modelle. München: Fink, S. 17–40.

Mahr, Bernd; Wendler, Reinhard (2009): Modelle als Akteure. Fallstudien. KIT Report TU Berlin.

Mahr, Bernd (2010): Intentionality and Modelling of Conception. In: Sebastian Bab (Hg.): Judgements and propositions. Logical, linguistic, and cognitive issues. Berlin: Logos, S. 61–88.

Mahr, Bernd (2015): Modelle und ihre Befragbarkeit. Grundlagen einer allgemeinen Modelltheorie. In: Erwägen Wissen Ethik 26 (3), S. 329–342.

Mainberger, Sabine (2010): Experiment Linie. Künste und ihre Wissenschaften um 1900. Berlin: Kadmos.

Manegold, Karl-Heinz (1970): Universität, Technische Hochschule und Industrie. Ein Beitrag zur Emanzipation der Technik im 19. Jahrhundert unter besonderer Berücksichtigung der Bestrebungen Felix Kleins. Berlin: Duncker & Humblot.

Mannoni, Laurent (2004): Marey Aéronaute. De la méthode graphique à la soufflerie aérodynamique. In: Georges Didi-Huberman und Laurent Mannoni (Hg.): Mouvements de l'air. Étienne-Jules Marey, photographe des Fluides. Paris: Gallimard, S. 5–86.

Matyssek, Angela (2008): Kunstgeschichte als fotografische Praxis. Berlin: Gebrüder Mann.

Mehrtens, Herbert (1990): Moderne–Sprache–Mathematik. Eine Geschichte des Streits um die Grundlagen der Disziplin und des Subjekts formaler Systeme. Frankfurt a. M.: Suhrkamp.

Mehrtens, Herbert (2003): Bilder der Bewegung–Bewegung der Bilder. Frank B. Gilbreth und die Visualisierungstechniken des Bewegungsstudiums. In: Bildwelten des Wissens. Bilder in Prozessen 1 (1), S. 44–54.

Mehrtens, Herbert (2004): Mathematical Models. In: Soraya de Chadarevian und Nick Hopwood (Hg.): Models. The third dimension of science. Stanford, Califoria: Stanford University Press, S. 276–306.

Meinel, Christoph (2004): Molecules and Croquet Balls. In: Soraya de Chadarevian und Nick Hopwood (Hg.): Models. The third dimension of science. Stanford: Stanford University Press, S. 242–275.

Meinel, Christoph (2008): Kugeln und Stäbchen. Vom kulturellen Ursprung chemischer Modelle. In: Dirks, Ulrich; Knobloch, Eberhard (Hg.): Modelle: Frankfurt a. M.: Peter Lang, S. 221–234.

Meinel, Christoph (2009): Kugeln und Stäbchen. Vom kulturellen Ursprung chemischer Modelle. In: Kultur & Technik 2, S. 15–21.

Mende, Michael (2008): Modellkammern und Gewerbeausstellungen. In: Blätter für Technikgeschichte 69/70, S. 43–54.

Menke, Bettine (2008): Die Geburt des Gelehrten aus den Exzerpten. Die Gelehrtenleben und die wissenschaftliche Praxis des Jean Paul. In: Alf Lüdtke und Reiner Prass (Hg.): Gelehrtenleben: Wissenschaftspraxis in der Neuzeit. Köln/Weimar/Wien: Böhlau, S. 113–130.

Müller, Falk (2011): Johann Wilhelm Hittorf and the material culture of nineteenth-century gas discharge research. In: The British Journal for the History of Science 44 (2), S. 211–244.

Müller, Lothar (2012): Weiße Magie. Die Epoche des Papiers. München: Hanser.

Nägelke, Hans-Dieter (2000): Hochschulbau im Kaiserreich. Historische Architektur im Prozess bürgerlicher Konsensbildung. Kiel: Ludwig.

Naumann, Barbara (Hg.) (2005): Rhythmus. Spuren eines Wechselspiels in Künsten und Wissenschaften. Würzburg: Königshausen & Neumann.

Neue Deutsche Biographie [NDB] (1971–2013): 25 Bände. Berlin: Duncker & Humblot.

Neuenschwander, Erwin; Burmann, Hans-Wilhelm (1994): Die Entwicklung der Mathematik an der Universität Göttingen. In: Hans-Günther Schlotter (Hg.): Die Geschichte der Verfassung und der Fachbereiche der Georg-August-Universität zu Göttingen. Göttingen: Vandenhoeck & Ruprecht, S. 141–159.

Nichols, Kate (2013): Art and commodity: sculpture under glass at the Crystal Palace. In: John C. Welchman (Hg.): Sculpture and the vitrine. Burlington: Ashgate, S. 21–46.

Nohl, Herman (2002): Die pädagogische Bewegung in Deutschland und ihre Theorie: Frankfurt a. M.: Klostermann.

Ober, Patricia (2005): Der Frauen neue Kleider. Das Reformkleid und die Konstruktion des modernen Frauenkörpers. Berlin: Schiler.

Oelkers, Jürgen (2004): Reformpädagogik. In: Dietrich Benner und Jürgen Oelkers (Hg.): Historisches Wörterbuch der Pädagogik. Weinheim/Basel: Beltz, S. 783–806.

Oelkers, Jürgen (2005): Reformpädagogik. Eine kritische Dogmengeschichte. Weinheim, München: Juventa.

Oelkers, Jürgen; Osterwalder, Fritz (Hg.) (1995): Pestalozzi - Umfeld und Rezeption. Studien zur Historisierung einer Legende. Weinheim: Beltz.

Oertzen, Christine von (2014): Science, gender, and internationalism. Women's academic networks, 1917–1955. New York: Palgrave Macmillan.

Oertzen, Christine von; Rentetzi, Maria; Watkins, Elizabeth S. (2013): Finding Science in Surprising Places. Gender and the Geography of Scientific Knowledge. Introduction to 'Beyond the Academy: Histories of Gender and Knowledge'. In: Centaurus 55 (2), S. 73–80.

Olesko, Kathryn M. (1989): Physics Instruction in Prussian Secondary Schools before 1859. In: Osiris 5, S. 94–120.

Opitz, Donald L.; Bergwik, Staffan; van Tiggelen, Brigitte (Hg.) (2016): Domesticity in the making of modern science. Basingstoke, Hampshire: Palgrave Macmillan.

Orgeron, Devin; Orgeron, Marsha; Streible, Dan (Hg.) (2012): Learning with the lights off. Educational film in the United States. Oxford/New York: Oxford University Press.

Paulitz, Tanja (2014): Mann und Maschine. Eine genealogische Wissenssoziologie des Ingenieurs und der modernen Technikwissenschaften, 1850–1930. Bielefeld: transcript.

Pedro Xaver, João; Manuell Pinho, Eliana (2017): Oliviers string models and the teaching fo descritpive geometry", in: Kristin Bjarnadóttir et al. (Hg.): "Dig where you stand", 4. Proceedings of the Fourth International Conference on the History of Mathematics Education September 23–26, 2015, University of Turin, Italy. Rom: Edizioni Nuova Cultura, S. 399–413.

Pech, Klaus-Ulrich (2010): Grenzenloser Belehrungsoptimismus. Sachbücher für junge Leser im 19. Jahrhundert. In: Almuth Meissner, David Oels und Henning Wrage (Hg.): Sachtexte für Kinder und Jugendliche. Hannover: Wehrhahn, S. 11–27.

Peters, Sibylle (2007): Projizierte Erkenntnis. Lichtbilder im Szenario des wissenschaftlichen Vortrags. In: Gottfried Boehm, Gabriele Brandstetter, Achatz von Müller und Maja Naef (Hg.): Figur und Figuration. Studien zu Wahrnehmung und Wissen. München: Fink, S. 307–320.

Pfammatter, Ulrich (1997): Die Erfindung des modernen Architekten. Ursprung und Entwicklung seiner wissenschaftlich-industriellen Ausbildung. Basel: Birkhäuser.

Pfeifer, Wolfgang (1993): Etymologisches Wörterbuch des Deutschen. Berlin: Akademie.

Pircher, Wolfgang (2004): Perspektiven der Zeichnung. In: Marianne Kubaczek, Wolfgang Pircher und Eva Waniek (Hg.): Kunst, Zeichen, Technik. Philosophie am Grund der Medien. Münster: Lit, S. 127–146.

Pircher, Wolfgang (2005): Die Sprache des Ingenieurs. In: *Nach Feierabend. Zürcher Jahrbuch für Wissensgeschichte* 1, S. 83–108.

Pircher, Wolfgang (2009): Entwerfen zwischen Raum und Fläche. In: Daniel Gethmann und Susanne Hauser (Hg.): Kulturtechnik Entwerfen. Praktiken, Konzepte und Medien in Architektur und Design. Bielefeld: transcript, S. 101–119.

Poerschke, Ute (2005): Funktion als Gestaltungsbegriff. Eine Untersuchung des Funktionsbegriffs in architekturtheoretischen Texten. Dissertation. Technische Universität Cottbus.

Pomian, Krzysztof (2007) [1988]: Der Ursprung des Museums. Vom Sammeln. Berlin: Wagenbach.

Pottage, Alain; Sherman, Brad (2010): Figures of invention. A history of modern patent law. Oxford/New York: Oxford University Press.

Prieger, Ernst; Feustel, Hanns (1978): Mathematische Formeln in Holz. Physikalische Geräte und Modelle des Ludwig Johann Schleiermacher (1785–1844). Darmstadt: Roether.

Pyenson, Lewis (1983): Neohumanism and the Persistence of Pure Mathematics in Wilhelmian Germany. Philadelphia: American Philosophical Society.

Pyenson, Lewis; Gauvin, Jean-François (Hg.) (2002): The art of teaching physics. The eighteenth-century demonstration apparatus of Jean Antoine Nollet. David M. Stewart Museum. Sillery, Québec: Septentrion.

Raff, Thomas (2008): Die Sprache der Materialien. Anleitung zu einer Ikonologie der Werkstoffe. Münster: Waxmann.

Ramalingam, Chitra (2015): Dust Plate, Retina, Photograph: Imaging on Experimental Surfaces in Early Nineteenth-Century Physics. In: *Science in Context* 28 (3), S. 317–355.

Reble, Albert (1999): Geschichte der Pädagogik: Stuttgart: Klett-Cotta.

Reichle, Ingeborg (Hg.) (2008): Visuelle Modelle. München: Fink.

Reichle, Ingeborg; Siegel, Steffen; Spelten, Achim (2008): Die Wirklichkeit visueller Modelle. In: Ingeborg Reichle (Hg.): Visuelle Modelle. München: Fink, S. 9–13.

Reményi, Maria (2008): Lehrbücher im Kontext mathematischen Publizierens 1871–1949. In: Volker R. Remmert und Ute Schneider (Hg.): Publikationsstrategien einer Disziplin. Mathematik in Kaiserreich und Weimarer Republik. Wiesbaden: Harrassowitz, S. 73–108.

Rheinberger, Hans-Jörg (2000): Experiment: Präzision und Bastelei. In: Christoph Meinel (Hg.): Instrument–Experiment: Historische Studien. Berlin: Verlag für Geschichte der Naturwissenschaft und der Technik, S. 52–60.

Rheinberger, Hans-Jörg (2001): Experimentalsysteme und epistemische Dinge. Eine Geschichte der Proteinsynthese im Reagenzglas. Göttingen: Wallstein.

Rhodes, Kate (2008): Still Lifes. In: John Hannavy (Hg.): Encyclopedia of nineteenth-century photography. New York: Routledge, S. 1343–1346.

Rhyn, Heinz (2004): „Sinnlichkeit/Sensualismus". In: Dietrich Benner und Jürgen Oelkers (Hg.): Historisches Wörterbuch der Pädagogik. Weinheim/Basel: Beltz Verlag, S. 867–886.

Richards, Joan L. (2003): The Geometrical Tradition. Mathematics, Space, and Reason in the Nineteenth Century. In: Mary Jo Nye (Hg.): The Cambridge History of Science, Vol. 5. The Modern Physical and Mathematical Sciences: Cambridge, Massachusetts: Cambridge University Press, S. 449–467.

Rieger, Stefan (2000): Der Wahnsinn des Merkens. Für eine Archäologie der Mnemotechnik. In: Jörg Jochen Berns und Wolfgang Neuber (Hg.): Seelenmaschinen. Gattungstraditionen, Funktionen, und Leistungsgrenzen der Mnemotechniken vom späten Mittelalter bis zum Beginn der Moderne. Wien: Böhlau, S. 379–403.

Ringer, Fritz K. (1983): Die Gelehrten. Der Niedergang der deutschen Mandarine 1890–1933. München: Klett-Cotta/dtv.

Rosenberg, Daniel (2014): Daten vor Fakten. In: Ramón Reichert (Hg.): Big Data. Die Gesellschaft als digitale Maschine. Bielefeld: transcript, S. 133–156.

Rosenberg, Daniel; Grafton, Anthony (2010): Cartographies of Time. A History of the Timeline. New York: Princeton Architectural Press.

Rothe, Georg (2011): Die Gewerbeschule des Großherzogtums Baden als frühes Modell einer Teilzeitschule im dual-alternierenden System. Einfluss der Polytechnischen Schule Karlsruhe auf die Entwicklung der badischen Gewerbeschule. Karlsruhe: KIT Scientific Publishing.

Rowe, David E. (1989): The Early Geometrical Works of Sophus Lie and Felix Klein. In: David E. Rowe and John McCleary (Hg.): The history of modern mathematics, Vol. 1. Ideas and their reception. Boston: Academy Press [u. a.], S. 209–273.

Rowe, David E. (2007): Felix Klein, Adolf Hurwitz, and the "Jewish Question" in German Academia. In: *The Mathematical Intelligencer* 29 (2), S. 18–30.

Rowe, David E. (2012): Otto Neugebauer and Richard Courant: On Exporting the Göttingen Approach to the History of Mathematics. In: *Mathematical Intelligencer* 34 (2), S. 29–37.

Rowe, David E. (2013): Mathematical models as artefacts for research: Felix Klein and the case of Kummer surfaces. In: *Mathematische Semesterberichte* 60 (1), S. 1–24.

Rowe, David E. (2018): On Models and Visualizations of Some Special Quartic Surfaces. In: *Mathematical Intelligencer* 40 (1), S. 59–67.

Rübel, Dietmar (2012): Plastizität. Eine Kunstgeschichte des Veränderlichen. München: Silke Schreiber.

Rübel, Dietmar; Wagner, Monika (Hg.) (2002): Material in Kunst und Alltag. Berlin: Akademie.

Rübel, Dietmar; Wagner, Monika; Wolff Vera (Hg.) (2005): Materialästhetik. Quellentexte zu Kunst, Design und Architektur. Berlin: Reimer.

Ruchatz, Jens (2003): Licht und Wahrheit. Eine Mediumgeschichte der fotografischen Projektion. München: Fink.

Ruhloff, Jörg (2004): „Humanismus, humanistische Bildung". In: Dietrich Benner und Jürgen Oelkers (Hg.): Historisches Wörterbuch der Pädagogik. Weinheim/Basel: Beltz, S. 443–454.

Sakarovitch, Joël (1994): Olivier, Théodore (1793–1853). Profoesseur de Géométrie descriptive (1839–1853), Administrateur du Conservatoire National des Arts et Métiers (1852–1853). In: Claudine Fontanon und André Grelon (Hg.): Les professeurs du Conservatoire National des Arts et Métiers. Dictionnaire biographique 1794–1955. 2 Bände. Paris: INRP.

Sakarovitch, Joël (1998): Epures d'architecture. De la coupe des pierres à la géométrie descriptive XVIe-XIXe siècles. Basel/Boston: Birkhäuser.

Sakarovitch, Joël (2005): Gaspard Monge, Géométrie Descriptive, first edition (1795). In: I. Grattan-Guinness (Hg.): Landmark writings in Western mathematics. 1640–1940. London: Elsevier, S. 225–241.

Sandkühler, Hans Jörg (Hg.) (2005): Handbuch Deutscher Idealismus, Bd. 1. Stuttgart, Weimar: J.B. Metzler.

Sattelmacher, Anja (2012): Modelle in den Schatten gestellt. Erwin Papperitz und die Entwicklung einer räumlichen Bewegungsästhetik um 1910. In: Claudia Mareis und Christof Windgätter (Hg.): Long Lost Friends. Wechselbeziehungen zwischen Design-, Medien- und Wissenschaftsforschung. Zürich: Diaphanes, S. 39–60.

Sattelmacher, Anja (2013): Geordnete Verhältnisse. Mathematische Anschauungsmodelle im frühen 20. Jahrhundert. In: *Berichte zur Wissenschaftsgeschichte* 36 (4), S. 294–312.

Sattelmacher, Anja (2014): Zwischen Ästhetisierung und Historisierung. Die Sammlung geometrischer Modelle des Göttinger mathematischen Instituts. In: *Mathematische Semesterberichte* 61 (2), S. 131–143.

Sattelmacher, Anja (2019): Männer mit Modellen. Portraits von Mathematikern um 1900. In: Christian Vogel und Sonja E. Nökel (Hg.): Gesichter der Wissenschaft. Repräsentanz und Performanz von Gelehrten in Porträts. Göttingen: Wallstein, S. 115–131

Sauerbrey, Ulf (2013): Zur Spielpädagogik Friedrich Fröbels. Eine systematische Analyse des Verhältnisses von Aneignung und Vermittlung im Kinderspiel anhand spielpädagogisch relevanter Briefe. Würzburg: Ergon.

Scharlau, Winfried (1990): Mathematische Institute in Deutschland 1800–1945. Wiesbaden: Vieweg.

Schemm-Gregory, Mena; Henriques, Maria Helena (2013): Os Braquiópodes da Coleção Krantz do Museu da Ciência da Universidade de Coimbra. Catalogue of the Krantz Brachiopod Collection at the Science Museum of the University of Coimbra (Portugal). Coimbra: Imprensa da Universidade de Coimbra.

Schivelbusch, Wolfgang (2004): Lichtblicke. Zur Geschichte der künstlichen Helligkeit im 19. Jahrhundert. Frankfurt a. M.: Fischer Taschenbuch.

Schmidgen, Henning (2004): Pictures, Preparations, and Living Processes. The Production of Immediate Visual Perception (Anschauung) in Late-19th-Century Physiology. In: *Journal of the History of Biology* 37 (3), S. 477–513.

Schmidgen, Henning (2009): Die Helmholtz-Kurven. Auf der Spur der verlorenen Zeit. Berlin: Merve.

Schmidgen, Henning (2012): Cinematography without Film. Architectures and Technologies of Visual Instruction in Biology around 1900. In: Nancy Anderson und Michael R. Dietrich (Hg.): The educated eye. Visual culture and pedagogy in the life sciences. Hanover, New Hampshire: Dartmouth College Press, S. 94–121.

Schmidt-Bachem, Heinz (2011): Aus Papier. Eine Kultur- und Wirtschaftsgeschichte der Papier verarbeitenden Industrie in Deutschland. Berlin: de Gruyter.

Scholz, Natalie (2006): Die imaginierte Restauration. Repräsentation der Monarchie im Frankreich Ludwigs XVIII. Darmstadt: Wissenschaftliche Buchgesellschaft.

Scholz, Susanne (Hg.) (2010): Medialisierungen des Unsichtbaren um 1900. München: Fink.

Schönbeck, Jürgen (1994): Der Mathematikdidaktiker Peter Treutlein. In: Jürgen Schönbeck, Horst Struve und Klaus Volkert (Hg.): Der Wandel im Lehren und Lernen von Mathematik und Naturwissenschaften. Weinheim: Deutscher Studien-Verlag, S. 50–72.

Schönbeck, Jürgen (1985): Peter Treutlein (1845–1912) und die Entwicklung der geometrischen Propädeutik. In: Peter Treutlein: Der geometrische Anschauungsunterricht als Unterstufe eines Zweistufigen Geometrischen Unterrichts an Höheren Schulen. Paderborn: Ferdinand Schöningh, S. E5–E15.

Schröder, Hartmut (2008): Lehr- und Lernmittel in historischer Perspektive. Erscheinungs- und Darstellungsformen anhand des Bildbestands der Pictura Paedagogica Online. Bad Heilbrunn: Klinkhardt.

Schubring, Gert (1978): Das genetische Prinzip in der Mathematik-Didaktik. Stuttgart: Klett-Cotta.

Schubring, Gert (1983): Die Entstehung des Mathematiklehrerberufs im 19. Jahrhundert. Studien und Materialien zum Prozess der Professionalisierung in Preussen, 1810–1870. Weinheim: Beltz.

Schubring, Gerd (1987): Mathematisch-naturwissenschaftliche Fächer. In: Karl-Ernst Jeismann und Peter Lundgren (Hg.): Handbuch der deutschen Bildungsgeschichte, Band 3. 1800–1870. Von der Neuordnung Deutschlands bis zur Gründung des Deutschen Reiches. München: C. H. Beck, S. 204–221.

Schubring, Gerd (2000): Kabinett - Seminar - Institut: Raum und Rahmen des forschenden Lernens. In: *Berichte zur Wissenschaftsgeschichte* 23, S. 269–285.

Schubring, Gert (2007): Der Aufbruch zum "funktionalen Denken". Geschichte des Mathematikunterrichts im Kaiserreich; 100 Jahre Meraner Reform. In: *NTM* 15, S. 1–17.

Schulze, Elke (2004): Nulla dies sine linea. Universitärer Zeichenunterricht. Eine problemgeschichtliche Studie. Stuttgart: Steiner.

Schütte, Friedhelm; Gonon, Philipp (2004): „Technik und Bildung/technische Bildung". In: Dietrich Benner und Jürgen Oelkers (Hg.): Historisches Wörterbuch der Pädagogik. Weinheim/Basel: Beltz, S. 988–1015.

Schütze, Yvonn (1988): Mutterliebe-Vaterliebe. Elternrollen in der bürgerlichen Familie des 19. Jahrhunderts. In: Ute Frevert (Hg.): Bürgerinnen und Bürger. Geschlechterverhältnisse im 19. Jahrhundert: zwölf Beiträge. Göttingen: Vandenhoeck & Ruprecht, S. 118–133.

Scriba, Christoph J.; Schreiber, Peter (2005): 5000 Jahre Geometrie. Geschichte, Kulturen, Menschen. Berlin: Springer.

Seckelmann, Margrit (2006): Industrialisierung, Internationalisierung und Patentrecht im Deutschen Reich, 1871–1914. Frankfurt a. M.: Klostermann.

Secord, James A. (2004): Monsters at the Crystal Palace. In: Soraya de Chadarevian und Nick Hopwood (Hg.): Models. The third dimension of science. Stanford: Stanford University Press, S. 138–169.

Seidl, Ernst; Loose, Frank; Bierende, Edgar (Hg.) (2018): Mathematik mit Modellen: Alexander von Brill und die Tübinger Modellsammlung. Tübingen: Museum der Universität Tübingen.

Seidl, Ernst (2018): Die Modelle, Brill und das studentische Projekt. In: Ders. et al (Hg.): Mathematik mit Modellen: Alexander von Brill und die Tübinger Modellsammlung. Tübingen: Museum der Universität Tübingen, S. 19–33.

Sellenriek, Jörg (1987): Zirkel und Lineal. Kulturgeschichte des konstruktiven Zeichnens. München: Callwey.

Sellin, Volker (2001): Die geraubte Revolution. Der Sturz Napoleons und die Restauration in Europa. Göttingen: Vandenhoeck & Ruprecht.

Sendak, Maurice (1975): The Publishing Archive of Lothar Meggendorfer. Original drawings, hand-colored lithographs and production files for his children's book illustrations. New York: Justin G. Schiller.

Sensen, Stephan (2001): Zur Geschichte des Drahtziehens in Deutschland. In: Martina Düttmann und Stephan Sensen (Hg.): Draht. Vom Kettenhemd zum Supraleiter. Iserlohn: Mönnig, S. 63–92.

Shapin, Steven; Schaffer, Simon (1985): Leviathan and the air-pump. Hobbes, Boyle, and the experimental life. Princeton: Princeton University Press.

Shapiro, Stewart (2000): Thinking about Mathematics. The Philosophy of Mathematics. Oxford: Oxford University Press.

Sibum, Otto H. (2000): Experimentelle Wissenschaftsgeschichte. In: Christoph Meinel (Hg.): Instrument–Experiment: Historische Studien. Berlin: Verlag für Geschichte der Naturwissenschaften und der Technik, S. 61–73.

Sibum, Otto H. (2003): Experimentalists in the Republic of Letters. In: *Science in Context* 16 (1), S. 89–120.

Siefert, Katharina (2009a): Von Pappearbeiten und Lusthäusern. Modellbau in Enzyklopädien und Werkbüchern. In: Badisches Landesmuseum Karlsruhe und Katharina Siefert (Hg.): Paläste, Panzer, Pop-up-Bücher. Papierwelten in 3D. Karlsruhe: Badisches Landesmuseum, S. 17–30.

Siefert, Katharina (2009b): Netz, Modellbaubogen, Titelblatt. In: Badisches Landesmuseum Karlsruhe und Katharina Siefert (Hg.): Paläste, Panzer, Pop-up-Bücher. Papierwelten in 3D. Karlsruhe: Badisches Landesmuseum, S. 53–60.

Siegert, Bernhard (2003): Passage des Digitalen. Zeichenpraktiken der neuzeitlichen Wissenschaften; 1500–1900. Berlin: Brinkmann & Bose.

Siegert, Bernhard (2009): Weiße Flecken und finstre Herzen. Von der symbolischen Weltordnung zur Weltentwurfsordnung. In: Daniel Gethmann und Susanne Hauser (Hg.): Kulturtechnik Entwerfen. Praktiken, Konzepte und Medien in Architektur und Design Science. Bielefeld: transcript, S. 19–47.

Siegert, Bernhard (2013): Cultural Techniques. Or the End of the Intellectual Postwar Era in German Media Theory. In: *Theory, Culture & Society* 30 (6), S. 48–65.

Siemer, Stefan (2004): Geselligkeit und Methode. Naturgeschichtliches Sammeln im 18. Jahrhundert. Mainz: Von Zabern.

Smith, Graham (2008): Photography of Sculpture. In: John Hannavy (Hg.): Encyclopedia of nineteenth-century photography. New York: Routledge, S. 1108–1112.

Smith, Pamela H.; Meyers, Amy R. W.; Cook, Harold J. (2014): Ways of making and knowing. The material culture of empirical knowledge. Ann Arbor: University of Michigan Press.

Steinle, Friedrich (2003): The practice of studying practice: Analyzing research records of Ampère and Faraday. In: Frederic Lawrence Holmes, Jürgen Renn und Hans-Jörg Rheinberger (Hg.): Reworking the bench. Research notebooks in the history of science. Dordrecht/Boston: Kluwer, S. 93–117.

Steinle, Friedrich (2005): Explorative Experimente. Ampère, Faraday und die Ursprünge der Elektrodynamik. Stuttgart: Steiner.

Stewart, Susan (2007): On longing. Narratives of the miniature, the gigantic, the souvenir, the collection. Durham, North Carolina: Duke University Press 2007.

Strauven, Wanda (Hg.) (2006): The cinema of attractions reloaded. Amsterdam: Amsterdam University Press.

Teichert, Gesa C. (2013): Mode, Macht, Männer. Kulturwissenschaftliche Überlegungen zur bürgerlichen Herrenmode des 19. Jahrhunderts. Berlin: Lit.

Tobies, Renate (1981): Felix Klein. Leipzig: Teubner.

Tobies, Renate (1992): Felix Klein in Erlangen und München. ein Beitrag zur Biographie. In: Sergei S. Demidov, David Rowe, Menso Folkerts und Christoph J. Scriba (Hg.): Amphora. Festschrift für Hans Wussing zu seinem 65. Geburtstag. Basel: Birkhäuser, S. 751–772.

Tobies, Renate (1999): Der Blick Felix Kleins auf die Naturwissenschaften. In: *NTM* 7 (1), S. 83–92.

Tobies, Renate (2019): Felix Klein: Visionen für Mathematik, Anwendungen und Unterricht. Berlin, Heidelberg: Springer

Toepell, Michael (1991): Zur Bedeutung der Objekte beim Übergang von der anschaulichen zur formalisierten Mathematik. In: Deutsche Gesellschaft für Geschichte der Medizin, Naturwissenschaft und Technik (Hg.): Ideologie der Objekte - Objekte der Ideologie. Naturwissenschaft, Medizin und Technik in Museen des 20. Jahrhunderts. Kassel: Wenderoth, S. 69–76.

Tollmien, Cordula (1999): Die Universität Göttingen im Kaiserreich. In: Rudolf von Thadden und Günter J. Trittel (Hg.): Göttingen. Geschichte einer Universitätsstadt. Von der preußischen Mittelstadt zur südniedersächsischen Großstadt 1866–1989. Göttingen: Vandenhoeck & Ruprecht, S. 357–393.

Tröhler, Daniel (Hg.) (2002): Der historische Kontext von Pestalozzis „Methode". Konzepte und Erwartungen im 18. Jahrhundert. Bern/Wien: Haupt.

Tucker, Jennifer (2005): Nature Exposed. Photography as Eyewitness in Victorian Science. Baltimore: Johns Hopkins University Press.

Uppenkamp, Bettina (2002): Potentiale der Bescheidenheit. Über kunstvolle und kunstlose Möglichkeiten in Gips. In: Dietmar Rübel und Monika Wagner (Hg.): Material in Kunst und Alltag. Berlin: Akademie, S. 136–161.

Velminski, Wladimir (2009): Form, Zahl, Symbol. Leonhard Eulers Strategien der Anschaulichkeit. Berlin: Akademie.

Vogel, Christian (2015): Exponierte Wissenschaft. Röntgenausstellungen als Orte der Wissensproduktionund -kommunikation, 1896–1934. Dissertation. Humboldt-Universität zu Berlin. Institut für Geschichtswissenschaft.

Volkert, Klaus Thomas (1986): Die Krise der Anschauung. Eine Studie zu formalen und heuristischen Verfahren in der Mathematik seit 1850. Göttingen: Vandenhoeck & Ruprecht.

Volkert, Klaus Thomas (2013): Das Undenkbare denken. Die Rezeption der nichteuklidischen Geometrie im deutschsprachigen Raum (1860–1900). Berlin, Heidelberg: Springer

Voss, Julia (2009): Darwins Bilder. Ansichten der Evolutionstheorie 1837 bis 1874. Frankfurt a. M.: Fischer.

Wagner, Monika (2001): Das Material der Kunst. Eine andere Geschichte der Moderne. München: C. H. Beck.

Wagner, Monika; Rübel, Dietmar; Hackenschmidt, Sebastian (2002): Lexikon des künstlerischen Materials. Werkstoffe der modernen Kunst von Abfall bis Zinn. München: C. H. Beck.

Warnecke, Gerhard (2004): Julius Plücker (1801–1868) in der philosophischen Fakultät. In: *Reports on Didactics and History of Mathematics* 3, S. 1–80.

Wehler, Hans-Ulrich (1995): Deutsche Gesellschaftsgeschichte, Bd 3. Von der „Deutschen Doppelrevolution" bis zum Beginn des Ersten Weltkrieges 1849–1914. München: C. H. Beck.

Weiss, John Hubbel (1982): The making of technological man. The social origins of French engineering education. Cambridge, Mass.: MIT Press.

Weiss, Ysette (2019): Introducing History of Mathematics Education Through Its Actors: Peter Treutlein's Intuitive Geometry. In: Hans-Georg Weigand, William McCallum, Marta Menghini, Michael Neubrand und Gert Schubring (Hg.): The Legacy of Felix Klein. Cham: Springer International Publishing, S. 107–116.

Wegert, Elias (2008): Erwin Papperitz – Mathematiker, Rektor, Lehrer und Erfinder. In: *Zeitschrift für Freunde und Förderer der TU Bergakademie Freiberg* 15, S. 72–75.

Wendler, Reinhard (2013): Das Modell zwischen Kunst und Wissenschaft. Paderborn: Fink.

Wenk, Silke (1999): Zeigen und Schweigen. Der kunsthistorische Diskurs und die Diaprojektion. In: Sigrid Schade und Georg Christoph Tholen (Hg.): Konfigurationen : zwischen Kunst und Medien. München: Fink, S. 292–305.

Werner, Gabriele (2002): Mathematik im Surrealismus. Man Ray, Max Ernst, Dorothea Tanning. Marburg: Jonas.

White, Paul (2016): Darwin's Home of Science and the Nature of Domesticity. In: Donald L. Opitz, Staffan Bergwik und Brigitte van Tiggelen (Hg.): Domesticity in the making of modern science. Basingstoke, Hampshire: Palgrave Macmillan, S. 61–83.

Wimbröck, Gabriele (2009): Im Bilde. Heinrich Wölfflin (1864–1945). In: Jörg Probst und Jost Philipp Klenner (Hg.): Ideengeschichte der Bildwissenschaft: Siebzehn Porträts. Frankfurt a. M.: Suhrkamp, S. 97–117.

Wise, Norton M. (2010): What's a Line? In: Moritz Epple und Claus Zittel (Hg.): Science as cultural practice, Vol. 1. Cultures and Politics of Research from the Early Modern Period to the Age of Extremes. Berlin: Akademie, S. 61–102.

Wittje, Roland (2011): „Simplex Sigillum Veri": Robert Pohl and Demostration Experiments in Physics after the Great War. In: Peter Heering und Roland Wittje (Hg.): Learning by doing. Experiments and instruments in the History of Science Teaching. Stuttgart: Steiner, S. 317–347.

Wittmann, Barbara (2012): Papierprojekte. Die Zeichnung als Instrument des Entwurfs. In: *Zeitschrift für Medien- und Kulturforschung* 1, S. 135–150.

Wulz, Monika (2015): Gedankenexperimente im ökonomischen Überschuss. Wissenschaft und Ökonomie bei Ernst Mach. In: *Berichte zur Wissenschaftsgeschichte* 38 (1), S. 59–76.

Wußing, Hans (1974): Zur Entstehungsgeschichte des Erlanger Programms. In: Felix Klein: Das Erlanger Programm. Hg. v. Hans Wußing. Leipzig: Geest & Portig, S. 12–28.

Yale, Elizabeth (2016): The Book and the Archive in the History of Science. In: *ISIS* 107 (1), S. 106–115.

Zachmann, Karin (1993): Männer arbeiten, Frauen helfen. Geschlechterspezifische Arbeitsteilung und Maschinisierung in der Textilindustrie des 19. Jahrhunderts. In: Karin Hausen (Hg.): Geschlechterhierarchie und Arbeitsteilung. Zur Geschichte ungleicher Erwerbschancen von Männern und Frauen. Göttingen: Vandenhoeck & Ruprecht, S. 71–96.

Zeidler, Eberhard; Grosche, G.; Ziegler, V.; Ziegler, D. (Hg.) (2013): Springer Taschenbuch der Mathematik. Wiesbaden: Springer